光学教程

第3版

叶玉堂 张尚剑 饶建珍 编著

清华大学出版社
北京

图书在版编目(CIP)数据

光学教程 / 叶玉堂,张尚剑,饶建珍编著. -- 3 版.

北京 : 清华大学出版社,2024. 8. -- ISBN 978-7-302
-67187-9

Ⅰ. O43

中国国家版本馆 CIP 数据核字第 2024BE9625 号

责任编辑:冯　昕
封面设计:常雪影
责任校对:赵丽敏
责任印制:杨　艳

出版发行:清华大学出版社
　　网　　　址:https://www.tup.com.cn,https://www.wqxuetang.com
　　地　　　址:北京清华大学学研大厦 A 座　　　邮　　编:100084
　　社 总 机:010-83470000　　　邮　　购:010-62786544
　　投稿与读者服务:010-62776969,c-service@tup.tsinghua.edu.cn
　　质量反馈:010-62772015,zhiliang@tup.tsinghua.edu.cn
印　装　者:涿州汇美亿浓印刷有限公司
经　　销:全国新华书店
开　　本:185mm×260mm　　印　张:25.5　　　字　　数:616 千字
版　　次:2005 年 8 月第 1 版　 2024 年 8 月第 3 版　　印　次:2024 年 8 月第 1 次印刷
定　　价:75.00 元

产品编号:108474-01

前　言

　　光学理论和技术发展很快，本书再版的目的是力图反映光学领域的高速发展。与第 1 版和第 2 版相比较，第 3 版主要是对全书进行了勘误并增加了一些相关新技术和前沿进展的内容。干涉部分增加了激光干涉引力波探测；衍射部分增加了光刻机分辨本领和数字全息术；晶体光学部分修订了偏振光和偏振器件的矩阵表示。面对知识形态、认知方式的变革，我们与时俱进，将第 9 章"现代光学技术进展"改为数字化内容（拓展阅读），以便于及时更新，助力学生更高质量的发展。本次改版对光纤激光器、有机电致发光、太阳能光伏电池进行了简化和更新，特别邀请祝宁华院士增加了微波光子技术与双光束干涉一节，邀请余金中教授增加了光子集成一节；第 2 版中航天光学遥感、自适应光学、红外与微光成像、光学信息处理等方面的内容，基本上是根据母国光、姜文汉、苏君红、薛鸣球等几位院士提供的文献、资料编写的，作为纪念未进行大的修改。

　　本书由张尚剑教授改编第 1～6 章和第 8 章，并负责统筹全书各章及拓展阅读中内容的衔接以及数字化内容的改编；饶建珍副教授核对第 1～3 章；杨春平博士改编第 7 章；张静博士编写第 6 章数字全息术一节；李剑峰教授改编拓展阅读中光纤激光器一节；杨刚博士改编拓展阅读中有机电致发光一节；钟建教授改编拓展阅读中太阳能电池一节；刘霖博士编写拓展阅读中光机电算一体化一节；张雅丽博士改编全书习题和答案；叶玉堂教授主要负责改编的进程、质量管理以及相关新技术和前沿进展方面的内容组织。

　　本书第 1 版自 2005 年出版后，到 2010 年，境内已 4 次印刷；2008 年，版权转让台湾五南图书出版公司，译成繁体字版，由"国立交通大学"郭浩中教授校订，在境外出版发行。第 2 版 2011 年出版后，到 2023 年，印刷了 10 次。境内、外广大读者的厚爱是我们改编、再版的动力。谨此衷心感谢采用本书的同行、读者！

　　由于编者学识有限，书中缺点、错误或疏漏在所难免，恳请读者不吝指正。

编　者

2024 年 7 月

于电子科技大学

目 录

第一篇 应 用 光 学

第二篇　物理光学

目 录

第一篇　应用光学

第 1 章　几何光学基础

从本质上讲,光是电磁波,它以波的形式传播。这已被光的干涉、衍射和偏振等现象所证明。按照这种理论,光的传播就是电磁波的传播。但仅用波动的观点来讨论光经透镜或光学系统的传播规律和成像问题将会造成计算与处理上的很大困难,在解决实际的光学技术问题时应用不便。

撇开光的波动本性,仅以光线概念为基础来研究光的传播和成像问题的光学学科分支称为几何光学。

虽然只是对真实情况作了近似处理,但这种方法解决的有关光学系统的成像、设计和计算等光学技术问题,在大多数场合下都与实际情况相符,所以几何光学有很大的实用意义。

1.1　几何光学的基本定律

1.1.1　发光点、光线和光束

1. 发光点

本身发光或被其他光源照明后发光的几何点称为发光点。当发光体(光源)的大小和其辐射作用距离相比可略去不计时,该发光体就可认为是发光点或点光源。在几何光学中,发光点被抽象为一个既无体积又无大小而只有位置的几何点,任何被成像的物体都是由无数个这样的发光点所组成的。

2. 光线

发光体向四周发出的带有辐射能量的几何线条称为光线。在几何光学中,光线被抽象为既无直径又无体积而只有位置和方向的几何线,它的方向代表光能的传播方向。物理光学认为,在各向同性介质中,光沿着波面的法线方向传播,因此可以认为光波波面法线就是几何光学中的光线。

3. 光束

光线的集合称为光束。无限远处发光点发出的是平面波,对应于平行光束;有限远处发光点发出的是球面波,对应于会聚或发散光束;其光线既不相交于一点,又互不平行的光束称为像散光束,各种光束如图 1-1 所示。

几何光学中的发光点、光线实际上是不存在的,只是一种假设。但是,利用它们可以把光学中复杂的能量传输和光学成像问题归纳为简单的几何运算问题,从而使所要处理的问题大为简化。

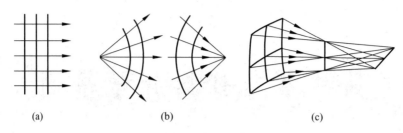

图 1-1　各种光束

（a）平行光束；（b）同心光束；（c）像散光束

1.1.2　几何光学的基本定律

几何光学理论把光的传播归结为四个基本定律：光的直线传播定律、光的独立传播定律、光的反射定律和折射定律。这是我们研究光的传播和成像的基础。

1. 光的直线传播定律

在各向同性的均匀介质中，光线按直线传播，这就是光的直线传播定律。它是一种普遍存在的现象。该定律可以很好地解释影子的形成、日蚀、月蚀等现象，很多光学测量和光学仪器的应用也都以这一定律为基础。但该定律并不是在所有场合都正确，当光路中放置很小的不透明的障碍物或是小孔时，光的传播将偏离直线，这就是物理光学中所描述的光的衍射现象。可见，光的直线传播定律只有光在均匀介质中无阻拦地传播时才成立。

2. 光的独立传播定律

不同光源或同一光源上不同发光点所发生的光线，以不同的方向通过空间某点时，彼此互不影响，各光线独立传播，这就是光的独立传播定律。利用这条定律，我们对光线传播情况的研究就可以大为简化，因为研究某一光线传播时，可不考虑其他光线的影响。

3. 光的反射定律和折射定律

当光传播到两种不同介质的理想光滑分界面时，继续传播的光线或返回原介质，或进入另一介质。前者称为光的反射，后者称为光的折射，其传播的规律遵循反射定律和折射定律。一般而言，抛光的金属镜面为反射界面，两种透明介质的光滑分界面为折射界面。

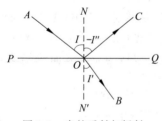

图 1-2　光的反射与折射

如图 1-2 所示，PQ 表示两种介质的光滑界面，AO 为入射光线，OC 为反射光线，OB 为折射光线，NN' 为界面上 O 点处的法线，入射光线和界面法线所构成的平面称为入射面。按照角度符号法则的规定，入射角 $\angle AON$ 和折射角 $\angle BON'$ 均应以锐角来量度。由入射光线沿锐角转向法线，顺时针转成的角为正，反之为负。习惯上入射角以 I 表示，折射角以 I' 表示，反射角以 I'' 表示。

反射定律和折射定律可分别描述如下。

反射定律：反射光线与入射光线和法线在同一平面内；入射光线与反射光线分别位于法线的两侧，与法线夹角大小相同，即

$$I = -I'' \tag{1-1}$$

折射定律：折射光线和入射光线与法线在同一平面内；折射角与入射角的正弦之比与入射角的大小无关，仅由两介质的性质决定。当温度、压力和光线的波长一定时，其比值为一常数，等于前一介质与后一介质的折射率之比，即

$$\frac{\sin I'}{\sin I} = \frac{n}{n'} \tag{1-2}$$

$$n \sin I = n' \sin I' \tag{1-2'}$$

其中，n 和 n' 分别是入射和折射介质的折射率。折射率是表征透明介质光学性质的重要参数之一。我们知道，光在不同介质中的传播速度各不相同，在真空中光速最快，以 c 表示。介质的折射率正是描述光在该介质中传播速度 v 减慢程度的一个量，即

$$n = c/v$$

如果在式(1-2)中，令 $n' = -n$，则得 $I' = -I$，此即反射定律的形式。这表明，反射定律可以看作是折射定律的特殊情况。凡是由折射定律推导获得的所有适合于折射情况的公式，只要令 $n' = -n$，便可应用于反射的场合，直接导出其相应的公式。这在处理反射系统时有重要应用。

在图 1-2 中，若光线自 C 点或 B 点投射到界面 O 点时，光线必沿 OA 方向射出，这说明光的传播是可逆的，此即光路的可逆性。

1.1.3 全反射

一般情况下，光线射至透明介质的分界面时，将同时发生反射和折射现象。但在特定条件下，界面可将入射光线全部反射回去，而无折射现象，这就是光的全反射。

习惯上，我们把界面两边折射率较大的介质称为光密介质，折射率较小的介质称为光疏介质。当光线由光密介质进入光疏介质时，$n' < n$，由公式 $n \sin I = n' \sin I'$，可知 $I' > I$，折射光线较入射光线更偏离法线。如图 1-3 所示，当逐渐增大入射角 I 到某一值 I_m 时，$\sin I' = 1$，即折射角 I' 达 $90°$，折射光线沿界面掠射而出。若继续增大入射角，$\sin I'$ 无法继续增加。实验表明，这时光线不能折射入另一介质，而将按反射定律在界面上全部反射回原介质，这就出现了所谓的全反射现象。

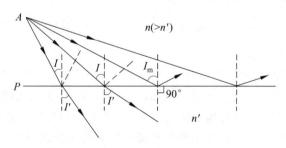

图 1-3　全反射现象

对应于 $\sin I' = 1$ 的入射角 I_m 称为临界角，由式(1-2)可知：

$$\sin I_m = \frac{n'}{n}$$

全反射优于一切镜面反射，因为镜面的金属镀层对光有吸收作用，而全反射在理论上可

使入射光的全部能量反射回原介质,因此全反射在光学仪器中有广泛的应用。例如,在光学系统中,经常利用全反射棱镜代替平面反射镜,以减少光能的反射损失。光纤也是利用全反射原理来传输光的。光纤由高折射率的芯子和低折射率的包层构成,使得入射角大于临界角的光线能连续全反射,直至传输到光纤的另一端,从而保证能量损失非常小。

1.1.4 费马原理

几何光学的基本定律描述了光线的传播规律。费马原理则从光程的角度来阐述光的传播规律,更简明,更具普遍意义。

光程定义为光在介质中经过的几何路程 s 和该介质折射率 n 的乘积,用字母 L 表示。由折射率的定义可知:

$$L = ns = \frac{c}{v}v\Delta t = c\Delta t \tag{1-3}$$

其中,n 为介质的折射率,c 为真空中的光速,v 为在均匀介质中光的传播速度,Δt 为光在介质中经过几何路程 s 所需的时间。可见,光在介质中的光程,即为该时间间隔 Δt 内,光在真空中所传播的路程,所以也称为折合路程。

费马原理指出:光线从 A 点到 B 点,是沿着光程为极值的路径传播的。也就是说,光由 A 点到 B 点的传播在几何方面存在着无数条可能的路径,每条路径都对应着一个光程值。而根据费马原理,实际光路所对应的光程,或者是所有光程可能值中的极小值,或者是所有光程可能值中的极大值,或者是某一稳定值。

不失一般性,设光在非均匀介质中传播,即介质的折射率 n 是位置的函数,则光在该介质中所经过的几何路程不是直线而是一空间曲线,如图 1-4 所示。这时,从 A 点到 B 点的总光程可用曲线积分来表示:

$$L = \int_A^B n(s)\mathrm{d}s \tag{1-4}$$

其中,s 为路径的坐标参量,$n(s)$ 为路径 AB 上 s 点处的折射率。

根据费马原理,此光程应具极值,即式(1-4)微分为零:

$$\delta L = \delta \int_A^B n(s)\mathrm{d}s = 0 \tag{1-5}$$

这就是费马原理的数学表达式。

费马原理描述了光线传播的基本规律,无论是光的直线传播定律,还是光的反射定律与折射定律,都可以利用费马原理直接导出。比如,对于均匀介质,由两点间的直线距离为最短这一公理,可以立即证明光的直线传播定律。至于光的反射定律与折射定律,请读者自行证明。

光在均匀介质中的直线传播及在平面界面上的反射和折射,都是光程最短的例子。其实按费马原理,光线也可能按光程极大的路程传播,或按某一稳定值的路程传播。如图 1-5 所示,一个以 F 和 F' 为焦点的椭球反射面,按其性质可知,由 F 点发出的光线都被反射到 F' 点,其光程都相等,因为 $FMF' = FM + MF' = $ 常数。这是光程为稳定值的一个例子。如果另一反射镜 PQ 和椭球相切于 M 点,镜上其余各点均在椭球内,则对椭球的两个焦点 F 和 F' 来说,$(FM + MF')$ 对应于最大光程,即光按光程极大的路程传播。对于反射镜 ST,则 $(FM + MF')$ 可对应最小光程。

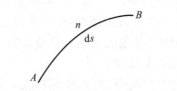

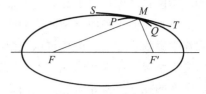

图 1-4　光在非均匀介质中的几何路程　　　　　图 1-5　光的极值传播

1.2　物像基本概念

1.2.1　光学系统与完善像概念

光学系统的作用之一是对物体成像。

光学系统由一系列的光学元件所组成,常见的光学零件有:透镜、棱镜、平行平板和反射镜等,其截面图如图 1-6 所示。每个光学元件都是由一定折射率介质的球面、平面或非球面组成。如果光学系统的所有界面均为球面,则称为球面光学系统。各球面球心位于一条直线上的球面光学系统,称为共轴球面光学系统。连接各球心的直线称为光轴,光轴与球面的交点称为顶点。相应地,也有非共轴光学系统。由于大多数光学系统都是共轴光学系统,所以我们重点讨论共轴光学系统。

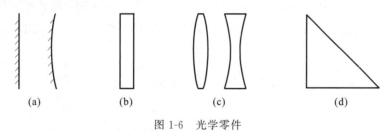

(a)　　　　　　(b)　　　　　　(c)　　　　　　(d)

图 1-6　光学零件

(a) 反射镜;(b) 平行平板;(c) 透镜;(d) 棱镜

一个被照明的物体(或自发光物体)总可以看成由无数多个发光点或物点组成,每一个物点发出一个球面波,与之对应的是一束以该物点为中心的同心光束。如果该球面波经过光学系统后仍为球面波,那么对应的光束仍为同心光束,则称该同心光束的中心为物点经光学系统所成的完善像点。物体上每个点经光学系统所成的完善像点的集合就是该物体经过光学系统后的完善像。

1.2.2　物和像的概念

在几何光学中,物和像的概念是这样规定的:把光学系统之入射线会聚点的集合或入射线之延长线会聚点的集合,称为该系统的物;把相应之出射线会聚点的集合或出射线之延长线会聚点的集合,称为该系统对物所成的像。

由实际光线会聚所成的物点或像点称为实物点或实像点,由这样的点构成的物或像称为实物或实像。实像可以被眼睛或其他光能接收器(如照相底片、干板、屏幕等)所接收。

由实际光线的延长线会聚所成的物点或像点称为虚物点或虚像点,由这样的点构成的物或像称为虚物或虚像。虚像可以被眼睛观察到而不能被其他光能接收器所接收,但可通过另一光学系统使虚像转换成实像,从而被任何光能接收器接收。

物和像的概念具有相对性。在图1-7(a)所示的光学系统中,A'点既是物点又是像点。对光组Ⅰ来说,A是物点,A'是像点;对光组Ⅱ来说,A'是物点,A''是像点。通常,对某一光组来说,当物体的位置固定后,总可以在一个相应的位置上找到物体所成的像。这种物像之间的对应关系在光学上称为共轭。共轭的概念反映了物像之间的对应关系。

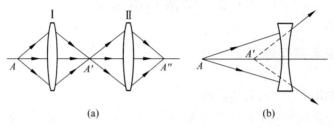

图 1-7　物像关系

(a) 物像的相对性；(b) 物像空间的重合

在阐明了物像概念后,引入物像空间的概念。通常,把物体所存在的空间称为物空间,把像所存在的空间称为像空间。两个空间是无限扩展的,并不是由光学系统的左边或右边简单地分开的。在某些情况下,物空间和像空间分居于光组的两侧;在另外一些情况下,物空间和像空间的一部分重合,如图1-7(b)所示,物点 A 和像点 A' 同在透镜的左侧。

1.3　球面与球面系统

一个光学系统绝大部分由折射球面组成。此外,为满足一些需要,还常包含平面、反射球面等光学表面。由于反射面只是折射面在 $n'=-n$ 时的特殊情况,而平面只是半径为无穷大的球面,因此首先讨论折射球面最具普遍意义。

光线经过光学系统时是逐面进行折射或反射,因此,解决了对单个折射球面的计算,就可以方便地过渡到整个系统的计算。单个折射球面不仅是一个简单的光学系统,而且是组成光学系统的基本元件。研究光线经单个球面的折射,是研究一般光学系统成像的基础。

1.3.1　符号规则

如图1-8所示,球形折射面是折射率为 n 和 n' 两种介质的分界面,C 为球心,OC 为球面曲率半径,以 r 表示,顶点以 O 表示。

在包含光轴的平面内,入射到球面的光线,其位置可由两个参量来决定:一个是顶点 O 到光线与光轴的交点 A 的距离,以 L 表示,称为截距;另一个是入射光线与光轴的夹角

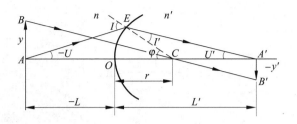

图 1-8　单个球面的折射

$\angle EAO$，以 U 表示，称为孔径角。光线 AE 经过球面折射以后，交光轴于 A' 点。光线 EA' 的确定也和 AE 相似，以相同字母表示两个参量，仅在字母右上角加"'"以示区别，即 $L' = OA'$ 和 $U' = \angle EA'O$，也称为截距和孔径角。为了区别，L 和 U 称为物方截距和物方孔径角，L' 和 U' 称为像方截距和像方孔径角。

为了确切地描述光路中的各种量值和光组的结构参量，并使以后导出的公式具有普遍适用性，必须对各种量值作符号上的规定。几何光学中的符号规则如下：

1．光路方向

规定光线从左到右的传播方向为正，即正向光路；反之为反向光路。

2．线量

沿轴线量（如 r、L、L'）：以界面顶点为原点，向右为正，向左为负。规定曲率半径 r 和物方截距 L、像方截距 L' 均以球面顶点为原点。折射面之间的间隔以字母 d 表示，规定以前一球面顶点为原点。

垂轴线量（如 y、y'）：以光轴为准，在光轴之上为正，光轴之下为负。

3．角量

一律以锐角来衡量，由规定的起始边沿顺时针转成者为正，逆时针转成者为负。

对光线与光轴的夹角 U 和 U'，规定光轴为起始边，由光轴转向光线，顺时针为正，逆时针为负。

对光线和法线的夹角即入射角 I 和折射角 I'，规定光线为起始边，由光线转到法线，顺时针为正，逆时针为负。

对法线与光轴的夹角球心角 φ，规定光轴为起始边，由光轴转到法线，顺时针为正，逆时针为负。

图 1-8 中所示有关量均按上述规定标出。图中 L、y' 和 U 为负值，其余为正值。必须注意，几何图形上各量的标注一律取绝对值，因此，对图中负量，必须在该量的字母前加负号。

还应指出，符号规则是人为规定的，但一经规定，就应严格遵守。不同的书上可能有所不同，对同一种情况只能使用同一规则，否则是不能得到正确计算结果的。

1.3.2　单个折射球面的光路计算

光线的单个折射球面的光路计算，是指在给定单个折射球面的结构参量 n、n' 和 r 时，由已知入射光线坐标 L 和 U，计算折射后出射光线的坐标 L' 和 U'。

如图 1-8 所示，在 $\triangle AEC$ 中，应用正弦定理有

$$\frac{\sin(-U)}{r}=\frac{\sin(180°-I)}{r-L}=\frac{\sin I}{r-L}$$

或

$$\sin I=\frac{L-r}{r}\sin U \tag{1-6}$$

在 E 点，由折射定律得

$$\sin I'=\frac{n}{n'}\sin I \tag{1-7}$$

由图可知

$$\varphi=I+U=I'+U'$$

所以

$$U'=I+U-I' \tag{1-8}$$

同样，在 $\triangle A'EC$ 中应用正弦定理有

$$\frac{\sin U'}{r}=\frac{\sin I'}{L'-r} \tag{1-9}$$

化简后得像方截距为

$$L'=r+r\frac{\sin I'}{\sin U'} \tag{1-10}$$

式(1-6)～式(1-10)就是计算含轴面(子午面)内光线光路的基本公式，可由已知的 L 和 U 求出相应的 U' 和 L'。

由于折射面对称于光轴，所有自轴上点 A 发出的与光轴成相同夹角 U 的任一条光线，在像方都应交光轴于同一点。

那么能否说 A' 点就是物点 A 被折射球面所成的像？否！

由公式可知，当 L 为定值时，L' 是角 U 的函数。在图 1-9 中，若轴上物点 A 发出同心光束，由于各光线具有不同的 U 角值，所以光束经球面折射后，将有不同的 L' 值。也就是说，在像方的光束不和光轴交于一点，即失去了同心性。因此，当轴上点以宽光束经球面成像时，其像是不完善的，这种成像缺陷称为像差，是以后将会讨论到的球差。

利用式(1-6)～式(1-10)对光路进行计算时，若物体位于物方光轴上无限远处，这时可认为由物体发出的光束是平行于光轴的平行光束，即 $L=-\infty$，$U=0$，如图 1-10 所示。此时，不能用式(1-6)计算入射角 I，而应按下式计算：

$$\sin I=\frac{h}{r} \tag{1-11}$$

其中，h 为光线的入射高度。

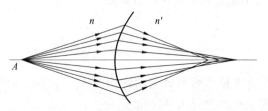

图 1-9　单个折射球面成不完善像

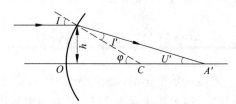

图 1-10　物体位于物方光轴无限远处的折射

1.3.3　单个折射球面近轴光线的光路计算

在图 1-8 中,如果限制 U 角在一个很小的范围内,即从 A 点发出的光线都离光轴很近,这样的光线称为近轴光。由于 U 角很小,其相应的 I、I'、U' 等也很小,这时这些角的正弦值可以近似地用弧度来代替,以小写字母 u、i、u'、i' 来表示;同样,物方截距 L、像方截距 L' 也以小写字母 l、l' 来表示。当这些角小于 $5°$ 时,这种近似代替的误差大约为 1%,这种近似在光学里叫做近轴近似。近轴光的光路计算公式可直接由式(1-6)~式(1-10)得到:

$$\left. \begin{array}{l} i=\dfrac{l-r}{r}u \\[2mm] i'=\dfrac{n}{n'}i \\[2mm] u'=i+u-i' \\[2mm] l'=r+r\,\dfrac{i'}{u'} \end{array} \right\} \tag{1-12}$$

当光线平行于光轴时,式(1-11)变为

$$i=\frac{h}{r} \tag{1-13}$$

由式(1-12)中可以看出,当 u 角改变时,l' 表达式中的 i'/u' 保持不变,即 l' 不随 u 角改变而改变。这表明由物点发出的一束细光束经折射后仍交于一点,其像是完善的像,称为高斯像。高斯像的位置由 l' 决定,通过高斯像点垂直于光轴的像面,称为高斯像面。构成物像关系的这一对点称为共轭点。

显然,对于近轴光,有如下关系:

$$h=lu=l'u' \tag{1-14}$$

上式即为近轴光线光路计算的校对公式。

近轴光的光路计算公式又称为 l 计算公式,利用 L 和 l 计算公式及其他有关的公式计算光线光路的过程通常称为光线的光路追迹。由于近轴光的成像与 u 角无关,因此,在近轴光的计算中 u 角可任意选取。

将式(1-12)中的第一式中的 i 和第四式解出的 i' 代入第二式,并利用式(1-14),可以导出以下三个重要公式:

$$n\left(\frac{1}{r}-\frac{1}{l}\right)=n'\left(\frac{1}{r}-\frac{1}{l'}\right)=Q \tag{1-15}$$

$$n'u'-nu=\frac{n'-n}{r}h \tag{1-16}$$

$$\frac{n'}{l'}-\frac{n}{l}=\frac{n'-n}{r} \tag{1-17}$$

这三个式子只是一个公式的三种不同表示形式,以便应用于不同的场合。

式(1-15)具有不变量形式,称为阿贝(Abbe)不变量,用字母 Q 表示。它表明,单个折射球面,物方和像方的 Q 值应相等,其大小与物像共轭点的位置有关。式(1-16)表示近轴光经球面

折射前后的孔径角 u 和 u' 的关系。式(1-17)表示折射球面成像时物像位置的关系。已知物位置 l，可方便地求出其共轭像的位置 l'；反之，已知像的位置 l'，也可求出物的位置 l。

式(1-17)右端仅与介质的折射率及球面曲率半径有关，因而对于一定的介质及一定形状的表面来说是一个不变量。它是表征折射球面光学特性的量，称为折射球面的光焦度，记为 φ，即

$$\varphi = \frac{n'-n}{r} \tag{1-18}$$

当 r 以米为单位时，φ 的单位称为折光度，以字母"D"表示。例如，$n'=1.5$，$n=1$，$r=200\ \text{mm}$ 的球面，$\varphi=2.5\ \text{D}$。

式(1-17)称为折射球面的物像关系公式。通常，物方截距 l 称为物距，像方截距 l' 称为像距。

若物点位于左方无限远处的光轴上，即物距 $l \to -\infty$，此时入射光线平行于光轴，经球面折射后交光轴的交点记为 F'，如图 1-11(a)所示。这个特殊点是轴上无限远物点的像点，称为折射球面的像方焦点或后焦点。此时的像距称为像方焦距或后焦距，用 f' 表示。将 $l \to -\infty$ 代入式(1-17)可得

$$l'_{l=-\infty} = f' = \frac{n'}{n'-n}r \tag{1-19}$$

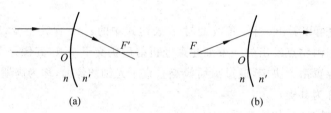

图 1-11　单个折射球面的焦点

(a) 像方焦点；(b) 物方焦点

相应地，像距为无限远时所对应的物点，称为折射球面的物方焦点或前焦点，记为 F，如图 1-11(b)所示。此时的物距称为物方焦距或前焦距，记为 f，有

$$l_{l'=\infty} = f = -\frac{n}{n'-n}r \tag{1-20}$$

由以上两式可以看出，折射球面的两焦距符号相反，而且它们之间还有如下关系：

$$f' + f = r \tag{1-21}$$

根据光焦度公式(1-18)及焦距公式(1-19)和式(1-20)，单折射球面两焦距和光焦度之间的关系为

$$\varphi = \frac{n'}{f'} = -\frac{n}{f} \tag{1-22}$$

$$\frac{f'}{f} = -\frac{n'}{n} \tag{1-23}$$

所以，焦距 f 和 f' 与光焦度 φ 一样也是表征折射球面光学特性的量。

当像方焦距在顶点之右，即 $f'>0$ 时，物方平行光束会聚成实焦点；反之，像方焦距在

顶点之左，即 $f'<0$，物方平行光束经折射球面成发散光束，其左侧延长线相交成虚焦点。由此可以看出，像方焦距的正负决定了折射球面对光束的会聚或发散特征，所以一般称像方焦距为焦距。

由于折射球面的 f 和 f' 符号相反，因此像方焦点与物方焦点总是位于顶点两侧，且当像方焦点为实焦点时，物方焦点也是实的；像方焦点为虚焦点时，物方焦点也是虚的。

从焦点的意义上看，凡平行光入射，经折射球面后，必通过像方焦点；凡通过物方焦点的入射光线，经折射球面后，必平行于光轴射出。

式(1-23)表明单个球面像方焦距 f' 与物方焦距 f 的比等于相应介质的折射率之比。由于 $n \neq n'$，故 $|f| \neq |f'|$。

以后将会看到，对折射球面得出的式(1-22)和式(1-23)，对任何光学系统都是适用的，折射球面光学特性的典型性可见一斑。

1.3.4　物平面以细光束经折射球面的成像

前面我们讨论了轴上物点经折射球面成像的情况，了解到轴上物点只有以细光束成像时，像才是完善的。下面，我们将讨论物平面以细光束成像的情况。

如果物平面是靠近光轴的很小的垂轴平面，并以细光束成像，就可以认为其像面也是平的，成的是完善像，称为高斯像。我们将这个成完善像的不大区域称为近轴区。否则，若物平面的区域较大，其像面将是弯曲的，在像差理论中称为像面弯曲。

讨论有限大小物体经折射球面的成像，除了物像位置外，还会涉及像的正倒、虚实、放大率等问题。

1. 垂轴放大率β

图 1-12 表示在折射球面的近轴区，垂轴小物体 AB 被球面折射成像为 $A'B'$ 的情况。如果由 B 点作一通过曲率中心 C 的直线 BC，显然，该直线必通过 B' 点，BC 对于该球面来说也是一个光轴，我们称之为辅轴。令近轴区的物高和像高分别为 y 和 y'，即 $AB=y$，$A'B'=-y'$。

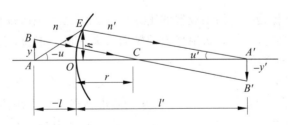

图 1-12　垂轴放大率公式导出用图

像的大小和物的大小之比值称为垂轴放大率或横向放大率，以希腊字母 β 表示：

$$\beta = \frac{y'}{y} \tag{1-24}$$

由图 1-12 中 $\triangle ABC$ 和 $\triangle A'B'C$ 相似可得

$$\frac{-y'}{y}=\frac{l'-r}{-l+r} \quad 或 \quad \frac{y'}{y}=\frac{l'-r}{l-r}$$

由式(1-15)可将上式改写为

$$\beta=\frac{y'}{y}=\frac{nl'}{n'l} \tag{1-25}$$

当求得一对共轭点的截距 l 和 l' 后,可按上式求得通过该共轭点的一对共轭面上的垂轴放大率。由式(1-25)可知,垂轴放大率仅决定于共轭面的位置,在同一共轭面上,放大率为常数,故像必和物相似。

当 $\beta<0$,y' 和 y 异号,表示 β 成倒像;当 $\beta>0$,y' 和 y 同号,表示 β 成正像。

当 $\beta<0$,l' 和 l 异号,表示物和像处于球面的两侧,实物成实像,虚物成虚像。当 $\beta>0$,l' 和 l 同号,表示物和像处于球面的同侧,实物成虚像,虚物成实像。

当 $|\beta|>1$,为放大像;当 $|\beta|<1$,为缩小像。

2. 轴向放大率

对于有一定体积的物体,除垂轴放大率外,其轴向也有尺寸,故还有一个轴向放大率。轴向放大率是指光轴上一对共轭点沿轴移动量之间的关系。如果物点沿轴移动一微小量 $\mathrm{d}l$,相应的像移动 $\mathrm{d}l'$,轴向放大率用希腊字母 α 表示,定义为

$$\alpha=\frac{\mathrm{d}l'}{\mathrm{d}l} \tag{1-26}$$

则单个折射球面的轴向放大率 α 由式(1-17)微分得到:

$$-\frac{n'\mathrm{d}l'}{l'^2}+\frac{n\mathrm{d}l}{l^2}=0$$

于是有

$$\alpha=\frac{\mathrm{d}l'}{\mathrm{d}l}=\frac{nl'^2}{n'l^2} \tag{1-27}$$

或

$$\alpha=\frac{n'}{n}\beta^2 \tag{1-28}$$

由此可见,如果物体是一个沿轴放置的正方形,因垂轴放大率和轴向放大率不一致,则其像不再是正方形。还可以看出,折射球面的轴向放大率恒为正值,这表示物点沿轴移动,其像点以同样方向沿轴移动。

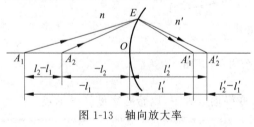

图 1-13 轴向放大率

公式(1-28)只有当 $\mathrm{d}l$ 很小时才适用。如果物点沿轴移动有限距离,如图 1-13 所示,此距离显然可以用物点移动的始末两点 A_1 和 A_2 的截距 l_2-l_1 来表示,相应于像点移动的距离应为 $l'_2-l'_1$,这时的轴向放大率以 $\bar{\alpha}$ 表示,有

$$\bar{\alpha}=\frac{l'_2-l'_1}{l_2-l_1}$$

对 A_1 和 A_2 两点分别应用式(1-17)可得

$$\frac{n'}{l'_2} - \frac{n}{l_2} = \frac{n'-n}{r} = \frac{n'}{l'_1} - \frac{n}{l_1}$$

移项整理得

$$\frac{l'_2 - l'_1}{l_2 - l_1} = \frac{n}{n'}\frac{l'_2 l'_1}{l_2 l_1} = \frac{n'}{n}\frac{n^2 l'_2 l'_1}{n'^2 l_2 l_1} = \frac{n'}{n}\beta_1 \beta_2$$

即

$$\bar{\alpha} = \frac{n'}{n}\beta_1 \beta_2 \tag{1-29}$$

其中，β_1 和 β_2 分别为物在 A_1 和 A_2 两点的垂轴放大率。

3. 角放大率

在近轴区以内，通过物点的光线经过光学系统后，必然通过相应的像点，这样一对共轭光线与光轴夹角 u' 和 u 的比值，称为角放大率，以希腊字母 γ 表示：

$$\gamma = \frac{u'}{u} \tag{1-30}$$

利用 $lu = l'u'$，上式可写为

$$\gamma = \frac{l}{l'} \tag{1-31}$$

与式(1-25)比较，可得

$$\gamma = \frac{n}{n'} \cdot \frac{1}{\beta} \tag{1-32}$$

4. 三个放大率之间的关系

利用式(1-28)和式(1-32)，可得三个放大率之间的关系：

$$\alpha\gamma = \frac{n'}{n}\beta^2 \cdot \frac{n}{n'}\frac{1}{\beta} = \beta \tag{1-33}$$

5. 拉亥不变量 J

在公式 $\beta = y'/y = nl'/n'l$ 中，利用公式 $lu = l'u'$，可得

$$nuy = n'u'y' = J \tag{1-34}$$

此式称为拉格朗日-亥姆霍兹恒等式，简称拉亥公式。其表示为不变量形式，表明在一对共轭平面内，成像的物高 y、成像光束的孔径角 u 和所在介质的折射率 n 三者的乘积是一个常数，用 J 表示，简称拉亥不变量。

1.3.5 球面反射镜

光学系统经常要用到球面反射镜。前面曾经指出，反射定律可由折射定律当 $n' = -n$ 时导出。因此，在折射面的公式中，只要使 $n' = -n$，便可直接得到反射球面的相应公式。

1. 球面反射镜的物像位置公式

将 $n' = -n$ 代入式(1-17)，可得球面反射镜的物像位置公式为

$$\frac{1}{l'} + \frac{1}{l} = \frac{2}{r} \tag{1-35}$$

其物像关系如图 1-14 所示,其中图(a)为凹面镜对有限距离的物体成像,图(b)为凸面镜对有限距离的物体成像。

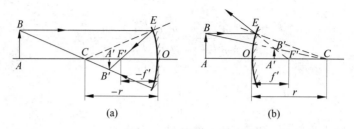

图 1-14　球面反射镜成像
(a)凹面镜成像;(b)凸面镜成像

2. 球面反射镜的焦距

将 $n' = -n$ 代入式(1-19)和式(1-20),可得球面反射镜的焦距

$$f' = f = \frac{r}{2} \tag{1-36}$$

该式表明球面反射镜的二焦点重合,而且对凹球面反射镜 $r<0$,$f'<0$,反而具有实焦点,能使光束会聚;对凸球面反射镜,$r>0$,$f'>0$,具有虚焦点,对光束却起发散作用。

3. 球面反射镜的放大率公式

同理,可以得到球面反射镜的三种放大率公式:

$$\left.\begin{aligned}\beta &= \frac{y'}{y} = -\frac{l'}{l} \\ \alpha &= \frac{\mathrm{d}l'}{\mathrm{d}l} = -\beta^2 \\ \gamma &= \frac{u'}{u} = -\frac{1}{\beta}\end{aligned}\right\} \tag{1-37}$$

上式表明,球面反射镜的轴向放大率恒为负值,当物体沿光轴移动时,像总以相反方向沿轴移动。当物体经偶数次反射时,轴向放大率为正。球面反射镜的横向放大率和物像的虚实关系与折射球面的结论一致。

当物体处于球面反射镜的球心时,由式(1-35)得到 $l'=l=r$,并由式(1-37)得球心处的放大率为 $\beta = \alpha = -1$,$\gamma = 1$。

1.3.6　共轴球面系统

前述单个折射球面不能成为一个基本成像元件(反射镜作为折射面的特例,可以由单个面构成一个基本成像元件),基本成像元件至少是由两个折射球面或非球面所构成的透镜。为了加工方便,绝大多数透镜是由球面构成的。

本节讨论共轴球面系统的成像问题。为解决球面系统的成像问题,只须重复应用前述单个折射球面的公式于球面系统的每一个面即可。因此,首先要解决如何由一个面过渡到下一个面的转面计算问题。

1. 转面（过渡）公式

一个共轴球面系统由下列数据所确定：

（1）各折射球面的曲率半径 $r_1, r_2, \cdots, r_k$；

（2）各个球面顶点之间的间隔 $d_1, d_2, \cdots, d_{k-1}$，$d_1$ 是第一面顶点到第二面顶点的间隔，d_2 是第二面顶点到第三面顶点的间隔，依次类推；

（3）各球面间介质的折射率 $n_1, n_2, \cdots, n_{k+1}$，$n_1$ 是第一面之前的介质折射率，n_{k+1} 是第 k 面之后的介质折射率，依次类推。

在上述结构参量给定后，即可进行共轴球面系统的光路计算和其他有关量的计算。

图 1-15 表示了一个在近轴区内的物体被光学系统前三个面成像的情况。显然，第一面的像方空间就是第二个面的物方空间。就是说，高度为 y_1 的物体 A_1B_1 用孔径角为 u_1 的光束经过第一面折射成像后，其像 $A_1'B_1'$ 就是第二面的物 A_2B_2，其像方孔径角 u_1' 就是第二面的物方孔径角 u_2，其像方折射率 n_1' 就是第二面的物方折射率 n_2。同样，第二面和第三面之间，第三面和第四面之间，都有这样的关系。依次类推，故有

$$\left.\begin{array}{llll} n_2 = n_1', & n_3 = n_2', & \cdots, & n_k = n_{k-1}' \\ u_2 = u_1', & u_3 = u_2', & \cdots, & u_k = u_{k-1}' \\ y_2 = y_1', & y_3 = y_2', & \cdots, & y_k = y_{k-1}' \end{array}\right\} \tag{1-38}$$

各面截距的过渡公式，由图 1-15 可以直接求出：

$$l_2 = l_1' - d_1, \quad l_3 = l_2' - d_2, \quad \cdots, \quad l_k = l_{k-1}' - d_{k-1} \tag{1-39}$$

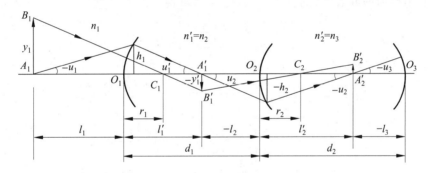

图 1-15　共轴球面系统

必须指出，上述转面公式（1-38）和式（1-39）对近轴光适用，对远轴光也同样适用，即

$$\left.\begin{array}{llll} n_2 = n_1', & n_3 = n_2', & \cdots, & n_k = n_{k-1}' \\ U_2 = U_1', & U_3 = U_2', & \cdots, & U_k = U_{k-1}' \\ L_2 = L_1' - d_1, & L_3 = L_2' - d_2, & \cdots, & L_k = L_{k-1}' - d_{k-1} \end{array}\right\} \tag{1-40}$$

这就是式（1-6）～式（1-10）光路计算公式的转面公式。

当用式（1-16）进行光路计算时，还必须求出光线在折射面上入射高度 h 的过渡公式。利用式（1-38）的第二式和式（1-39）的对应项相乘，可得

$$l_2 u_2 = l_1' u_1' - d_1 u_1', \quad l_3 u_3 = l_2' u_2' - d_2 u_2', \quad \cdots, \quad l_k u_k = l_{k-1}' u_{k-1}' - d_{k-1} u_{k-1}'$$

故

$$h_2 = h_1 - d_1 u_1', \quad h_3 = h_2 - d_2 u_2', \quad \cdots, \quad h_k = h_{k-1} - d_{k-1} u_{k-1}' \tag{1-41}$$

2. 共轴球面系统的拉亥公式

整个系统的拉亥公式,利用式(1-34)和公式组(1-38)可得

$$n_1u_1y_1 = n_2u_2y_2 = n_3u_3y_3 = \cdots = n_ku_ky_k = n_k'u_k'y_k' = J \tag{1-42}$$

此式表明,拉亥不变量不仅对一个折射面的两个空间是不变量,而且对整个光学系统的每一个面的每一个空间都是不变量。

拉亥不变量 J 是光学系统的一个重要特征量。J 值大,表示系统对物体成像的范围大,能对每一物点以大孔径角的光束成像。这一方面表示光学系统能传输的光能量大;另一方面,以后将会看到,成像光束的孔径角还与光学系统分辨被成像物体细微结构的能力有关。孔径角越大,分辨细节的能力越强。从信息的观点来看,就是传递的信息量更大。所以 J 值越大,光学系统的性能越高。

3. 整个共轴球面系统的放大率公式

对于整个共轴球面系统的三个放大率,很容易证明等于各个折射面相应放大率之乘积:

$$\left.\begin{aligned}
\beta &= \frac{y_k'}{y_1} = \frac{y_1'}{y_1}\frac{y_2'}{y_2}\cdots\frac{y_k'}{y_k} = \beta_1\beta_2\cdots\beta_k \\[2mm]
\alpha &= \frac{dl_k'}{dl_1} = \frac{dl_1'}{dl_1}\frac{dl_2'}{dl_2}\cdots\frac{dl_k'}{dl_k} = \alpha_1\alpha_2\cdots\alpha_k \\[2mm]
\gamma &= \frac{u_k'}{u_1} = \frac{u_1'}{u_1}\frac{u_2'}{u_2}\cdots\frac{u_k'}{u_k} = \gamma_1\gamma_2\cdots\gamma_k
\end{aligned}\right\} \tag{1-43}$$

将单折射球面的放大率表示式代入上式,即可求得

$$\beta = \frac{n_1l_1'}{n_1'l_1}\frac{n_2l_2'}{n_2'l_2}\cdots\frac{n_kl_k'}{n_k'l_k} = \frac{n_1l_1'l_2'\cdots l_k'}{n_k'l_1l_2\cdots l_k} \tag{1-44}$$

应用式(1-14)和转面公式(1-38),有

$$\beta = \frac{y_k'}{y_1} = \frac{n_1u_1}{n_k'u_k'} \tag{1-45}$$

$$\alpha = \frac{n_1'}{n_1}\beta_1^2\frac{n_2'}{n_2}\beta_2^2\cdots\frac{n_k'}{n_k}\beta_k^2 = \frac{n_k'}{n_1}\beta_1^2\beta_2^2\cdots\beta_k^2 = \frac{n_k'}{n_1}\beta^2 \tag{1-46}$$

$$\gamma = \frac{n_1}{n_1'}\frac{1}{\beta_1}\frac{n_2}{n_2'}\frac{1}{\beta_2}\cdots\frac{n_k}{n_k'}\frac{1}{\beta_k} = \frac{n_1}{n_k'}\frac{1}{\beta_1\beta_2\cdots\beta_k} = \frac{n_1}{n_k'}\frac{1}{\beta} \tag{1-47}$$

三个放大率之间,仍可得 $\alpha\gamma = \frac{n_k'}{n_1}\beta^2\frac{n_1}{n_k'}\frac{1}{\beta} = \beta$。由此可见,共轴球面系统的总放大率为各折射球面放大率的乘积,三种放大率之间的关系与单个折射球面的完全一样。

1.3.7 薄透镜

由两个折射面所限定的透明体称为透镜,它是构成光学系统的最基本的光学元件,能满足对物体成像的各种要求。因为球面是最容易加工和最便于大量生产的曲面,所以在实际光学系统中应用得最广泛。非球面透镜在改善成像质量和简化结构等方面有其好处,但由于加工和检验的困难,应用得相对较少,本书暂不作讨论。

透镜可分凸透镜和凹透镜两类,中心厚度大于边缘厚度的称凸透镜,中心厚度小于边缘

厚度的称凹透镜,如图 1-16 所示。

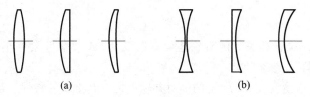

图 1-16 透镜
(a) 凸透镜；(b) 凹透镜

绝大部分实用的透镜,其厚度与球面半径相比很小,略去厚度不会引起成像结果的实质性变化,却能给初始阶段的分析和计算带来方便,导出甚为简单的公式。这种情况下,可以认为透镜的厚度为零,称薄透镜。

将单个折射球面的物像位置公式(1-17)应用于薄透镜的两个面,并考虑到 $n_1 = n_2' = 1$（空气）, $n_1' = n_2 = n$（透镜折射率）,且透镜本身的厚度为 0,则可得

$$\frac{1}{l'} - \frac{1}{l} = (n-1)\left(\frac{1}{r_1} - \frac{1}{r_2}\right) \tag{1-48}$$

这就是薄透镜的物像位置公式。且其焦距为

$$f' = 1 \Big/ \left((n-1)\left(\frac{1}{r_1} - \frac{1}{r_2}\right)\right)$$

并有

$$f = -f' \tag{1-49}$$

焦距的倒数称为透镜的光焦度,即

$$\varphi = \frac{1}{f'} = (n-1)\left(\frac{1}{r_1} - \frac{1}{r_2}\right) \tag{1-50}$$

则式(1-48)可写成

$$\frac{1}{l'} - \frac{1}{l} = \frac{1}{f'} = \varphi \tag{1-51}$$

从薄透镜的焦距公式可见:凡凸透镜, $f' > 0$,具有正光焦度,对光束起会聚作用,像方焦点是对入射的平行光束会聚而成的实焦点；凡凹透镜, $f' < 0$,具有负光焦度,对光束起发散作用,像方焦点是虚焦点。因此,又称凸透镜为正透镜或会聚透镜,称凹透镜为负透镜或发散透镜。图 1-17 所示为正、负透镜对平行光束的折射情况。通常用一条粗直线两端加箭头来表示薄透镜。

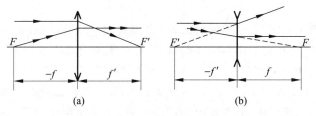

图 1-17 正、负透镜对平行光束的折射
(a) 正透镜；(b) 负透镜

应用折射球面的放大率公式易于得到薄透镜的相应公式,即

$$\beta = \frac{l'}{l} \qquad (1\text{-}52)$$

可见,放大率与物、像位置有关。随着物体位置的变化,放大率可大可小,可正可负,表明透镜可以满足各种各样的成像要求。

还需要指出,薄透镜放大率为 +1 的一对共轭点也有其重要的特性。从物像公式(1-51)解出 l' 并代入式(1-52),可得

$$\beta = \frac{f'}{l + f'} \qquad (1\text{-}53)$$

当 $\beta = 1$ 时,解得 $l = 0$,并有 $l' = 0$,此时一对物像点重合于薄透镜的中心或顶点,角放大率也为 1,即 $u' = u$,表示过这一对共轭点的共轭光线有相同的方向。因为这对共轭点重合于薄透镜的中心,所以,过薄透镜中心的光线方向不变。

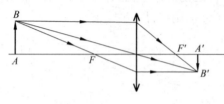

图 1-18　透镜的成像

因此,薄透镜具有下列性质,即:平行于光轴入射的光线经透镜后通过像方焦点;过物方焦点的入射光线经透镜后平行于光轴射出;通过透镜中心的光线方向不变。根据其中任意两条,就可用作图方法方便地求解任何位置的物体经透镜的成像问题,如图 1-18 所示。

1.4　平面与平面系统

光学系统中,除了大量应用球面光学元件外,还经常用到各种平面光学元件,如平面反射镜、棱镜和光楔等。它们是工作面为平面的元件,在光学系统中的主要作用是改变光路方向,变倒像为正像,缩小仪器的体积,减轻仪器的重量等。下面简要讨论平面镜、棱镜系统的成像特性。

1.4.1　平面反射镜

平面反射镜又称平面镜,是光学系统中唯一能成完善像的最简单光学零件。在日常生活中并不少见,例如穿衣镜、化妆镜等。

1. 单平面镜

如图 1-19(a)所示,PP' 为一平面反射镜,由物点 A 发出的同心光束被平面镜反射,其中任意一条光线 AO 经反射后沿 OB 方向射出,另一条光线 AP 垂直于镜面入射,并由原路反射。显然,反射光线 PA 和 OB 延长线的交点 A' 就是物点 A 经平面反射所成的虚像。根据反射定律 $\angle AON = \angle BON$,可得 $AP = A'P$。像点 A' 对平面镜 PP' 而言和物点 A 对称。因光线 AO 是任意的,所以由 A 点发出的同心光束,经平面镜反射后,成为一个以 A' 点为顶点的同心光束。这就是说,平面镜能对物体成完善像。

如果射向平面反射镜的是一会聚同心光束,即物点是一个虚物点,如图 1-19(b)所示,

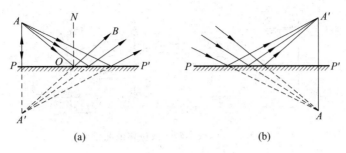

图 1-19　平面镜成像

（a）实物成虚像；（b）虚物成实像

则当光束经平面镜反射后成一实像点。

　　不管物和像是虚还是实,对于平面反射镜来说,物和像始终是对称的。由于其对称性,如果物体为右手坐标系 $O\text{-}xyz$,其像的大小与物相同,但却是左手坐标系 $O'\text{-}x'y'z'$,如图 1-20 所示。这种物像不一致的像,叫做镜像或非一致像。在大多数观察用光学仪器中,这种情况是不允许的。这会引起观察者的错觉,并使观察者作出错误的判断。

　　如果物体为右手系,而像仍为右手坐标系,则这样的像为一致像。容易推断,物体经奇数个平面镜成像,则为镜像;而经偶数个平面镜成像,则为一致像。

　　平面镜还有一个性质:当保持入射光线的方向不变,而使平面镜绕入射点,在垂直于入射面轴的方向转动一个 α 角,则反射光线将同向转动 2α 角。如图 1-21 所示,这是因为入射角和反射角同时变化 α 角之故。

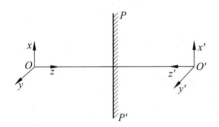

图 1-20　单个平面镜成像

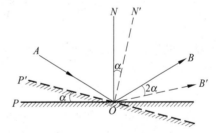

图 1-21　平面镜绕垂直入射面轴的转动

　　平面反射镜的这一性质可用于测量物体的微小转角或位移。如图 1-22,R 为刻有标尺的分划板,位于物镜 L 的前焦面上,当测杆处于零位时,平面镜处于垂直光轴的状态 M_0,此时从标尺零点即 F 点发出的光束经物镜、平面镜之后,沿原路返回,重新聚焦于 F 点。当测杆被被测物体推移 x 而使平面镜绕支点转动 α 角,此时,平面镜处于状态 M_1,平行光束被反射后,将偏离光轴 2α 角,聚焦于标尺的 F' 上。根据几何关系,测杆的移动量 $x = y\tan\alpha$,导致的聚焦点移动量 $FF' = f'\tan 2\alpha$。由于转角很小,有 $\tan\alpha = \alpha$,$\tan 2\alpha = 2\alpha$,因此,该装置的位移放大倍数 M 为

$$M = \frac{FF'}{x} = \frac{2f'}{y}$$

将此放大倍数做到 100 是毫无问题的。若标尺的刻度间隔为 0.1 mm,就能测出测杆 1 μm 的移动量。

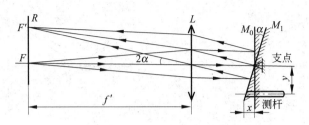

图 1-22　物体微小转角或位移的测量原理

2. 双平面镜

将两个平面反射镜组合在一起,使两个反射面构成一个二面角,这就是通常所谓的双平面镜系统。下面讨论物体经双平面镜两次反射的情况。

图 1-23(a)是夹角为 α 的双平面镜,物体为右手坐标系 $O\text{-}xyz$,假设物先被平面镜 M_1 反射成像为 $O_1\text{-}x_1y_1z_1$,然后,它作为平面镜 M_2 的物,被成像为 $O_2\text{-}x_2y_2z_2$。显然,两次反射像也是右手坐标系,是与原物一致的像,该像与原物之间的夹角为

$$\angle OQO_2 = \angle O_1QO_2 - \angle O_1QO = 2(\angle O_1QM_1 + \alpha) - 2\angle O_1QM_1$$
$$= 2\alpha$$

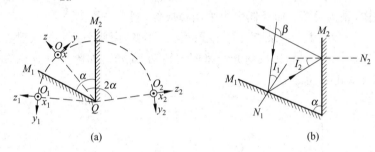

图 1-23　双平面镜
(a) 两次成像；(b) 两次反射后的出、入射光线间的关系

所以,双平面镜对物体所成的两次反射像是由物体绕镜棱转动 2α 角所得,转动的角度与物体位置无关。因此,当双镜绕镜棱线转动,保持夹角不变,则两次反射像是不动的；转动的方向由反射次序而定,是沿第一反射镜至第二反射镜的方向。

下面再看看经双平面镜两次反射后的出射光线与入射光线间的关系。

如图 1-23(b),两次反射光线相当于入射光线按图中所示方向转动 β 角而得,则 β 和 α 间有下列关系：

$$\beta = 2(I_1 + I_2) = 2\alpha$$

该式表明,出射光线和入射光线之间的夹角与入射角无关,只决定于反射镜间夹角 α。因此,光线方向的改变可以根据实际需要,通过选择适当的 α 角来实现。如果保持两反射镜间的夹角 α 不变,在入射光线方向不变的情况下,当两平面镜绕镜棱线旋转时,它的出射光线方向始终不会改变。

双平面镜系统对光线反射的这一性质具有重要的实用意义。例如二次反射棱镜就是利用这一性质做成的。由于已将两个反射面做成一体,可始终保持其夹角不变。将它应用于光学系统中,可以在安装要求不高的情况下,较好地保持出射光束的正常状态。

双平面反射镜的成像特性可归纳为：

（1）二次反射像的坐标系统与原物坐标系统相同，成一致像。

（2）位于主截面内的光线，无论入射方向如何，出射线的转角永远等于两平面镜角的 2 倍，其转向与光线在反射像的坐标系统与原物坐标系统相同，成一致像。

1.4.2　平行平板

由两个相互平行的折射平面构成的光学零件称为平行平板。

平行平板是光学仪器中应用较多的一类光学零件，如刻有标志的分划板、载玻片和盖玻片、滤光片、探测器窗口等，都属于这一类光学零件。反射棱镜也可看成是等价的平行平板。

图 1-24 给出一个厚度为 d 的平行平板，设它处于空气中，即两边的折射率都等于 1，平行平板玻璃的折射率为 n。从轴上点 A 发出的与光轴成 U_1 角的光线射向平行平板，经第一面折射后，射向第二面，经折射后沿 EB 方向射出。出射光线的延长线与光轴交于点 A_2'，此即为物点 A 经平行平板折射后的虚像点。光线在第一、第二两面上的入射角和折射角分别为 I_1、I_1' 和 I_2、I_2'，按折射定律有

$$\sin I_1 = n \sin I_1'$$
$$n \sin I_2 = \sin I_2'$$

因两个折射面平行，有 $I_2 = I_1'$，$I_2' = I_1$，故 $U_1 = U_2'$，可见出射光线 EB 和入射光线 AD 相互平行。即光线经平行平板折射后方向不变。按放大率一般定义公式可得

$$\gamma = \frac{\tan U'}{\tan U} = 1, \quad \beta = \frac{1}{\gamma} = 1, \quad \alpha = \beta^2 = 1$$

所以平行平板不使物体放大或缩小，总对物体成同等大小的正立像，物与像总在平板的同一侧，两者虚实不一致。

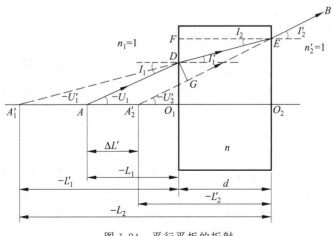

图 1-24　平行平板的折射

光线经平行平板折射后，虽然方向不变，但要产生位移。由图 1-24 知

$$DG = DE \sin(I_1 - I_1')$$

$$DE = \frac{d}{\cos I_1'}$$

可得侧向位移或平行位移为

$$DG = \frac{d}{\cos I_1'} \sin(I_1 - I_1')$$

将 $\sin(I_1 - I_1')$ 展开并利用 $\sin I_1 = n \sin I_1'$，得

$$DG = d \sin I_1 \left(1 - \frac{\cos I_1}{n \cos I_1'} \right) \tag{1-54}$$

若沿平行平板垂线方向计算位移，得到像点 A_2' 到物点 A 的距离，称为轴向位移，以 $\Delta L'$ 表示，有

$$\Delta L' = \frac{DG}{\sin I_1}$$

将式(1-54)代入，得

$$\Delta L' = d \left(1 - \frac{\cos I_1}{n \cos I_1'} \right) \tag{1-55}$$

因 $(\sin I_1 / \sin I_1') = n$，所以

$$\Delta L' = d \left(1 - \frac{\tan I_1'}{\tan I_1} \right) \tag{1-56}$$

该式表明，$\Delta L'$ 因不同的 I_1 值而不同。即物点 A 发出的具有不同入射角的各条光线，经过平行平板折射后，具有不同的轴向位移量。这就说明从物点 A 发出的同心光束经过平行平板后，就不再是同心光束，成像是不完善的。同时可以看出厚度 d 越大，轴向位移越大，成像不完善程度也越大。

如果入射光束以近于无限细的近轴光束通过平行平板成像，因为 I_1 角很小，余弦可近似地等于 1，这样式(1-55)变为

$$\Delta l' = d \left(1 - \frac{1}{n} \right) \tag{1-57}$$

其中，用 $\Delta l'$ 代替 $\Delta L'$。该式表明，近轴光线的轴向位移只与平行平板厚度 d 及折射率 n 有关，而与入射角 i_1 无关。因此物点以近轴光经平行平板成像是完善的。

1.4.3 反射棱镜

将一个或多个反射工作平面制作在同一块玻璃上的光学零件称为反射棱镜。反射棱镜在光学系统中用来达到转折光轴、转像、倒像、扫描等目的。由于反射棱镜在发生全反射时几乎没有能量损失，并且具有不易变形和便于装调等优点，因此在光学仪器中，对于尺寸不大的反射面常用反射棱镜来代替平面反射镜。

根据不同的需要，反射棱镜有很多类型，形状各异。这里介绍最常用的棱镜和棱镜系统。

1. 简单棱镜

1) 一次反射棱镜

一次反射棱镜相当于单块平面镜，对物成镜像。其中最常用的是等腰直角棱镜，如

图 1-25 所示。两个直角面,即 AB 面和 BC 面,称为棱镜的入射面和出射面,光学系统的光轴必须从这两个面的中心垂直通过。故这种棱镜使光轴偏转 90°。这里,入射面、反射面和出射面统称为棱镜的工作面,工作面的交线称为棱线或棱,垂直于棱线的平面称为棱镜的主截面。光轴应位于主截面内。

若需经一次反射使光轴转过若干角度,根据反射定律和几何关系,很容易通过作图或计算得出这种一次反射棱镜的顶角值,图 1-26 所示是等边棱镜割去无用的阴影部分所得,它可使光轴偏转 60°。

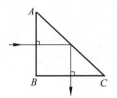

图 1-25　等腰直角棱镜

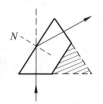

图 1-26　一次反射使光轴偏转

还有一种较为特殊的一次反射棱镜,如图 1-27 所示,它由等腰直角棱镜截去无用的直角部分而成,称为达夫棱镜。它虽使光轴经一次反射,但因光轴在入射面和出射面上均要经一次折射,最终并不改变光轴的方向。达夫棱镜的重要性质在于当它绕平行于反射面的 AA' 轴旋转 α 角时,物体的反射像将转过 2α 角。这可以通过图 1-27 中棱镜处于图(b)和图(c)两个位置时的成像情况加以证明。达夫棱镜的这一性质,使它在周视瞄准镜中得到了重要应用,如图 1-28 所示。这里,直角棱镜 P_1 绕其出射光轴旋转达到周视的目的;同时,达夫棱镜 P_2 以 P_1 角速度的一半转动,以使观察者不必改变位置就能周视全景。但要注意,由于达夫棱镜的入射面和出射面不与光轴垂直,它只能应用于平行光束中。

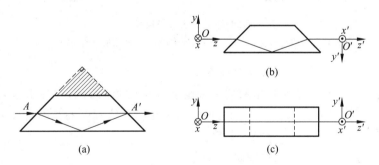

图 1-27　达夫棱镜
(a)达夫棱镜;(b)达夫棱镜成像;(c)达夫棱镜旋转成像

2) 二次反射棱镜

这类棱镜相当于双平面镜系统,即夹角为 α 的二次反射棱镜将使光轴转过 2α 角。图 1-29 画出了几种常用的二次反射棱镜,其中图(c)和图(d)是最常用的两种棱镜,前者称五角棱镜,当要避免镜像时,可用来代替一次反射直角棱镜;后者称二次反射直角棱镜,常用来组成棱镜倒像系统;图(a)是半五角棱镜;图(b)是30°直角棱镜,它可代替图 1-26 所示的一次反射棱镜;图(e)称斜方棱镜,可使光轴产生平移。

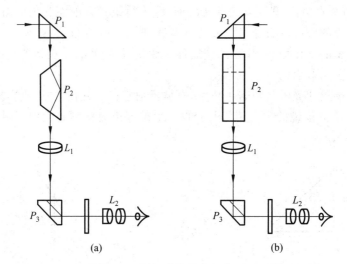

图 1-28　周视瞄准镜的工作原理

（a）棱镜未旋转；（b）棱镜旋转

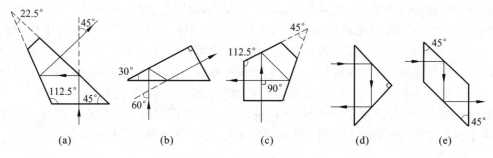

图 1-29　二次反射棱镜

（a）半五角棱镜；（b）30°直角棱镜；（c）五角棱镜；（d）二次反射直角棱镜；（e）斜方棱镜

3）三次反射棱镜

最常用的有施密特棱镜，如图 1-30 所示，它使出射光轴相对于入射光轴改变 45°的方向。由于光线在棱镜中的光路很长，可折叠光路，从而使仪器结构紧凑。

2. 屋脊棱镜

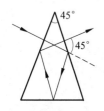

图 1-30　施密特棱镜

反射棱镜的又一重要用途是用来倒像，即使像面相对于物上下和左右同时转过 180°。上述棱镜单个使用时，都不能达到此目的。因为它们都不能使垂直于主截面的 Ox 轴发生倒转，所成的像或者是镜像，或者是与物相同方向的像，都无济于事。

要达到用棱镜倒像的目的，有两个办法：一是应用屋脊棱镜，二是应用棱镜组合系统。这里介绍屋脊棱镜。

所谓屋脊棱镜，就是把普通棱镜的一个反射面用两个互成直角的反射面来代替的棱镜。两直角面的交线，即棱线，平行于原反射面，且在主截面上。它犹如在反射面上盖上一个屋脊，故有屋脊棱镜之称，如图 1-31 所示。

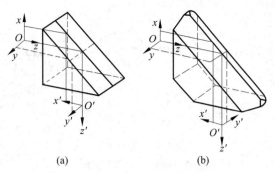

图 1-31　直角屋脊棱镜

（a）普通直角棱镜；（b）去顶角直角屋脊棱镜

屋脊棱镜除了能保持与原有棱镜相同的光轴走向外,还能使垂直于主截面的 Ox 轴发生倒转。因此上述的奇数次反射棱镜,用屋脊面代替其中的一个反射面后,就成了偶数次反射的屋脊棱镜,可以单独作为倒像棱镜之用。例如图 1-28 中的周视镜就是用单块直角屋脊棱镜来起倒像作用的。同样,二次反射的普通棱镜也可做成奇次反射屋脊棱镜,常用的有屋脊五角棱镜和屋脊半五角棱镜。它们可在已具有一个反射面的系统中作为倒像棱镜使用。

下面以图 1-32 中的直角屋脊棱镜为例,讨论其结构尺寸。可以看出,若直角面的高度 AB 仍像普通直角棱镜那样与宽度 EF 相等,光束就要被部分阻拦,故屋脊棱镜入射面上的高度必须适当增大,如图 1-33 所示。可以证明,入射面上端增大长度应为 $AC=0.336D$。因为对称关系,下端也应增大,所以直角屋脊棱镜的入射面高度 $AB=D+0.336D\times2=1.732D$,并得出其等效平板厚度 d 或在其中的光轴长度也为 $1.732D$。实际上,棱镜中增大部分即右视图中的三块阴影部分均不受光,为减小体积和减轻重量,都将其割去。

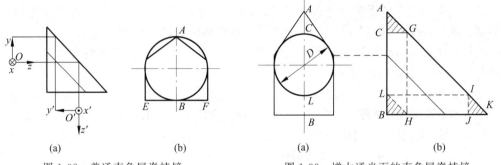

图 1-32　普通直角屋脊棱镜　　　　图 1-33　增大通光面的直角屋脊棱镜

（a）成像方向；（b）通光面　　　　（a）通光面；（b）侧面

屋脊棱镜要求两个屋脊面准确成 $90°$,且屋脊棱平直,不然就要产生双像和影响像质。因此加工难度较大,成本较高。在实际光学系统中,常用棱镜的组合来实现转像功能。

3. 反射棱镜的等效作用与展开

反射棱镜在光学系统中等价于一块平行平板,我们依次对反射面逐个作出整个棱镜被其所成的像,即可将棱镜展开成平行平板。图 1-34 就是对一次反射等腰直角棱镜、达夫棱镜和施密特棱镜按此法所展成的等效平板。其他棱镜的展开图请读者自行画出。由图可见,本来在棱镜内部几经转折的光轴,展开后连成了直线。其中的达夫棱镜,由于入射面与出射面不与光轴垂直,其对应的平板是倾斜于光轴的。

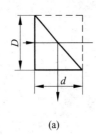
(a)

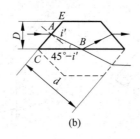
(b)

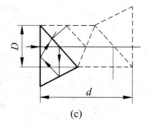
(c)

图 1-34　等效平板

（a）一次反射等腰直角棱镜；（b）达夫棱镜；（c）施密特棱镜

通常用反射棱镜的结构常数 K 来表示棱镜的通光直径 D（入射面上或出射面上的最大光斑直径）和棱镜中的光轴长度 d 之间的关系，即

$$K = \frac{d}{D} \qquad (1\text{-}58)$$

一般情况下，d 是等效平板的厚度，但达夫棱镜例外。

作出展开图后，易得上述各棱镜的结构常数分别为：一次反射的等腰直角棱镜 $K=1$；二次反射的等腰直角棱镜 $K=2$；五角棱镜 $K=3.414$；半五角棱镜 $K=1.707$；斜方棱镜 $K=2$；施密特棱镜 $K=2.414$。

达夫棱镜的结构常数与棱镜材料的折射率有关，即

$$K = \frac{d}{D} = \frac{2AB}{D} = \frac{2n}{\sqrt{2n^2-1}-1} \qquad (1\text{-}59)$$

根据棱镜的通光直径和结构常数，即可求知棱镜的结构尺寸。其中达夫棱镜的结构尺寸因折射率而异。

由于反射棱镜等效于平行平板，将其应用于光学系统的非平行光束中时，就不能像用平面镜那样随便，必须考虑到，平行平板既会产生像的轴向位移，又会产生像差。

同样易于证明，屋脊五角棱镜和屋脊半五角棱镜的入射面高度均应增大 $0.237D$，而施密特屋脊棱镜应增大 $0.259D$，即：

屋脊五角棱镜　入射面高度 $AB=1.237D$，光轴长度 $d=3.414\times1.237D=4.223D$；

屋脊半五角棱镜　入射面高度 $AB=1.237D$，光轴长度 $d=1.707\times1.237D=2.111D$；

屋脊施密特棱镜　入射面高度 $AB=1.414\times1.259D=1.780D$，光轴长度 $d=2.414\times1.259D=3.039D$；入射光轴到顶棱的距离 $b=0.630D$。

1.4.4　折射棱镜

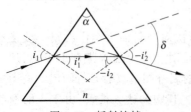

图 1-35　折射棱镜

折射棱镜如图 1-35 所示，两个工作面（折射面）不同轴，其交线称为折射棱，两工作面的夹角称为棱镜的顶角。设棱镜位于空气中，其折射率为 n，顶角为 α，入射角为 i_1。折射光线相对于入射光线的偏角为 δ，其正负号以入射光线为起始边来确定，当入射光线以锐角方向顺时针转向折射光线时为正，反之为负，图 1-35 中 $\delta>0$。由图有

$$\alpha = i_1' - i_2$$

光学教程（第 3 版）

$$\delta = i_1 - i_1' + i_2 - i_2'$$

两式相加有

$$\alpha + \delta = i_1 - i_2'$$

由折射定律有

$$\sin i_1 = n \sin i_1'$$
$$\sin i_2' = n \sin i_2$$

将以上两式相减并进行变换，可得

$$\sin \frac{1}{2}(i_1 - i_1') \cos \frac{1}{2}(i_1 + i_1') = n \sin \frac{1}{2}(i_1' - i_2) \cos \frac{1}{2}(i_1' + i_2)$$

则有

$$\sin \left[\frac{1}{2}(\alpha + \delta) \right] = \frac{n \sin \left(\frac{1}{2}\alpha \right) \cos \left[\frac{1}{2}(i_1' + i_2) \right]}{\cos \left[\frac{1}{2}(i_1 + i_2') \right]} \tag{1-60}$$

对于给定的棱镜，α 和 n 为定值。所以由上式可知，偏向角 δ 只与 i_1 有关。可以证明，当 $i_1 = -i_2'$ 或 $i_1' = -i_2$ 时，其偏向角 δ 最小。上式可写为

$$\sin \frac{1}{2}(\alpha + \delta_m) = n \sin \frac{\alpha}{2}$$

或

$$n = \frac{\sin \frac{1}{2}(\alpha + \delta_m)}{\sin \frac{\alpha}{2}} \tag{1-61}$$

其中，δ_m 为最小偏向角。

此式常用来求玻璃的折射率 n。为此需要将被测玻璃做成棱镜，顶角 α 取 60°左右，然后用测角仪测出 α 角的精确值。当测得最小偏向角后，即可用上式求得被测棱镜的折射率。

1.4.5 光楔

当折射棱镜两折射面间的夹角 α 很小时，这种折射棱镜称为光楔。

因为 α 角很小，光楔可近似地认为是平行平板，则有 $i_1' \approx i_2$，$i_2' \approx i_1$，代入式(1-60)得

$$\sin \frac{1}{2}(\alpha + \delta) = \frac{n \sin \frac{1}{2}\alpha \cos i_1'}{\cos i_1}$$

当 α 很小时，δ 也很小，所以上式中的正弦值可以用弧度值来代替。解出 δ，得

$$\delta = \alpha \left(n \frac{\cos i_1'}{\cos i_1} - 1 \right)$$

当 i_1 和 i_1' 很小时，上式可写为

$$\delta = \alpha(n - 1) \tag{1-62}$$

此式表明，当光线垂直或近于垂直射入光楔时，其所产生的偏向角 δ 仅取决于光楔的折射率 n 和两折射面间夹角 α。

在光学仪器中，常把两块相同的光楔组合在一起相对转动，用以产生不同的偏向角，如

图 1-36 所示。两光楔中间有一空气间隔,使相邻工作面平行,并可绕光轴相对转动。图 1-36(a)的情况表示两光楔主截面平行,两楔角朝向一方,将产生最大的总偏向角;图 1-36(b)的情况是两光楔相对转动 180°,两主截面仍然平行,但楔角的方向相反,这时相当于一个平行平板,偏向角为零;图 1-36(c)表示光楔相对转动 360°,产生与图 1-36(a)情况相反的最大偏向角。

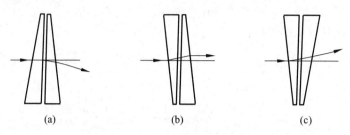

图 1-36 主截面平行的光楔

(a)楔角的方向同向上;(b)楔角的方向相反;(c)楔角的方向同向下

当两主截面不平行,即两光楔相对转动了任意角度 φ 时,组合光楔的总偏向角为

$$\delta = 2(n-1)\alpha\cos\frac{\varphi}{2} \tag{1-63}$$

这种双光楔可以把光线的小偏向角转换成两个光楔的相对转角,因此在光学仪器中常用它来补偿或测量光线的小角度偏差。

1.5 光 学 材 料

光学成像要通过光学零件的折射和反射来实现。一种材料能否用来制造光学零件,主要取决于它对被要求成像的光波波段是否透明,或者在反射的情况下是否具有足够高的反射率。

折射光学零件的材料绝大部分采用光学玻璃。一般的光学玻璃能够透明的光波波段范围是 $0.35\sim2.5\,\mu m$。在 $0.4\,\mu m$ 以下,就显示出对光的强烈吸收。光学晶体也是重要的透射材料,有些晶体的透明波段很宽,性能特异,有多方面的应用。此外,光学塑料也开始应用于许多光学仪器中。塑料镜片可由模压而得,生产率高,成本很低;缺点是热膨胀系数和折射率的温度系数较光学玻璃大得多。

透射材料的特性除透过率外,还有它对各种特征谱线的折射率。在光学中,以太阳光谱中的夫琅禾费谱线作为特征单色谱线来表征光学介质的折射率。这些谱线的符号、颜色、波长和产生这些谱线的元素如表 1-1 所列。其中以 D 或 d 线的折射率 n_D 或 n_d 以及 F 线和 C 线的折射率差 (n_F-n_C) 为其主要的光学性能参数。这是因为 F 线和 C 线接近人眼光谱灵敏极限的两端,而 D 或 d 线在其中间,接近人眼最灵敏的波长。n_D 称为平均折射率,(n_F-n_C) 称为平均色散。此外,将 $v_D = (n_D-1)/(n_F-n_C)$ 称为阿贝常数或平均色散系数;将任意一对谱线的折射率差,如 (n_g-n_F),称为部分色散;部分色散和平均色散的比值称为部分色散系数或相对色散。所有这些数据都在光学玻璃手册中给出,是在光学设计时需要查知的。

表 1-1　各单色谱线的符号、颜色、波长及产生谱线的元素

符号	A'	r	C	D	d	e	F	g	G'	h
颜色	红			黄		绿	青		蓝	紫
λ/nm	768.2	706.5	656.3	589.3	587.6	546.1	486.1	435.8	434.0	404.7
元素	K	He	H	Na	He	Hg	H	Hg	H	Hg

为设计各种完善和高性能的光学系统,需要很多种光学玻璃以供选择。光学玻璃可分为冕牌和火石两大类,各大类又可分为好几种。就国产的光学玻璃而言,其名称和符号有:①冕牌玻璃类:轻冕玻璃 QK、冕玻璃 K、磷冕 PK、钡冕 BaK、镧冕 LaK 等;②火石玻璃类:冕火石 KF、轻火石 QF、钡火石 BaK、火石 F、重火石 ZF、重钡火石 ZbaF、镧火石 LaF、重镧火石 ZLaF、特种火石 TF 等。每一种类的玻璃又有很多牌号,用符号后所跟数字来区别。一般而言,冕牌玻璃的特征是低折射率低色散,火石玻璃是高折射率高色散。但随着光学玻璃工业的发展,高折射率低色散和低折射率高色散的玻璃也不断熔炼了出来,使品种和牌号得到扩充,促进了光学工业的发展。

图 1-37 是光学玻璃按其主要光学常数 n_D 和 v_D 的不同而分布的 n_D-v_D 图。由图可见,上述各类玻璃各占有一小区域,相互连接成一大片,从而为光学系统设计提供了挑选玻璃的充分余地。

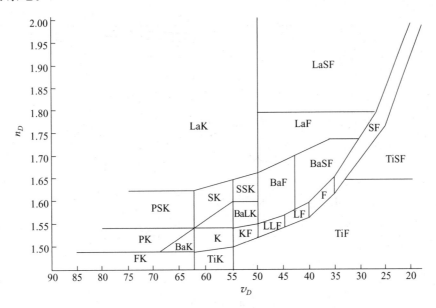

图 1-37　光学玻璃主要光学常数 n_D 和 v_D 的分布图

在国外,还有一种用六位数字表示玻璃光学特性的方法,其中前三位数代表平均折射率小数点后的三位数,后三位数表示阿贝常数。例如 589 613,即表示这种玻璃的平均折射率为 1.589,阿贝常数为 61.3。

随着激光的不断发展,激光光学系统的应用越来越多。由于各种激光器的输出波长不同于前述特征谱线的波长,有必要利用公式求知玻璃对任意波长的折射率。现在一般使用联邦德国的肖特玻璃厂提出的色散公式,即

$$n^2 = A_0 + A_1\lambda^2 + A_2\lambda^2 + A_4\lambda^2 + A_6\lambda^2 \tag{1-64}$$

利用这一公式计算折射率,在波长为 400～750 nm 时,精度可达 $\pm 3 \times 10^{-6}$,在 365～400 nm 和 750～1014 nm 时精度可达 $\pm 5 \times 10^{-6}$,这对光学计算来说已经足够了。计算时,波长以 nm 为单位,而式中的常数 A 可从玻璃目录中查取。

透射光学材料除上述透过率和光学常数的要求外,还应有高度的光学均匀性、化学稳定性和良好的物理性能,同时在材料中不应有明显的气泡、条纹和内应力等缺陷,避免对光学成像产生危害。

至于反射光学零件,一般都是在正确形状的抛光玻璃表面镀以高反射率材料的薄膜而成。因为反射时不存在光的色散现象,所以反射层材料的唯一特性是它对各种波长的反射率。

反射膜一般都用金属材料镀制。但不同金属的反射面,其适用波段是不同的。图 1-38 是几种金属的反射层随波长而变化的反射率曲线。可见,银在 350～750 nm 的可见波段具有最高的反射率,高达 95%。但镀银面的反射率会随使用时间的加长而降低。铝的反射率比银低,但铝反射面能在空气中形成致密氧化层,使镜面反射率保持稳定,十分经久耐用。在红外区,金具有最好的反射特性,但在 2 μm 以下的近红外区,铝、银等也并不逊色。在 0.35 μm 以下的紫外区,铝具有最高的反射率,而银已经透明而不能应用了。在 0.1 μm 以下,铝也成为透明物质,此时只能采用铂,尽管其反射率并不高。所以,紫外系统主要是受材料的限制而在发展上有很大的困难。

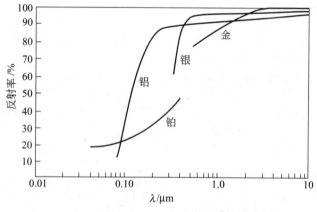

图 1-38　几种金属的反射率曲线

例　题

例 1-1　有一光学零件,其结构参数如下:$r = 10$ mm,$d = 30$ mm,$n = 1.5$。当 $l_1 = \infty$ 时,求 l';当入射高度 $h = 1$ mm 时,实际光线和光轴交点在何处?交在高斯像面上的高度是多少?该值说明什么问题?

解:(1)如图 1-39(a)所示,当 $l_1 = \infty$ 时,由物像关系公式(1-17)得

$$l_1' = \frac{rn'}{n' - n} = \frac{10 \text{ mm} \times 1.5}{1.5 - 1} = 30 \text{ mm}$$

由转面公式(1-39)得

$$l_2 = l_1' - d = 30 \text{ mm} - 30 \text{ mm} = 0$$

由物像关系公式(1-17)得 $l_2' = 0$。即经过该光学零件后,物体恰好成像在第二面上。

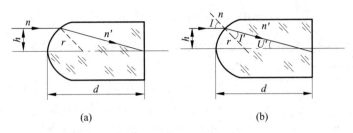

图 1-39　$l_1 = \infty$ 时的成像

(a) 近轴情形;(b) $h = 1$ mm 时的实际光线

（2）如图 1-39(b)所示,当 $h = 1$ mm 时,由式(1-6)～式(1-11),可求得

$$\sin I = \frac{h}{r} = \frac{1 \text{ mm}}{10 \text{ mm}} = 0.1$$

得

$$I = 5.739\,170°$$

所以

$$\sin I' = \frac{n}{n'} \sin I = \frac{1 \times 0.1}{1.5} = 0.066\,667$$

得

$$I' = 3.822\,554°$$

所以

$$U' = U + I - I' = 1.916\,617°$$

$$L' = r\left(1 + \frac{\sin I'}{\sin U'}\right) = 29.9332 \text{ mm}$$

即高度为 1 mm 的平行光线经过第一个折射面交于其后 29.9332 mm 处,它交在高斯像面上高度为

$$y' = (30 - 29.9332) \text{ mm} \times \tan U' = 0.002\,235\,26 \text{ mm}$$

这说明了该光线经球面折射后不交于近轴光像点,所以一个物点得到的像不是一点,而是一个弥散斑。

例 1-2　十字路口有一个凸球面反射镜 $r = 1$ m,有一个人身高 1.6 m,在凸球面反射镜前 11 m 处,试求这个人经过此凸球面反射镜时所成像的大小和正倒?

解:根据题意,已知 $l = -11$ m,$r = 1$ m。代入式(1-35)有

$$\frac{1}{l'} + \frac{1}{-11 \text{ m}} = \frac{2}{1 \text{ m}}$$

解得

$$l' = \frac{11}{23} \text{ m}$$

由式(1-37)有

$$\beta = \frac{y'}{y} = -\frac{l'}{l} = \frac{(-11/23)\,\text{m}}{-11\,\text{m}} = \frac{1}{23}$$

解得

$$y' = \beta y = \frac{1}{23} \times 1.6\,\text{m} = 0.069\,56\,\text{m}$$

所以此人经过这个凸球面反射镜时所成像的大小为 0.069 56 m，又因为 β 为正值，所以成正像。

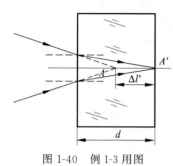

图 1-40 例 1-3 用图

例 1-3 图 1-40 所示为一块平行平板，其厚度 d 为 15 mm，玻璃折射率 $n=1.5$，一物点 A 经过平行平板折射后，其细光束像点 A' 在第二面上。试求其物点离开第一面的位置。

解：由式 (1-57) 可得平行平板的轴向位移量为

$$\Delta l' = d\left(1 - \frac{1}{n}\right) = 15\left(1 - \frac{1}{1.5}\right)\text{mm} = 5\,\text{mm}$$

$$d - \Delta l' = 15\,\text{mm} - 5\,\text{mm} = 10\,\text{mm}$$

故物点离开第一面的距离为 10 mm。

习　题

1-1　如图所示，有两平面反射镜 M_1 和 M_2，其夹角为 α。在两反射镜之间有一条光线以 42° 入射到 M_1 反射镜上，经四次反射后，其反射光线与 M_1 平行，求角 α 的大小。

1-2　如图所示，为了从坦克内部观察外界目标，需要在坦克壁上开一个孔，假定坦克壁厚 250 mm，孔宽 150 mm，在孔内装一块折射率 $n=1.52$ 的玻璃，厚度与装甲厚度相同，问能看到外界多大的角度范围？

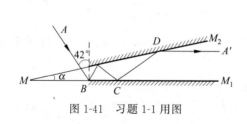

图 1-41　习题 1-1 用图

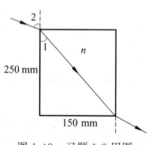

图 1-42　习题 1-2 用图

1-3　如图所示，水槽有水 10 m 深，槽底中央有一点光源，水的折射率为 1.33，水面上浮一不透光也不反射光的纸片，使人从水面上以任意角度观察都看不到光，则这张纸片最小面积是多少？

1-4　如图所示，一个玻璃球半径为 R，折射率为 n，若以平行光入射，当玻璃的折射率为何值时，会聚点恰好落在球的后表面上？

1-5　空气中的玻璃棒，$n=1.6$，左端为一半球形，$r=40$ mm，轴上一点源，$L=-80$ mm，求 $U=-2°$ 的像点位置。

1-6　在一张报纸上放一个平凸透镜，眼睛通过透镜看报纸。当平面朝着眼睛时，报纸的虚像在平面下 12 mm 处；当凸面朝着眼睛时，报纸的虚像在凸面下 15 mm 处，若透镜的中央厚度为 18.3 mm，求透镜的折射率和凸球面的曲率半径。

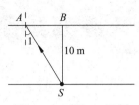

图 1-43　习题 1-3 用图

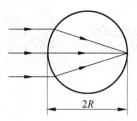

图 1-44　习题 1-4 用图

1-7　已知一透镜的结构参数如下（单位：mm）：$r_1=10$，$n_1=1.0$，$d_1=5$，$n_2=n_2'=1.5163$，$r_2=-50$，$n_2'=1.0$。高度 $y_1=10$ mm 的物体位于透镜前 $l_1=-100$ mm 处，求像的位置和大小。

1-8　有一玻璃球，折射率为 $n=1.5$，半径为 2 cm，放在空气中，当物放在球前 4 cm 处时像在何处？像的大小如何？

1-9　一个直径为 400 mm 的玻璃球，折射率为 1.52。球内有两个小气泡，看上去一个恰好在球心，另一个从最近的方向去看，在球表面和中心的中间，求两气泡的实际位置。

1-10　一球面反射镜，$r=-80$ mm，求 $\beta=0,-1,10$ 情况下的物距和像距。

1-11　人眼直接观察太阳，其张角为 $30'$，计算太阳经过焦距为 400 mm 的凹球面反射镜后成像的大小。

1-12　有一玻璃半球，折射率为 1.5，半径为 100 mm，其中的平面镀银。一个高为 20 mm 的小物体放在球面顶点前方 200 mm 处，求经过这个系统最后所成像的位置、大小和正倒。

1-13　长 1 m 的平面镜挂在墙上，镜的上边离地 2 m，一人立于镜前，其眼离地 2.5 m，离墙 1.5 m，求地面上能使此人在镜内所看到的离墙最近和最远之点。

1-14　夹角为 35° 的双平面反射镜系统，当光线以多大的入射角入射于一平面时，其反射光线再经另一平面镜反射后，将沿原光路反向射出？

1-15　如图所示，平行平面板厚度为 d，玻璃折射率为 n，入射光线方向为垂直于板面的方向，当平行平面板绕 O 点转过 φ 角，试求光线侧向位移的表示式，并分析点 O 的位置对侧向位移是否有影响。

图 1-45　习题 1-15 用图

1-16　有一等边折射三棱镜，其折射率为 1.52，求光线经该棱镜的两个折射面折射后产生最小偏向角时的入射角和最小偏向角值。

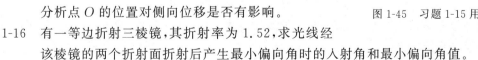

习题解答 1

第2章 理想光学系统与实际光学系统

理想光学系统能对空间任意大的物体以任意宽的光束完善成像。研究理想光学系统成像规律的实际意义是用理想光学系统作为衡量实际光学系统成像质量的标准,也可将理想光学系统作为设计实际光学系统的初始计算。另外,本章还将讨论实际光学系统中的光束限制和像差问题。

2.1 理想光学系统的基本特性、基点和基面

2.1.1 理想光学系统的基本特性

所谓理想光学系统,就是能对任意宽空间内的点以任意宽的光束完善成像的光学系统,这种系统完全撇开具体的光学结构,是一个能与任何具体系统等价的抽象模型。本章我们依据理想光学系统的原始定义导出有关公式。

理想光学系统的原始定义表述如下:

(1) 点成点像。即物空间的每一点,对应于像空间唯一的一点,这两个对应点称为物像空间的共轭点。

(2) 线成线像。即物空间的每一条直线对应于像空间唯一的一条直线,这两条对应直线称为物像空间的共轭线。

(3) 平面成平面像。即物空间的每一个平面,对应于像空间唯一的一个平面,这两个对应平面称为物像空间的共轭面。

由该定义可知,物空间的任一个同心光束必对应于像空间的一共轭的同心光束;若物空间中的两点与像空间的两点共轭,则物空间的两点的连线与像空间两点的连线也一定共轭;若物空间任意一点位于一直线上,则该点在像空间的共轭点必位于该直线的共轭线上。

共轴理想光学系统的理论是在 1841 年由高斯建立的,因此称为高斯光学,它适用于任何结构的光学系统。

上述定义只是理想光学系统的基本假设。在均匀透明介质中,除平面反射镜具有上述理想光学系统性质外,任何实际的光学系统都不能绝对完善成像。

研究理想光学系统成像规律的实际意义是用它作为衡量实际光学系统成像质量的标准。通常把理想光学系统计算公式(近轴光学公式)计算出来的像,称为实际光学系统的理想像。

另外,在设计实际光学系统时,用它近似表示实际光学系统所成像的位置和大小,即实际光学系统设计的初始计算。

2.1.2 理想光学系统的基点和基面

1. 焦点和焦面

根据理想光学系统的原始定义,如果物空间有一平行于光轴的光线入射于理想光学系统,不管其在系统中真正的光路如何,在像空间总有唯一的一条光线与之共轭,它可以和光轴平行,也可以与光轴交于某一点。在此,我们先讨论后一种情况。

图 2-1 所示为一理想光学系统,O_1 和 O_k 两点分别是第一面和最后一面的顶点,FF' 为光轴。在物空间有一条平行于光轴的光线 AE_1 经光组各面折射后,其折射光线 G_kF' 交光轴于 F' 点。另一条物方光线 FO_1 与光轴重合,其折射光线 O_kF' 仍沿光轴方向射出。由于物方两平行入射线 AE_1 和 FO_1 的交点(于左方无穷远的光轴上)与像方共轭光线 G_kF' 和 O_kF' 的交点 F' 共轭,所以 F' 是物方无穷远轴上点的像,称为理想光学系统的像方焦点(或后焦点、第二焦点)。因此,任何一条平行于光轴的入射线经理想光学系统后,出射线必过 F' 点。

同理,有一物方焦点 F(或前焦点、第一焦点),它与像方无穷远轴上的点共轭。任一条过 F 的入射线经理想光学系统后,出射线必平行于光轴。

通过像方焦点 F' 且垂直于光轴的平面称为像方焦平面;通过物方焦点 F 且垂直于光轴的平面称为物方焦平面。显然,像方焦平面的共轭物面也在无穷远处,任何一束入射的平行光,经理想光学系统后必会聚于像方焦平面的某一点,如图 2-2。同样,物方焦平面的共轭像面在无穷远处,物方焦平面上任何一点发出的光束,经理想光学系统后必为一平行光束。

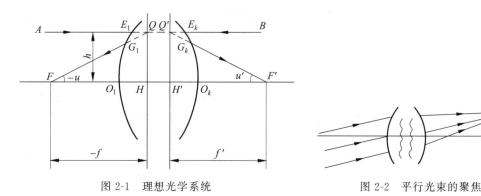

图 2-1 理想光学系统   图 2-2 平行光束的聚焦

必须指出,焦点和焦平面是理想光学系统的一对特殊的点和面。焦点 F 和 F' 彼此之间不共轭,两焦平面彼此之间也不共轭。

2. 主点和主面

延长入射光线 AE_1 和出射光线 G_kF' 得到交点 Q';同样延长光线 BE_k 和 G_1F,可得交点 Q。若设光线 AE_1 和 BE_k 入射高度相同,且都在子午面内,则由于光线 AE_1 与 G_kF' 共轭,BE_k 和 G_1F 共轭,共轭线的交点 Q' 与 Q 必共轭。并由此推得,过 Q 和 Q' 点作垂直于光

轴的平面 QH 和 $Q'H'$ 也互相共轭。位于这两个平面内的共轭线段 QH 和 $Q'H'$ 具有同样的高度,且位于光轴的同一侧,故这两面的垂轴放大率 $\beta = +1$,我们称这对垂轴放大率为 $+1$ 的共轭面为主平面。其中,QH 称为物方主平面,$Q'H'$ 称为像方主平面。物方主平面与光轴的交点 H 称为物方主点,像方主平面与光轴的交点 H' 称为像方主点。

主点和主平面也是理想光学系统的一对特殊的点和面。它们彼此之间是共轭的。

自物方主点 H 到物方焦点 F 的距离称为光学系统的物方焦距(或前焦距、第一焦距),以 f 表示。自像方主点 H' 到像方焦点 F' 的距离称为光学系统的像方焦距(或后焦距、第二焦距),以 f' 表示。焦距的正负是以相应的主点为原点来确定的,如果由主点到相应的焦点的方向与光线传播的方向一致,则焦距为正,反之为负。图 2-1 中,$f < 0$,$f' > 0$。由三角形 $Q'H'F'$ 可以得到像方焦距 f' 的表达式

$$f' = \frac{h}{\tan u'} \tag{2-1}$$

同理,物方焦距 f 的表达式为

$$f = \frac{h}{\tan u} \tag{2-2}$$

一对主点和一对焦点构成了光学系统的基点,一对主面和一对焦平面构成了光学系统的基面,它们构成了一个光学系统的基本模型。不同的光学系统,只表现为这些点和面的相对位置不同而已。

2.2 理想光学系统的物像关系

对于理想光学系统,不管其结构如何,只要知道基点的位置,其成像性质就确定了,就可方便地用图解法或解析法求得任意位置和大小的物体经光学系统所成的像。

2.2.1 图解法求像

当理想光学系统的主点和焦点的位置已知时,欲求一垂轴物体 AB 经光学系统的像,只需过 B 点作两条入射光线,如图 2-3 所示,其中一条光线平行于光轴,出射光线必经过像方焦点 F';另一条光学过物方焦点,出射光线必平行于光轴。两出射光线的交点 B' 就是物点 B 的像。因 AB 垂直于光轴,故过像点 B' 作垂轴线段 $A'B'$ 就是物体 AB 经系统后所成的像。

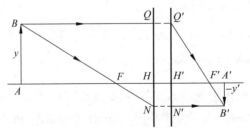

图 2-3 理想光学系统图解求像

为了作图方便,有时需要知道任意光线经过光学系统后的出射方向。此时,根据焦平面的性质有两种求解方法。

一种方法是过物方焦点作一条与任意光线平行的辅助光线,任意光线与辅助光线所构成的斜平行光束经光学系统折射后应会聚于像方焦平面上一点,这一点可由辅助光线的出射线平行于光轴确定,从而求得任意光线的出射线方向,如图 2-4(a)所示。

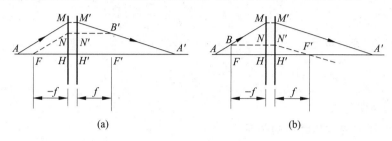

图 2-4　任意入射光线的出射线图解

(a) 过物方焦点作辅助光线;(b) 过任意光线与物方焦平面交点作平行于光轴的辅助线

另一种方法是认为任意光线是由物方焦平面上一点发出光束中的一条。为此,过任意光线与物方焦平面交点作一条平行于光轴的辅助线,其出射线必过像方焦点。由于任意光线的出射线平行于辅助线的出射线,即可求得任意光线的出射线方向,如图 2-4(b)所示。

用图解求像简单、直观,便于判断像的位置和虚实,但精度较低。为了更全面地讨论物体经过光学系统的成像规律,还常采用解析求像的方法。

2.2.2　解析法求像

1. 牛顿公式

以焦点为坐标原点计算物距和像距的物像公式,叫牛顿公式。

如图 2-5 所示,有一垂轴物体 AB,其高度为 y,经理想光学系统后成一倒像 $A'B'$,像高为 y'。物方焦点 F 到物点的距离称为焦物距,用 x 表示;像方焦点 F' 到像点的距离称为焦像距,用 x' 表示。由 $\triangle BAF \backsim \triangle NHF$,$\triangle H'M'F' \backsim \triangle A'B'F'$ 可得

$$xx' = ff' \tag{2-3}$$

这就是最常用的牛顿公式。如果光学系统的焦平面和主平面已定,知道物点的位置和大小 (x,y),就可算出像点的位置和大小 (x',y')。

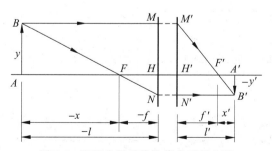

图 2-5　理想光学系统物像关系导出图

2. 高斯公式

以主点为坐标原点计算物距和像距的物像公式,叫高斯公式。

l 和 l' 分别表示以物方主点为原点的物距和以像方主点为原点的像距。由图 2-5 可知,焦物距、焦像距与物距、像距有如下关系:

$$\left.\begin{array}{l} x = l - f \\ x' = l' - f' \end{array}\right\} \tag{2-4}$$

代入牛顿公式,整理后可得

$$\frac{f'}{l'} + \frac{f}{l} = 1 \tag{2-5}$$

这就是常用的高斯公式。

3. 物方焦距与像方焦距间的关系

在图 2-6 中画出了轴上点 A 经理想光学系统后所成的像 A' 的光路。由轴上点 A 出发的任意一条成像光线 AQ,其共轭光线为 $Q'A'$。AQ 和 $Q'A'$ 的孔径角分别为 u 和 u'。HQ 和 $H'Q'$ 的高度均为 h。由图可得

$$(x + f)\tan u = h = (x' + f')\tan u'$$

由图 2-5,有 $x = -\dfrac{y}{y'}f$,$x' = -\dfrac{y'}{y}f'$,代入上式得

$$yf\tan u = -y'f'\tan u' \tag{2-6}$$

对于理想光学系统,不管 u 和 u' 角有多大,上式均成立。因此,当 QA 和 $Q'A'$ 是近轴光时,上式也成立。将 $\tan u = u$,$\tan u' = u'$ 代入得

$$yfu = -y'f'u'$$

将上式与拉亥公式 $nuy = n'u'y'$ 相比较,可得光学系统物方和像方两焦距之间关系的重要公式:

$$\frac{f'}{f} = -\frac{n'}{n} \tag{2-7}$$

此式表明,理想光学系统的两焦距之比等于相应空间介质折射率之比。绝大多数光学系统都是处于同一介质中,一般是在空气中,即 $n' = n$,则两焦距绝对值相等,符号相反:

$$f' = -f \tag{2-8}$$

此时,牛顿公式可以写成

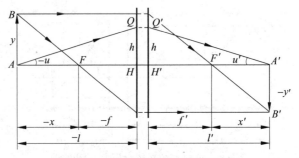

图 2-6　理想光学系统焦距关系图

$$xx' = -f^2 = -f'^2 \qquad (2\text{-}9)$$

高斯公式可以写成

$$\frac{1}{l'} - \frac{1}{l} = \frac{1}{f'} \qquad (2\text{-}10)$$

4. 理想光学系统的拉亥公式

将式(2-7)代入式(2-6)得理想光学系统的拉亥不变量公式

$$ny\tan u = n'y'\tan u' \qquad (2\text{-}11)$$

此式对任何能成完善像的光学系统均成立。

2.3　理想光学系统的放大率

在这一节,我们将介绍理想光学系统的三种放大率以及节点与节面的概念。

2.3.1　放大率

1. 垂轴放大率

理想光学系统的垂轴放大率 β 定义为像高 y' 与物高 y 之比。由图 2-5 中 $\triangle BAF \backsim \triangle NHF$,$\triangle H'M'F' \backsim \triangle A'B'F'$,可得该系统的垂轴放大率为

$$\beta = \frac{y'}{y} = -\frac{f}{x} = -\frac{x'}{f'} \qquad (2\text{-}12)$$

此式为以焦点为原点的垂轴放大率公式。

以主点为坐标原点的垂轴放大率公式也可以从牛顿公式转化而来。将牛顿公式 $x' = ff'/x$ 两边各加上 f',有

$$x' + f' = \frac{ff'}{x} + f' = \frac{f'}{x}(f + x)$$

因为 $l' = x' + f'$,$l = f + x$,故有 $l' = \frac{f'}{x}l$,可得

$$\beta = \frac{y'}{y} = -\frac{f}{f'}\frac{l'}{l} \qquad (2\text{-}13)$$

将两焦距的关系式(2-7)代入,得

$$\beta = -\frac{f}{x} = \frac{nl'}{n'l}$$

此式与单个折射球面近轴区成像的垂轴放大率公式完全相同,表明理想光学系统的成像性质可以在实际光学系统的近轴区得到实现。

如果光学系统处于同一介质中,$f' = -f$,则垂轴放大率可写成

$$\beta = -\frac{f}{x} = -\frac{x'}{f'} = \frac{f'}{x} = \frac{l'}{l} \qquad (2\text{-}14)$$

可见,放大率随物体的位置而异,某一放大率只对应于一个物体位置,在不同共轭面上,放大率是不同的。

2. 轴向放大率

当轴上物点 A 沿光轴移动一微小距离 $\mathrm{d}x$，相应的像平面也会移动一相应距离 $\mathrm{d}x'$，理想光学系统的轴向放大率 α 定义为两者之比：

$$\alpha = \frac{\mathrm{d}x'}{\mathrm{d}x} \tag{2-15}$$

对牛顿公式或高斯公式微分，可以求得

$$\alpha = \frac{\mathrm{d}x'}{\mathrm{d}x} = -\frac{x'}{x} \tag{2-16}$$

上式右边乘以和除以 ff'，并用垂轴放大率公式，可得

$$\alpha = -\frac{x'}{x} = -\frac{x'}{f'}\frac{f}{x}\frac{f'}{f} = -\beta^2\frac{f'}{f} = \frac{n'}{n}\beta^2 \tag{2-17}$$

如果光学系统处于同一介质中，则 $\alpha = \beta^2$。

3. 角放大率

理想光学系统的角放大率 γ 定义为像方孔径角 u' 的正切与物方孔径角 u 的正切之比，即

$$\gamma = \frac{\tan u'}{\tan u} \tag{2-18}$$

由图 2-6，$l\tan u = h = l'\tan u'$，故

$$\gamma = \frac{\tan u'}{\tan u} = \frac{l}{l'} \tag{2-18'}$$

将式(2-11)代入上式得

$$\gamma = \frac{\tan u'}{\tan u} = \frac{ny}{n'y'} = \frac{n}{n'}\frac{1}{\beta} \tag{2-19}$$

可见，理想光学系统的角放大率只和物体的位置有关，而与孔径角无关。在同一共轭点上，所有像方孔径角的正切和与之相应的物方孔径角的正切之比恒为常数。

将式(2-17)和式(2-12)代入式(2-19)相乘，得理想光学系统三种放大率之间的关系：

$$\alpha\gamma = \beta \tag{2-20}$$

2.3.2 节点和节平面

在理想光学系统中，角放大率为 $+1$ 的一对共轭点称为节点。其物理意义是，过节点的入射光线经过系统后出射方向不变，如图 2-7 所示。在物空间的节点称为物方节点，在像空间的节点称为像方节点。分别用字母 J 和 J' 表示。过物方节点并垂直于光轴的平面称为物方节平面，过像方节点并垂直于光轴的平面称为像方节平面。

节点和节平面是理想光学系统的一对特殊的点和面，与焦点和焦平面、主点和主平面统称为理想光学系统的基点和基面。

将式(2-7)和式(2-12)代入式(2-9)有

$$r = \frac{x}{f'} = \frac{f}{x'}$$

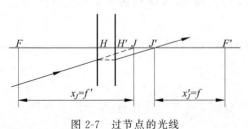

图 2-7 过节点的光线

于是,一对节点的位置由如下坐标决定:

$$x_J = f'$$
$$x'_J = f$$
(2-21)

如果光学系统处于同一介质中,或者物空间与像空间的介质相同,由于 $f = -f'$,因而 $\gamma = \dfrac{1}{\beta}$,即 $\gamma = \beta = 1$,节点和主点重合。光学系统的物空间和像空间的折射率一般是相等的,因此可利用过节点的共轭光线方向不变这一性质方便地用作图法求像。

由于节点具有入射光线和出射光线彼此平行的特性,经常用它来测定光学系统的基点位置。如图 2-8 所示,将一束平行光入射于光学系统,并使光学系统绕通过像方节点 J' 的轴线左右摆动。由于入射光线方向不变,而且彼此平行,根据节点的性质,通过像方节点 J' 的出射光线一定平行于入射光线。同时由于转轴通过 J',所以出射光线 $J'P'$ 的方向和位置都不会因为光学系统的摆动而发生变化。与入射平行光束相对应的像点,一定位于 $J'P'$ 上,因此,像点也不会因光学系统的摆动而产生上下移动。如果转轴不通过 J',则光学系统摆动时,J' 及 $J'P'$ 光线的位置也发生摆动,因而像点位置就发生上下移动。利用这种性质,一边摆动光学系统,同时连续改变转轴位置,并观察像点,当像点不动时,转轴的位置便是像方节点的位置。颠倒光学系统,重复上述操作,便可得到物方节点位置。绝大多数光学系统都放在空气中,节点的位置就是主点的位置。

通常用于拍摄大型团体照片使用的周视照相机也是利用节点的性质构成的。如图 2-9 所示,拍摄的对象排列在一个圆弧 $\overarc{AB}$ 上,照相物镜并不能使全部物体同时成像,而只能使小范围的物体 $\overarc{A_1B_1}$ 成像于底片的 $\overarc{A'_1B'_1}$ 上。当照相物镜绕像方节点 J' 转动时,就可以把整个拍摄对象 $\overarc{AB}$ 成像在底片 $\overarc{A'B'}$ 上。如果物镜的转轴和像方节点不重合,当物镜转动时,A_1 点的像 A'_1 将在底片上移动,因而使照片模糊不清。而当物镜的转轴通过像方节点 J',根据节点性质,当物镜转动时,A_1 点的像点 A'_1 就不会移动。因此整幅照片 $\overarc{A'B'}$ 上就可以获得整个物体 $\overarc{AB}$ 的清晰的像。

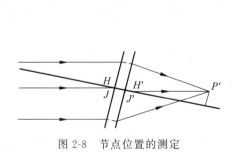

图 2-8 节点位置的测定

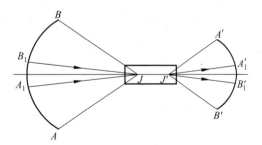

图 2-9 周视照相机工作原理

2.3.3 用平行光管测定焦距的原理

如图 2-10 所示,一束与光轴成 ω 角入射的平行光束经系统以后,会聚于焦平面上的 B'

点,这就是无限远轴外物点 B 的像。B' 点的高度,即像高 y' 是由这束平行光束中过节点的光线决定的。

如果被测系统放在空气中,则主点与节点重合,因此由图可得

$$y' = -f' \tan \omega \tag{2-22}$$

式(2-22)表明,只要给被测系统提供一与光轴倾斜成给定角度的平行光束,测出其在焦平面上会聚点的高度 y',就可算出焦距。给定倾角的平行光束可由平行光管提供,整个装置如图 2-11 所示,在平行光管的物镜的焦平面上设置一分划板,上面刻有几对已知间隔的线条,用以产生平行光束,平行光管物镜的焦距为已知,所以角 ω 满足 $\tan \omega = -y/f_1$ 是已知的。因此,被测物镜的焦距为

$$f'_2 = f_1 \frac{y'}{y}$$

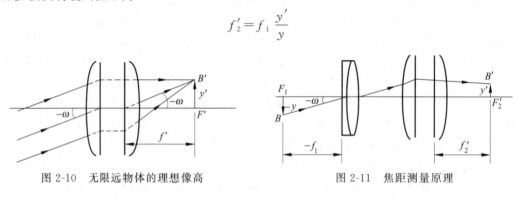

图 2-10　无限远物体的理想像高　　　　图 2-11　焦距测量原理

2.4　理想光学系统的组合

一个光学系统通常由一个或几个光学部件组成。每个部件可以是一个透镜或几个透镜,这些光学部件常称为光组。

在实际工作中,常常会遇到这样的问题:已知焦距和基点位置的几个光组处于一定位置时,相当于一个怎样的等效系统?或者相反,当用单组无法达到某些特殊要求而须用多组来实现时,这个系统应由怎样的个别光组来组成?前一问题要求求出等效系统的基点和焦距,后一问题要求求出个别光组的焦距和位置。这些就是光组的组合问题。

本节讨论如何由已知主点和焦点位置的几个光组,求得组合系统的主点和焦点位置。

2.4.1　双光组组合

两个光组的组合是常遇到的问题,也是最基本的组合。为推导有关的计算公式,图 2-12 按正规的作图方法画出了由两个光组组合的等效系统在两空间的焦点和主点。

两个理想光组的焦距分别为 f'_1、f_1 和 f'_2、f_2,其基点位置如图中所示。两光组间的相对位置以距离 $H'_1 H_2 = d$ 或 $F'_1 F_2 = \Delta$ 来表示,前者称为主面间隔,后者称为光学间隔。d 或 Δ 以前一个主点或焦点为原点决定正负。

在物空间作一条平行于光轴的光线 $Q Q_1$,经第一光组折射后过焦点 F'_1 射入第二光组,

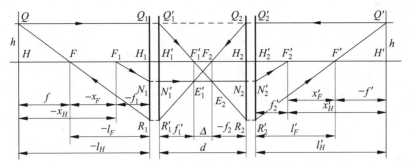

图 2-12 双光组组合

交第二光组的物方主平面于 R_2 点。利用物方焦平面的特性作出经第二光组的出射线 $R_2'F'$。$R_2'F'$ 与光轴的交点 F' 就是合成光组的像方焦点。入射光线 QQ_1 的延长线与其共轭光线 $R_2'F'$ 的交点 Q' 必位于合成光组的像方主平面上。过 Q' 作垂直于光轴的平面 $Q'H'$,即为合成光组的像方主平面,它和光轴的交点 H' 为合成光组的像方主点。线段 $H'F'$ 为合成光组的像方焦距 f',图 2-12 中 $f'<0$。

同理,在像方空间作一条平行于光轴的光线 $Q'Q_2'$,自右向左重复上述步骤即可求出合成光组的物方焦点 F 和物方主点 H,HF 为物方焦距 f,图 2-12 中 $f>0$。

合成光组的像方焦点 F' 和像方主点 H' 的符号以第二个光组的像方焦点 F_2' 或像方主点 H_2' 为原点来确定。由图可见,$x_F'=F_2'F'>0$,$x_H'=F_2'H'>0$,或 $l_F'=H_2'F'>0$,$l_H'=H_2'H'>0$。

同样,合成光组的物方焦点 F 和物方主点 H 的符号以第一光组的物方焦点 F_1 或物方主点 H_1 为原点来确定。由图可见,$x_F=F_1F<0$,$x_H=F_1H<0$,或 $l_F=H_1F<0$,$l_H=H_1H<0$。

有了以上图解法的基础之后,就可导出合成光组的基点位置和焦距公式。

1. 焦点位置公式

由图 2-12 可见,合成光组的像方焦点 F' 和第一光组的像方焦点 F_1' 对第二光组来说是一对共轭点。F' 的位置 $x_F'=F_2'F'$ 可用牛顿公式求得。公式中的 $x=-\Delta$,$x'=x_F'$,即

$$x_F' = -\frac{f_2 f_2'}{\Delta} \tag{2-23}$$

同理,合成光组的物方焦点 F 和第二光组的物方焦点 F_2 对第一光组来说是一对共轭点。故有

$$x_F = \frac{f_1 f_1'}{\Delta} \tag{2-24}$$

由于 $l_F'=x_F'+f_2'$,$l_F=x_F+f_1$,所以,将式(2-23)和式(2-24)代入,可得相对于主点 H_2' 和 H_1 确定的合成光组焦点位置公式

$$\left.\begin{array}{l} l_F' = f_2'\left(1-\dfrac{f_2}{\Delta}\right) \\[2mm] l_F = f_1\left(1+\dfrac{f_1'}{\Delta}\right) \end{array}\right\} \tag{2-25}$$

2. 焦距公式

如图 2-12，$\triangle Q'H'F' \backsim \triangle N_2'H_2'F_2'$，$\triangle Q_1'H_1'F_1' \backsim \triangle F_1'F_2E_2$，所以有

$$-\frac{f'}{f_2'} = \frac{Q'H'}{H_2'N_2'}, \quad \frac{f_1'}{\Delta} = \frac{Q_1'H_1'}{F_2E_2}$$

因为 $Q'H' = Q_1'H_1'$，$H_2'N_2' = F_2E_2$，故得

$$f' = -\frac{f_1'f_2'}{\Delta} \tag{2-26}$$

同理，$\triangle QHF \backsim \triangle F_1H_1N_1$，$\triangle Q_2H_2F_2 \backsim \triangle F_1'E_1'F_2$，有

$$\frac{f}{-f_1} = \frac{QH}{H_1N_1}, \quad -\frac{f_2}{\Delta} = \frac{Q_2H_2}{F_1'E_1'}$$

上两式等号右边部分相等，故得

$$f = \frac{f_2f_1}{\Delta} \tag{2-27}$$

由于光学间隔 $\Delta = d - f_1' + f_2$，所以代入式(2-26)可得

$$f' = \frac{f_1'f_2'}{f_1' - f_2 - d} \tag{2-28}$$

如果光组处于同一介质中，则上式可写为

$$f' = \frac{f_1'f_2'}{f_1' + f_2' - d} \tag{2-29}$$

或者用光焦度表示为

$$\varphi = \varphi_1 + \varphi_2 - d\varphi_1\varphi_2 \tag{2-30}$$

利用式(2-26)和式(2-27)，可将式(2-25)改写为

$$\left. \begin{array}{l} l_F' = f'\left(1 - \dfrac{d}{f_1'}\right) \\[3mm] l_F = f\left(1 + \dfrac{d}{f_2}\right) \end{array} \right\} \tag{2-31}$$

3. 主点位置公式

由图 2-12 可见

$$\left. \begin{array}{l} x_H' = x_F' - f' \\[2mm] x_H = x_F - f \end{array} \right\} \tag{2-32}$$

$$\left. \begin{array}{l} l_H' = x_H' + f_2' = l_F' - f' \\[2mm] l_H = x_H + f_1 = l_F - f \end{array} \right\} \tag{2-33}$$

将有关公式代入，整理得

$$\left. \begin{array}{l} x_H' = \dfrac{f_2'(f_1' - f_2)}{\Delta} \\[4mm] x_H = \dfrac{f_1(f_1' - f_2)}{\Delta} \end{array} \right\} \tag{2-34}$$

$$l'_H = -f' \frac{d}{f'_1}$$
$$l_H = f \frac{d}{f_2}$$

$$(2\text{-}35)$$

4. 合成光组的垂轴放大率

由于合成光组仍然是一个理想光组,因此其垂轴放大率仍为

$$\beta = -\frac{f}{x} = -\frac{x'}{f'}$$

此时,式中的 f 和 f' 是合成光组的焦距; x 表示物点 A 到合成光组前焦点 F 的距离。由相应的公式可得 $x = x_1 - x_F = x_1 - \dfrac{f_1 f'_1}{\Delta}$,与式(2-27)一起代入垂轴放大率公式,得

$$\beta = -\frac{f}{x} = -\frac{\dfrac{f_1 f_2}{\Delta}}{x_1 - \dfrac{f_1 f'_1}{\Delta}} = \frac{f_1 f_2}{f_1 f'_1 - x_1 \Delta}$$

$$(2\text{-}36)$$

上式表明,对于两个光组组合的系统,其垂轴放大率亦可由物点对应于第一光组的焦物距 x_1 直接求得。至于合成光组的其他放大率与垂轴放大率的关系,和 2.3.1 节所述相同。

2.4.2 多光组组合

对于多个理想光组的组合,可利用上述双光组的组合方法,先对第一和第二光组进行组合,求出其等效光组,然后再与第三个光组进行组合,直至求得最后的等效光组。但是这个过程较为复杂,容易出错,故多采用其他方法。下面介绍两种一般方法。

1. 正切计算法

如图 2-13 所示,已知三个光组的基点位置及各光组之间的间隔,作任意一条平行于光轴入射的光线通过三个光组的光路。光线在每个光组上的入射高度分别为 h_1、h_2、h_3,出射光线与光轴的夹角为 u'_3。由图可知

$$l'_F = \frac{h_3}{\tan u'_3}, \quad f' = \frac{h_1}{\tan u'_3}$$

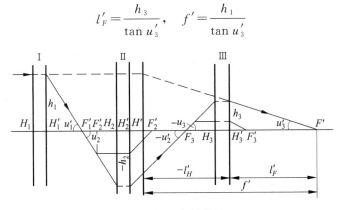

图 2-13　正切计算法

对应 k 个光组组成的系统,应有

$$\left.\begin{array}{l} l'_F = \dfrac{h_k}{\tan u'_k} \\[3mm] f' = \dfrac{h_1}{\tan u'_k} \end{array}\right\} \qquad (2\text{-}37)$$

因此,求解整个系统的基点位置和焦距,关键问题就是要求出 h_k 和 u'_k。

将高斯公式两边乘以 h_1,得

$$\frac{h_1}{l'_1} - \frac{h_1}{l_1} = \frac{h_1}{f'_1}$$

由于 $\dfrac{h_1}{l'_1} = \tan u'_1$,$\dfrac{h_1}{l_1} = \tan u_1$,所以有

$$\tan u'_1 = \tan u_1 + \frac{h_1}{f'_1}$$

只要给定 $\tan u'_1$ 和 h_1,利用上式与过渡公式 $h_2 = h_1 - d_1 \tan u'_1$,便可以将上式逐个运用于各光组,最后求出 $\tan u'_k$ 和 h_k,即

$$\left.\begin{array}{l} \tan u'_k = \tan u_k + \dfrac{h_k}{f'_k} \\[3mm] h_k = h_{k-1} - d_{k-1} \tan u'_{k-1} \end{array}\right\} \qquad (2\text{-}38)$$

通常取 $\tan u_1 = 0$,$h_1 = f'_1$(计算方便),求出的 l'_F 和 f' 是组合系统的像方焦点位置和像方焦距。当求物方焦点位置和物方焦距时,可将整个光学系统倒转,按上述方法计算出结果后,改变正负号即可。该方法称为正切计算法。

2. 截距计算法

将式(2-37)改写成

$$f' = \frac{h_1}{\tan u'_k} = \frac{h_1}{\tan u'_k} \frac{\tan u_2}{\tan u'_1} \frac{\tan u_3}{\tan u'_2} \cdots \frac{\tan u_k}{\tan u'_{k-1}}$$

由于 $h_1 = l'_1 \tan u'_1$,$l_2 \tan u_2 = h_2 = l'_2 \tan u'_2$,$\cdots$,$l_k \tan u_k = h_k = l'_k \tan u'_k$,故

$$f' = \frac{l'_1 l'_2 \cdots l'_k}{l_2 l_3 \cdots l_k} \qquad (2\text{-}39)$$

当应用高斯公式一次求出每个光组的物距和像距后,便可应用此式求出组合光组的焦距。该方法称为截距计算法。

2.5 球面与球面系统的基点和基面

2.5.1 单个折射球面的主点

在近轴区内,单个折射球面完善成像。在这种情况下,可以把它看成单独的理想光组,它也具有基点、基面。

对主平面而言,其轴向放大率为+1,故有 $\beta = \dfrac{n l'_H}{n' l_H} = 1$,即 $n l'_H = n' l_H$。

将单个折射球面的物像公式(1-17)两边同乘以 $l_H l'_H$,得

$$n' l_H - n l'_H = \frac{n'-n}{r} l_H l'_H$$

因 $n' l_H = n l'_H$,上式左边为零,故有

$$\frac{n'-n}{r} l_H l'_H = 0$$

由于 $\dfrac{n'-n}{r} \neq 0$,只有在 $l_H = l'_H = 0$ 时,上式才成立。

因此,对单个折射球面而言,物方主点 H,像方主点 H' 和球面顶点 O 相重合,而且物方和像方主平面切于球面顶点 O,如图 2-14 所示。

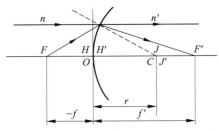

图 2-14 单个折射球面的基点与基面

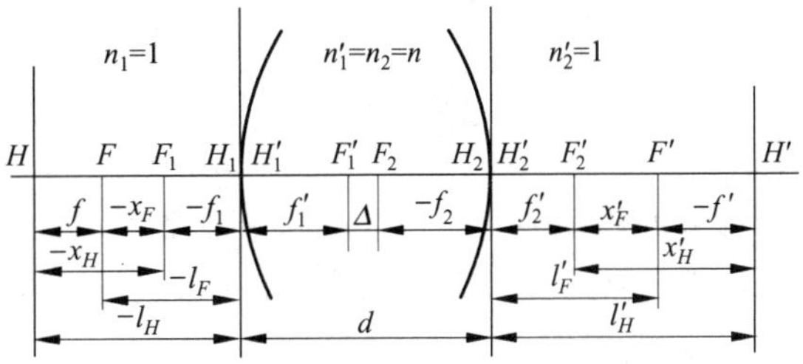

图 2-15 透镜

2.5.2 单透镜的基点与基面

第 1 章中,在忽略厚度的情况下,我们已经推导出了薄透镜的焦距公式。但是,实际的透镜总会有一定的厚度。当考虑近轴区成像时,单个透镜的每一个折射球面都可以看成是一个理想光组,因此对它的研究,实际上就是研究双光组组合的一个应用。

应用前述光组组合公式,可以确定透镜的基点和基面。如图 2-15 所示的透镜,两个折射面的半径分别为 $r_1(r_1 > 0)$ 和 $r_2(r_2 < 0)$,厚度为 d,透镜玻璃的折射率为 n。设透镜在空气中,则有 $n_1 = 1, n'_1 = n_2 = n, n'_2 = 1$。由单个折射面的焦距公式可得透镜两个折射面的焦距:

$$f_1 = -\frac{r_1}{n-1}, \quad f'_1 = \frac{n r_1}{n-1}$$

$$f_2 = \frac{n r_2}{n-1}, \quad f'_2 = -\frac{r_2}{n-1}$$

又因透镜的光学间隔 Δ 为

$$\Delta = d - f'_1 + f_2 = \frac{n(r_2 - r_1) + (n-1)d}{n-1}$$

由光组组合公式(2-26),可得透镜的焦距

$$f' = -f = -\frac{f'_1 f'_2}{\Delta} = \frac{n r_1 r_2}{(n-1)[n(r_2 - r_1) + (n-1)d]} \tag{2-40}$$

设 $\rho_1 = \dfrac{1}{r_1}$，$\rho_2 = \dfrac{1}{r_2}$，把上式写成光焦度的形式：

$$\varphi = (n-1)(\rho_1 - \rho_2) + \frac{(n-1)^2}{n}d\rho_1\rho_2$$

$$= \varphi_1 + \varphi_2 - \frac{d}{n}\varphi_1\varphi_2 \tag{2-41}$$

由式(2-31)可得焦点位置：

$$\left.\begin{array}{l} l'_F = f'\left(1 - \dfrac{d}{f'_1}\right) = f'\left(1 - \dfrac{n-1}{n}d\rho_1\right) \\[3mm] l_F = -f'\left(1 + \dfrac{d}{f_2}\right) = -f'\left(1 + \dfrac{n-1}{n}d\rho_2\right) \end{array}\right\} \tag{2-42}$$

再由式(2-35)可得主点位置：

$$\left.\begin{array}{l} l'_H = \dfrac{-dr_2}{n(r_2 - r_1) + (n-1)d} \\[3mm] l_H = \dfrac{-dr_1}{n(r_2 - r_1) + (n-1)d} \end{array}\right\} \tag{2-43}$$

由于透镜处于同一介质中，因此，节点和主点是重合的。

根据上述公式，可对各种透镜的基点位置进行具体分析，以了解透镜的光学性质。

1. 双凸透镜

双凸透镜的 $r_1 > 0$，$r_2 < 0$，由式(2-40)可知，其像方焦距可正可负。

当 $d < n(r_1 - r_2)/(n-1)$ 时，$f' > 0$，透镜是会聚的。由式(2-43)可知，此时 $l'_H < 0$，$l_H > 0$，且二者的绝对值小于透镜厚度 d（读者可自行证明），即此时两主平面总位于透镜内部，如图 2-16 所示。

当 $d = n(r_1 - r_2)/(n-1)$ 时，$f' = \infty$，相当于一个望远镜系统。

当 $d > n(r_1 - r_2)/(n-1)$ 时，$f' < 0$，透镜是发散的。但此时透镜非常厚，一般不采用。所以双凸透镜一般是正透镜。

2. 双凹镜

双凹镜的 $r_1 < 0$，$r_2 > 0$，所以不管 r_1、r_2、d 为何值，由式(2-40)可知，恒有 $f' < 0$，透镜是发散的。又由式(2-43)可知，此时 $l'_H < 0$，$l_H > 0$，两主平面也总位于透镜内部。如图 2-17 所示。

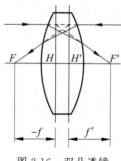

图 2-16 双凸透镜

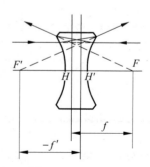

图 2-17 双凹透镜

3. 平凸透镜

对于平凸透镜,有 $r_1>0$、$r_2=\infty$,所以,其焦距和主面位置公式可简化为

$$f'=-f=\frac{r_1}{n-1}>0$$

$$l'_H=-\frac{d}{n},\quad l_H=0$$

即平凸透镜的像方主平面位于透镜内部,其物方主平面和球面顶点相切,如图 2-18 所示。

4. 平凹透镜

对应平凹透镜,有 $r_1<0,r_2=\infty$,有

$$f'=\frac{r_1}{n-1},\quad l'_H=-\frac{d}{n},\quad l_H=0$$

即平凹透镜总为负透镜,其像方主平面位于透镜内部,物方主平面和球面顶点相切。如图 2-19 所示。

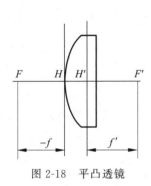

图 2-18 平凸透镜

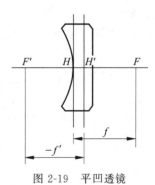

图 2-19 平凹透镜

5. 弯月形凸透镜

这种透镜的两个球面半径同号,但凸面的半径较小。因此,恒有 $f'>0$,两个主平面位于远离曲率中心处。如图 2-20 所示。

6. 弯月形凹透镜

这种透镜两个面的半径也同号,但凸面半径的绝对值较大。如两个半径均大于零,则应 $r_1>r_2$。它与双凸透镜相似,其焦距随厚度的不同而可正可负,如图 2-21 所示。请读者根据公式分析讨论。需要指出,这种透镜由于两面半径同号,在两半径值差别较小时,不需很大的厚度就可获得给定正光焦度的效果。

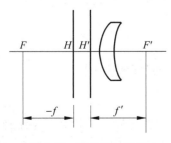

图 2-20 弯月形凸透镜

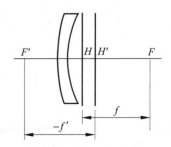

图 2-21 弯月形凹透镜

2.5.3 薄透镜和薄透镜组

1. 薄透镜

透镜厚度为零的透镜称为薄透镜。实际光学系统中的透镜,若其厚度与其焦距或球面曲率半径相比是一个很小的数值,则这样的透镜也可作为薄透镜看待。当光组为薄透镜时,由式(2-43)有

$$l'_H = l_H = 0$$

即薄透镜的主平面和球面顶点重合在一起,而且两主平面彼此重合,所以薄透镜的光学性质仅由焦距或光焦度所决定。由式(2-40)得薄透镜的焦距为

$$f' = -f = \frac{1}{\varphi} = \frac{1}{(n-1)\left(\frac{1}{r_1} - \frac{1}{r_2}\right)} \tag{2-44}$$

这与第 1 章所得的结果是一致的。

由式(2-41)得薄透镜的光焦度为

$$\varphi = \varphi_1 + \varphi_2$$

其中,φ_1、φ_2 分别为两折射球面的光焦度。

2. 薄透镜组

两个或两个以上的薄透镜组合而成的光学系统称为薄透镜组。当两薄透镜之间的间隔为 d 时,其光焦度为

$$\varphi = \varphi_1 + \varphi_2 - d\varphi_1\varphi_2$$

当两薄透镜之间的间隔 d 变化时,由上式可知,其组合光焦度 φ 可为任意值。

组合薄透镜系统的主点位置仍由式(2-35)确定:

$$l'_H = -f'\frac{d}{f'_1}, \quad l_H = f\frac{d}{f_2}$$

实际应用的透镜,其厚度与曲率半径相比都较小,因此用透镜的沿轴厚度是大于还是小于其边缘厚度来判别透镜的焦距正负是可靠的。除弯月形凹透镜外,厚度很大的其他透镜并无实用意义。但从光组组合的角度来看,上述不同型式的透镜正好提供了双光组组合的所有基本模式,包括正、负光焦度的不同组合及有限光焦度与平行平板的组合。熟知它们的焦距变化和基点位置的分布,就能对各种双光组的组合和等效系统的性质有更深刻的了解。

由于薄透镜两个主平面皆重合于透镜,其光学性质仅由焦距决定,使得计算极为方便。因此,光学系统设计的初始阶段总是先从薄透镜或薄光组入手的。

2.6 矩阵运算在几何光学中的应用

前面指出了实际光学系统的近轴区具有理想光学系统性质。理想光学系统理论和光学系统近轴区的物像关系是线性的,用矩阵进行运算和表达光学系统的成像性质是很方便的。

2.6.1 近轴光的矩阵表示

在矩阵运算中,确定一条光线的空间位置用该光线和一已知参考面上交点的坐标$(0,y,z)$及该光线的三个方向余弦和所在空间折射率的乘积$n\alpha,n\beta,n\gamma$来表示。对于子午面内的光线,只要用两个参量就可以了,即光线在参考面上的交点高度y及该光线和y坐标轴夹角的余弦与折射率的乘积$n\cos V$,如图2-22所示。由图知$n\cos V=n\sin U$,在近轴区用nu表示,在像空间写为$n'u'$。

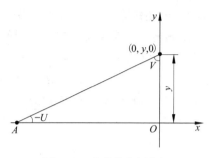

图 2-22 光线的空间位置

1. 折射矩阵

参考面可以是折射面的近轴部分,也可以是物面、像面或任一指定平面。光线通过参考面之后,其参量发生变化,这种变化可以用一个矩阵来描述。例如光线经过一个折射面,其方向变化可用折射矩阵来表示。

折射面的近轴部分作为一个参考面时,光线通过它的角度变化可用近轴光计算公式$n'u'-nu=\dfrac{n'-n}{r}h$求出。高度h以y表示,其在折射前和折射后不变,$\dfrac{n'-n}{r}$对一个折射面为常量,以a表示,得

$$\begin{cases} n'u'=nu+ay \\ y'=0+y \end{cases}$$

写为矩阵形式

$$\begin{bmatrix} n'u' \\ y' \end{bmatrix} = \begin{bmatrix} 1 & a \\ 0 & 1 \end{bmatrix} \begin{bmatrix} nu \\ y \end{bmatrix}$$

其中,$\begin{bmatrix} 1 & a \\ 0 & 1 \end{bmatrix}$称为折射矩阵,表征近轴区经折射后参量$nu$和$y$值的变化,该矩阵以$\boldsymbol{R}$表示。若以$\boldsymbol{M}$和$\boldsymbol{M}'$表示$\begin{bmatrix} nu \\ y \end{bmatrix}$和$\begin{bmatrix} n'u' \\ y' \end{bmatrix}$,则上式可写为

$$\boldsymbol{M}'=\boldsymbol{R}\boldsymbol{M} \tag{2-45}$$

2. 过渡矩阵(转面矩阵)

光线由一个参考面射向另一个参考面,在后一个参考面上的坐标发生变化,可用一个过渡矩阵来表示。一个光学系统由k个折射面($k-1$个间隔)组成,第i个折射面上的坐标向第$i+1$个面上过渡时,由过渡公式(1-38)式和式(1-41)可写出:

$$\begin{cases} n_{i+1}u_{i+1}=n'_i u'_i+0 \\ y_{i+1}=-d_i u'_i+y'_i \end{cases}$$

写为矩阵形式:

$$\begin{bmatrix} n_{i+1}u_{i+1} \\ y_{i+1} \end{bmatrix} = \begin{bmatrix} 1 & 0 \\ -\dfrac{d_i}{n'_i} & 1 \end{bmatrix} \begin{bmatrix} n'_i u'_i \\ y'_i \end{bmatrix}$$

其中，$\begin{bmatrix} 1 & 0 \\ -\dfrac{d_i}{n_i'} & 1 \end{bmatrix}$称为过渡（或转面）矩阵，以 $\boldsymbol{D}_i$ 表示，则上矩阵式可写为

$$\boldsymbol{M}_{i+1} = \boldsymbol{D}_i \boldsymbol{M}_i' \tag{2-46}$$

3. 传递矩阵

光线经过光学系统可用一系列的折射矩阵和过渡矩阵的乘积来表示，该乘积即为传递矩阵。对于 k 个折射面系统可写出矩阵表示式为

$$\boldsymbol{M}_k' = \boldsymbol{R}_k \boldsymbol{D}_{k-1} \boldsymbol{R}_{k-1} \cdots \boldsymbol{D}_1 \boldsymbol{R}_1 \boldsymbol{M}_1 = \boldsymbol{T} \boldsymbol{M}_1 \tag{2-47}$$

其中，$\boldsymbol{T}$ 为传递矩阵，其表示式为

$$\boldsymbol{T} = \begin{bmatrix} 1 & a_k \\ 0 & 1 \end{bmatrix} \begin{bmatrix} 1 & 0 \\ -\dfrac{d_{k-1}}{n_{k-1}'} & 1 \end{bmatrix} \begin{bmatrix} 1 & a_{k-1} \\ 0 & 1 \end{bmatrix} \cdots \begin{bmatrix} 1 & a_2 \\ 0 & 1 \end{bmatrix} \begin{bmatrix} 1 & 0 \\ -\dfrac{d_1}{n_1'} & 1 \end{bmatrix} \begin{bmatrix} 1 & a_1 \\ 0 & 1 \end{bmatrix}$$

$$= \begin{bmatrix} B & A \\ D & C \end{bmatrix} \tag{2-48}$$

以上计算必须由第 1 面到第 k 面顺序进行。当已知系统的结构参数（r、d、n）即可求得 A、B、C、D 之值，它们是光学系统的 r、d、n 的函数。用这四个量可以表示光学系统的高斯光学性质（基点位置、焦距等），称之为高斯常数。

由于传递矩阵中每个折射矩阵和过渡矩阵的行列式值均为 1，故整个传递矩阵的行列式值亦应为 1，即

$$BC - AD = 1$$

用此关系可以核对矩阵计算是否正确。

2.6.2 物像矩阵

光学系统对物体成像是把光线在物面处的坐标变换为像面处的坐标。这个变换由一个物像矩阵来完成。首先把物面上光线的坐标向第一个折射面进行过渡，经整个系统后，再由最后一个折射面上光线的坐标过渡到像平面上。实现这种过渡只须将 l 和 l' 取代过渡矩阵中的 d 即可。则可定义物像矩阵为

$$\boldsymbol{M}_{A'A} = \boldsymbol{D}_{A'k} \boldsymbol{T} \boldsymbol{D}_{1A} \tag{2-49}$$

其中，$\boldsymbol{D}_{A'k}$ 为由光学系统最后一个折射面到像平面的过渡矩阵：

$$\boldsymbol{D}_{A'k} = \begin{bmatrix} 1 & 0 \\ -\dfrac{l_k'}{n_k'} & 1 \end{bmatrix}$$

$\boldsymbol{D}_{1A}$ 为由物平面向光学系统第 1 面的过渡矩阵：

$$\boldsymbol{D}_{1A} = \begin{bmatrix} 1 & 0 \\ -\dfrac{-l_1}{n_1} & 1 \end{bmatrix} = \begin{bmatrix} 1 & 0 \\ \dfrac{l_1}{n_1} & 1 \end{bmatrix}$$

$\boldsymbol{T}$ 是光学系统的传递矩阵。则整个系统的物像矩阵可写为

光学教程（第 3 版）

$$\boldsymbol{M}_{A'A} = \begin{bmatrix} 1 & 0 \\ -\dfrac{l'_k}{n'_k} & 1 \end{bmatrix} \begin{bmatrix} B & A \\ D & C \end{bmatrix} \begin{bmatrix} 1 & 0 \\ \dfrac{l_1}{n_1} & 1 \end{bmatrix} \tag{2-50}$$

现在以单个折射面为例,设物距为$-l$,像距为l',可构成如下物像矩阵表示式:

$$\begin{bmatrix} n'u' \\ y' \end{bmatrix} = \begin{bmatrix} 1 & 0 \\ -\dfrac{l'}{n'} & 1 \end{bmatrix} \begin{bmatrix} 1 & \dfrac{n'-n}{r} \\ 0 & 1 \end{bmatrix} \begin{bmatrix} 1 & 0 \\ \dfrac{l}{n} & 1 \end{bmatrix} \begin{bmatrix} nu \\ y \end{bmatrix}$$

$$= \begin{bmatrix} 1+\dfrac{n'-n}{r}\dfrac{l}{n} & \dfrac{n'-n}{r} \\ -\dfrac{l'}{n'}-\dfrac{n'-n}{r}\dfrac{ll'}{nn'}+\dfrac{l}{n} & 1-\dfrac{n'-n}{r}\dfrac{l'}{n'} \end{bmatrix} \begin{bmatrix} nu \\ y \end{bmatrix}$$

其中

$$-\frac{l'}{n'}-\frac{n'-n}{r}\frac{ll'}{nn'}+\frac{l}{n}=\frac{ll'}{nn'}\left(\frac{n'}{l'}-\frac{n}{l}-\frac{n'-n}{r}\right)=0$$

这正说明,在近轴区像高y'只和物高y成正比,与角u的大小无关,因此可得

$$y' = \left(1-\frac{n'-n}{r}\frac{l'}{n'}\right)y$$

或写为

$$\beta = \frac{y'}{y} = 1-\frac{n'-n}{r}\frac{l'}{n'}$$

由于矩阵的行列式值恒为1,故有

$$\frac{1}{\beta} = 1+\frac{n'-n}{r}\frac{l}{n}$$

若以$\dfrac{n'}{l'}-\dfrac{n}{l}$取代上两式中的$\dfrac{n'-n}{r}$,可以方便地得到$\beta=\dfrac{nl'}{n'l}$和$\dfrac{1}{\beta}=\dfrac{n'l}{nl'}$。因此单个折射面的物像矩阵可写为

$$\boldsymbol{M}_{A'A} = \begin{bmatrix} \dfrac{1}{\beta} & a \\ 0 & \beta \end{bmatrix} \tag{2-51}$$

此物像矩阵是有普遍意义的,对于任何复杂光学系统的物像矩阵也是这样的形式。

2.6.3 用高斯常数表示系统的基点位置和焦距

设光学系统的物、像方折射率为n和n',物、像方截距为$-l$和l',如果其传递矩阵中高斯常数已知,其物像矩阵可写为

$$\boldsymbol{M}_{A'A} = \begin{bmatrix} 1 & 0 \\ -\dfrac{l'}{n'} & 1 \end{bmatrix} \begin{bmatrix} B & A \\ D & C \end{bmatrix} \begin{bmatrix} 1 & 0 \\ -\dfrac{l}{n} & 1 \end{bmatrix}$$

$$= \begin{bmatrix} A\dfrac{l}{n}+B & A \\ -A\dfrac{ll'}{nn'}-B\dfrac{l'}{n'}+C\dfrac{l}{n}+D & -A\dfrac{l'}{n'}+C \end{bmatrix}$$

和前面讨论的单个折射面矩阵一样,由于在近轴区,y' 和角 u 无关,只和 y 成正比,故有

$$-A\frac{ll'}{nn'}-B\frac{l'}{n'}+C\frac{l}{n}+D=0$$

$$\beta=\frac{y'}{y}=-A\frac{l'}{n'}+C \tag{2-52}$$

由于矩阵的行列式值为 1,可得

$$\frac{1}{\beta}=A\frac{l}{n}+B \tag{2-53}$$

1. 主面位置

当取 $\beta=+1$ 时,式(2-52)和式(2-53)中的 l 和 l' 即主面位置 l_H 和 l'_H:

$$\left.\begin{aligned} l'_H&=-\frac{(1-C)n'}{A} \\ l_H&=\frac{(1-B)n}{A} \end{aligned}\right\} \tag{2-54}$$

2. 焦点位置

当 $l=\infty$ 时,$\beta=0$,则式(2-52)中的 l' 即为后焦点位置 l'_F;当 $l'=\infty$ 时,$\beta=\infty$,$\dfrac{1}{\beta}=0$,则式(2-53)中之 l 应为前焦点位置 l_F,即

$$\left.\begin{aligned} l'_F&=\frac{Cn'}{A} \\ l_F&=-\frac{Bn}{A} \end{aligned}\right\} \tag{2-55}$$

3. 焦距

已知 l'_H、l_H 和 l'_F、l_F,可求得焦距 f' 和 f:

$$\left.\begin{aligned} f'&=l'_F-l'_H=\frac{n'}{A} \\ f&=l_F-l_H=-\frac{n}{A} \end{aligned}\right\} \tag{2-56}$$

由此也可得到光学系统两焦距之间的关系:

$$\frac{f'}{f}=-\frac{n'}{n}$$

4. 节点位置

由式(2-19)知光学系统物方和像方为不同介质时,垂轴放大率和角放大率的关系为

$$\beta=\frac{n}{n'}\frac{1}{\gamma} \quad \text{或} \quad \gamma=\frac{n}{n'}\frac{1}{\beta}$$

把式(2-52)和式(2-53)代入上式,并使 $\gamma=1$,求得的 l' 和 l 即为节点位置 l'_J 和 l_J:

$$l'_J = -\frac{n - Cn'}{A}$$
$$l_J = \frac{n' - Bn}{A} \qquad (2\text{-}57)$$

当光学系统处于同一介质时，$n = n'$，则有

$$l'_J = -\frac{(1-C)n'}{A} = l'_H$$
$$l_J = \frac{(1-B)n}{A} = l_H \qquad (2\text{-}58)$$

此时主点和节点完全重合。

2.6.4　薄透镜系统的矩阵运算

1. 薄透镜系统的折射矩阵和过渡矩阵

空气中单薄透镜仍可用一个折射矩阵 $\boldsymbol{R}$ 描述：

$$\boldsymbol{R} = \begin{bmatrix} 1 & \dfrac{1-n}{r_2} \\ 0 & 1 \end{bmatrix} \begin{bmatrix} 1 & 0 \\ 0 & 1 \end{bmatrix} \begin{bmatrix} 1 & \dfrac{n-1}{r_1} \\ 0 & 1 \end{bmatrix} = \begin{bmatrix} 1 & (n-1)\left(\dfrac{1}{r_1} - \dfrac{1}{r_2}\right) \\ 0 & 1 \end{bmatrix} = \begin{bmatrix} 1 & \Phi \\ 0 & 1 \end{bmatrix} \qquad (2\text{-}59)$$

设由 N 个薄透镜（$N-1$ 个间隔）组成的系统，且在空气中，相邻薄透镜之间的过渡矩阵以 $\boldsymbol{D}$ 表示，即

$$\boldsymbol{D} = \begin{bmatrix} 1 & 0 \\ -d & 1 \end{bmatrix} \qquad (2\text{-}60)$$

2. 薄透镜系统的传递矩阵

该矩阵可表示为

$$\boldsymbol{T} = \boldsymbol{R}_N \boldsymbol{D}_{N-1} \boldsymbol{R}_{N-1} \cdots \boldsymbol{R}_2 \boldsymbol{D}_1 \boldsymbol{R}_1 \qquad (2\text{-}61)$$

或写为

$$\boldsymbol{T} = \begin{bmatrix} 1 & \varphi_N \\ 0 & 1 \end{bmatrix} \begin{bmatrix} 1 & 0 \\ -d_{N-1} & 1 \end{bmatrix} \cdots \begin{bmatrix} 1 & \varphi_2 \\ 0 & 1 \end{bmatrix} \begin{bmatrix} 1 & 0 \\ -d & 1 \end{bmatrix} \begin{bmatrix} 1 & \varphi_1 \\ 0 & 1 \end{bmatrix} = \begin{bmatrix} B & A \\ D & C \end{bmatrix}$$

其中，A、B、C、D 为高斯常数，它们是由各薄透镜的光焦度和它们间的间隔所决定的。薄透镜系统的传递矩阵实际上和式（2-48）中的实际光学系统近轴区的传递矩阵有相同的意义。对于单薄透镜由式（2-59）知高斯常数 A 为光焦度。这是有普遍意义的，对于同一介质中的任何光学系统，高斯常数 A 均为光焦度。举例说明：设一光学系统由光焦度为 φ_1 和 φ_2 的两块薄透镜组成，间隔为 d，其传递矩阵为

$$\boldsymbol{T} = \begin{bmatrix} 1 & \varphi_2 \\ 0 & 1 \end{bmatrix} \begin{bmatrix} 1 & 0 \\ -d & 1 \end{bmatrix} \begin{bmatrix} 1 & \varphi_1 \\ 0 & 1 \end{bmatrix} = \begin{bmatrix} 1-d\varphi_2 & \varphi_1 + \varphi_2 - d\varphi_1\varphi_2 \\ -d & 1-d\varphi_1 \end{bmatrix} \qquad (2\text{-}62)$$

显然，高斯常数 A 即为系统的光焦度。

3. 薄透镜系统的物像矩阵

薄透镜系统的物像矩阵与实际光学系统近轴区的物像矩阵有相同意义。现以单薄透镜为例，物距 $-l$ 和像距 l' 构成物像矩阵如下：

$$\boldsymbol{M}_{A'A} = \begin{bmatrix} 1 & 0 \\ -l' & 1 \end{bmatrix} \begin{bmatrix} 1 & \Phi \\ 0 & 1 \end{bmatrix} \begin{bmatrix} 1 & 0 \\ l & 1 \end{bmatrix} = \begin{bmatrix} 1+l\Phi & \Phi \\ -l'-ll'\Phi+l & 1-l'\Phi \end{bmatrix}$$

其中

$$-l'-ll'\Phi+l = ll'\left(\frac{1}{l'}-\frac{1}{l}-\frac{1}{f'}\right)=0$$

$$1-l'\Phi = \frac{f'-l'}{f'} = -\frac{x'}{f'} = \beta$$

$$1+l\Phi = \frac{-f+l}{-f} = -\frac{x}{f} = \frac{1}{\beta} = \gamma$$

故单薄透镜的物像矩阵可写为

$$\boldsymbol{M}_{A'A} = \begin{bmatrix} \gamma & \Phi \\ 0 & \beta \end{bmatrix} \tag{2-63}$$

这个结果和式(2-51)所示光学系统近轴区的物像矩阵的形式完全相同。

最后,对于几何光学中的矩阵运算可归结为:

(1) 折射矩阵描述单个折射面或单个薄透镜的折射作用,即光线通过它们以后方向的变化。参考平面和单个折射面或薄透镜重合。

(2) 过渡矩阵表示光线经过一段间隔(透镜厚度、透镜间间隔、物距和像距等)后在不同参考面上的交点坐标的变化。

(3) 光学系统的传递矩阵表示光线通过光学系统前、后光线方向的变化以及光线在最后折射面(参考面)上的交点的坐标相对于光线在第一折射面(参考面)上交点坐标的变化。并可按高斯常数求得系统的基点位置和焦距。

(4) 光学系统的物像矩阵是由物空间的过渡矩阵、传递矩阵和像空间的过渡矩阵相乘而得。它描述了一对共轭面上的物像关系(系统焦距、垂轴放大率和角放大率)。

2.7　实际光学系统中的光束限制

首先,作为一个成像的实际光学系统,应满足前述的物像共轭位置和成像放大率要求,这就确定了成像系统的轴向尺寸。其次,对于成像范围、所成像的亮度等特性也有一定的要求,前者规定了成像的线视场或视场角,后者与成像光束的孔径角有关,也就是对成像系统的横向尺寸提出了要求。所以在设计光学系统时,应按其用途、要求和成像范围,对通过光学系统的成像光束提出合理要求,这就是光学系统中的光束限制问题。

2.7.1　光阑及其作用

在光学系统中,把可以限制光束的透镜边框,或者特别设计的一些带孔的金属薄片,统称为光阑。光阑的内孔边缘就是限制光束的光孔,这个光孔对光学零件来说称为通光孔径。光阑的通光孔一般是圆形的,其中心和光轴重合,光阑平面和光轴垂直。

实际光学系统中的光阑,按其作用可分为以下几种:

1. 孔径光阑（简称孔阑）

孔径光阑是限制轴上物体成像光束立体角的光阑。如果在过光轴的平面上考察，这种光阑决定了轴上点发出光束的孔径角。孔径光阑有时也称为有效光阑。在任何光学系统中，孔径光阑都是存在的。照相机中的光阑（俗称光圈）就是这种光阑。

孔径光阑的位置在有些光学系统中是有特定要求的。例如放大镜、望远镜等目视光学系统，光阑或光阑的像一定要在光学系统的外边，使之与眼睛的瞳孔重合，以达到良好的观察效果。又如在光学计量仪器中，通常把光阑放在物镜的焦平面上，以达到精确测量的目的。除此之外，光学系统中光阑的位置是可以任意选择的，合理选取光阑的位置可以改善轴外点的成像质量。对轴外点发出的宽光束而言，选择不同的光阑位置，就等于在该光束中选择不同部分的光束参与成像，即可以选择成像质量较好的那部分光束，而把成像质量较差的光束拦掉。

作为观察用的目视光学系统，一定要把眼睛的瞳孔作为整个系统的一个光阑来考虑。

2. 视场光阑（简称视阑）

视场光阑是限制物平面上或物空间中最大成像范围的光阑。它的位置是固定的，总是设在系统的实像平面或中间实像平面上。如照相机中的底片框就是视场光阑。若系统没有这种实像平面，则不存在视场光阑。

3. 渐晕光阑

渐晕光阑以减小轴外像差为目的，使物空间轴外点发出的、本来能通过上述两种光孔的成像光束只能部分通过，称渐晕光阑。渐晕光阑一般是透镜框。

4. 消杂光光阑

消杂光光阑不限制通过光学系统的成像光束，只限制那些从视场外射入系统的光，这些光通过光学系统的各折射面和仪器内壁进行反射和散射，到达像面，我们称之为杂光。杂光进入光学系统，将使像面产生杂光背景，使像的对比度降低，像质降低。利用消杂光光阑，可以拦掉一部分杂光。一些光学系统，如天文望远镜、长焦距平行光管等，都专门设置消杂光光阑，而且在一个光学系统中可以有几个。而在一般光学系统中，常把镜管内壁加工成螺纹，并涂以黑色无光漆或者发黑来达到消杂光的目的。

2.7.2 孔径光阑、入射光瞳和出射光瞳

在实际光学系统中，光学零件的直径是有一定尺寸的，不可能让任意大小的光束通过。系统中不管有多少通光孔，一般来说，其中总有一个能限制进入光学系统光束的大小，或者说能控制进入光学系统光能量的强弱，这个通光孔称为孔径光阑。

如图 2-23 所示的系统中，为了确定孔径光阑，就要看通光孔 Q_1Q_2、透镜 L_1 和 L_2 的镜框究竟是哪一个起限制成像光束的作用。各光孔在系统物空间的像如图 2-24(a) 所示。透镜 L_1 成像到物空间，就是本身；光阑 Q_1Q_2 的像为 P_1P_2；透镜 L_2 的像为 L_2'。由物点 A 对各个像的边缘引连线，可以看出张角 $\angle P_1AP$ 最小，所以 P_1AP 对应的光孔 Q_1Q_2 起着限制光束的作用，即为孔径光阑。孔径光阑在物空间的像 P_1PP_2 称为入射光瞳，简称入瞳。入射光瞳对轴上物点 A 的张角 $\angle P_1AP$，称为光学系统的物方孔径角 U，对轴上点边缘光线作光路计算时所取的孔径角也是该角。同理，把所有光阑通过其后面的光组成像到系统的

像空间去，如图 2-24(b)所示。L_1' 是透镜 L_1 的像；$P_1'P_2'$ 是孔径光阑 Q_1Q_2 的像，透镜 L_2 像空间的像就是它本身。孔径光阑在系统成像空间的像 $P_1'P_2'$ 称为出射光瞳，简称出瞳。轴上物点 A 的共轭像点为 A' 点。显然，出瞳对像面中心点 A' 所张的角最小，此角即为像方孔径角 U'。

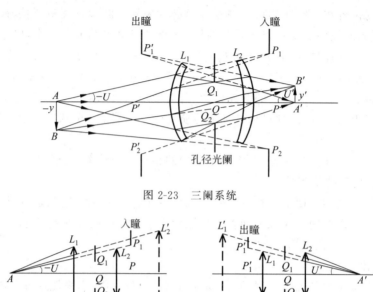

图 2-23　三阑系统

图 2-24　三阑系统孔径光阑的确定
(a) 在物方确定孔径光阑；(b) 在像方确定孔径光阑

　　很显然，入射光瞳通过整个光学系统所成的像就是出射光瞳，两者对整个光学系统是共轭的。如果孔径光阑在整个光学系统中的像空间，它本身也就是出射光瞳；反之，如果它在物空间也就是入射光瞳。

　　由此可知，要在光学系统中的多个光阑中找出哪个是限制光束的孔径光阑，只要求出所有光阑被它前面的光组在系统物空间所成像的位置和大小，求出它们对轴上物点 A 的张角，其中张角最小的通光孔像所对应的通光孔，就是孔径光阑；或者求出所有光孔被它后面的光组在系统像空间所成像的位置和大小，求出它们对轴上像点 A' 的张角，其中张角最小的通光孔像所对应的通光孔，也就是孔径光阑。

　　通过入射光瞳中心的光线称为主光线。由于共轭的关系，对于理想光学系统，主光线也必然通过孔径光阑中心和出瞳中心。显然，主光线是物面各点发出的成像光束的中心光线。

　　必须指出，光学系统中的孔阑只是对一定的物体位置而言的。如果物体位置发生了变化，原来的孔阑可能会失去限制光束的作用，成像光束将被其他光孔所限制。这是因为光孔在物空间的像对轴上物点的张角与物体位置有关。如果物体位于物方无限远时，只需比较各光阑通过其前面光组在整个系统的物空间所成像的大小，直径最小者所对应的即为入射光瞳。

　　入射光瞳的大小是由光学系统对成像光能量的要求或者对物体细节的分辨能力的要求

确定的,常以入射光瞳直径与焦距之比 D/f' 来表示,称为相对孔径。它是光学系统的一个重要性能指标。相对孔径的倒数称为 F 数。在摄影中,常称 F 数为光圈数。

以上只是对已有的光学系统就如何寻找出孔阑以及相关问题进行了分析和讨论。至于一个光学系统,孔阑究竟该如何设置,这是一个须在设计阶段解决的问题。一般而言,孔阑的位置是根据是否有利于缩小系统外形尺寸、镜头结构设计、使用方便,尤其是是否有利于改善轴外点成像质量等因素来考虑决定的。它的大小(即通光孔半径)则由轴上点所要求的孔径角的边缘光线在光阑面上的高度来决定。最后,按所确定的视场边缘点的成像光束和轴上点的边缘光线无阻拦地通过的原则,来确定系统中各个透镜和其他光学零件的通光直径。可见,孔阑位置不同,会引起轴外光束的变化和系统各透镜通光直径的变化,而对轴上点光束却无影响。因此,孔阑的意义,实质上是被轴外光束所决定的。

2.7.3　视场光阑

任何光学系统都能对系统光轴周围的空间成像,系统中决定物平面上或物空间中成像范围的光阑,称为视场光阑。

如果系统有接收面,则接收面的大小直接决定了物面上有多大的成像范围。因此,在成实像或有中间实像的系统中必有位于此实像平面上的视阑,此时有清晰的视场边界。光学系统只能有一个视阑。

在进行光学系统设计的时候,必须保证在所要求的视场范围内能清晰成像并有足够的光照度,以便接收器接收。

由视阑限制的视场可以由长度来量度,也可以用角度来量度,前者称为线视场,后者称为视场角。

物方视场上下边缘对入瞳中心的张角,或物方视场上下边缘的主光线的夹角称为物方视场角。像方视场上下边缘对出瞳中心的张角,或像方视场上下边缘的主光线的夹角称为像方视场角。如果物位于无穷远处,则物方视场的大小以物方视场角来表示;而如果物位于有限距离处,通常以线视场来表征物方视场的大小。

如果视场光阑为长方形,则其线视场以对角线表示。

2.7.4　渐晕光阑、入射窗和出射窗

某些情况下,系统中没有实像面,也没有中间实像面,此时则不存在视场光阑,视场也就没有清晰的边界。但是,这种情况下视场仍可能受到渐晕光阑的限制。如图 2-25 中,轴外点光束被 L_1 和 L_2 的镜框部分拦掉,这种现象称为轴外点的渐晕,L_1 和 L_2 的镜框即为渐晕光阑。

渐晕光阑通过它前面的光学系统在整个光学系统的物空间的所成像称为入射窗,通过后面的光学系统的像空间所成的像称为出射窗。入射窗和出射窗简称为入窗和出窗,它们对整个系统共轭。

渐晕光阑是对一定位置的孔径光阑而言的,当孔径光阑位置改变时,原来的渐晕光阑将可能被另外的光阑所代替。

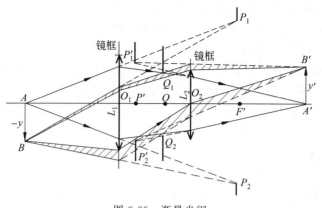

图 2-25 渐晕光阑

为了说明渐晕的形成,如图 2-26 所示,略去系统中的其他光孔,仅画出物平面、入瞳平面和入射窗平面,来分析物空间的光束被限制的情况。当入瞳为无限小时,物面上能成像的范围应该是由入瞳中与入射窗边缘连线所决定的 AB_2 区域。但是当入瞳有一定大小时, B_2 点以外的一些点,虽然其主光线不能通过入射窗,但光束中还有主光线以上一小部分光线可以通过入射窗被系统成像,因而成像范围扩大了。图中 B_3 点才是被系统成像的最边缘点,因为 B_3 点发出并充满入瞳的光束中还有最上面的一条光线能通过入射窗。

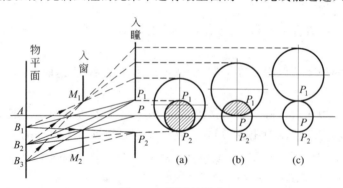

图 2-26 渐晕的形成

在物面上按其成像光束孔径角不同,可分为三个区域。

(1) 以 B_1A 为半径的圆形区,其中每个点均以充满入瞳的全部光束成像。此区域之边缘点 B_1 由入射光瞳下边缘 P_2 和入射窗下边缘点 M_2 的连线确定。在入射光瞳平面上的成像光束截面如图 2-26(a)所示。

(2) 以 B_1B_2 绕光轴旋转一周所形成的环形区域。在此区域内,每一点已不能用充满入瞳的光束成像。在含轴面内看光束,由 B_1 到 B_2 点,能通过入射光瞳的光束由 100% 到 50% 渐变,这就是轴外点渐晕。此区域的边缘点 B_2 由入射光瞳中心 P 和入射窗下边缘 M_2 的连线确定。 B_2 点发出的光束在入射光瞳面上的截面如图 2-26(b)所示。

(3) 以 B_2B_3 绕光轴旋转一周所得到的环形区域。在此区域内各点的光束渐晕更严重,由 B_2 到 B_3 点,其渐晕系数由 50% 降低到 0。 B_3 点是可见视场最边缘点,它由入射光瞳上边缘点 P_1 和入射窗下边缘点 M_2 的连线决定。 B_3 点发出的光束在入射光瞳面上的截面如图 2-26(c)所示。

以上三个区域只是大致的划分,实际在物平面上,由 B_1 到 B_3 点的渐晕系数由 100％ 到 0 是渐变的,并没有明显的界限。由于光束是光能量的载体,通过的光束越宽,其所携带的光能就越多,因此,物平面上第一个区域所成的像光照度最大,并且均匀;从第二个区域开始,像的光照度逐渐下降一直到 0,整个视场并无明显界限。

光学系统也可以不存在渐晕,如图 2-27 所示。令入射光瞳直径为 $2a$,用 p 表示入瞳平面到物平面的距离,均以入射光瞳中心为原点,故 p、q 均为负值。由图可得

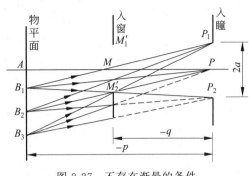

图 2-27 不存在渐晕的条件

$$B_1B_3 = 2a\,\frac{q-p}{q}$$

由上式可见,欲使渐晕区 $B_1B_3 = 0$,需使 $p = q$,即入射窗和物平面重合,或者像平面和出射窗重合,此时就不存在渐晕了。在这种情况下,渐晕光阑就是视场光阑,也就是说没有渐晕光阑。

例如,在投影仪中,视场光阑就设置在物平面上,此时没有渐晕,像平面内视场边缘清晰。在照相机中,显然不便于把视场光阑放在物平面上,这时可把视场光阑放在像平面上,也没有渐晕。

应该指出的是,在一些光学系统中,常设置渐晕光阑。如照相物镜,一般允许有一定的渐晕存在,使轴外点以窄于轴上点的光束成像,即把成像质量较差的那部分光束拦掉,从而适当提高成像质量。但由于渐晕的存在,像平面轴外点的光照度低于轴上点的光照度。

2.7.5 光学系统的景深

前面我们所讨论的只是垂直于光轴的平面上点的成像问题,属于这一类成像的光学仪器还有生物显微镜、照相制版物镜和电影放映物镜等。实际上还有很多光学仪器要求对整个空间或部分空间的物点成像在一个像平面上,例如普通的照相机物镜、望远镜物镜、眼睛等。

理论上,只有空间中与像平面共轭的平面上的物点才能真正成像在像平面上,其他非共轭平面上的物点在该像平面只能得到弥散斑。如果弥散斑足够小,小于接收仪器的分辨率,就可认为该点的像是清晰的。对一定深度的空间在同一像平面上要求所成的像足够清晰,这就是光学系统的景深问题。

如图 2-28 所示,位于空间中的物点 B_1、B_2 分别在距光学系统入射光瞳不同的距离处,P 为入射光瞳中心,P' 为出射光瞳中心,A' 为像平面,称为景像平面。在物空间与景像平面共轭的平面 A 称为对准平面。

当入射光瞳有一定大小时,由对准平面前后的空间物点 B_1 和 B_2 发出并充满入瞳的光束,将与对准平面相交为弥散斑 z_1 和 z_2,它们在景像平面上的共轭像为弥散斑 z_1' 和 z_2',显然像平面上的弥散斑的大小与光学系统入射光瞳的大小和空间点距对准平面的距离有关。如果弥散斑足够小,例如,它对人眼的张角小于眼睛的最小分辨率(约为 1′),那么眼睛看起

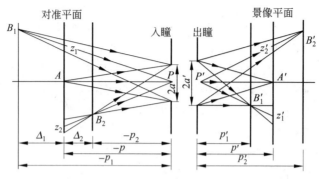

图 2-28　光学系统的景深

来并无不清楚的感觉,这时,弥散斑可认为是空间点在平面上所成的像。任何光能接收器都不是完善的,并不要求像平面上所有像点均为一几何点,只要光能接收器所接收的影像认为是清晰的就可以了。

能够在像平面上获得足够清晰的像的空间深度称为景深。这样能成足够清晰像的最远平面(如物点 B_1 所在的平面)称为远景,能成清晰像的最近平面(如物点 B_2 所在的平面)称为近景。它们离对准平面的距离以 Δ_1 和 Δ_2 表示,称为远景深度和近景深度。显然景深就是远景深度和近景深度之和 $\Delta = \Delta_1 + \Delta_2$。

设对准平面、远景和近景离入射光瞳的距离分别为 p、p_1、p_2,以入瞳中心为坐标原点,则上述各量为负值;在像空间对应的共轭面离出射光瞳距离为 p'、p_1' 和 p_2',并以出瞳中心为坐标原点,这些量则是正值。设入射光瞳和出射光瞳的直径分别为 $2a$ 和 $2a'$。

由于是在同一个平面成像,像平面上的弥散斑 z_1' 和 z_2' 的线度要求应是一致的。它们与对准平面上的弥散斑 z_1 和 z_2 是物像关系,有

$$z = z_1 = z_2$$
$$z' = z_1' = z_2' = |\beta| z$$

其中,z' 为像平面的弥散斑直径的允许值,z 为相应的物平面的弥散斑直径的允许值,β 为共轭平面 A 和 A' 的垂轴放大率。

从图中相似三角形关系可得

$$\frac{z}{2a} = \frac{p_1 - p}{p_1} = \frac{p - p_2}{p_2} \tag{2-64}$$

当 z 确定之后,便可代入式(2-64)求得近景和远景到入射光瞳的距离 p_1 和 p_2:

$$\left. \begin{array}{l} p_1 = \dfrac{2ap}{2a - z} \\[2mm] p_2 = \dfrac{2ap}{2a + z} \end{array} \right\} \tag{2-65}$$

将 $z = \dfrac{z'}{|\beta|}$ 代入上式,有

$$\left. \begin{array}{l} p_1 = \dfrac{2ap|\beta|}{2a|\beta| - z'} \\[2mm] p_2 = \dfrac{2ap|\beta|}{2a|\beta| + z'} \end{array} \right\} \tag{2-66}$$

由此可得远景和近景到对准平面的距离,即远景深度 Δ_1 和近景深度 Δ_2 分别为

$$\left.\begin{aligned} \Delta_1 = p - p_1 = \frac{-pz'}{2a|\beta| - z'} \\ \Delta_2 = p_2 - p = \frac{-pz'}{2a|\beta| + z'} \end{aligned}\right\} \tag{2-67a}$$

由上式可知,光学系统远景深度 Δ_1 较近景深度 Δ_2 为大。

总的成像空间深度即景深 Δ 为

$$\Delta = \Delta_1 + \Delta_2 = -\frac{4ap|\beta|z'}{4a^2\beta^2 - z'^2} \tag{2-68a}$$

可见,像平面上的弥散斑大小规定后,景深除与入瞳直径有关以外,还与对准平面的距离 p 和垂轴放大率 β 有关。至于弥散斑直径 z' 允许值为多少,要视具体的光学系统而定。

由物像关系公式可知,$\beta = \dfrac{f'}{f' + p}$,对于摄影系统,由于 $|p| \gg f'$,有 $\beta = \dfrac{f'}{p}$,所以景深公式可改写为

$$\left.\begin{aligned} \Delta_1 = \frac{p^2 z'}{2af' + pz'} \\ \Delta_2 = \frac{p^2 z'}{2af' - pz'} \end{aligned}\right\} \tag{2-67b}$$

$$\Delta = \Delta_1 + \Delta_2 = \frac{4af'p^2 z'}{4a^2 f'^2 - p^2 z'^2} \tag{2-68b}$$

可见,入瞳直径越大,焦距越大,景深越小;拍摄距离越远,景深越大。

2.7.6　远心光路

在光学仪器中,有相当一部分是用来测量长度的。它通常分为两种情况:一种是光学系统有一定的放大率,使被测物体的像和一刻尺像重合,按刻尺读得的物体像的长度即为被测物体的长度,如工具显微镜等计量仪器;另一种是把一标尺放在不同位置,通过改变光学系统的放大率,使标尺像等于一个已知值,以求仪器到标尺的距离,如大地测量仪器中距离测量等。

前一种情况的工作原理是在仪器的光学系统的实像平面上,放置有已知刻值的透明分划板,分划板上的刻尺格值已考虑了物镜的放大率。按此方法测量物体的长度,刻尺与物镜之间的距离应保持不变,以使物镜的放大率保持常数。该方法的测量精度在很大程度上取决于像平面与刻尺平面的重合程度。这一般是通过对整个光学系统(连目镜)相对被测物体进行调焦来达到的。

由于景深及调焦误差的存在,不可能做到使像平面和刻尺完全重合,这就难免要产生一些误差。像平面与刻尺平面不重合的现象称为视差。由于视差而引起的测量误差可由图 2-29 来说明。图中,$P_1'P'P_2'$ 是物镜的出射光瞳,$B_1'B_2'$ 是被测物体的像,M_1M_2 是刻尺平面,由于二者不重合,像点 B_1'、B_2' 在刻尺平面上反映成弥散斑 M_1 和 M_2 实际量得的长度为 M_1M_2,显然这比真实像 $B_1'B_2'$ 要长一些。视差越大,光束对光轴的倾角越大,其测量误差也越大。

如果适当地控制主光线的方向,就可以消除或大为减少视场对测量精度的影响。这只要把孔径光阑设在物镜的像方焦平面上即可。如图 2-30 所示,光阑也是物镜的出射光瞳,此时,由物镜发出的每一光束的主光线都通过光阑中心所在的像方焦点,而在物方主光线都是平行于光轴的。如果物体 B_1B_2 正确地位于与刻尺平面 M 共轭的位置 A_1 上,那么它成像在刻尺平面上的长度为 M_1M_2;如果由于调焦不准,物体 B_1B_2 不在位置 A_1 而在位置 A_2 上,则它的像 $B_1'B_2'$ 将偏离标尺,在标尺平面上得到的将是由弥散斑所构成的 B_1' 和 B_2' 的投影像。但是,由于物体上同一点发出的光束的主光线并不随物体的位置移动而发生变化,因此通过刻尺平面上投影像两端的两个弥散中心的主光线仍通过 M_1 和 M_2 点,按此投影像读出的长度仍为 M_1M_2。这就是说,上述调焦不准并不影响测量结果。由于这种光学系统的物方主光线平行于光轴,主光线的会聚中心位于物方无限远处,故称之为物方远心光路。

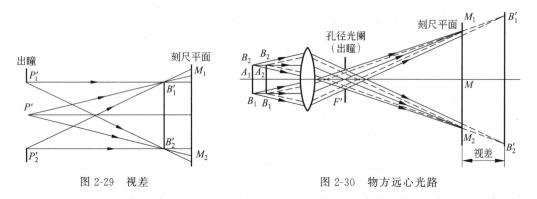

图 2-29 视差   图 2-30 物方远心光路

后一种情况是以带有分划的标尺作为物,位于望远物镜前要测定其距离的地方,物镜后的分划板平面上有已知间隔的刻线。测量标尺所在处的距离时,调焦物镜或连同分划板一起调焦目镜,以使标尺的像和分划板的刻线重合,读出与固定间隔的测距丝所对应的标尺上的长度,求得放大率,即可求出标尺所在的位置。同样,由于调焦不准,标尺的像和分划板的刻线平面不重合,使读数产生误差而影响测距精度。为消除或减少这种误差,可以在望远镜的物方焦平面上设置一个孔径光阑,如图 2-31 所示。光阑也是物镜的入瞳,此时进入物镜光束的主光线都通过光阑中心所在的物方焦点,在像方这些主光线都平行于光轴。如果物体 B_1B_2(标尺)的像 $B_1'B_2'$ 不与分划板的刻线平面 M 重合,则在刻线平面 M 上得到的是 $B_1'B_2'$ 的投影像,即弥散斑 M_1 和 M_2。但由于在像方的主光线平行于光轴,因此按分划板上

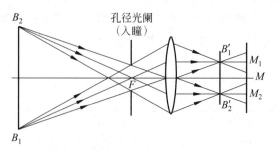

图 2-31 像方远心光路

弥散斑中心所读出的距离 M_1M_2 与实际的像长 $B_1'B_2'$ 相等。M_1M_2 是分划板上所刻的一对测距丝,不管它是否和 $B_1'B_2'$ 相重合,它在标尺上所对应的长度总是 B_1B_2。显然,这不会产生误差。这种光学系统,因为像方的主光线平行于光轴,其会聚中心在像方无穷远处,故称之为像方远心光路。

2.8 像　　差

由前面讨论的球面系统和平面系统的光路特征和成像特性可知,只有平面反射镜是唯一能对物体成完善像的光学零件。单个球面透镜或任意组合的实际光学系统,只能对近轴物点以细光束成完善像。随着视场和孔径的增大,成像光束的同心性将受到破坏,产生各种成像缺陷,使像的形状与物不再相似。这种实际像的位置和形状与理想像的偏差,称为像差。

2.8.1　几何像差

用高斯公式、牛顿公式或近轴光路计算公式所求得的像的位置和大小,应认为是理想像的位置和大小。而用实际光线计算公式求得的像的位置和大小相对于理想像的偏离,可作为像差的量度。像差的大小反映了光学系统成像质量的优劣。

光学系统以单色光成像时会产生性质不同的五种单色像差,即球差、慧差、像散、像面弯曲(场曲)和畸变。实际上,绝大多数光学系统都是对白光或复色光成像,由于同一光学介质对不同的波长有不同的折射率,因此不同的色光成像的位置和大小也不相同,这种不同的色光产生的成像差异称为色差,有轴向色差(位置色差)和垂轴色差(倍率色差)两种。

这些像差都是基于几何光学的,所以这七种像差也称为几何像差。本节我们将分别讨论各种像差。

1. 球差

在第 1 章中曾指出,由光轴上一点发出与光轴成 U 角的光线,经球面折射后所得的截距 L' 是孔径角 U(或入射高度 h)的函数。因此,轴上点发出的同心光束经光学系统各个球面折射以后,入射光线的孔径角不同,其出射光线与光轴交点的位置就不同,不再是同心光束,相对于理想像点有不同的偏离,这就是球差。其值由轴上点发出的不同孔径的光线经系统后的像方截距 L' 和其近轴光的像方截距 l' 之差来表示,即

$$\delta L' = L' - l' \tag{2-69}$$

其中,$\delta L'$ 为球差值。由于 $\delta L'$ 是沿着光轴方向量度的,称为轴向球差。沿垂直于光轴方向量度则称为垂轴球差,以 $\delta T'$ 表示,即

$$\delta T' = \delta L' \tan U' \tag{2-70}$$

绝大多数光学系统具有圆形入瞳,轴上点的成像光束是关于光轴对称的,因此,对应于轴上点球差的光束结构是非同心的轴对称光束,它与参考像面截得一弥散圆。此时,只要讨论含轴平面上位于光轴一侧的光线即可了解整个光学系统的球差。

显然,与光轴成不同孔径角 U 的光线具有不同的球差。如图 2-32 中,轴上点 A 的理想

像为 A_0'，由 A 点发出的过入瞳边缘的光线 AP（称边缘光线）的物方孔径角为 U_m，从系统出射后，交光轴于 A' 点，与 A_0' 不重合。如果式(2-69)中的 L' 是对边缘光线($U=U_m$)求得的，则称之为边缘光球差；如果是对 0.707 带光线($U=0.707U_m$)求得的，则称之为带光球差。

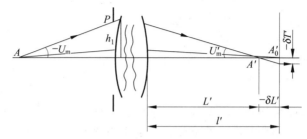

图 2-32 轴上点球差

球差对成像质量的影响是使得高斯像面(理想像面)上得到的不是点像，而是一个圆形弥散斑，这将使像模糊不清。所以，为使光学系统成像清晰，必须校正球差。

球差校正之后，若 $\delta L'<0$，称为球差校正不足或欠校正；若 $\delta L'>0$，称为球差校正过头或过校正；若 $\delta L'=0$，则表示光学系统对这条光线校正了球差。利用正负透镜组合，可以校正球差。大部分光学系统只能做到对一条光线校正球差，一般是对边缘光线校正的，若边缘光球差为零，则称该系统为消球差系统。

对单色光而言，轴上点只有球差。对于轴外点，物面上各点均有球差，但小视场范围内的点可认为球差的影响是一致的。视场较大时，不仅轴外球差与轴上球差不同，由于光束失去对称性，子午面和弧矢面的球差也不相同。

要求出球差的精确值，必须对轴上点发出的近轴光线和若干条实际光线进行光路计算，分别求出 L' 和 l'。

2. 彗差

为考察单色光轴外像差，对轴外物点所发出的光束，一般在整个光束中通过主光线取出两个互相垂直的截面进行分析，其中一个是主光线和光轴决定的平面，称为子午面；另一个是通过主光线和子午面垂直的截面，称为弧矢面。

彗差是轴外点宽光束成像所产生的像差之一，分为子午彗差和弧矢彗差。

1) 子午彗差

下面先以单折射球面为例说明彗差形成的原因。如图 2-33 所示，轴外点 B 发出的子午光束，对辅轴 BC 来说就相当于轴上点光束。其中上光线 a，主光线 z 和下光线 b 与辅轴夹角不同，故有不同的球差值，所以三条光线不能交于一点，即在折射前主光线是子午光束的轴线，折射后则不再是光束的轴线，光束失去了对称性。用上、下光线的交点 B_T' 对主光线在垂直于光轴方向的偏离来表示这种光束的不对称，称为子午彗差，以 K_T' 表示。它是沿垂直于轴的方向量度的，故是垂轴像差的一种。

如图 2-34 所示，子午彗差值以轴外点子午光束上、下光线在高斯像面上交点高度的平均值 $(y_a'+y_b')/2$ 和主光线在高斯像面上交点高度 y_z' 之差表示，即

$$K_T'=(y_a'+y_b')/2-y_z' \tag{2-71}$$

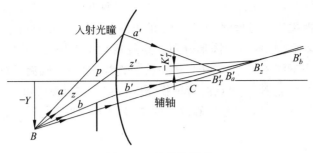

图 2-33 彗差的形成

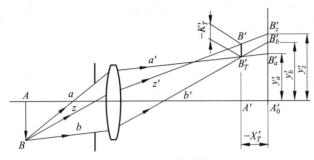

图 2-34 子午彗差

2）弧矢彗差

如图 2-35 所示，由轴外点 B 发出的弧矢光束的前光线 d 和后光线 c，折射后交于 B'_s，由于两光线对称于子午面，故点 B'_s 应在子午面内。点 B'_s 到主光线的垂直于光轴方向的距离称为弧矢彗差，以 K'_s 表示。弧矢彗差 K'_s 值为

$$K'_S = y'_c - y'_z = y'_d - y'_z \tag{2-72}$$

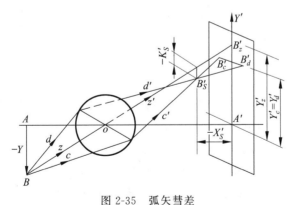

图 2-35 弧矢彗差

弧矢光线属空间光线光路计算，比较复杂。但考虑到弧矢彗差总比子午彗差小，所以计算光路时一般并不考虑。

3）彗差图形

图 2-36 为轴外物点发出的宽光束所形成的彗星状光斑的示意图，由物点 B 发出的到达透镜一个环带上的光线，经折射后在像面上形成一个圆。环带的 a、b 两点在物点 B 的子午

面上,经过这两点的光线交像面于 ab 点。经过 c、d 两点的弧矢光线交像面于 cd 点,该点仍在子午面上。依此类推,经过环带上其他点的光线 e、f 交像面于 ef 点,光线 g、h 交像面于 gh 点,等等,在像面上形成一个圆形分布。经过透镜不同环带(图 2-36(b))的光线在像面上交成一系列大小不同相互重叠的圆,圆心在一直线上,与主轴有不同的距离,形成一个以主光线在像面上的交点 B'_z 为顶点的彗星状光斑,如图 2-36(c)所示。

以上都是在系统没有其他像差的假设下的结果。当其他像差同时存在时,很难观察到纯粹的彗差。

3. 像散和场曲

轴外点发出的宽光束经单个折射球面后,由于主光线与光轴不重合,有彗差产生。若把光阑缩到无限小,只允许沿主光线的无限细光束通过,如图 2-37 所示,则彗差不存在,但是有细光束的像散和场曲存在。

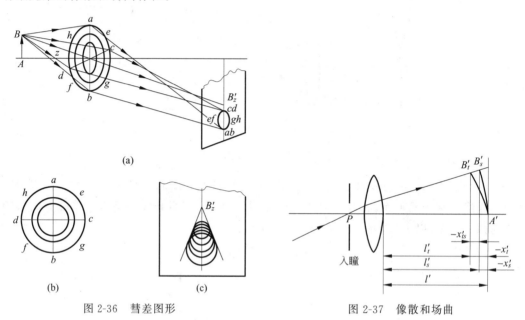

图 2-36　彗差图形　　　　　　　　图 2-37　像散和场曲

1) 场曲

如图 2-34 所示,同一轴外点不同孔径的光线所对应的交点不仅在垂直光轴的方向上偏离主光线,而且沿光轴方向也和高斯像面有偏离。子午宽光束的交点沿光轴方向到高斯像面的距离 X'_T 称为宽光束的子午场曲,子午细光束的交点沿光轴方向到高斯像面的距离 x'_t 称为细光束的子午场曲(图中未示出)。与轴上点的球差类似,这种轴外宽光束的交点与细光束的交点沿光轴方向的偏离称为轴外子午球差,用 $\delta L'_T$ 表示:

$$\delta L'_T = X'_T - x'_t \tag{2-73}$$

同样,如图 2-35 所示,在弧矢面内,弧矢宽光束的交点沿光轴方向到高斯像面的距离 X'_S 称为宽光束的弧矢场曲,弧矢细光束的交点沿光轴方向到高斯像面的距离 x'_s 称为细光束的弧矢场曲(图中未示出)。两者间的轴向距离称为轴外弧矢球差,用 $\delta L'_S$ 表示:

$$\delta L'_S = X'_S - x'_s \tag{2-74}$$

各视场的子午像点构成的像面称为子午像面,由弧矢像点构成的像面称为弧矢像面,如

图 2-37 所示,两者都是对称于光轴的旋转曲面,这就是之所以称为"场曲"的由来。由此可知,当存在场曲时,在高斯像平面上超出近轴区的像点都会变得模糊,一平面物体的像会变成一回转的曲面,在任何像平面处都不会得到一个完善的物平面像。

2)像散

如图 2-37 所示,细光束的子午像点和弧矢像点并不重合,两者分开的轴向距离称为像散,用 x'_{ts} 表示:

$$x'_{ts} = x'_t - x'_s \tag{2-75}$$

当存在像散时,不同的像面位置会得到不同形状的物点像。如图 2-38 所示,在子午像点 T' 处得到的是一垂直于子午面的短线,称为子午焦线;在弧矢像点 S' 处得到的是垂直于弧矢面的短线,称为弧矢焦线;两焦线互相垂直。在两条短线之间光束的截面形状由长轴与子午面垂直的椭圆弥散斑变到圆形弥散斑,再变到长轴在子午面的椭圆弥散斑。两条短线之间沿光轴方向的距离就是光学系统的像散。

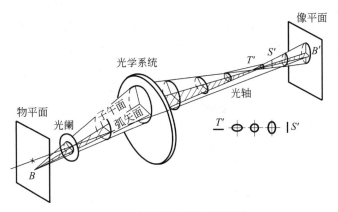

图 2-38　存在像散时的光束结构

存在像散的光学系统,不能使物面上的所有物点形成清晰的像点群。若光学系统对直线成像,其像的质量将与直线的方向密切相关。图 2-39 所示是垂轴平面上三种不同方向的直线被子午光束和弧矢光束成像的情况。情况 1 是垂直于子午平面的直线,情况 2 是位于子午平面上的直线,情况 3 是既非垂直又非位于子午平面的倾斜直线。请读者分析其子午像和弧矢像的成因。

4. 畸变

畸变是主光线像差。轴外点即使只有主光线通过光学系统,由于球差的影响,不同视场的主光线通过光学系统后与高斯像面的交点高度 y'_z 不等于理想的像高,其差别就是系统的畸变,用 $\delta y'_z$ 表示,显然畸变是一种垂轴像差,有

$$\delta y'_z = y'_z - y' \tag{2-76}$$

畸变仅随视场而变,一对物、像共轭面上,垂轴放大率 β 随视场角大小而改变,不再保持常数,使像相对于物失去了相似性。对于正畸变($\delta y'_z > 0$),其主光线和高斯像面交点的高度随视场增大而大于理想像高,即为枕形畸变。对于负畸变($\delta y'_z < 0$),主光线和高斯像面交点的高度随着视场增大而小于理想像高,故为桶形畸变。例如,一垂直于光轴的平面物体,其图案如图 2-40(a)所示,它由成像质量良好的光学系统所成的像应该是一个和原来物

体完全相似的方格。图 2-40（b）和（c）则分别表示正畸变和负畸变时所成的像。

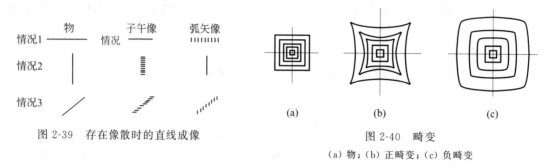

图 2-39　存在像散时的直线成像

图 2-40　畸变

（a）物；（b）正畸变；（c）负畸变

5. 色差

绝大部分光学仪器用白光成像。白光是各种不同波长（或颜色）单色光的组合，所以白光经光学系统成像可看成是同时对各种单色光的成像。由于透明介质对不同波长的单色光具有不同的折射率，所以各单色光具有前面所述的各种单色像差，而且其数值也不相同。这样白光经过光学系统第一个表面折射后，各种单色光被分开，随后在光学系统内以各自的光路传播，造成了各种单色光之间成像位置和大小的差异，也造成了各种单色像差之间的差异。

1）位置色差

轴上物点用不同色光成像时成像位置的差异称为轴向色差，也称为位置色差。

光学材料对不同波长的色光折射率不同，波长越短，折射率越高，因此，同一透镜对不同色光有不同的焦距。当透镜对于一定物距 l 处的物点成像时，由于各色光焦距不同，按高斯公式可求得不同的 l' 值。结果，按色光的波长由短到长，它们的像点离开透镜由近到远地排列在光轴上，如图 2-41 所示，这就是位置色差。

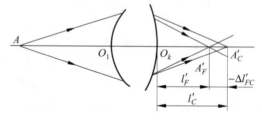

图 2-41　位置色差

若 A 点发出白光，经透镜后，不同色光在像空间光轴上形成位置不同的像点。红光（C光）因折射率低，其像点 A'_C 离光学系统最后一面最远。相反，蓝光（F光）像点 A'_F 最近。如果用一屏置于位置 A'_F 处，将会在屏上看到红色在外蓝色在内的弥散斑；如果屏置于 A'_C 处，将会看到蓝色在外红色在内的弥散斑，这样就使得轴上物点不能形成一白色像点，而成为彩色弥散斑。

通常用 F 光和 C 光的像平面之间的距离表示位置色差。若 l'_F 和 l'_C 分别表示 F 光和 C光的高斯像距，则位置色差 $\delta l'_{FC}$ 为

$$\delta l'_{FC} = l'_F - l'_C \tag{2-77}$$

光学系统校正了位置色差以后，轴上点发出的两种单色光通过系统后交于光轴同一点，即可认为两种色光的像面重合在一起。

2）倍率色差

对轴外点来说，不同色光的焦距不等时，垂轴放大率也不相等，因而有不同像高。光学系统对不同色光的垂轴放大率的差异称为倍率色差，亦称为放大率色差或垂轴色差，用 F 光和 C 光在同一像平面（一般为 D 光的理想像平面）上像高之差表示。若 y'_F 和 y'_C 分别表示 F 光和 C 光的主光线在 D 光理想像平面上的交点高度，则倍率色差 $\delta y'_{FC}$ 为

$$\delta y'_{FC} = y'_F - y'_C \tag{2-78}$$

设系统对无限远物体成像，如果是薄透镜光组，当两种色光的焦点重合时，则焦距相等，有相同的放大率。如为复杂光学系统，两种色光的焦点重合，因主面不重合而有不同的焦距，即有不同的放大率，则系统存在倍率色差。以目视光学系统为例，若被观察面是黄绿光（D 光）的高斯像面，则所看到的 F、C 光像高是它们的主光线和 D 光高斯像面交点的高度，如图 2-42 所示。故倍率色差定义为轴外点发出两种色光的主光线在消单色光像差的高斯像面上交点高度之差。

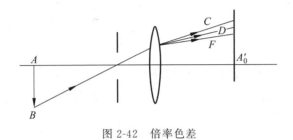

图 2-42　倍率色差

倍率色差是在高斯像面上量度的，故是垂轴像差的一种。倍率色差严重时，物体的像有彩色边缘，即各种色光的像轴外点不重合。因此，倍率色差将破坏轴外点像的清晰度，造成白色像的模糊。大视场光学系统必须校正倍率色差。一般通过不同玻璃的正负透镜的组合来消除色差。所谓校正倍率色差，是指对所规定的两种色光，在某一视场使倍率色差为零。

需要指出的是，反射式光学系统无色差存在，这使得全部由反射镜组成的光学系统近年来备受关注，例如本书拓展阅读中介绍的在航天遥感中的应用。

2.8.2　波像差

到目前为止，我们只讨论了光学系统的几何像差。虽然它直观、简单，且容易由计算得到，但对高像质要求的光学系统，仅用几何像差来评价成像质量有时是不够的，还需进一步研究光波波面经光学系统后的变形情况来评价系统的成像质量，因此需要引入波像差的概念。

从物点发出的波面经理想光学系统后，其出射波面应该是球面。但由于实际光学系统存在像差，实际波面与理想波面就有了偏差。如图 2-43 所示，$P'x'$ 是经光学系统出射波面的对称轴，P' 为光学系统的出射光瞳中心，实际波面 $P'\overline{N}$ 上的任一点 $\overline{M}$ 的法线交光轴于点 $\overline{A}'$。取任一参考点，例如高斯像点 A' 为参考点，即以它为中心作一参考球面波 $P'M'$ 与实际波面相切于 P'，它就是理想波面。显然 $\overline{A}'A'$ 就是孔径角为 U' 时光学系统的球差 $\delta L'$。实际波面的法线 $\overline{M}'\overline{A}'$ 交理想球面于点 M'，则距离 $\overline{M}'M'$ 乘以此空间的介质折射率，即为波像差，以 W' 表示。或者说，波像差就是实际波面和理想波面之间的光程差。

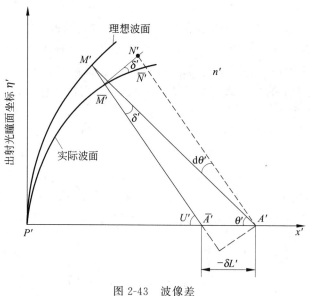

图 2-43 波像差

由图 2-43 可看出,波像差也是孔径的函数,当几何像差越大时,其波像差也越大。对轴上物点而言,单色光的波像差仅由球差引起,当光学系统的孔径不大时,它与球差之间的关系为

$$W=\frac{n'}{2}\int_0^{U'_m}\delta L'\mathrm{d}u'^2 \qquad (2\text{-}79)$$

其中,U'_m 为像方最大孔径角。

波像差越小,系统的成像质量越好。按照瑞利(Rayleigh)判据,当光学系统的最大波像差小于 1/4 波长时,其成像是完善的。对显微物镜和望远物镜这类小像差系统,其成像质量应按此标准来要求。

色差也可以用波色差的概念来描述,对轴上点而言,λ_1 光和 λ_2 光在出瞳处两波面之间的光程差称为波色差。用 $W_{\lambda_1\lambda_2}$ 来表示。例如对目视光学系统,若对 F 光和 C 光校正色差,其波色差的计算,不需要对 F 光和 C 光进行光路计算,只需对 D 光进行球差的光路计算就可以求出,其计算公式为

$$W_{FC}=W_F-W_C=\sum_1^n(D-d)\mathrm{d}n \qquad (2\text{-}80)$$

其中,d 为透镜(或其他光学零件)沿光轴的厚度,D 是光线在通过各介质的光路长度,$\mathrm{d}n$ 是介质的色散(n_F-n_C)。由于空气中的 $\mathrm{d}n=0$,所以利用式(2-80)计算波色差时,只需对光学系统中的透镜等光学零件进行光路长度计算即可,且计算简单,精度高。

例　　题

例 2-1　航空摄影机在飞行高度 $H=1000$ m 时,得到底片比例为 1∶5000,且成倒像,则镜头的焦距应是多大?

解：根据题意，焦距相对于飞行高度来说是一个小量，故 H 近似等于焦物距 x。利用式(2-12)得

$$f = -x\beta = -(-1000\ \text{m})\left(-\frac{1}{5000}\right) = -0.2\ \text{m}$$

所以镜头的像方焦距应是 200 mm。

例 2-2 离水面 1 m 深处有一条鱼，现用 $f' = 75$ mm 的照相物镜拍摄该鱼，照相物镜的物方焦点离水面 1 m。试求：(1)垂轴放大率为多少？(2)照相底片应离照相物镜像方焦点 F' 多远？

解：根据题意，鱼先经水面成像，水的折射率为 1.33，由式(1-17)有

$$\frac{1}{l'} - \frac{1.33}{-1000\ \text{mm}} = 0$$

解得

$$l' = -751.88\ \text{mm}$$

然后再被照相物镜成像，其 x 值为

$$x = -1000\ \text{mm} - 751.88\ \text{mm} = -1751.88\ \text{mm}$$

根据式(2-12)，有

$$\beta = -\frac{f}{x} = -\frac{-75\ \text{mm}}{-1751.88\ \text{mm}} = -0.0428$$

$$x' = -\beta f' = -(0.0428) \times 75\ \text{mm} = 3.21\ \text{mm}$$

即照相底片在照相物镜像方焦平面外 3.21 mm 处。垂轴放大率为 −0.0428。

例 2-3 已知由一正薄透镜和一负薄透镜组成的合成光组，焦距分别为 $f_1' = 100$ mm，$f_2' = -200$ mm，入射平行光线在第一透镜主面上的高度 $h_1 = 1$ mm，在第二透镜主面上的高度 $h_2 = 0$，求其合成光组的合成焦距等于多少？

解：根据题意，有 $l_F' = 0$，利用式(2-25)可求得光学间隔 Δ

$$\Delta = \frac{f_2 f_2'}{f_2' - l_F'} = 200\ \text{mm}$$

利用式(2-25)可求得合成光组的焦距 f'

$$f' = -\frac{f_1' f_2'}{\Delta} = -\frac{100\ \text{mm} \times (-200\ \text{mm})}{200\ \text{mm}} = 100\ \text{mm}$$

可见合成光组的焦距仍为 100 mm。

例 2-4 现有一照相机，其物镜 $f' = 75$ mm，入射光瞳直径 $2a = 5$ mm，像平面的弥散斑直径的允许值 z' 为 0.05 mm，如果要使对准平面以后的整个物空间都能在景象平面上成清晰像，即远景深度 $\Delta_1 = \infty$，对准平面应位于何处？

解：由式(2-67a)可知，当 $\Delta_1 = \infty$ 时，分母($2a|\beta| - z'$)应等于零。故对准平面的放大率

$$|\beta| = \frac{z'}{2a} = \frac{0.05\ \text{mm}}{5\ \text{mm}} = 0.01$$

照相机一般是成倒像，β 应为负值，根据式(2-12)，对准平面的焦物距 x 为

$$x = -\frac{f}{\beta} = -\frac{-75\ \text{mm}}{-0.01} = -7500\ \text{mm}$$

则对准平面位置 p 为

$$p = x + f = -7500 \text{ mm} - 75 \text{ mm} = -7575 \text{ mm} = -7.575 \text{ m}$$

如果把照相机物镜调焦于无限远,即 $p = \infty$ 时,近景位于何处?请读者自己思考。

例 2-5 已知一弯月形负透镜,其结构参数为 $r_1 = 50 \text{ mm}$,$r_2 = 20 \text{ mm}$,$d_1 = 3 \text{ mm}$,$n = 1.5$,试求:(1)传递矩阵的各高斯常数;(2)该系统的基点位置和焦距。

解:(1) 先求各折射面的 a 值及 $\dfrac{d}{n'}$ 值:

$$a_1 = \frac{n_1' - n_1}{r_1} = \frac{1.5 - 1}{50 \text{ mm}} = 0.01 \text{ mm}^{-1}$$

$$a_2 = \frac{n_2' - n_2}{r_2} = \frac{1 - 1.5}{20 \text{ mm}} = -0.025 \text{ mm}^{-1}$$

$$\frac{d_1}{n_1'} = \frac{3 \text{ mm}}{1.5} = 2 \text{ mm}$$

代入式(2-47),得

$$\boldsymbol{T} = \boldsymbol{R}_2 \boldsymbol{D}_1 \boldsymbol{R}_1 = \begin{bmatrix} 1 & a_2 \\ 0 & 1 \end{bmatrix} \begin{bmatrix} 1 & 0 \\ -\dfrac{d_1}{n_1'} & 1 \end{bmatrix} \begin{bmatrix} 1 & a_1 \\ 0 & 1 \end{bmatrix}$$

$$= \begin{bmatrix} 1 & -0.025 \\ 0 & 1 \end{bmatrix} \begin{bmatrix} 1 & 0 \\ -2 & 1 \end{bmatrix} \begin{bmatrix} 1 & 0.01 \\ 0 & 1 \end{bmatrix}$$

$$= \begin{bmatrix} 1 & -0.025 \\ 0 & 1 \end{bmatrix} \begin{bmatrix} 1 & 0.01 \\ -2 & 0.98 \end{bmatrix}$$

$$= \begin{bmatrix} 1.05 & -0.0145 \\ -2 & 0.98 \end{bmatrix}$$

可得该系统的高斯常数为

$$A = -0.0145 \text{ mm}^{-1}, \quad B = 0.98$$
$$C = 1.05, \quad D = -2 \text{ mm}$$

计算其行列式值,得

$$\det \boldsymbol{T} = 1$$

证明计算无误。

(2) ① 按式(2-54)求主面位置

$$l_H' = -\frac{(1 - 1.05) \times 1}{-0.0145 \text{ mm}^{-1}} = -3.448 \text{ mm}$$

$$l_H = -\frac{(1 - 0.98) \times 1}{-0.0145 \text{ mm}^{-1}} = -1.379 \text{ mm}$$

② 按式(2-55)求焦点位置

$$l_F' = -\frac{1.05 \times 1}{-0.0145 \text{ mm}^{-1}} = -72.414 \text{ mm}$$

$$l_F = -\frac{0.98 \times 1}{-0.0145 \text{ mm}^{-1}} = -67.586 \text{ mm}$$

③ 按式(2-58)求节点位置

$$l_J' = 3.448 \text{ mm}$$

$$l_J = -1.379 \text{ mm}$$

④ 按式(2-56)求焦距

$$f' = \frac{1}{-0.0145 \text{ mm}^{-1}} = -68.966 \text{ mm}$$

$$f = -\frac{-1}{-0.0145 \text{ mm}^{-1}} = 68.966 \text{ mm}$$

校对：

$$f' = l_F' - l_H' = -72.414 \text{ mm} - (-3.448 \text{ mm}) = -68.966 \text{ mm}$$

$$f = l_F - l_H' = 67.586 \text{ mm} - (-1.379 \text{ mm}) = 68.965 \text{ mm}$$

两种方法求得的焦距值相同,表明计算无误。

习　题

2-1　作图：

(1) 作轴上实物点 A 的像 A'

(2) 作轴上虚物点 A 的像 A'

(3) 作垂轴实物 AB 的像 $A'B'$

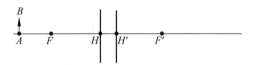

(4) 作垂轴虚物 AB 的像 $A'B'$

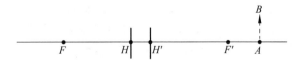

(5) 画出焦点 F、F' 的位置

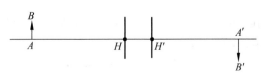

（6）画出焦点 F、F' 的位置

2-2 单透镜成像时,若其共轭距(物与像之间距离)为 250 mm,求下列情况下的透镜焦距:

(1)实物,$\beta=-4$;（2)实物,$\beta=-\dfrac{1}{4}$;（3)虚物,$\beta=-4$。

2-3 有一薄正透镜对某一实物成一倒立实像,像高为物高的一半,今将物向透镜移近 100 mm,则所得的像与物同样大小,求该薄正透镜的焦距。

2-4 一个薄透镜对某一物体成实像,放大率为 -1,今以另一薄透镜紧贴在第一透镜上,则见像向透镜方向移动 20 mm,放大率为原先的 3/4 倍,求两块透镜的焦距。

2-5 一透镜对无限远处和物方焦点前 5 m 处的物体成像时,两像的轴向间距为 3 mm,求透镜的焦距。

2-6 有一理想光学系统位于空气中,其光焦度为 $\varphi=50$ D,当焦物距 $x=-180$ mm,物高 $y=60$ mm 时,试分别用牛顿公式和高斯公式求像的位置和大小,以及轴向放大率和角放大率。

2-7 已知物像之间共轭距离为 625 mm,$\beta=-1/4$,现欲使 $\beta=-4$,而共轭距离不变,试求透镜的焦距及透镜向物体移动的距离。（透镜位于空气中。）

2-8 已知一透镜 $r_1=20.5$ mm,$r_2=15.8$ mm,$d=10.8$ mm,$n=1.61$,求其焦距、光焦度、基点位置。

2-9 一薄透镜 $f_1'=200$ mm 和另一薄透镜 $f_2'=50$ mm 组合,组合焦距为 100 mm,求两透镜的相对位置和组合的主点位置。

2-10 一薄透镜由 5 D 和 -10 D 的两个薄透镜组成,两者间距为 50 mm,求组合系统的光焦度和主点位置,若把两透镜顺序颠倒,再求其光焦度和主点位置。

2-11 有三个透镜,$f_1'=100$ mm,$f_2'=50$ mm,$f_3'=-50$ mm,其间隔 $d_1=10$ mm,$d_2=10$ mm,设该系统处于空气中,求组合系统的像方焦距。

2-12 一个三片型望远镜系统,已知 $f_1'=100$ mm,$f_2'=-250$ mm,$f_3'=800$ mm,入射平行光在三个透镜上的高度分别为:$h_1=1.5$ mm,$h_2=1$ mm,$h_3=0.9$ mm,试求合成焦距和 d_1、d_2 的值。

2-13 一球形透镜,直径为 40 mm,折射率为 1.5,求其焦距和主点位置。

2-14 有一双薄镜系统,$f_1'=100$ mm,$f_2'=-50$ mm,要求总长度(第一透镜至系统像方焦点的距离)为系统焦距的 0.7 倍,求两透镜的间隔和系统的焦距。

2-15 由两个同心的反射球面(两球面的球心重合)构成的光学系统,按照光线的反射顺序,第一个反射球面是凹面,第二个反射球面是凸面,要求系统的像方焦点恰好位于第一个反射球面的顶点,若两球面间隔为 d,求两球面的半径和组合焦距。

2-16 已知物点 A 离透镜的距离 $-l_1$ 为 30 mm,透镜的通光口径 D_1 为 30 mm,在透镜后 10 mm 处有一光孔,其直径 D_2 为 22 mm,像点 A' 离透镜的距离 $l_1'=60$ mm,试求这个系统的孔径光阑、入瞳和出瞳。

2-17 有一物镜焦距 $f'=100$ mm,其框直径 $D_2=40$ mm,在它前面 50 mm 处有一光孔,直径 D_1 为 35 mm,问物点在 -500 mm 和 -300 mm 时,是否都是由同一光孔起孔径光

阑作用？相应的入瞳和出瞳的位置和大小如何？

2-18 将一个 $f'=40$ mm，直径 $D_1=30$ mm 的薄透镜做成放大镜，眼瞳 2 放在透镜像方焦点上，眼瞳直径 $D_2=4$ mm，物面放在透镜物方焦点上，试问：(1)哪一个是孔径光阑，哪一个是视场光阑？(2)入瞳在哪里？物方半视场角等于多少？(3)入射窗在哪里？视场边缘是否有渐晕？视场线等于多少？

2-19 现有一照相机，其物镜 $f'=40$ mm，像平面弥散斑直径的允许值 z' 为 0.02 mm，现以常摄距离 $p=3$ m 进行拍摄，相对孔径 $\dfrac{D}{f'}$ 分别采用 1/3.5 和 1/22，试分别求其景深。

习题解答 2

第3章 光学仪器的基本原理

由于成像理论的逐步完善,许多光学仪器在各个领域得到了广泛的应用。人们很早就利用透镜、反射镜和棱镜等制成各种光学仪器。随着科学技术的发展,光学仪器的种类越来越多,应用越来越广,其理论基础也涉及各个方面,但光学仍然是其中的根本。绝大多数光学系统可归属于显微系统、望远系统和照相系统三类中的一种。本章应用前面所学过的近轴光学的理论知识重点分析以上各类经典光学系统,并介绍一些新型的现代光学系统的特性和设计要求。

3.1 眼 睛

许多光学仪器都要用眼睛来观察,人眼则为这类目视光学仪器的光能接收器。因此了解人眼的结构及其光学特性对目视光学仪器的设计非常必要。

3.1.1 眼睛的结构

人眼本身就相当于一个摄影系统,外表大体呈球形,直径约为 25 mm,其内部结构如图 3-1 所示。

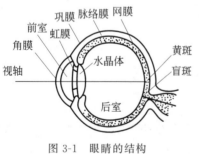

图 3-1 眼睛的结构

(1)巩膜和角膜。眼的最外层是一层白色的巩膜,将眼球包围起来。而巩膜的正前方曲率较大的一部分是角膜,是由角质构成的透明球面,厚度约为 0.55 mm,折射率为 1.38,外界光通过角膜进入眼睛。

(2)前室。角膜后面的一部分空间称为前室,前室中充满了折射率为 1.34 的透明水状液。

(3)虹膜和瞳孔。前室之后是中心带有圆孔的虹膜,眼睛的色彩由虹膜显示出来。虹膜中心的圆孔称为瞳孔,它能限制进入眼睛的光束口径。瞳孔的直径可以随物体的明暗而自动改变,以调节进入眼睛的光能量。

(4)水晶体。虹膜后面是由多层薄膜组成的呈现双凸透镜形的水晶体,各层折射率不同,而且表面曲率半径可以改变,以改变水晶体的焦距,使不同距离的物体都能成像在网膜上。

（5）后室。水晶体后面的空间称为后室，里面充满透明液体，称为玻璃液，折射率为1.34。

（6）网膜。后室的内壁与玻璃液之间有一层网膜，它是眼睛的感光部分，上面布满了神经细胞和神经纤维。

（7）黄斑和盲斑。位于网膜中部的椭圆形区域称为黄斑，其中心有一凹部，密集了大量的感光细胞，是网膜上视觉最敏感的区域。而盲斑则是网膜神经纤维的出口，没有感光细胞，不产生视觉。

（8）脉络膜。网膜的外面包围着一层黑色膜，称为脉络膜，它的作用是吸收透过网膜的光线，把后室变成一个暗室。

黄斑的中心凹和眼睛光学系统像方节点的连线称为视轴。眼睛的视场虽然很大，可达到150°，但只在视轴周围6°～8°范围内能清晰识别，其他部分就比较模糊，所以观察周围景物的时候，眼睛就自动地在眼窝里转动，使视轴对向该景物，像成在黄斑的中心凹上。

眼睛作为一个光学系统，其有关参数可由专门的仪器测出。根据大量的测量结果，得出了眼睛的各项光学常数，包括角膜、水状液、玻璃液和水晶体的折射率、各光学表面的曲率半径以及各有关距离。称满足这些光学常数值的眼睛为标准眼。

为了计算方便，可把标准眼近似简化为一个折射球面的模型，称为简约眼。简约眼的有关参数如下：

折射面的曲率半径　　5.56 mm

像方介质的折射率　　4/3＝1.333

网膜的曲率半径　　9.7 mm

可算得简约眼的物方焦距为−16.70 mm，像方焦距为22.26 mm，光焦度为59.88 D。

3.1.2　眼睛的调节

眼睛有两类调节功能：视度调节和适应调节。

1. 视度调节

通过改变水晶体的曲率，可以使不同远近的物体都能清晰地成像在网膜上。眼睛的这种自动改变光焦度（或焦距）以看清楚不同远近物体的过程，称为眼睛的视度调节。

人眼在完全自然放松状态下能看清楚的最远点称为远点，正常人眼的远点在无限远；当睫状肌在最紧张时，眼睛能看清楚的最近的点称为近点。

为了表示人眼的调节能力，引入视度的概念。与视网膜共轭的物面到眼睛物方主点的距离的倒数称为视度，其单位为折光度 D。若以 p 表示近点到眼睛物方主点的距离（单位为 m），以 r 表示远点到眼睛物方主点的距离（单位为 m），则其倒数 $P=1/p$、$R=1/r$ 分别是近点和远点的视度，它们的差值以 A 表示，即

$$A = R - P \qquad\qquad (3\text{-}1)$$

A 就是眼睛的调节范围或调节能力。

正常的眼睛在正常照明下最方便和最习惯的阅读和操作距离，称为明视距离。一般规

定明视距离为 250 mm。对每个人来说,远点距离和近点距离随年龄而变化,随着年龄的增长,肌肉调节能力衰退,远点逐渐变远,而调节范围变小。青少年时期,近点距离距眼睛很近,调节范围很大,可达几十个视度。45 岁以后,近点已在明视距离以外,为 400 mm,所以中老年人阅读距离较远,调节能力仅为几个视度。

2. 适应调节

人眼除了随物体距离改变而调节水晶体的曲率以外,还能在不同明暗条件下工作。眼睛所能感受的光亮度的变化范围是非常大的,其比值可达 $10^{12}:1$。这是因为眼睛对不同的亮度条件有适应的能力,这种能力称为眼睛的适应调节。

在黑暗处,眼睛能够感受的光能十分微弱。此时,眼睛的灵敏度大为提高,瞳孔增大(约 6 mm),使进入眼睛的光能增加,看清周围的景物。能被眼睛感受的最低光照值约为 10^{-6} lx(勒克斯)。相当于一支蜡烛在 30 km 远处所产生的照度。

同样,由暗处到光亮处所产生的炫目现象,表明对光的适应也有一过程。此时,眼睛的灵敏度大大降低,瞳孔也随之缩小(约 1.5 mm)。在光照度 10 lx 下,并不影响眼睛的工作能力,这相当于太阳直照地面时的情况。

3.1.3 眼睛的缺陷和矫正

正常眼在肌肉完全放松的状态下,能够看清无限远处的物体,即其远点应该在无限远处($R=0$),像方焦点正好和网膜重合,如图 3-2(a)所示,若不符合这一条件就是非正常的眼睛,或称为视力不正常。

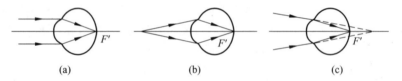

图 3-2　正常眼和非正常眼
(a)正常眼;(b)近视眼;(c)远视眼

非正常的眼睛有好几种,最常见的是近视眼和远视眼。

所谓近视眼,就是其远点变近,像方焦点在视网膜之前,因此眼前有限距离的物体才能成像在视网膜上,无限远的物体就无法看清,见图 3-2(b)。

所谓远视眼,就是其远点在眼睛后面,像方焦点在视网膜之后。即使肌肉最紧张,250 mm 以内的物点也成像于视网膜之后。因此,射入的光束只有是会聚时,才能正好聚焦在视网膜上,见图 3-2(c)。

弥补眼睛的缺陷是戴眼镜,显然,近视眼会聚能力太强,应该佩戴一块负透镜,使无限远物体通过发散透镜以后,正好成像在眼睛的远点上,再通过眼睛成像在视网膜,如图 3-3(a)所示;远视眼会聚能力不够,应该佩戴一块正透镜,使无限远物体通过会聚透镜以后,正好成像在眼睛的远点上,再通过眼睛成像在视网膜,如图 3-3(b)所示。

医学上通常把 1 视度称为 100 度。所以,远点距离 -2 m 时,视度为 -0.5 D,叫做近视 50 度;远点距离 2 m 时,视度为 0.5 D,叫做远视 50 度。

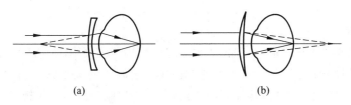

(a)   (b)

图 3-3　近视眼与远视眼的矫正

(a) 近视眼的矫正；(b) 远视眼的矫正

3.1.4　眼睛的分辨率

　　眼睛能分辨两个靠近点的能力,称为眼睛的分辨率。刚刚能分辨开的两点对眼睛物方节点所张的角度(即视角),称为极限分辨角。根据物理光学可知,极限分辨角为

$$\theta_0 = \frac{1.22\lambda}{D}$$

　　对眼睛而言,上式中的 D 就是瞳孔的直径。根据大量的统计,对波长 5500 Å 的光线而言,在良好的照明下,一般可以认为 $\theta_0 = 60'' = 1'$。

　　由于分辨率的限制,当我们看很小或很远的物体时,必须借助显微镜、望远镜等光学仪器。这些目视光学仪器的设计必须考虑眼睛的分辨率,且应具有一定的放大率,以使原本只能被仪器分辨的物体像放大到能被眼睛分辨的程度。否则,光学仪器的分辨率就被眼睛所限制而不能充分利用。

　　在很多测量工作中,为了读数,常用某种标志对目标进行对准或重合。例如用一根直线去与另一直线重合。这种重合或对准的过程称为瞄准。由于受人眼分辨率的限制,二者完全重合是不可能的。偏离于完全重合的程度称瞄准精度,它与分辨率是两个不同的概念。实际经验表明,瞄准精度随所选取的瞄准标志而异,最高时可达人眼分辨率的 1/5～1/10。

　　常用的瞄准标志和方式有二直线重合、二直线端部对准、叉丝对直线对准和双线对直线对准,如图 3-4 所示,其瞄准精度分别为 30″～60″、10″～20″、5″～10″、5″～10″。

(a)   (b)   (c)   (d)

图 3-4　瞄准标志和方式

(a) 二直线重合；(b) 二直线端部对准；(c) 叉丝对直线对准；(d) 双线对直线对准

3.2　放　大　镜

　　从这一节开始,我们将介绍各类光学仪器。首先研究放大镜、显微镜、望远镜等目视光学仪器的成像原理。由于目视光学仪器都有助视的功能,所以先讨论对各类目视光学仪器

的共同要求。

1. 扩大视角

由于眼睛的分辨率有一定的限制，要很好地辨别出所观察物体的细节，就必须使该细节的视角大于眼睛的极限分辨角。如果物体的视角小于眼睛的极限分辨角，那么就要通过一个光学仪器来扩大物体的视角，这样人眼才能看清该目标。显然，对目视光学仪器首要的共同要求就是扩大视角。

我们用视放大率 Γ 表示仪器扩大视角的能力。Γ 等于同一目标用仪器观察时的视角 ω' 和人眼直接观察时的视角 ω 的正切之比，即

$$\Gamma = \frac{\tan \omega'}{\tan \omega} \tag{3-2}$$

2. 成像在无限远

对于正常眼来说，人眼在完全放松的状态下，无限远目标成像在视网膜上。为了使人眼在观察物体时不至于疲劳，目标通过仪器之后一般应成像在无限远，或者出射平行光。这是对目视光学仪器的第二个共同要求。

3.2.1 放大镜的放大率

物体的视角取决于物体到眼睛的距离。距离越近，视角越大。但物体不能距眼睛太近，须位于眼睛的近点以外，才能被眼睛看清。所以，人眼直接观察微小物体时，物不能太小。

放大镜是帮助眼睛观察细微物体或细节的光学仪器。凸透镜是一个最简单的放大镜。

图 3-5 是放大镜成像的光路图。为了得到放大的像，物体应位于放大镜第一焦点 F 附近，并且靠近透镜的一侧。物为 AB，大小为 y，它被放大成一大小为 y' 的虚像 $A'B'$。这一放大的虚像对眼睛所张角度的正切为

$$\tan \omega' = \frac{y'}{x_z' - x'}$$

而当眼睛直接观察物体时，一般是将物体置于明视距离，即相距人眼 250 mm 处。此时物体对眼睛张角的正切为

$$\tan \omega = \frac{y}{250}$$

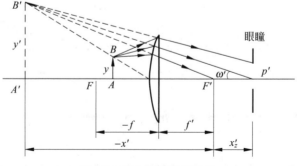

图 3-5　放大镜的成像光路

则放大镜的放大率 Γ 为

$$\Gamma = \frac{\tan\omega'}{\tan\omega} = \frac{250y'}{(-x'+x'_z)y}$$

将牛顿公式代入上式得

$$\Gamma = \frac{250}{f'}\frac{x'}{x'-x'_z}$$

由此可见,放大镜的放大率,除了和焦距有关外,还和眼睛离放大镜的距离有关。

在实际应用过程中,由于正常眼正好能把入射的平行光束聚焦于网膜上,因此在使用放大镜时应使物位于物方焦面上,于是有

$$\Gamma = \frac{250}{f'} \tag{3-3}$$

由上式可见,放大镜的放大率仅由其焦距决定,焦距越短则放大率越大。

由于单透镜有像差存在,不能期望以减小凸透镜的焦距获得大的放大率。简单放大镜的放大率都在 3×(注:"×"表示倍率)以下。如能用组合透镜减小像差,则放大率可达 20×。

3.2.2　放大镜的光束限制和视场

放大镜总是与眼睛一起使用,所以整个系统有两个光阑:放大镜镜框和眼瞳,如图 3-6 所示。由于放大镜镜框的直径比眼瞳直径大得多,所以眼瞳是系统的孔径光阑,也是出射光瞳。而镜框为渐晕光阑,也是入射窗和出射窗。由于放大镜通光口径的限制,视场外围有渐晕而无明晰的边界。图 3-6 画出了决定像方无渐晕成像范围的 B'_1 点、50% 渐晕的 B'_2 点和可能成像的最边缘点 B'_3,对应的视场角分别为 ω'_1、ω'_2、ω'_3。由图可知

$$\tan\omega'_2 = \frac{h}{d} \tag{3-4}$$

其中,h 是放大镜镜框半径,d 为眼睛至放大镜的距离。由此可见,放大镜镜框越大,眼睛越靠近放大镜,则视场就越大。

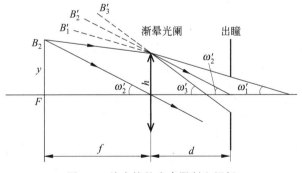

图 3-6　放大镜的光束限制和视场

通常,放大镜的视场用通过它所能看到的物平面上的圆直径或线视场 $2y$ 来表示。如图 3-6 所示,当物平面位于放大镜的物方焦面上时,像平面在无限远,则满足 50% 渐晕的视场为

$$2y = 2f'\tan\omega_2' \quad (f = f')$$

利用式(3-3)和式(3-4),上式变为

$$2y = \frac{500h}{\Gamma d} \tag{3-5}$$

可见,在放大镜的直径和眼瞳位置一定时,放大率越大,线视场越小。这就要求放大镜的放大率不能做得太大,一般不超过 15×。

3.3 显 微 镜

放大镜不能有高的视角放大率,要观察近处更微小的物体时,必须使用更为复杂的光学系统,如显微镜。用放大镜观察的是放在焦面上的物体,如果先用一组透镜将待观察物体放大成像在放大镜的物方焦面上,再通过放大镜观察,这样通过两级放大,就可以观察到更微小的物体了。放大率更高的显微镜就是根据这样的思路产生的,先把物体放大成像的一组透镜被称为显微物镜,而靠近眼睛、扩大视角的放大镜则被称为显微目镜。

显微镜是一种极其重要的目视光学仪器,广泛应用于各种科技领域和精密测量中。

3.3.1 显微镜的成像原理

显微镜的光学系统由物镜和目镜两个部分组成。显微镜的成像原理如图 3-7 所示。为方便起见,图中将物镜 L_1 和目镜 L_2 均表示为单透镜。人眼在目镜后面的一定位置上,物体 AB 位于物镜前方、离开物镜的距离大于物镜焦距但小于两倍的物镜焦距处。所以,它经过物镜以后,形成一个放大倒立的实像 $A'B'$。使 $A'B'$ 恰好位于目镜的物方焦点 F_2 上,或者在靠近 F_2 的位置上。再经过目镜放大为虚像 $A''B''$ 后供眼睛观察。虚像 $A''B''$ 的位置取决于 F_2 和 $A'B'$ 之间的距离,可以在无限处,也可以在观察者的明视距离处。

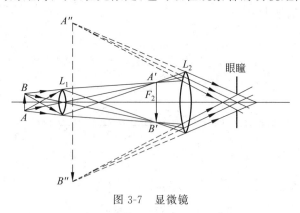

图 3-7 显微镜

由于物体经过两次放大,所以显微镜总的放大率 Γ 应该是物镜放大率 β 和目镜放大率 Γ_2 的乘积。和放大镜相比,显微镜显然可以具有高得多的放大率,并且通过调换不同放大率的物镜和目镜,能够方便地改变总的放大率。由于显微镜中存在中间实像,因此可以在物

镜实像平面上放置分化板,从而对被观察物体进行测量;还可以在该处设置视场光阑,消除渐晕现象。

因为物体被物镜所成的像 $A'B'$ 位于目镜的物方焦距上或附近,所以此像相对于物镜像方焦点的距离 $x'=\Delta$。这里,Δ 为物镜和目镜的光学间隔,在显微镜中称它为光学筒长。

设物镜的焦距为 f_1',根据牛顿公式,物镜的放大率为

$$\beta=-\frac{x'}{f_1'}=-\frac{\Delta}{f_1'}$$

物镜的像再被目镜放大,其放大率为

$$\Gamma_2=250/f_2'$$

其中,f_2' 为目镜的焦距。由此,显微镜的总放大率为

$$\Gamma=\beta\Gamma_2=-250\frac{\Delta}{f_1'f_2'} \tag{3-6}$$

可见,显微镜的放大率和光学筒长 Δ 成正比,和物镜及目镜的焦距成反比,负号表示当显微镜具有正物镜和正目镜时(一般如此),对物体成倒像。

根据组合系统的焦距公式,显微镜的组合焦距 f' 应为

$$f'=-\frac{f_1'f_2'}{\Delta}=-\frac{f'_{物镜}f'_{目镜}}{\Delta}$$

将上式代入式(3-6),则有

$$\Gamma=250/f'$$

此式与放大镜的放大率公式有完全相同的形式。可见,显微镜实质上就是一个具有更高放大率的复杂化了的放大镜。当物镜和目镜都是组合系统时,则在放大率很高的情况下,仍能获得清晰的像。

绝大多数显微镜,其物镜和目镜各由多个组成一套,以便通过调换得到各种放大率。一般物镜有四个,放大率分别为 $4\times$、$10\times$、$40\times$、$100\times$;目镜有三个,放大率分别为 $5\times$、$10\times$、$15\times$。这样,整个显微镜就能有从 $20\times$ 到 $1500\times$ 的 12 种放大率。在使用中,为了迅速改变放大率,把几个物镜同时装在一个可转动的圆盘上,旋转该圆盘就能方便地选用不同放大率的物镜。目镜一般为插入式,调换很方便。

显微镜物镜和目镜的支承面之间的距离 t_m 称为显微镜的机械筒长。大量生产的生物显微镜的机械筒长都按标准值设计。此标准各国不同,在 160 mm 到 190 mm 之间,我国标准为 160 mm。

由于显微镜在使用过程中要经常调换物镜和目镜。它必须满足齐焦条件,即当调换物镜后,不需重新调焦就能看到物体的像。为此,不同倍率的物镜需有不同的光学筒长,并在光学结构尺寸上满足如下要求:

(1) 不同倍率的物镜有相同的物像共轭距。对于生物显微镜,我国规定为 195 mm。

(2) 物镜的像面到镜筒的上端面即目镜的支承面的距离固定。我国规定为 10 mm。

(3) 为调换目镜后不需重新调焦,目镜的物方焦面要与物镜的像面重合。

当然这些尺寸不可能做得很准确,但至少调换物镜后不需粗调焦,只需微调就可以了。

3.3.2 显微镜中的光束限制

1. 显微镜的孔径光阑

对于单组低倍显微物镜,镜框就是孔径光阑。物镜框经目镜所成的像,就是显微镜的出瞳。复杂的显微物镜一般是以最后一组透镜框作为孔径光阑。测量用显微镜中往往在物镜的像方焦平面上专门设置孔径光阑。在这种情况下,显微镜系统的入瞳位于物方无限远处,出瞳则在显微镜的像方焦平面上。

2. 显微镜的出射光瞳

图 3-8 画出了显微镜系统像方空间的成像光束。设出射光瞳和该系统的像方焦面重合,$A'B'$ 是物体 AB 被显微镜放大后的虚像,其大小为 y',由图可知,出射光瞳半径为

$$a' = x' \tan U'$$

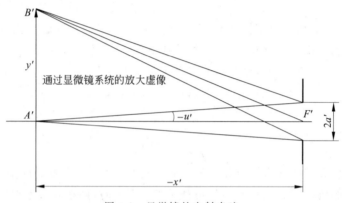

图 3-8 显微镜的出射光瞳

由于显微镜系统的像方孔径角 U' 很小,故可以用其正弦代替其正切,有

$$a' = x' \sin u' \tag{3-7a}$$

将拉亥公式(1-42)写成 $ny \sin u = n'y' \sin u'$ 的形式,此即像差理论的正弦条件,有

$$\beta = \frac{y'}{y} = \frac{n \sin u}{n' \sin u'}$$

将 $n' = 1$ 代入上式,利用牛顿公式,有

$$\sin u' = -\frac{f'}{x'} n \sin u$$

将上式代入式(3-7a),有

$$a' = -f' n \sin u = -f' \text{NA} = \frac{250}{\Gamma} \text{NA} \tag{3-7b}$$

式中,$\text{NA} = n \sin u$,是显微镜的物方孔径角和折射率的乘积,称为显微镜的数值孔径,是表征显微镜光学特性的重要参量。

式(3-7b)表明,当显微镜数值孔径一定时,显微镜放大倍率 Γ 越高,出瞳直径就越小。实际上,因显微镜的放大倍率都比较高,所以出瞳直径一般都很小,小于眼睛的瞳孔直径;只有显微镜为低倍率时才能达到眼睛瞳孔的直径。

光学教程(第 3 版)

用显微镜观察物体时,眼瞳应与出射光瞳重合。

3. 显微镜的视场光阑

在显微镜中间实像平面上有专设的视场光阑,其大小是物面上的可见范围(线视场)与物镜放大率的乘积。因此,高倍物镜只能看到物面上很小的范围,低倍物镜才有较大的视场。早期的显微镜,视阑直径只有 14～15 mm,相当于线视场只有物镜焦距的 1/15,而能给出满意像质的范围仅为 $f'_物/20$。但随着光学设计和制造工艺水平的提高,特别是光学新材料的发展,现代显微镜的视场有了成倍的增大,质量也有所改善,能更好地适应科学技术研究的需要。

3.3.3 显微镜的分辨率和有效放大率

显微镜的分辨率以它所能分辨的两点间最小距离来表示。

由于衍射现象的存在,即使是理想光学系统对一个几何点成像时,也只能得到一个具有一定能量分布的衍射图形。根据瑞利判据,一个点的衍射像中心正好与另一点的衍射像的第一暗环重合时,是光学系统刚好能分辨开这两点的最小界限。由光的衍射理论可知,两个发光亮点最小距离 σ_1(即分辨率)的表示式为

$$\sigma_1 = \frac{0.61\lambda}{NA}$$

其中,λ 为照明光的波长,NA 为物镜的数值孔径。

对于不能自发光的物点,根据照明情况不同,分辨率是不同的。阿贝在这方面作了很多研究工作。当被观察物体不发光,而被其他光源照明时,分辨率为

$$\sigma_0 = \frac{\lambda}{NA}$$

在斜照时,分辨率为

$$\sigma_0 = 0.5\lambda/NA$$

从以上公式可见,对于一定波长的光线照明,在像差校正良好时,显微镜的分辨率完全由物镜的数值孔径决定,数值孔径越大,分辨率越高。这就是希望显微镜有尽可能大的数值孔径的原因。

通常在显微镜的物镜上除刻有表示放大率的数字外,还刻有表示数值孔径的数字。例如物镜上刻有 N.A.0.65 字样,即表示该物镜的数值孔径 $n\sin u = 0.65$。

当显微镜的物方介质为空气时,物镜可能具有的最大数值孔径为 1,一般只能达到 0.9 左右。而当在物体与物镜之间浸以液体时(一般浸以 $n = 1.5～1.6$ 甚至 1.7 的油或高折射率的液体),数值孔径可达 1.5～1.6。

为了充分利用物镜的分辨率,使已被显微镜物镜分辨出来的细节能同时被眼睛看清,显微镜必须有恰当的放大率,以便把被测物体放大到足以被人眼所分辨的程度。

便于眼睛分辨的角距离为 $2'～4'$,则在明视距离 250 mm 处能分辨两点之间的距离 σ' 为

$$250 \times 2 \times 0.000\ 29 \leqslant \sigma' \leqslant 250 \times 4 \times 0.000\ 29$$

换算到显微镜的物镜前方,相当于分辨率要乘以放大率,取 $\sigma_0 = 0.5\lambda/NA$,则得到

$$250 \times 2 \times 0.000\ 29 \leqslant 0.5\lambda\Gamma/NA \leqslant 250 \times 4 \times 0.000\ 29$$

设所用光线的波长为 550 nm,上式成为

$$527\,\text{NA} < \Gamma < 1054\,\text{NA}$$

或近似写成

$$500\,\text{NA} < \Gamma < 1000\,\text{NA} \tag{3-8}$$

满足式(3-8)的放大率,称为显微镜的有效放大率。

一般浸液物镜最大数值孔径为 1.5,所以光学显微镜能够达到的有效放大率不超过 1500×。

由以上公式可见,显微镜能够有多大的放大率,取决于物镜的分辨率或数值孔径。当使用比有效放大率下限更小的放大率时,不能看清物镜已经分辨出的某些细节;而盲目取用高倍目镜得到比有效放大率上限更大的放大率,也是无效的。

3.3.4 显微物镜

显微物镜是显微镜光学系统的主要组成部分,其主要性能参数是数值孔径和倍率。为了分辨物体的细微结构并确保最佳成像质量,除一定要在设计该物镜时所规定的机械筒长下使用外,还应有尽可能大的数值孔径,且其放大率须与数值孔径相适应。

从前面讨论可知,显微镜物镜数值孔径越大,其放大倍数越高。这样就要求物镜的焦距短,且相对孔径大。那么首先碰到的是校正光学系统中球差、彗差、色差等像差的困难,结构简单的物镜无法解决这一问题。这就决定了显微物镜会有相当复杂的结构型式。

显微物镜有折射式、反射式和折反射式三类,但绝大多数实用的物镜是折射式的。折射式显微物镜又根据其校正像差的情况不同,分为消色差物镜、复消色差物镜和平视场物镜三大类。

1. 消色差物镜

这是应用最广泛的一类显微物镜。一般只要对轴上点校正好色差和球差,并达到对近轴点消彗差即可,因此只能用于中低档的普及型显微镜中作一般观察之用。这种显微物镜称为消色差物镜,不同放大率和数值孔径的消色差显微物镜的结构型式,很早就已经定型,至今未作太大改变。下面几种典型的消色差物镜,由于其结构型式有利于带光球差的校正,仍为人们所广泛采用。

(1) 单组双胶合低倍物镜。该物镜如图 3-9(a)所示。这是可能实现上述像差要求的最简单的结构。能承担的最大相对孔径为 1∶3,因此数值孔径只能达 0.1~0.15,相应的倍率为 3~6×。

(2) 利斯特(Lister)型中倍物镜。如图 3-9(b)所示,该物镜由两组双胶合镜组成,两组单独消轴向色差,整个系统的垂轴色差自动校正,而球差由前组和后组相互配合校正。数值孔径为单组的二倍,即 0.2~0.3,相应的倍率为 8~20×。它是更复杂的其他型式物镜的基础。

(3) 阿米西(Amici)高倍物镜(40×以上)。该物镜可以认为是利斯特物镜前加了一个接近半球形的透镜(如图 3-9(c)所示),可增大物方孔径角。

(4) 阿贝(Abbe)浸液物镜(90×~100×)。该物镜如图 3-9(d)所示。应用浸液,主要是为了提高物镜数值孔径。浸液物镜的第一块透镜是超半球的,应选用折射率与浸液相同或略高的玻璃。这样第一面通常是平面,不产生像差,光能损失也可减少。

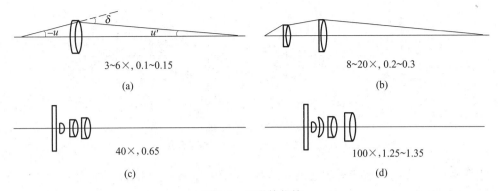

3~6×, 0.1~0.15

(a)

8~20×, 0.2~0.3

(b)

40×, 0.65

(c)

100×, 1.25~1.35

(d)

图 3-9　显微镜物镜

(a) 单组双胶合低倍物镜；(b) 利斯特型中倍物镜；(c) 阿米西高倍物镜；(d) 阿贝浸液物镜

消色差物镜的视场较小，不能满足研究工作和显微摄影的质量要求。

2. 复消色差物镜

复消色差物镜主要用于研究用显微镜以及显微照相中，它要求严格地校正轴上点的像差，同时要校正二级光谱。这种物镜的结构很复杂。

3. 平视场物镜

由于复消色差物镜仍然具有较大的场曲，不能在平的接收面上给出整个视场的清晰像，因此在显微投影或显微摄影中，最好应用平视场物镜。这种物镜的主要任务是设法减小像面弯曲，因此，这种物镜的结构非常复杂。

3.4　望　远　镜

望远镜是观察远处物体的目视光学仪器。由于远处物体对人眼的张角小于人眼分辨率，通过望远镜观察物体时，可以使所成的像对眼睛的张角大于物体本身对眼睛的直观张角，也就是满足目视光学系统的第一个扩大视角的要求。另外，为了满足第二个出射平行光的要求，望远镜还需使无限远物体成像在无限远，平行光射入望远系统后，仍以平行光出射，所以望远镜是一个无焦系统。

3.4.1　望远镜的一般特性

1. 望远系统的结构型式

望远镜和显微镜一样，也是由物镜和目镜组成。由于是无焦系统，物镜的像方焦点和目镜的物方焦点应重合，光学间隔 $\Delta = 0$。图 3-10 表示的是两种常见的望远系统。

开普勒望远镜的物镜和目镜都是正透镜，如图 3-10(a)所示。由于开普勒望远镜的物镜和目镜中间构成物体的实像，可以在实像位置上安装一块分划板。它是一块平板玻璃，上面刻有瞄准丝或标尺，以作测量瞄准用；同时，在分划板边缘，镀成不透明的圆环形区域，以此作视场光阑。开普勒望远镜中，目镜的口径足够大时，光束没有渐晕现象。这是因为视场光阑与实像平面重合，系统的入射窗和物平面重合的缘故。

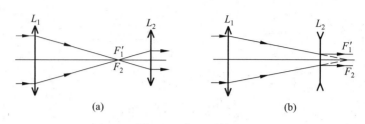

图 3-10　望远系统

（a）开普勒望远镜；（b）伽利略望远镜

另外,由于开普勒望远镜成的是倒立的像,为了便于观察和瞄准,在使用时一般要加入倒像系统,使像正立。

伽利略望远镜的物镜是一块正透镜,目镜是一块负透镜,如图 3-10(b)所示。伽利略望远镜的优点是结构紧凑,筒长较短,较为轻便,光能损失少,并且使物体呈正立的像,这是作为普通观察仪器所必需的。但是伽利略望远镜没有中间实像,不能安装分划板,因而不能用来瞄准和定位,所以应用较少。

2. 望远系统的放大率

我们以开普勒望远镜为例,来介绍望远镜的一般特性,图 3-11 是开普勒望远系统光路图。为了方便,图中的物镜和目镜均用单透镜表示。这种望远系统没有专门设置孔径光阑,物镜框就是孔径光阑,也是入射光瞳。出射光瞳位于目镜像方焦距之外,观察者就在此处观察物体的成像情况。一般目镜的焦距不得小于 6 mm,使系统保持一定的出瞳距,以免眼睛碰到目镜表面。系统的视场光阑设在物镜的像平面处。

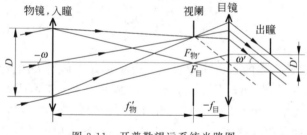

图 3-11　开普勒望远系统光路图

由于物体在无限远,同一目标对人眼的张角和对仪器的张角(即望远镜的物方视场角)完全可以认为是相等的,同为 ω。从图 3-11 可以看到,通过望远镜之后,物体的像对人眼的张角就是系统的像方视场角 ω',所以望远系统的视放大率为

$$\Gamma = \frac{\tan\omega'}{\tan\omega} = -\frac{f'_{物}}{f'_{目}} = -\frac{D}{D'} \tag{3-9}$$

其中,$f'_{物}$ 和 $f'_{目}$ 分别是物镜和目镜的焦距,D 和 D' 分别是入瞳和出瞳直径。可见系统的视放大率仅仅取决于望远镜系统的结构参数,其值等于物镜和目镜的焦距之比,也等于入瞳直径与出瞳直径之比。

当物镜和目镜都为正焦距($f'_{物}>0$,$f'_{目}>0$)时,如开普勒望远镜,则放大率 Γ 为负值,系统成倒立的像;当物镜的焦距为正($f'_{物}>0$),目镜焦距为负($f'_{目}<0$)时,如伽利略望远镜,则放大率 Γ 为正值,系统成正立的像。

当目镜的焦距确定时,物镜的焦距随视放大率增大而增大。若望远镜镜筒长度以 $L = f'_物 + f'_目$ 表示,则随 $f'_物$ 的增大,镜筒变长。当目镜所要求的出瞳直径确定时,物镜的直径随视放大率增大而增大。在某些应用中,这是增大视放大率的障碍。

望远镜的视放大率与视场角的关系可由式(3-9)得出。当目镜的类型确定时,它所对应的像方视场角 ω' 就一定,增大视放大率必然引起视场角 ω 的减小。因此,视放大率总是和望远镜的视场角一起考虑的。例如军用望远镜,为了易于找到目标,希望有尽可能大的视场角,这就限制了望远镜的倍率不宜过大。

手持式望远镜的放大倍率一般不超过 $10\times$;大地测量仪器中的望远镜,放大倍率约为 $30\times$;天文望远镜的倍率则非常高。

确定望远镜的视放大率,需要考虑很多因素,如仪器的精度要求、目镜的结构式、望远镜的视场角、仪器的结构尺寸,等等。

若望远镜极限分辨角 φ 的单位为 s,入瞳 D 的单位为 mm,对波长为 5.5×10^{-4} mm 的光线而言,根据圆孔衍射规律,望远镜的极限分辨角为 $\varphi = 1.22\lambda/D \approx 140/D$,若以 $60''$ 作为人眼的分辨率极限,为使望远镜所能分辨的细节也能被人眼分辨,则望远镜的视放大率和它的极限分辨角 φ 应满足

$$\varphi = 60''/\Gamma \tag{3-10}$$

可得到望远镜应具备的最小视放大率为

$$\Gamma = \frac{60''}{(140/D)''} \approx \frac{D}{2.3} \approx 0.5D \tag{3-11}$$

所以,若要求分辨角减小,视放大率应该增大。或者说望远镜的视放大率越大,它的精度就越高。

由式(3-11)求出的视放大率称为正常放大率。用按此设计的望远镜观测时容易疲劳,所以设计望远镜时,工作放大率宜大于正常放大率,通常为正常放大率的 1.5～2 倍。

由于望远系统是一个无焦系统,因此望远系统具有一般光学系统所不具备的特点。可以求出望远镜系统的各种放大率为

$$\left. \begin{array}{l} \beta = -\dfrac{f'_目}{f'_物} \\[3mm] \alpha = \left(\dfrac{f'_目}{f'_物}\right)^2 \\[3mm] \gamma = -\dfrac{f'_物}{f'_目} \end{array} \right\} \tag{3-12}$$

可见,望远系统的各放大率仅仅取决于望远系统的结构参数,与物体的具体位置无关。利用这个结论,可以在望远镜前任意位置放置一物体,测量其垂轴放大率,它的倒数就是该望远系统的视放大率。

3.4.2 望远物镜

望远镜由物镜和目镜组合而成。对望远镜的光学性能和技术条件的要求,决定了对物镜和目镜的要求。例如,望远镜的物方视场角 2ω 就是物镜的视场角,而像方视场角 $2\omega'$ 就

等于目镜的视场角。因此,当我们根据望远镜的要求来拟定光学系统的结构时,就要预先考虑到对物镜和目镜的要求。下面分别介绍一些常用的望远镜物镜和目镜的结构型式,以及它们可能达到的光学性能,作为拟定光学系统结构的参考。

物镜的光学特性主要有三个:焦距 $f'_物$、相对孔径 $D/f'_物$ 和视场 2ω。

一般物镜的焦距和相对孔径相对较大,这是为保证分辨率和主观亮度所必需的;但望远镜物镜的视场较小,例如大地测量仪器中的望远镜,视场仅 $1°\sim2°$;天文望远镜的视场则是以分计的;而一般低倍的观察用望远镜,视场也在 $10°$ 以下。所以,望远物镜可认为是长焦距、小视场中等孔径系统。

1. 焦距 $f'_物$

望远镜物镜的焦距和系统的视放大率有关,由式(3-9)

$$\Gamma = -\frac{f'_物}{f'_目} \quad 或 \quad f'_物 = -\Gamma f'_目$$

可知物镜的焦距是目镜焦距的 Γ 倍。通常首先确定目镜的焦距,根据视放大率 Γ 即可由上式求出物镜焦距。

2. 相对孔径 $D/f'_物$

在望远镜的光学性能中,对仪器的出瞳直径和视放大率提出了一定要求。根据式(3-9)和式(3-12)可知

$$\Gamma = \frac{1}{\beta} = -\frac{D}{D'} \quad 或 \quad D = -\Gamma D'$$

即可求得入瞳直径 D。

入瞳直径 D 和物镜焦距 $f'_物$ 之比 $D/f'_物$ 称为物镜的相对孔径。当 $f'_物$ 和 D 确定之后,物镜的相对孔径也就确定了。这里不直接用光束口径,而采用相对孔径来代表物镜的光学特性,是因为相对孔径近似等于光束的孔径角 $2U'_{max}$。相对孔径越大,光束和光轴的夹角 U'_{max} 越大,像差也就越大。为了校正像差,必须使物镜的结构复杂化。换句话说,相对孔径代表物镜复杂化的程度。例如,一个物镜的焦距为 $200\ mm$,光束口径为 $40\ mm$;另一个物镜的焦距为 $100\ mm$,光束口径为 $35\ mm$。前者相对孔径为 $1:5$,而后者为 $1:2.85$。尽管前者光束口径比后者大,但后者必须采用比前者更为复杂的物镜结构。

3. 视场 2ω

系统所要求的视场,也就是物镜的视场。由式(3-9)得

$$\tan\omega = \frac{\tan\omega'}{\Gamma}$$

式中,ω' 即目镜的视场角。一般望远镜物镜的视场都不大,通常不超过 $10°\sim15°$。

由于物镜视场不大,并且视场边缘的成像质量允许适当降低,因此只须校正球差、正弦差和轴向色差,轴外像差可不予考虑,其结构相对比较简单,可分为三种结构型式:折射式、反射式和折反式望远物镜。

1)折射式望远物镜

折射式望远物镜要达到上述像质要求并无困难,但要求高质量时,要同时校正二级光谱和色球差就相当不易。后者通常只能通过不同程度地减小相对孔径才能实现。这类物镜常用的型式有双胶合物镜、双分离物镜、三分离物镜和内调焦物镜。

2）反射式望远物镜

反射式物镜主要用于天文望远镜中,因天文望远镜需要很大的口径,而大口径的折射物镜无论在材料的熔制,还是在透镜的加工和安装上都很困难。因此,口径大于 1 m 时都用反射式。

反射式物镜完全没有色差,可用于很宽的波段。但反射面的加工要求比折射面高得多;表面的局部误差和变形对像质的影响也很大。最著名的反射式物镜是双反射镜系统,它有两种型式:卡塞格伦(Cassegrain)系统和格里高利(Gregory)系统。

3）折反式望远物镜

以球面反射镜为基础,再加入用于校正像差的折射元件,这就是折反射物镜。比较著名的有施密特(Schmidt)物镜、马克苏托夫(Maksutov)物镜和同心系统。

3.4.3　望远镜目镜

望远镜目镜的作用相当于放大镜。它把物镜所成的像放大后成像在人眼的远点,以便进行观察。对于正常人眼睛,远点在无限远。因此,一般要求物镜所成的像平面应与目镜的物方焦平面重合。

目镜的光学特性主要有三个:像方视场角 $2\omega'$、相对出瞳距离 $l'_z/f'_目$ 和工作距离 s。下面分别加以说明。

1. 像方视场角 $2\omega'$

从望远镜的视放大率公式(3-9)可以看出,如果望远镜的视放大率和视场角一定,就决定了一定的目镜视场。无论是提高望远镜的视放大率 Γ 或者视场角 ω,都需要相应地提高目镜的视场。因此,望远镜视放大率和视场的提高主要是受到了目镜视场的限制。

一般目镜的视场为 $40°\sim50°$,广角目镜的视场为 $60°\sim80°$,$90°$ 以上的目镜称为特广角目镜。双眼仪器的目镜视场不超过 $75°$。

当目镜的视场一定时,增大望远镜的视放大率 Γ 必然要减小系统的视场 2ω。例如,当目镜的视场为 $45°$ 时,不同视放大率对应的视场角如表 3-1 所示。

表 3-1　视放大率与视场的关系

视放大率 Γ	4×	6×	8×	10×	20×
视场 2ω	12°	8°	6°	4.8°	2.4°

如果要设计大视场和高视放大率的望远镜,必须采用广角和特广角目镜。

增大目镜视场的主要矛盾是轴外像差不易校正。尽管广角和特广角目镜的光学结构都比较复杂,但像质仍不理想,使用受到限制。

2. 相对出瞳距离 $\dfrac{l'_z}{f'_目}$

目镜的出瞳距离 l'_z 指的是目镜最后一面顶点到出瞳的距离,如图 3-12 所示。目镜的出瞳距离 l'_z 和目镜焦距 $f'_目$ 之比 $\dfrac{l'_z}{f'_目}$ 称为相对出瞳距离。

出瞳距离 l'_z 是根据使用要求给出的。当 l'_z 一定时,$\dfrac{l'_z}{f'_目}$ 之比越大,则 $f'_目$ 越小。望远镜

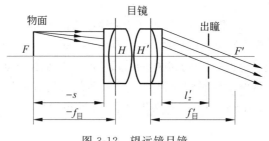

图 3-12　望远镜目镜

的总长度 L 等于目镜和物镜焦距之和,即

$$L = f'_目 + f'_物 = f'_目(1-\Gamma)$$

由上式可知,总长度 L 和目镜的焦距 $f'_目$ 成比例。所以目镜的相对出瞳距离直接影响仪器的外形尺寸。

另外,当目镜视场 ω' 一定时,$\dfrac{l'_z}{f'_目}$ 越大,光线在目镜上的投射高增加,像差也越严重。欲得到满意的像质,目镜的结构必然随着 $\dfrac{l'_z}{f'_目}$ 的增大而趋于复杂。

一般目镜的相对出瞳距离为 $0.5\sim0.8$,有些目镜的相对出瞳距离达到 1 以上。对于军用望远镜,考虑到观察者戴防毒面具、炮车震动等影响,出瞳距离要求大于 20 mm;但一般条件下,要求在 $6\sim10$ mm 以上。

3. 工作距离 s

目镜第一面顶点到物方焦平面的距离称为目镜的工作距离,用 s 表示,如图 3-12 所示。目视光学仪器为了适应远视眼和近视眼使用,视度是可以调节的。视度的调节范围一般为 ±5 视度。当要求负视度时,目镜必须移近物镜的像平面。

为了保证在调负视度时目镜的第一面不致与装在物镜像平面上的分划板相碰,要求目镜的工作距离大于目镜调视度所需要的最大轴向移动量(如果没有分划板,则上述要求就不必要了)。

一个折光度对应的目镜调焦量,即目镜对前焦面的移动量 x,根据牛顿公式有

$$x = \frac{f'^2_目}{1000}$$

因此,目镜的调节深度应为 $\pm5x$,目镜的工作距离至少应大于 $5x$。

在简单的望远镜中,目镜和物镜的相对孔径相等,但是目镜的焦距一般比物镜焦距小得多,同时所用透镜组也比较多。因此,目镜的球差和轴向色差一般都比较小,用不着特别注意校正便可满足要求。但是,由于目镜的视场大,和视场有关的彗差、像散、畸变和垂轴色差都相应增大,目镜主要需要校正这五种像差。然而,由于目镜视场过大,无法完全校正。因此,望远镜视场边缘的成像质量一般都比视场中心差。在装有瞄准或测量分划板的望远镜中,物镜(包括棱镜)和目镜应尽可能分别校正像差。如果没有分划板,设计时可使物镜和目镜的像差互相补偿。

除此之外,对于目镜的光阑球差也有一定要求。所谓光阑球差,就是孔径光阑经过在它后方的光学系统成像时的球差。当存在光阑球差时,不同视场斜光束的主光线不交在一点,

如图 3-13 所示。如果光阑球差过大,当眼睛瞳孔在 E'_1 位置时,边缘视场的光束不能进入眼睛,因而不能看到整个视场;瞳孔在 E'_2 位置时,虽能看到视场的边缘和视场的中心部分,但区域视场的一部分光束不能进入眼睛,因而看不清楚。所以,眼睛放在任何位置上都不能同时看清整个视场,因此必须对目镜的光阑球差进行验算。

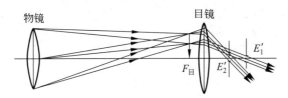

图 3-13　存在光阑球差时的望远镜光路

3.4.4　望远系统外形尺寸的计算

设计一个光学系统,一般可分为两个阶段:第一阶段为初步设计阶段,通常叫外形尺寸计算;第二阶段为像差设计阶段。

光学系统外形尺寸计算的任务是根据对仪器提出的要求,如光学特性、外形、重量以及有关技术条件等,确定系统的组成、各组员的焦距、各组员的相对位置和横向尺寸等。外形尺寸计算的主要依据是高斯光学理论,为了保证设计顺利进行,用像差理论对计算结果作一些粗略的估计和分析也是必要的。

光学系统像差计算的任务是根据第一阶段的设计结果,通过光路计算,运用像差理论和自动设计方法,确定系统的结构参数,如曲率半径、厚度、所用的材料等,使系统的成像质量满足使用要求。

本节仅以简单的望远系统为例,说明光学系统外形尺寸设计计算的一般方法。

计算一个简单开普勒望远系统的外形尺寸。该系统只包括物镜和目镜(如图 3-11 所示),要求镜筒长度 $L=250$ mm,放大率 $\Gamma=-24\times$,视场角 $2\omega=1°40'$。

计算步骤如下。

(1) 求物镜和目镜的焦距:由开普勒望远系统的性质,有

$$L=f'_物+f'_目=250 \text{ mm}$$

$$\Gamma=-f'_物/f'_目=-24$$

联立求解方程组得

$$f'_物=240 \text{ mm}, \quad f'_目=10 \text{ mm}$$

(2) 求物镜的通光口径:物镜的口径取决于分辨率的要求,若使物镜的分辨率与放大率相适应,可以根据望远镜的口径与放大率关系式 $\Gamma \geqslant D_物/2.3$ 求出 $D_物$。为了减轻眼睛的负担,可取 $\Gamma=(0.5\sim1)D_物$。如此 $D_物=(1\sim2)\Gamma$。取系数为 1.5,则

$$D_物=1.5\Gamma=36 \text{ mm}$$

(3) 求出瞳直径:

$$D'_物=D_物/\Gamma=1.5 \text{ mm}$$

（4）求视场光阑的直径 D_0：

$$D_0 = 2f'_物 \tan \omega = 2 \times 240 \text{ mm} \times 0.014\,55 = 6.98 \text{ mm}, \quad 取 \ D_0 = 7 \text{ mm}$$

（5）求目镜的视场角：

$$\tan \omega' = \Gamma \tan \omega = 24 \times 0.014\,55 = 0.3492$$

$$\omega' = 19°15'$$

$$2\omega' = 38°30'$$

（6）求出瞳距 l'_z：利用牛顿公式可求得出瞳距 l'_z 为

$$l'_z = f'_目 + \frac{f_目 f'_目}{-f'_物} = -\frac{L}{\Gamma}$$

所以 $l'_z = -L/\Gamma = 250 \text{ mm}/24 = 10.24 \text{ mm}$

（7）求目镜的口径 $D_目$：

$$D_目 = D'_物 + 2l'_z \tan \omega' = 1.5 \text{ mm} + 2 \times 10.42 \text{ mm} \times 0.3492 = 8.78 \text{ mm}, \quad 取 \ D_目 = 9 \text{ mm}$$

（8）求目镜的视度调节量：

$$s' = \pm 5 \times \frac{f'^2_目}{1000} = \pm 5 \times \frac{10^2}{1000} = \pm 0.5 \text{ mm}$$

（9）选取物镜和目镜的结构：由于物镜的相对孔径 $D/f' = 36 \text{ mm}/240 \text{ mm} = 1/6.67$，焦距 $f' = 240 \text{ mm}$，选用双胶合物镜即可；由于目镜的视场只有 $38°30'$，又没有其他特殊要求，则选用凯涅尔目镜或对称目镜即可。

3.5 摄影系统

摄影系统是把外界景物成像在感光元件上，从而产生景物像。摄影系统由摄影物镜和感光元组成，通常把摄影物镜和感光胶片、电子光学变像管或电视摄像管等接收器件组成的光学系统称作摄影光学系统，其中包括照相机、电视摄像机、CCD 摄像机等。

3.5.1 摄影物镜的光学特性

摄影物镜的光学特性由焦距 f'、相对孔径 D/f' 和视场角 2ω 表示。焦距决定成像的大小，相对孔径决定像面照度，视场角决定成像的范围。

1. 视场角 2ω

摄影物镜的感光元件框是视场光阑和出射窗，它决定了像空间的成像范围，即像的最大尺寸，表 3-2 列出了几种常用摄影底片的规格。

表 3-2　常用摄影底片规格　　　　　　　　　　　　单位：mm×mm

名　称	尺　寸	名　称	尺　寸
136 底片	36×24	35 mm 电影片	22×16
120 底片	60×60	航拍底片	180×180，230×230
16 mm 电影片	10.4×7.5		

我们知道在拍摄远处物体时,像的大小为

$$y' = -f' \tan \omega \tag{3-13}$$

在拍摄近处物体时,像的大小取决于垂轴放大率,即

$$y' = y\beta = yf'/x \tag{3-14}$$

式(3-13)与式(3-14)中 y' 就是由摄影底片的尺寸决定的,显然摄影物镜视场的大小是由物镜的焦距和接收器的尺寸决定的。因此,当接收器的尺寸一定,同一摄影仪器配用不同焦距的物镜时,其视场角是不同的。物镜的焦距越短,其视场角越大;焦距越长,视场角越小。普通标准镜头的视场角为 $40° \sim 60°$。

当焦距确定时,根据胶片规格,物方最大视场角为

$$\tan \omega_{\max} = y'_{\max}/2f' \tag{3-15}$$

其中, $y'_{\max}$ 为底片的对角线长度。

2. 焦距 f'

在摄影系统中,焦距决定了拍摄像的放大率。用不同焦距的物镜,对前方同一距离处的物体进行拍摄时,焦距长则摄得的像放大倍率大,焦距短则摄得的像放大倍率小。这可从式(3-13)与式(3-14)中看出。显然,对于同样的接收器尺寸,放大倍率小的物镜,拍摄范围大;放大倍率大的物镜,拍摄范围小。

根据焦距不同,普通照相机镜头可分为标准镜头、广角镜头、超广角镜头、中焦镜头、摄远镜头和超摄远镜头。普通照相机标准镜头的焦距为 $38 \sim 60$ mm,广角镜头的焦距为 $24 \sim 38$ mm,超广角镜头的焦距小于 24 mm,中焦镜头的焦距为 $60 \sim 135$ mm,摄远镜头的焦距为 $135 \sim 300$ mm,超摄远镜头的焦距大于 300 mm。

变焦镜头较常见的变焦范围为 $35 \sim 70$ mm。这种镜头可取代普通标准镜头,使用起来更为灵活。

3. 相对孔径 D/f'

入射光瞳口径 D 与焦距 f' 之比定义为相对孔径。它是决定摄影系统分辨率和像面光照度的重要参数,同时还与景深、焦深有关。

1) 分辨率

摄影系统的分辨率取决于物镜的分辨率和接收器的分辨率。分辨率是以像平面上每毫米内能分辨开的线对数表示。

按瑞利判据,物镜的理论分辨率为

$$N = D/(1.22\lambda f')$$

取 $\lambda = 0.555\ \mu m$,则

$$N = 1475D/f' = 1475/F \tag{3-16}$$

其中, $F = f'/D$ 称作物镜的光圈数,也称 F 数。显然物镜的分辨率与相对孔径成正比。

由于摄影物镜有较大的像差,所以物镜的实际分辨率要低于理论分辨率。此外物镜的分辨率还与接收器的分辨率和被摄目标的对比度有关。

2) 像面照度

按光度学理论,像面照度 E' 的表达式为

$$E' = \tau\pi B \sin^2 U' = \frac{1}{4}\tau\pi L \frac{D^2}{f'^2}\frac{\beta_p^2}{(\beta_p - \beta)^2} \tag{3-17}$$

其中,β_p 为光瞳垂轴放大率;β 为物像垂轴放大率;L 为物体的亮度;τ 为系统透射比。

当物体在无限远时,$\beta=0$,则

$$E' = \frac{1}{4}\tau\pi L\frac{D^2}{f'^2} \tag{3-18}$$

对大视场物镜,其视场边缘的照度要比视场中心小得多,有

$$E'_M = E'\cos^4\omega \tag{3-19}$$

其中,M 代表边缘视场;ω 为像方视场角。

由式(3-19)可知,大视场物镜视场边缘的照度急剧下降。感光底片上的照度分布极不均匀,导致在同一次曝光中,很难得到理想的照片,或者中心曝光过度,或者边缘曝光不足。

为了改变像面照度,一般照相物镜都利用可变光阑来控制孔径光阑的大小。使用者根据天气情况按镜头上的刻度值选择使用。分档的方法一般是按每一刻度值对应的像平面照度依次减半。由于像平面的照度与相对孔径的平方成正比,所以相对孔径按 $1/\sqrt{2}$ 等比级数变化,光圈数 F 按公比为 $\sqrt{2}$ 的等比级数变化。国家标准是按表3-3来分档的。曝光时间档按公比为 2 的等比级数变化。

表 3-3 光圈数的分档

D/f'	1:1.4	1:2	1:2.8	1:4	1:5.6	1:8	1:11	1:16	1:22
F	1.4	2	2.8	4	5.6	8	11	16	22

3.5.2 摄影物镜的景深

照相制版、放映和投影物镜等只需要对一对共轭面成像。然而,电视、电影系统、照相系统则要求光学系统对整个或部分物空间同时成像于一个像平面上。

设接收器像平面允许的弥散斑直径为 z',根据景深公式(2-67b),将其中的入瞳直径 $2a$ 用相对孔径代替,有

$$\left.\begin{array}{l} \Delta_1 = \dfrac{p^2 z'}{f'^2\dfrac{D}{f'} + pz'} \\[4mm] \Delta_2 = \dfrac{p^2 z'}{f'^2\dfrac{D}{f'} - pz'} \end{array}\right\} \tag{3-20}$$

其中,各物理量的含义与第2章相同。可见在焦距、物距一定时,相对孔径越大,景深越小。

景深除与相对孔径有关外,还与焦距、摄像距离等有关。当在同一距离上采用同一光圈值摄影时,焦距短的镜头具有大的景深,焦距长的镜头景深就小。在使用同一镜头并且光圈相同时,景深又随摄影距离的加大而增加。

3.5.3 摄影物镜的类型

摄影物镜属大视场、大相对孔径的光学系统,为了获得较好的成像质量,它既要校正轴

上点像差,又要校正轴外点像差。摄像物镜根据不同的使用要求,其光学参数和像差校正也不尽相同。因此,摄影物镜的结构型式是多种多样的。

普通摄影物镜是应用最广的物镜。一般具有下列光学参数:焦距 20~500 mm,相对孔径 1∶9~1∶2.8,视场角可达 64°。图 3-14 所示为最流行的天塞物镜的结构型式,其相对孔径为 1∶3.5~1∶2.8,视场角 2ω 为 55°。

大相对孔径摄影物镜相对比较复杂。图 3-15 给出双高斯物镜的结构型式,其光学参数 $f=50$ mm,$D/f'=1∶2$,$2\omega=40°\sim60°$。

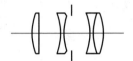
图 3-14　天塞物镜

图 3-15　双高斯物镜

广角摄影物镜多为短焦距物镜,以便获得更大的视场。其结构型式一般采用反远距型物镜。广角物镜中最著名的应属鲁沙尔-32 型,其焦距 $f'=70.4$ mm,相对孔径 $D/f'=1∶6.8$,$2\omega=122°$,图 3-16 示出其结构型式。

摄远物镜一般在高空摄影中使用,可获得较大的像面。摄远物镜的焦距可达 3m 以上,但其机械筒长 L 小于焦距,摄远比 $L/f'<0.8$。随着焦距的增加,系统的二级光谱也增加,设计时常用特种火石玻璃。为缩短筒长,也可以采用折反型物镜,但其孔径中心光束有遮拦。图 3-17 示出德国蔡司公司的摄远天塞物镜,其相对口径 $D/f'<1∶6$,$2\omega<30°$。

变焦距物镜的焦距可以在一定范围内连续变化,得到不同比例的像。因此它在新闻采访、影片摄制和电视转播等场合使用特别方便。变焦距物镜需要满足三个基本要求:①在变焦过程中,像面位置保持不变;②在变焦过程中,相对孔径保持不变;③各档焦距均具有满足要求的成像质量。图 3-18 是日本美能达公司推出的一个二组元全动型变焦系统,并使用了一个非球面。

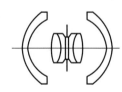
图 3-16　广角物镜

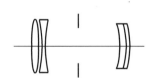
图 3-17　摄远物镜

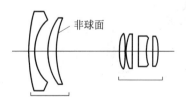
非球面

图 3-18　变焦距物镜 Minolta 35-70F4.1

3.6　现代光学系统

随着激光技术、光纤技术和光电技术的不断发展,各种不同用途的新型光学系统相继出现,如激光光学系统、傅里叶(Fourier)光学系统、扫描光学系统、光纤光学系统和光电光学系统等。这些光学系统由于受光束的传输特性和成像机理的要求,与经典的光学系统相比,均有不同的差异。为了能全面地了解这些光学系统的特性和设计要求,本节就上述几种新型光学系统作一简要介绍。

3.6.1 激光光学系统

20世纪60年代,激光的出现为人们提供了一种崭新的光源,由于其亮度高、单色性好、方向性强等优点,在许多领域得到了广泛应用,例如激光加工、激光精密测量与定位、光学信息处理和全息术、光通信等。但无论是激光在哪方面的应用,都离不开激光束的传输,因此研究激光束在各种不同介质中的传输形式和传输规律,并设计出实用的激光光学系统,是激光技术应用的一个重要问题。

1. 高斯光束的特性

激光束在均匀介质中的传输规律与普通光束不同。在研究普通光学系统的成像时,我们假定点光源发出的球面波在各个方向上的光强度是相同的,即光束波面上各点的振幅是相等的。而激光光束截面内的光强分布是不均匀的,呈高斯分布,即光束波面上各点的振幅是不相等的,其振幅 A 与光束截面半径 r 的函数关系为

$$A = A_0 \exp\left(-\frac{r^2}{\omega^2}\right) \tag{3-21}$$

其中,A_0 为光束截面中心的振幅;ω 为高斯光束的光斑半径,一般我们以振幅 A 下降到中心振幅 A_0 的 $1/e$ 时所对应的光束截面半径来表示。由式(3-21)可知,光束波面的振幅 A 呈高斯(Gauss)型函数分布,如图3-19所示,所以激光光束又称为高斯光束。高斯光束的光斑可延伸到无限远,其光束截面的中心处振幅最大,随着 r 的增大,振幅越来越小。

2. 高斯光束的传播

1) 高斯光束的光斑半径

在一般的光束中,不同位置光束截面边界的连线为直线,但在激光光束中,由光束截面半径 ω 所确定的光束截面边界的连线并不是直线,而是双曲线,如图3-20所示。显然,激光束在传输过程中,光束截面 ω 随传播距离 z 的变化是非线性的,激光束中截面最小的位置称为激光束束腰,束腰处的光束截面半径为束腰半径,用 ω_0 表示。

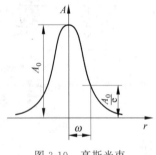

图3-19 高斯光束

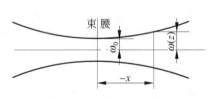

图3-20 高斯光束的传播

高斯光束截面半径 $\omega(z)$ 的表达式为

$$\omega(z) = \omega_0 \left[1 + \left(\frac{\lambda z}{\pi \omega_0^2}\right)^2\right]^{\frac{1}{2}} \tag{3-22}$$

由上式可以看出,$\omega(z)$ 与光束的传播距离 z、波长 λ 和 ω_0 有关。当 $z=0$ 时,$\omega(0) = \omega_0$,即

高斯光束的束腰半径。

2）高斯光束的波面曲率半径

在激光束腰位置上，光束波面为平面，离开束腰，波面就不再是平面，而变成了曲面。如图 3-21 中虚线所示，波面中心部分的曲率半径 R 与波面顶点到束腰的距离 z 之间符合以下关系：

$$R(z) = z \left[1 + \left(\frac{\pi \omega_0^2}{\lambda z} \right)^2 \right] \tag{3-23}$$

根据式（3-22）和式（3-23），如果已知激光束离束腰的位置 z 和束腰半径 ω_0，就可以计算出任意指定位置的光束截面半径 ω 和波面曲率半径 R。

当 $z = 0$ 时，由上式求得 $R(0) = \infty$，说明高斯光束在束腰处，其波面为平面波。把 $R(z)$ 对 z 求导，可得 $R(z)$ 的极值，即

$$\frac{\mathrm{d}R(z)}{\mathrm{d}z} = 1 - \frac{\pi^2 \omega_0^4}{\lambda^2 z^2} = 0$$

所以

$$z = \pm \frac{\pi \omega_0^2}{\lambda} \tag{3-24}$$

把式（3-24）代入式（3-23）得

$$R(z) = \pm 2 \frac{\pi \omega_0^2}{\lambda} \tag{3-25}$$

因此，当 $z = \pm \dfrac{\pi \omega_0^2}{\lambda}$ 时，高斯光束的波面曲率半径最小，其值为 $R(z) = \pm 2 \dfrac{\pi \omega_0^2}{\lambda}$；当 $z = \infty$ 时，$R(z) \to \infty$，高斯光束的波面又变成平面波。因此高斯光束在传播过程中，光束波面的曲率半径由 ∞ 逐渐变小，达到最小后又开始变大，直至达到无限远时变成无穷大。

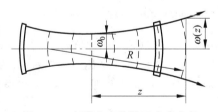

图 3-21　高斯光束的波面曲率半径

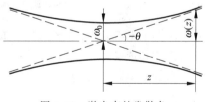

图 3-22　激光束的发散角

3）高斯光束发散角

激光束沿传输方向的轨迹为双曲线，束腰部位光束口径最小，越偏离束腰，光束口径越大，所以激光束应该是一束发散的光束，其发散角 2θ 可用双曲线渐近线之间的夹角来表示，如图 3-22 所示。由图得

$$\tan \theta = \lim \frac{\mathrm{d}\omega}{\mathrm{d}z} \tag{3-26}$$

将式（3-22）对 z 微分，并令 $z \to \infty$，得激光束远场发散角为

$$\theta_\infty \approx \tan \theta = \frac{\lambda}{\pi \omega_0} \tag{3-27}$$

一般以远场发散角作为激光束的发散角。显然可以直接利用以上公式由发散角求束腰半径，或者由束腰半径求发散角。

因此高斯光束的传播与同心光束的传播不同,同心光束的传播只有一个曲率半径参数,而高斯光束的传播必须由两个参数 $\omega(z)$ 和 $R(z)$ 来表征。

3. 高斯光束的透镜变换

由于激光束是一种具有特殊结构的高斯光束,因此,研究激光束通过光学系统的变换规律是激光应用中的重要问题。

在理想光学系统中,近轴光学系统的物像公式为

$$\frac{1}{l'}-\frac{1}{l}=\frac{1}{f'}$$

假定光轴上一点 O 发出的发散球面波经正透镜 L 后,变成会聚球面波交光轴上的点 O',如图 3-23(a)所示。由图中可看出发散球面波到达透镜 L 的曲率半径为 R_1,会聚球面波离开透镜 L 到达 O' 点的曲率半径为 R_2,由近轴光学系统的成像关系得

$$\frac{1}{R_2}-\frac{1}{R_1}=\frac{1}{f'} \tag{3-28}$$

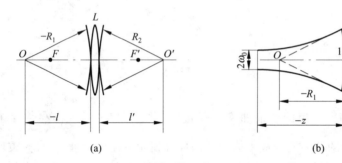

图 3-23　球面波与高斯光束经透镜变换
(a)球面波经透镜变换;(b)高斯光束经透镜变换

对高斯光束来说,在近轴区域其波面也可以看作是一个球面波,如图 3-23(b)所示。当高斯光束传播到透镜 L 之前时,其波面的曲率中心为 O 点,曲率半径为 R_1,通过透镜 L 后,其出射波面的曲率中心为 O' 点,曲率半径为 R_2。曲率中心 O 和 O' 也是一对物像共轭点,满足式(3-28)。

当透镜为薄透镜时,高斯光束在透镜 L 前后的通光口径应相等,即

$$\omega'=\omega \tag{3-29}$$

其中,ω 和 ω' 分别为透镜 L 前后的光束半径。

需要特别注意的是,R 和 R' 并非透镜 L 的前后方高斯光束的束腰到透镜 L 的距离,所以有 $R_1 \neq R(z)$,$R_2 \neq R(z')$。这是因为高斯光束虽可近似地认为是球面波,但不同位置处的球面波曲率半径不尽相同,其球心也不可能与束腰重合,只有当高斯光束的传播距离较远,光束波面距束腰距离较大时,波面曲率中心才可视为与束腰重合,此时才有 $R_1=R(z)$,$R_2=R(z')$。

式(3-28)和式(3-29)就是透镜对激光束的变化关系式,忽略透镜对光的吸收损失时,透镜前后截面上的激光束振幅分布相同,均为高斯分布,高斯光束通过透镜后仍为高斯光束,透镜的作用是改变高斯光束的特征参数和位置。

利用以上公式可直接得出经透镜后 ω_0'、z' 与 ω_0、z、f' 之间的关系式:

$$z' = f' \frac{z(f'+z) + \left(\dfrac{\pi \omega_0^2}{\lambda}\right)^2}{(f'+z)^2 + \left(\dfrac{\pi \omega_0^2}{\lambda}\right)^2} \tag{3-30}$$

$$\omega_0'^2 = \frac{f'^2 \omega_0^2}{(f'+z)^2 + \left(\dfrac{\pi \omega_0^2}{\lambda}\right)^2} \tag{3-31}$$

简化式(3-30),并令$(f'+z) \gg \left(\dfrac{\pi \omega_0^2}{\lambda}\right)^2$,即当高斯光束的束腰与透镜相距很远时,可得

$$z' \approx f' \frac{z}{f'+z}$$

经变换后为

$$\frac{1}{z'} - \frac{1}{z} = \frac{1}{f'} \tag{3-32}$$

此式说明在束腰位置远离透镜时,可用近轴光学的成像公式来计算高斯光束经透镜变换后的束腰位置。

同时,由式(3-31)可得

$$\omega_0'^2 = \frac{f'^2 \omega_0^2}{(f'+z)^2}$$

所以

$$\frac{\omega_0'}{\omega_0} = \frac{f'}{f'+z} \tag{3-33}$$

根据式(3-32)得

$$\beta = \frac{\omega_0'}{\omega_0} = \frac{f'}{f'+z} = \frac{z'}{z} \tag{3-34}$$

其中,β 为束腰的横向放大率。

式(3-32)和式(3-33)是在一定的条件下才能使用的,当不满足条件时,高斯光束的传播与几何光学中的光线传播有很大的差别。例如当 $z = -f'$ 时,由式(3-30)求得 $z' = f'$,说明当高斯光束的束腰位于透镜的物方焦面上时,经透镜变换后,其束腰位于透镜的像方焦面上,这与几何光学的成像概念完全不同。同时,由式(3-31)可求得

$$\omega_0' = f' \frac{\lambda}{\pi \omega_0} \tag{3-35}$$

说明 $z = -f'$ 时,对于同一透镜,束腰半径 ω_0' 为极大值,出射光束有最大束腰半径。

4. 高斯光束的聚焦和准直

1) 高斯光束的聚焦

由于激光束在打孔、焊接、医疗、信息光盘和图像传真等方面的应用都需要把激光束聚焦成微小的光点,以利用高度集中的热能,因此设计优良的激光束聚焦系统是非常必要的。

由式(3-34)可知,当 $z \to \infty$ 时,即入射光束的束腰远离透镜时,出射光束的束腰半径 $\omega_0' \to 0$,即光束可获得高质量的聚焦光点,且由式(3-32)可求得聚焦光点在 $z' = f'$ 的透镜像方焦面上。当然,上述聚焦光点的大小是近似求得的,实际上的聚焦光点不可能为零,总有

一定大小。根据式(3-31),当 $z \gg f'$ 时,可得

$$\frac{1}{\omega_0'^2} = \frac{z^2}{f'^2 \omega_0^2} + \frac{\left(\frac{\pi \omega_0}{\lambda}\right)^2}{f'^2} = \frac{\pi^2}{f'^2 \lambda^2} \omega_0^2 \left[1 + \left(\frac{\lambda z}{\pi \omega_0^2}\right)^2\right] = \frac{\pi^2}{f'^2 \lambda^2} \omega^2(z)$$

所以

$$\omega_0' = \frac{\lambda}{\pi \omega(z)} f' \tag{3-36}$$

因此,ω_0' 除与 z 有关外,还与 f' 有关,要想获得良好的聚焦光点,应尽量采用短焦距透镜。

2)高斯光束的准直

由于高斯光束具有一定的光束发散角,而对激光测距和激光雷达系统来说,光束的发散角越小越好,因此有必要讨论激光束的准直系统设计要求。由式(3-27)可知经透镜变换后其光束发散角为

$$\theta' = \frac{\lambda}{\pi \omega_0'}$$

把式(3-31)代入上式得

$$\theta' = \frac{\lambda}{\pi} \sqrt{\frac{1}{\omega_0^2}\left(1 + \frac{z}{f'}\right)^2 + \frac{1}{f'^2}\left(\frac{\pi \omega_0}{\lambda}\right)^2} \tag{3-37}$$

可以看出,不管 z 和 f' 取任何值,$\theta' \neq 0$,说明高斯光束经单个透镜变换后,不能获得平面波,但当 $z = -f'$ 时,可得

$$\theta' = \frac{\omega_0}{f'} \tag{3-38}$$

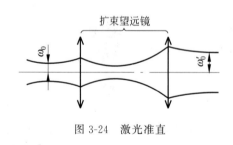

图 3-24　激光准直

说明 θ' 与 ω_0 及 f' 有关,要想获得较小的 θ',必须减小 ω_0 和加大 f'。为此,激光准直系统多采用二次透镜变换形式,第一次透镜变换用来压缩高斯光束的束腰半径 ω_0,故常用短焦距的聚焦透镜;第二次使用较大焦距的变换透镜,用来减小高斯光束的发散角 θ',其准直系统的原理如图 3-24 所示。

3.6.2　傅里叶变换光学系统

光学透镜不仅能够成像和传递光能,还能够实现傅里叶变换。在光学信息处理系统中,傅里叶变换透镜可简单而迅速地完成二维图像的傅里叶变换运算,因此讨论光学透镜的傅里叶变换特性及其设计问题是非常必要的。

1. 光学透镜的傅里叶变换特性

由于透镜具有傅里叶变换特性,人们可以在变换后的频谱面上插入各种不同用途的空间滤波器来改变输入物体的频谱状态,从而达到处理光学图像的目的。通常使用的相干光学处理系统如图 3-25 所示,L_1 和 L_2 为傅里叶变换物镜,输入物面 xy 与 L_1 的前焦面重合,输出面 $x'y'$ 与 L_2 的后焦面重合,频谱面位于 L_1 的后焦面和 L_2 的前焦面重合处,这就是典型相干光学处理系统中的 $4f$ 系统。

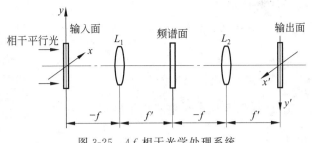

图 3-25 $4f$ 相干光学处理系统

当傅里叶变换物镜满足某些特定的成像要求时,上述 $4f$ 系统可获得严格的傅里叶变换关系。这是因为平行光垂直照射输入物面 xy 时,在输入面上要发生衍射,不同角度的衍射光经透镜 L_1 后,在后焦面(频谱面)上形成夫琅禾费衍射图像。为了获得清晰而位置正确的夫琅禾费衍射图像,也就是说为了获得严格的物面傅里叶频谱,傅里叶变换物镜应满足以下成像要求,即具有相同衍射角(θ_m 或 θ_n)的光线经透镜变换后,应聚焦于焦平面上的一点,而不同衍射角的光线经透镜变换后,应聚焦于焦面上的不同点处,形成各级频谱,如图 3-26 所示。

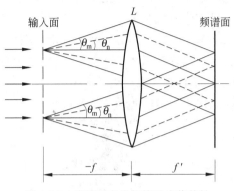

图 3-26 傅里叶变换物镜的成像特性

由图 3-26 可以看出,对傅里叶变换物镜 L 来说,其成像关系如下。若把其像方焦面作为像面,其物面应位于物方无限远处,孔径光阑应位于透镜 L 的前焦面上,构成像方远心光路,如图 3-27 所示。傅里叶变换物镜 L 既要对物方无限远的物体校正像差,又要对孔径光阑位置校正像差。若把物方焦面作为物面,则其像面在像方无限远处,其孔径光阑应位于透镜 L 的后焦面上,构成物方远心光路,如图 3-28 所示。傅里叶变换物镜既要对有限距离物面校正像差,又要对孔径光阑位置校正像差。因此傅里叶变换物镜通常要对两对共轭面校正像差。上述两种不同的处理方法,根据光路可逆性,其本质是一致的。

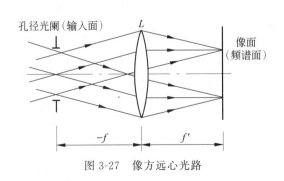

图 3-27 像方远心光路

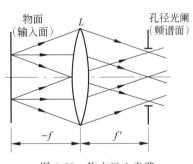

图 3-28 物方远心光路

2. 傅里叶变换物镜的光学设计要求及结构型式

假定输入物体为一维衍射光栅,其光栅常数为 $d\left(d=\dfrac{1}{N}\right)$,根据衍射理论,其 k 级衍射

光与光轴的夹角 θ_k 应满足光栅方程

$$d \sin \theta_k = k\lambda, \quad k = 0, \pm 1, \pm 2, \cdots \tag{3-39}$$

即

$$\sin \theta_k = \frac{k\lambda}{d} \tag{3-40}$$

设 k 级衍射光的像高为 y_k'，根据夫琅禾费衍射理论可知，只有当 y_k' 满足式

$$y_k' = f' \sin \theta_k = f' \frac{k\lambda}{d} \tag{3-41}$$

在后焦面上才能得到正确的傅里叶变换关系。因此，由式(3-41)可知傅里叶变换物镜必须满足正弦条件要求。

为了获得清晰的夫琅禾费衍射图像和正确的傅里叶变换关系，傅里叶变换物镜应对孔径光阑位置校正球差和彗差，对物面位置校正球差、彗差、像散和场曲，其像差公差应达到衍射极限，即波像差不大于 $\lambda/4$。

由式(3-41)可知，k 级衍射光的像高 $y_k' = f' \sin \theta_k$，而理想光学系统的像高 $y_k' = f' \tan \theta_k$，因此傅里叶变换物镜在满足上述像差校正时，必产生畸变量

$$\delta y' = f' (\sin \theta_k - \tan \theta_k) \tag{3-42}$$

但由于傅里叶变换物镜是成对使用的，且对频谱面为对称设置，因此在相干光学处理系统（$4f$ 系统）中，输出面的畸变会自动消除。

满足上述要求的傅里叶变换物镜，其结构型式很多，但其典型的结构型式不外乎下面两种：一种是单光组结构型式（如图 3-29(a)所示），单个光组为双胶合或双分离型式，这种结构型式的傅里叶变换物镜可使正弦差和球差得到很好校正，但由于轴外像差的存在，其视场角和相对孔径一般较小；另一种结构型式的傅里叶变换物镜为对称型（图 3-29(b)），这种结构型式的傅里叶变换物镜，最大的特点是采用两组对称的反远距透镜组，使得物镜的主面位

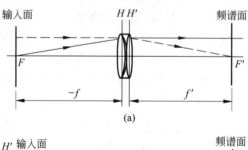

(a)

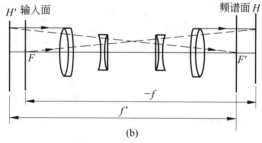

(b)

图 3-29　傅里叶变换物镜的结构型式

(a) 单光组；(b) 对称型

置外移,从而可使物镜的物、像方焦点距离小于物镜的焦距,减小了光学处理系统的外形尺寸。在同样的工作条件下,对称型式的傅里叶物镜,其焦距可增长一倍左右,相应所能处理的物面和频谱面尺度变大,有利于发挥光学处理系统的作用。此外,由于对称结构采用正负透镜组合,有利于校正物镜的像面弯曲和其他轴外像差,但其结构复杂,造价相对提高。

3.6.3 线性成像物镜

线性成像物镜($f \cdot \theta$ 透镜)是激光扫描系统中一种常用的具有特殊要求的透镜系统。激光扫描系统如图 3-30 所示。用某种信息经电光效应、声光效应调制的激光束,经扩束器扩束后再经旋转反射镜或旋转多面体的扫描元件而改变方向,最后经聚焦用的线性成像物镜在接收器上成一维或二维的扫描像。因此,激光扫描系统将随时间变化的电信号变成了可记录的空间信息。扫描光学系统在现代光学和光电技术中具有极其重要的作用,激光存储器、激光打印机和高速摄影系统中都使用扫描光学系统,因此有必要介绍扫描光学系统的特性及扫描物镜的设计要求。

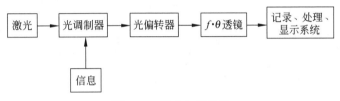

图 3-30　激光扫描系统

1. 扫描方式

根据扫描器和聚焦透镜的位置不同,可分为透镜前扫描(图 3-31(a))和透镜后扫描(图 3-31(b))两种。

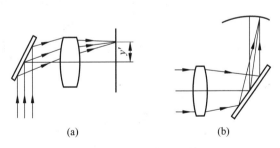

(a)　　　　　　　　　　　(b)

图 3-31　线性扫描系统
（a）透镜前扫描；（b）透镜后扫描

透镜前扫描就是扫描器位于透镜前面,扫描后的光束以不同方向射入聚焦透镜,在其焦面上形成扫描像。为此,要求聚焦透镜是一个大视场、小相对孔径的物镜,并且应是线性成像物镜。透镜后扫描就是扫描器位于透镜后面,由激光器发出的光束首先被聚焦透镜聚焦,然后经置于焦点前的扫描器使焦点像呈圆弧运动。这类聚焦透镜通常是小视场、小相对孔径的望远物镜。前者物镜设计困难,但其他问题的处理则很简单;后者物镜的设计是简单的,但由于像面是圆弧形的,处理就很困难。因此,要求高的扫描装置通常采用透镜前扫描。

2. $f \cdot \theta$ 透镜的性质

对于线性成像物镜,像面上的理想像高 y' 与扫描角 θ 成线性关系,有 $y' = f' \cdot \theta$,所以这种物镜也称为 $f \cdot \theta$ 透镜。但是,一般的光学系统,其理想像高为 $f' \tan \theta$。因此,为了使像高 y' 与扫描角 θ 成线性关系,应使聚焦透镜产生一定的负畸变。随着扫描角的增大,实际像高应比理想像高小,对应的畸变量为

$$\Delta y' = f'(\theta - \tan \theta) \tag{3-43}$$

具有上述负畸变量的透镜系统称为线性成像物镜,其像高 $y' = f' \cdot \theta$。

同时,该物镜对单色光成像,像质要求达到衍射极限,而且整个像面上像质要求一致,像面为平面,且无渐晕存在。

线性成像物镜还应具有像方远心光路。在透镜前扫描系统中,入射光束的偏转位置(扫描器位置)一般置于物镜前焦点处,构成像方远心光路。像方主光线与光轴平行。如果系统校正了场曲,就可在很大程度上实现轴上、轴外像质一致,使像点精确定位,而且提高了边缘视场的分辨率与照度的均匀性。

可见,线性成像物镜的光学参数应从使用要求出发,并考虑光信息传输中各环节(光源、调制器、偏转器、记录介质)的性能来确定。现分述如下。

一是 F 数。由于使用高亮度的激光光源,所以应根据要求记录的光点尺寸来确定 F 数。由于像质达到衍射极限,像点的尺寸即为衍射斑直径 d,其大小为

$$d = \frac{K\lambda}{D} f' = K\lambda F \tag{3-44}$$

其中,D 由透镜通光直径、扫描器通光直径和高斯光束的光斑直径所确定,K 是与实际通光孔径形状有关的常数,$K = 1 \sim 3$。若通光孔为圆孔,则光斑为艾里斑,$d = 2.44\lambda F$。

由式(3-44)可看出,扫描系统的 F 数越小,其物镜分辨率越高。但扫描系统的分辨率也并非越高越好,因为分辨率越高,物镜的设计越复杂,且制造成本增大,所以扫描物镜一般应根据实际使用要求来选取分辨率。用途不同,激光扫描记录仪的光点尺寸也不同:用于制作半导体集成电路的激光图形发生器,光点尺寸为 $0.001 \sim 0.005$ mm;用于高密度存储及图像处理的为 $0.005 \sim 0.05$ mm;用于传真机、印刷机、打字机、汉字信息处理等的为 0.05 mm 以上。

二是焦距。焦距由要求扫描的记录系统的长度 L 和扫描的角度 θ 决定,即有

$$f' = \frac{L}{2\theta} \times \frac{360°}{2\pi} \tag{3-45}$$

当扫描长度一定时,f' 与 θ 成反比关系。在 F 数一定时,应尽可能用大的 θ 角、小的 f',以减小透镜和反射镜的尺寸,从而减小棱镜表面角度的不均匀性和扫描轴承的不稳定性造成的不利影响。又由于入射光瞳位于扫描器上,在实现像方远心光路时,f' 小可以使物镜与扫描器之间的距离减小,使仪器轴向尺寸减小。但 L 一定时,f' 小,θ 就大,这给光学设计带来了困难,使光学系统复杂,加工制造成本增大。反之,仪器纵向尺寸加大,使用不便。实际工作中,应综合考虑各方面因素,反复权衡才能最后确定。

大多数线性成像物镜属于小相对孔径(一般 F 数为 $5 \sim 20$)、大视场的远心光学系统,要求具有一定的负畸变,且扫描物镜的轴上点和轴外点应具有相同的成像质量和扫描点大小,

为此扫描物镜除严格校正轴上和轴外点像差外,还应满足无渐晕和平像场的设计要求,并要达到衍射极限性能。玻璃材料的质量与透镜表面的均匀性要求比一般透镜更为严格。

3.6.4 激光光盘光学系统

光盘存储技术是一种光学信息存储新技术,具有存储密度高、同计算机联机能力强、易于随机检索和远距离传输、还原效果好、便于复制、适用范围广等特点。近年来,光盘技术已受到普遍重视,并得到了迅速的发展和应用。

光盘存储系统是用激光光束来记录和再现信息。激光束可用衍射受限聚焦,记录光斑直径约为 $1\ \mu m$。由于是用激光针来记录和再现信息,属于非接触的操作。

光盘存储系统的基本构成如图 3-32 所示。

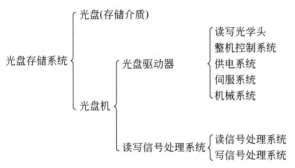

图 3-32 光盘存储系统的基本构成

光学头是光盘装置的核心部分,要求光源、物镜及其他光学器件的性能是较完善的。

1. 光学头光学系统分类

光盘根据用途分为三种类型:①只读型;②一次写多次读型;③可重写型。与三种类型光盘相应的光学头系统综合列于表 3-4。

表 3-4　三种类型光盘的光学头系统

类型	只读型(CD、LD)	一次写多次读型(WORM)	可重写型(MO)
光学系统	半导体激光器 准直透镜 PBS $\lambda/4$波片 探测器 物镜 光盘	整形棱镜 PBS	起偏振器 半反射镜 检偏振器

1) 只读型

一般对以凹坑形式记录在光盘上的信号进行记录再现,主要用于 CD、LD、VCD 播放机,计算机系统用的 CD-ROM 驱动器上的光学头也属此类。该类光学头追求低成本和小型化。因为该类光学头只读取信息,无写操作的要求,所以采用小功率的半导体激光器,同时对半导体激光器发射的椭圆光束无须进行整形。主要的光路特点是:半导体激光器发出的激光束经准直后,通过偏振分光镜 PBS、λ/4 波片,由高质量的会聚物镜将准直光束聚焦在光盘上。返回的激光束通过会聚物镜、偏振分光镜 PBS 后被反射到光电探测器上,从而获得聚焦跟踪和信息光点的信号。光路中的 PBS 和 λ/4 波片构成光束隔离器,可以避免光盘面反射的光束再回到激光器中,形成谐振,产生噪声。

2) 一次写多次读型

一次写多次读型光学头主要用于一次写多次读光盘系统,如 CD-R 等,追求的重点在于轻型化和薄型化。该光路主要特点是,经过强度调制的激光束投射在光盘上,或是使记录表面的形状发生变化,或是使反射率发生变化来实现记录。因为需要完成写操作,必须采用较大功率的半导体激光器,为充分利用半导体激光器的能量,应采用整形方法将半导体激光器椭圆光束整形为圆形。从光路上看,与只读型的区别在于半导体激光器的功率较大、功率可调、光束整形。

3) 可重写型

分为相变型、CD-R/W 型及磁光型。相变型及 CD-R/W 型的光路基本上与一次写多次读型的类似,光路上稍微调整即可完成。磁光型系统实际上是个偏光系统,利用克尔效应,读取的信息实际上是光线偏振面的旋转。该系统在 WORM 型的基础上,去掉了 λ/4 波片,加入了起偏器和检偏器。

2. 光束隔离器

如果在光学头内,从光盘反射回来的激光束再经原路返回半导体激光器,则光盘和半导体激光器之间形成一外部谐振器,使输出的光强和频率发生变化,同时还要产生噪声。为了消除返回的光束,采用图 3-33 所示的光束隔离器。

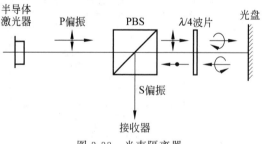

图 3-33   光束隔离器

PBS 为偏振分光棱镜,由一对直角棱镜胶合而成,其中一直角棱镜斜面上镀有多层介质膜,使 P 偏振光 100% 通过而使 S 偏振光 100% 被反射,实际上分别达到 97% 的水平就不错了。λ/4 波片由晶体材料制成,光通过 λ/4 波片后,寻常光和非寻常光之间就产生了相当于 λ/4 波片的相位差,将线偏振光变成了圆偏光。如果光往返两次通过 λ/4 波片,则线偏振光的方向和入射时相差 90°,即由 P 偏振光变成了 S 偏振光。因此对同一 PBS 来说,从光盘反射回来的光束不再返回半导体激光器,全部光能将进入接收器。

在凹坑型只读式光盘系统中,该光束隔离器十分实用、有效,被普遍采用。同时该技术还可以应用到激光干涉、激光测距及激光定位等领域。

3. 准直物镜及调整方法

半导体激光器从结构上说相当于一个矩形波导式的谐振腔,在其两个相互垂直的截面方向上,光束的发散角不同。由于半导体激光器出射光束为椭圆形的发散光束且存在固有像散,因此实际使用时,要获得发散度小、准直度高的光束,必须要对光束进行准直、整形及像散的校正。一个设计优良的准直物镜,既可用来实现光束的准直,又可作为有限共轭的高效能量耦合镜。因此该物镜设计中重点考虑的问题是光能的利用率和波像差。

准直物镜把从半导体激光器发射出的发散光束进行准直与像散校正,为了充分利用半导体激光器所发出的光功率,准直物镜必须能够收集尽可能多的光功率,并获得准直度很高的出射光束,发散度应控制在 0.5～1 mrad 范围内。

4. 整形光学系统

根据光学系统对光斑截面形状的需要,确定整形系统的扩束比 Γ,其中 $\Gamma = \tan(\theta_\perp/2)/\tan(\theta_\parallel/2)$。通常采用的整形光学系统有三种方法:①拦光法,简单,但能量损失较大;②柱面镜法:系统便于调整,但工艺性不好,成本较高;③棱镜法,结构简单,工艺性好,成本较低,若采用双棱镜系统,倍率可调,基本上不引入像差。

棱镜光束整形器 PBS 的棱镜选择及系统的具体设计思想是,首先确定总的放大率,然后选择棱镜的数目。一般消色差选用两块或三块即可,如果要求输出与输入共线则需要用四块棱镜。消色差的 PBS 的“上-上-下”(上表示棱镜顶角向上,下表示棱镜顶角向下,系统为等放大率分配)结构形式是损失最小的,用途广泛,选择适当的入射角以保证每块棱镜的光能损失最小。考虑到光盘系统光学头的特殊要求,实际宜采用单棱镜整形,结构简单,耦合效率高,适合组合成胶合体,便于系统装校。

1) 棱镜整形

采用单棱镜进行整形的原理如图 3-34 所示。单棱镜整形方式结构简单,调整方便,单棱镜的扩束比:$\Gamma = \Gamma_1 \Gamma_2$,$\Gamma_1$、$\Gamma_2$ 分别表示入射面与出射面的扩束比,为了避免出射面的缩束作用,$\Gamma_2 = 1$,即第二面为垂直入射,所以单棱镜整形应该采用直角棱镜,于是

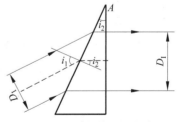

$$\Gamma = \Gamma_1 = \cos i_2 / \cos i_1 = \theta_\perp / \theta_\parallel$$

$$A = i_2$$

图 3-34　单棱镜整形光路

根据几何光学推导可得

$$\cos i_1 = \sqrt{(n^2 - 1)/(n^2 \Gamma^2 - 1)}$$

$$\cos i_2 = \Gamma \cos i_1 = \Gamma \sqrt{(n^2 - 1)/(n^2 \Gamma^2 - 1)}$$

2) 透镜整形

透镜整形光学系统采用倒置的伽利略望远镜系统,因为在垂直与水平方向放大率不一致,所以该系统采用柱面透镜构成。

图 3-35 为柱面透镜整形系统分别在垂直方向与水平方向上的光路结构。在垂直方向,

由图(a)显然可以得到 $\Gamma_{\perp}=D_{\perp\text{II}}/D_{\perp\text{I}}$，在水平方向，由图(b)有 $\Gamma_{/\!/}=D_{/\!/\text{II}}/D_{/\!/\text{I}}$，所以射入柱面透镜整形系统的光束被整形成所需的形状。

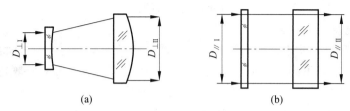

图 3-35　透镜整形光路

（a）垂直方向；（b）水平方向

5. 会聚物镜

会聚物镜是光学系统的重要元件，它把激光光束聚焦成衍射受限的光点后照射到光盘面上，把信息写入光盘，或者从光盘上读出信息，或者从光盘上把信息擦除。

会聚物镜几乎无像差，其衍射极限由物镜的数值孔径确定，数值孔径 NA 由下式表示：

$$NA = n\sin a$$

其中，n 为折射率，a 为物镜孔径角的一半。

会聚的光斑直径 d_0 由 NA 和光源波长所确定，即

$$d_0 = k\lambda/NA$$

其中，k 为常数，若光斑为艾里斑，则沿半径方向上，强度为中心强度的 1/2 时，k 为 0.52；强度为 e^{-2} 时，则 k 为 0.82；强度为零点处的 k 值就是 1.22。

会聚物镜有一系列特殊的要求：焦距 f' 不应超过 $5\sim8$ mm，数值孔径在 $0.4\sim0.7$ 范围内，线视场 $2y'=0.05\sim0.25$ mm，镜头质量不超过 5 g；镜头应比显微镜物镜有更大工作距离，并要求具有衍射成像质量。

虽然大的 NA 可以提高记录密度，但会导致焦深变小，产生由于光轴倾斜所引起的像差量变大而超出焦深的缺点。因为焦深正比于光源波长而反比于 NA 的平方，而且光轴倾斜而产生的像差是 NA 三次方的函数，所以 NA 越大对调焦伺服系统的要求越高。表 3-5 为指定 λ 情况下的不同 NA 对应的焦深 Δz。

表 3-5　指定 λ 情况下的不同 NA 对应的焦深 Δz

NA	$2\Delta z/\mu m$	
	$\lambda=780$ nm	$\lambda=830$ nm
0.5	1.56	1.66
0.55	1.29	1.37
0.6	1.08	1.15
0.65	0.92	0.98

光盘系统的光源一般采用半导体激光器，设计透镜时要考虑其特有的带宽，也就是说，用于半导体激光器的会聚物镜，要求在 5 nm 的范围内进行色差校正。

如果透镜只用作读出而与写入无关，则允许的纵向色差均可减小为色差校正系统值的 1/3。如果写入和读出并用，且使用不同的波长，则物镜必须对两种波长消色差，而且横向色

差也必须减小。整个视场范围内,写入和读出的波长之间的横向色差的容许值为 0.05～0.1 μm。

习　题

3-1　一个年龄 50 岁的人,近点距离为 -0.4 m,远点距离为无限远,试求他的眼睛的调节范围。

3-2　某人看不清其眼前 2 m 远的物体,问需要配多少光焦度的眼镜才能使其眼恢复正常? 另一个人对其眼前 0.5 m 以内的物看不清,问需要配上多少光焦度的眼镜才能使其眼恢复正常?

3-3　迎面而来的汽车的两个头灯相距为 1 m,问汽车距离多远时它们刚能为人眼所分辨? 假定人眼瞳孔直径为 3 mm,光在空气中的波长为 0.5 μm。

3-4　有一焦距为 50 mm、口径为 50 mm 的放大镜,眼睛到它的距离为 125 mm,求放大镜的视放大率和视场。

3-5　要求分辨相距 0.375 μm 的两点,用 $\lambda = 0.55$ μm 的可见光斜照明,试求此显微镜的数值孔径。若要求两点放大后的视角为 2′,则显微镜的视放大率等于多少?

3-6　已知显微目镜 $\Gamma_2 = 15$,物镜 $\beta = 2.5$,光学筒长 180 mm,试求显微镜的总放大率和总焦距。

3-7　用一个显微物镜观察某物(该物体不发光),采用斜照明,NA $= 0.25$,分别采用远紫外($\lambda = 0.2$ μm)和 D 光($\lambda = 0.5893$ μm)照明物体,试分别求其最小分辨距。

3-8　一架显微镜的物镜焦距为 4 mm,中间像成在第二焦面(像方焦点)后 160 mm 处,如果目镜为 20 倍,则显微镜的总放大率为多少?

3-9　假定用人眼直接观察敌人的坦克时,可以在 $l = -200$ m 的距离上看清坦克上的编号,如果要求在距离 1 km 处也能看清,问应使用几倍望远镜? 设人眼的极限分辨角为 1′。

3-10　一望远镜物镜焦距为 1 m,相对孔径 1∶12,测得出瞳直径为 4 mm,试求望远镜的视放大率和目镜的焦距。

3-11　欲看清 10 km 处相隔 100 mm 的两个物点,用开普勒型望远镜,试求:

　　(1) 望远镜至少应选用多大倍率(正常倍率)?

　　(2) 当筒长为 465 mm 时,物镜和目镜的焦距为多少?

　　(3) 保证人眼极限分辨角为 1′时物镜口径 D_1 为多少?

3-12　拟制一架 6 倍望远镜,已有一焦距为 150 mm 的物镜,问组成开普勒型和伽利略型望远镜时,目镜的焦距应为多少? 筒长各多少?

习题解答 3

第二篇　物理光学

第4章　光的电磁理论

19 世纪 70 年代，麦克斯韦（Maxwell）在总结电磁学中安培（Ampere）定理、高斯（Gauss）定理、法拉第（Faraday）电磁感应定理等的基础上，提出了描述电磁现象普遍规律的麦克斯韦方程组。麦克斯韦建立的电磁理论，不仅揭示了电磁现象的内在联系，同时预言了电磁波（即电磁扰动在空间的传播）的存在，而且把光学现象和电磁现象联系起来，指出光波是一种电磁波。麦克斯韦的预言经过多次间接和直接的实验验证后，最终确立了光的电磁理论。

光的电磁理论相当精确地描述了光的传播，或者说完美地描述了光所表现出的波动本性。本章基于光的电磁理论，介绍光波的基本特性、光在各向同性介质中的传播特性、光在介质分界面上的反射和折射特性，以及光波的数学描述。

4.1　电磁波谱　电磁场基本方程

4.1.1　电磁波谱

从波动观点看来，光是一种特定波段的电磁波。光的波动性由大量光的干涉、衍射和偏振现象所证实。电磁波可以按其频率或波长排列成波谱，如图 4-1 所示。它覆盖了从 γ 射线到无线电波的一个相当广阔的频率范围。能引起人眼视觉的可见光只占其中很窄的一个谱带，真空中的波长范围约为 $390 \sim 760$ nm（1 nm $= 10^{-9}$ m），相应的频率范围约为 $8 \times 10^{14} \sim 4 \times 10^{14}$ Hz。在可见光范围内，随着波长从小到大，所引起的视觉颜色从紫色逐渐过渡到红色。一般所谓光学波段，除可见光外，还包括波长小于紫光波的紫外线和波长大于红光波的红外线，其波长范围大致从 1 nm 到 1 mm。

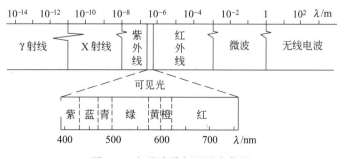

图 4-1　电磁波谱与可见光范围

不同波段的电磁波的产生机制、特征和应用范围各不相同。光源中的原子或分子从高能级向低能级跃迁时发出光波,在各种加速器中被加速的电子也能辐射光波。

在光学波段中的电磁波可以用同一种理论和同类的实验方法进行研究;其特点是它们的波长比周围的物体小得多,而又比组成物体的原子尺寸大得多,从而可以采取一些合理的近似处理。

电磁波在长波端表现出显著的波动性,而在短波端则表现出极强的粒子性。对于波动性显著的电磁波,其检测方法是利用电磁振荡耦合,得到输入信号的振幅及其随时间变化的相位(例如一般无线电技术中的各类天线);对于粒子性强的电磁波,其检测方法则是利用它与其他物质的相互作用,得到粒子流的强度而无需相位关系(例如一般核物理技术中的各类计数器)。对于光波来说,其波粒二象性的特征表现得更为突出。由于光的频率太高,而每个光子的能量又太小,目前无线电技术的响应速度达不到这么快,核物理技术的灵敏度达不到这么高,所以一般只能用光敏探测器检测光辐射的平均强度(有人曾用金属二极管检波法检测了远红外辐射并获得了十分微弱的信号;此外,近来还发展了快速而灵敏的探测器,可以进行光子计数)。

与波长较长的电磁波一样,光波也可以作为信息的载体而远距离传输信息,即光通信。光通信的优点是传输的信息量极大而噪声极低。最近有人提出,可以利用光的"压缩态",把噪声降低到量子极限以下,从而可大大提高光通信的效率,并有可能检测到引力波的信号,这在物理学界是十分引人注目的设想。

虽然光波在整个电磁波谱中仅占很窄的波段,但它对人类的生存、人类生活的进程和发展,有着巨大的作用和影响。由于光在发射、传播和接收方面具有独特的性质,因此很久以来光学作为物理学的一个主要分支一直持续地发展着,尤其是激光问世后,发展势头更猛,光学领域的研究获得了突飞猛进的发展。

4.1.2 电磁场基本方程

1. 麦克斯韦方程组
光波是一种时变电磁场,时变电磁场的基本方程是麦克斯韦电磁方程组,其积分形式为

$$\oint_S \boldsymbol{D} \cdot \mathrm{d}\boldsymbol{S} = \int_V \rho \,\mathrm{d}V \tag{4-1}$$

$$\oint_S \boldsymbol{B} \cdot \mathrm{d}\boldsymbol{S} = 0 \tag{4-2}$$

$$\oint_C \boldsymbol{E} \cdot \mathrm{d}\boldsymbol{l} = -\int_S \frac{\partial \boldsymbol{B}}{\partial t} \cdot \mathrm{d}\boldsymbol{S} \tag{4-3}$$

$$\oint_C \boldsymbol{H} \cdot \mathrm{d}\boldsymbol{l} = \int_S \left(\boldsymbol{J} + \frac{\partial \boldsymbol{D}}{\partial t} \right) \cdot \mathrm{d}\boldsymbol{S} \tag{4-4}$$

其中,$\boldsymbol{D}$、$\boldsymbol{B}$、$\boldsymbol{E}$、$\boldsymbol{H}$ 分别表示电感应强度(电位移矢量)、磁感应强度、电场强度、磁场强度;ρ 是自由电荷体密度;$\boldsymbol{J}$ 是传导电流体密度矢量。

上述麦克斯韦方程组表达了任一封闭面 S 或闭合路径 C 上场的分布规律,其中包含着电磁场中任一场量($\boldsymbol{B}$、$\boldsymbol{D}$、$\boldsymbol{E}$、$\boldsymbol{H}$)彼此之间以及与源量(ρ、$\boldsymbol{J}$)之间在空间和时间变化的确定关系。

利用场论的高斯定理和斯托克斯(Stokes)定理,可把这些积分形式的方程转换为对应的微分形式:

$$\nabla \cdot \boldsymbol{D} = \rho \tag{4-5}$$

$$\nabla \cdot \boldsymbol{B} = 0 \tag{4-6}$$

$$\nabla \times \boldsymbol{E} = -\frac{\partial \boldsymbol{B}}{\partial t} \tag{4-7}$$

$$\nabla \times \boldsymbol{H} = \boldsymbol{J} + \frac{\partial \boldsymbol{D}}{\partial t} \tag{4-8}$$

其中,∇ 为哈密顿(Hamilton)算符,在直角坐标系下的表达式为

$$\nabla = \boldsymbol{i}\,\frac{\partial}{\partial x} + \boldsymbol{j}\,\frac{\partial}{\partial y} + \boldsymbol{k}\,\frac{\partial}{\partial z}$$

微分形式的麦克斯韦方程组将空间任一点的电场量、磁场量与源量(电荷密度、电流密度矢量)联系在一起,可以确定空间任一点的电、磁场。但是,微分形式只在媒质的物理性质连续的区域内成立,在不连续的分界面上,应采用麦克斯韦方程组的积分形式。

由麦克斯韦方程组可知:不仅电荷和电流是产生电磁场的源,而且时变电场和时变磁场互相激励,因此,时变电场和时变磁场构成了不可分割的统一整体——电磁场。一旦场源激起了时变电磁场,电磁场将以有限的速度向远处传播,形成电磁波。

麦克斯韦方程组是电磁理论的核心,是研究各种宏观电磁现象的理论基础。从麦克斯韦方程组出发,结合具体的边界条件及初始条件,可以定量地研究光的各种传播特性。

2. 物质方程

光波在各种媒质中的传播过程实际上就是光与媒质相互作用的过程。因此,在运用麦克斯韦方程组处理光的传播特性时,必须考虑媒质的属性,以及媒质对电磁场量的影响。描述媒质特性对电磁场量影响的方程,即是物质方程:

$$\boldsymbol{D} = \varepsilon \boldsymbol{E} \tag{4-9}$$

$$\boldsymbol{B} = \mu \boldsymbol{H} \tag{4-10}$$

$$\boldsymbol{J} = \sigma \boldsymbol{E} \tag{4-11}$$

其中,$\varepsilon = \varepsilon_0 \varepsilon_r$ 为介电常数,描述媒质的电学性质,ε_0 是真空中介电常数(8.8542×10^{-12} F·m^{-1}),ε_r 是相对介电常数;$\mu = \mu_0 \mu_r$ 为介质磁导率,描述媒质的磁学性质,μ_0 是真空中磁导率($4\pi \times 10^{-7}$ H·m^{-1}),μ_r 是相对磁导率;σ 为电导率,描述媒质的导电特性。对于理想导体,$\sigma = \infty$;对于理想电介质,$\sigma = 0$。对于非铁磁性物质,$\mu_r \approx 1$。对于各向同性介质,ε_r 为一标量;而在各向异性介质中,比如晶体中,ε_r 为一张量,$\boldsymbol{D}$ 与 $\boldsymbol{E}$ 一般不再同向,第 7 章将讨论这种情形。

在线性光学范畴内,介质的光学性质与光场强无关。当光强度较强时,光与介质的相互作用过程会表现出非线性光学特性,因而描述媒质光学特性的量不再是常数,而应是与光场强有关的量,例如介电常数应为 $\varepsilon(\boldsymbol{E})$。这种情况下的光学规律称为非线性光学,它是现代光学的一个分支。本书仅讨论线性光学的内容。

3. 边界条件

在物理性质不连续的两种媒质的分界面上,电磁场量不再连续,但存在一定的关系。利用麦克斯韦方程组的积分形式可以得到场量应满足的边界条件。边界条件实质上是场方程

在边界上所取的特殊形式。

由积分形式的麦克斯韦方程组式(4-1)~式(4-4)可导出时变电磁场在两媒质分界面上边界条件的一般形式：

$$\boldsymbol{n} \cdot (\boldsymbol{D}_1 - \boldsymbol{D}_2) = \rho_s \tag{4-12}$$

$$\boldsymbol{n} \cdot (\boldsymbol{B}_1 - \boldsymbol{B}_2) = 0 \tag{4-13}$$

$$\boldsymbol{n} \times (\boldsymbol{E}_1 - \boldsymbol{E}_2) = 0 \tag{4-14}$$

$$\boldsymbol{n} \times (\boldsymbol{H}_1 - \boldsymbol{H}_2) = \boldsymbol{J}_s \tag{4-15}$$

式中，$\boldsymbol{n}$ 为在分界面上由第二媒质指向第一媒质的单位法向矢量，ρ_s 为分界面上自由电荷面密度，$\boldsymbol{J}_s$ 为分界面上传导电流面密度矢量。

在光学中，常见的是两种电介质的分界面。在两种电介质的分界面，有 $\boldsymbol{J}_s = 0$，$\rho_s = 0$。因此，边界条件可表示为

$$\boldsymbol{n} \cdot (\boldsymbol{D}_1 - \boldsymbol{D}_2) = 0 \quad 或 \quad D_{1n} = D_{2n} \tag{4-16}$$

$$\boldsymbol{n} \cdot (\boldsymbol{B}_1 - \boldsymbol{B}_2) = 0 \quad 或 \quad B_{1n} = B_{2n} \tag{4-17}$$

$$\boldsymbol{n} \times (\boldsymbol{E}_1 - \boldsymbol{E}_2) = 0 \quad 或 \quad E_{1t} = E_{2t} \tag{4-18}$$

$$\boldsymbol{n} \times (\boldsymbol{H}_1 - \boldsymbol{H}_2) = 0 \quad 或 \quad H_{1t} = H_{2t} \tag{4-19}$$

其中，下标 n 表示沿分界面法向的分量，下标 t 表示沿分界面的切向的分量。

由前面四式可知，在两种电介质的分界面上电磁场量不连续，但 $\boldsymbol{H}$ 和 $\boldsymbol{E}$ 的切向分量、$\boldsymbol{B}$ 和 $\boldsymbol{D}$ 的法向分量则是连续的。

4. 电磁波的能流密度矢量　光强度

电磁场是一种特殊的物质。电磁场的能量密度为

$$w = w_e + w_m = \frac{1}{2} \boldsymbol{E} \cdot \boldsymbol{D} + \frac{1}{2} \boldsymbol{H} \cdot \boldsymbol{B} \tag{4-20}$$

伴随着电磁波在空间传播必定有能量的流动。为了描述电磁能量的流动，引入电磁能流密度矢量——坡印廷(Poynting)矢量 $\boldsymbol{S}$。$\boldsymbol{S}$ 的值表示在任一点处垂直于传播方向上的单位面积上、单位时间内流过的能量，在空间某点处 $\boldsymbol{S}$ 的方向就是该点处电磁波能量流动的方向。

运用能量守恒原理并根据麦克斯韦方程组，可得到 $\boldsymbol{S}$ 与场量 $\boldsymbol{E}$ 和 $\boldsymbol{H}$ 之间的关系：

$$\boldsymbol{S} = \boldsymbol{E} \times \boldsymbol{H} \tag{4-21}$$

由于光的频率很高(例如可见光的频率为 10^{14} Hz 量级)，所以 $\boldsymbol{S}$ 的大小随时间的变化很快。而目前光探测器的响应时间都较慢(例如响应最快的光电二极管，其响应时间也仅为 $10^{-9} \sim 10^{-8}$ s)，远远跟不上光能量的瞬时变化，只能给出 $\boldsymbol{S}$ 的平均值。所以，实际上都利用能流密度的时间平均值表征光波的能量传播，称这个时间平均值为光强度，以 I 表示。假设光探测器的响应时间为 τ，则

$$I = \left| \frac{1}{\tau} \int_0^\tau \boldsymbol{S} \, dt \right| = \left| \frac{1}{\tau} \int_0^\tau \boldsymbol{E} \times \boldsymbol{H} \, dt \right| \tag{4-22}$$

光强的单位为 W/m^2。

光波作为信息的载体有其特殊的灵活性，它不仅可以进行强度调制，也可以进行偏振态调制和相位调制；而且，除了可以按时间为序传递信息外，还可以进行二维的空间调制，从而直接传递整幅图像的信息。基于激光的"光信息处理"研究，近年来已取得很大进展，并在

航天技术和军事上获得较重要的应用。然而,光波的强度、偏振态、相位、频率的变化虽然都反映了一定的信息,但对于光波中所包含的信息的检测目前只能通过光强的测量来实现。例如,光波中相位的变化,将在光的干涉现象中反映为光强在空间位置上的变化;偏振态的改变将使光强在空间方向上的分配产生变更;光波频率的改变则会使光强在频谱图上的分布改变;而光波的瞬态变化则可以利用傅里叶变换使之转换成频率域中的变化而测量之。总之,光波中的各种信息都是利用光强的变化来测量的,这是目前进行光学研究和光学测量中最具有特殊性的特点。

4.2 光波在各向同性介质中的传播

4.2.1 波动方程

麦克斯韦方程组描述了电磁现象的变化规律,指出随时间变化的电场将在周围空间产生变化的磁场,随时间变化的磁场将在周围空间产生变化的电场,变化的电场和磁场之间相互联系,相互激发,并且以一定速度向周围空间传播。因此,时变电磁场就是在空间以一定速度由近及远传播的电磁波。

从麦克斯韦方程组出发,可导出电磁波的波动方程。在无界的均匀透明介质中(ε、μ 为常数,σ 为零),在远离辐射源的无源区域(ρ、$\boldsymbol{J}$ 为零),结合物质方程,可将麦克斯韦方程组化简为

$$\nabla \cdot \boldsymbol{E} = 0 \tag{4-23}$$

$$\nabla \cdot \boldsymbol{H} = 0 \tag{4-24}$$

$$\nabla \times \boldsymbol{E} = -\mu \frac{\partial \boldsymbol{H}}{\partial t} \tag{4-25}$$

$$\nabla \times \boldsymbol{H} = \varepsilon \frac{\partial \boldsymbol{E}}{\partial t} \tag{4-26}$$

将式(4-25)两边取旋度,并将式(4-26)代入得

$$\nabla \times (\nabla \times \boldsymbol{E}) = -\mu \varepsilon \frac{\partial^2 \boldsymbol{E}}{\partial t^2}$$

利用矢量恒等式

$$\nabla \times (\nabla \times \boldsymbol{E}) = \nabla (\nabla \cdot \boldsymbol{E}) - \nabla^2 \boldsymbol{E}$$

式中,∇^2 称为拉普拉斯(Laplace)算符,在直角坐标系中的表达式为

$$\nabla^2 = \frac{\partial^2}{\partial x^2} + \frac{\partial^2}{\partial y^2} + \frac{\partial^2}{\partial z^2}$$

并考虑到式(4-23),可得

$$\nabla^2 \boldsymbol{E} - \mu \varepsilon \frac{\partial^2 \boldsymbol{E}}{\partial t^2} = 0$$

令

$$v = \frac{1}{\sqrt{\varepsilon \mu}} \tag{4-27}$$

则有

$$\nabla^2 \boldsymbol{E} - \frac{1}{v^2} \frac{\partial^2 \boldsymbol{E}}{\partial t^2} = 0 \tag{4-28}$$

用同样的方法可得

$$\nabla^2 \boldsymbol{H} - \frac{1}{v^2} \frac{\partial^2 \boldsymbol{H}}{\partial t^2} = 0 \tag{4-29}$$

式(4-28)和式(4-29)为描述电磁波传播的波动方程。波动方程表明了时变电磁场是以速度 v 传播的电磁波动。

在真空中,光波的传播速度为

$$c = \frac{1}{\sqrt{\varepsilon_0 \mu_0}} = 2.997\,92 \times 10^8\,\mathrm{m/s} \tag{4-30}$$

这个数值与实验中测出的真空中光速的数值非常接近。历史上,麦克斯韦正是以此作为重要依据之一预言了光是一种电磁波。

光波在真空中的速度与在介质中的速度之比称为介质的折射率,记为 n,即

$$n = \frac{c}{v}$$

由式(4-27)和式(4-30)可得介质的折射率为

$$n = \frac{c}{v} = \sqrt{\varepsilon_r \mu_r} \tag{4-31}$$

上式将描述介质光学性质的常数和描述介质电磁学性质的常数联系在一起了。

对于一般的非铁磁物质, $\mu_r \approx 1$。因此,折射率可表示为

$$n = \sqrt{\varepsilon_r} \tag{4-32}$$

需要说明的是,对于一般介质, n 和 ε_r 都是频率的函数,这将导致光的色散现象。有关光的色散将在第 8 章讨论。

波动方程给出了每一个场矢量本身(比如电场强度 $\boldsymbol{E}$)随时间和空间变化的规律。每个波动方程是由三个标量方程组成,只有解出 E_x、E_y、E_z 后,才能由它们构成电矢量 $\boldsymbol{E}$。若在所讨论的问题中, $\boldsymbol{E}$ 只含有一个分量,那么,矢量场的问题就可以完全转化成标量场来处理了。在讨论光的干涉和衍射现象时,一般不必考虑光的振动方向,而只要知道振动的大小,因而光波可以用标量波来表示。在讨论光的偏振现象时,要考虑光波的振动方向,因而光波只能用矢量波来表示。

4.2.2 时谐均匀平面波

1. 时谐均匀平面波

光波是电磁振动在空间的传播。某一时刻,振动相位相同的点所组成的面叫做波面。波面形状为平面的光波称为平面波,波面上的场矢量都相等的平面波称为均匀平面波。

如果均匀平面波的空间各点的电磁振动都是以同一频率随时间作正弦或余弦变化(简谐振动),这样的光波就叫做时谐均匀平面波,简称时谐平面波。

波动方程最简单又最重要的解是时谐平面波解。我们将看到,虽然实际光源所发出的

光波或光波在传播过程中的情形很复杂,但根据傅里叶分解的数学方法,总可以把一般的、复杂的波看成由许多不同频率的时谐平面波叠加而成。因此,时谐均匀平面波是研究光波的基础,了解时谐平面波的表达式及其特征是很重要的。

为了讨论简单,假设均匀平面波沿$+z$方向传播,即E和H仅是z和t的函数。在这种情形下,波动方程式(4-28)和式(4-29)可分别简化为

$$\frac{\partial^2 E}{\partial z^2} - \frac{1}{v^2}\frac{\partial^2 E}{\partial t^2} = 0 \tag{4-33}$$

$$\frac{\partial^2 H}{\partial z^2} - \frac{1}{v^2}\frac{\partial^2 H}{\partial t^2} = 0 \tag{4-34}$$

令

$$\xi = t - \frac{z}{v}$$

$$\eta = t + \frac{z}{v}$$

有

$$\frac{\partial^2 E}{\partial t^2} = \frac{\partial^2 E}{\partial \xi^2} + 2\frac{\partial^2 E}{\partial \xi \partial \eta} + \frac{\partial^2 E}{\partial \eta^2}$$

$$\frac{\partial^2 E}{\partial z^2} = \frac{1}{v^2}\left(\frac{\partial^2 E}{\partial \xi^2} - 2\frac{\partial^2 E}{\partial \xi \partial \eta} + \frac{\partial^2 E}{\partial \eta^2}\right)$$

所以

$$\frac{\partial^2 E}{\partial z^2} - \frac{1}{v^2}\frac{\partial^2 E}{\partial t^2} = -\frac{4}{v^2}\frac{\partial^2 E}{\partial \xi \partial \eta}$$

由式(4-33)得

$$\frac{\partial^2 E}{\partial \xi \partial \eta} = 0$$

对η积分得

$$\frac{\partial E}{\partial \xi} = g(\xi)$$

上式中,$g(\xi)$为ξ的任意函数。再对ξ积分得

$$E = \int g(\xi)\mathrm{d}\xi + E_2(\eta) = E_1(\xi) + E_2(\eta)$$

$$= E_1\left(t - \frac{z}{v}\right) + E_2\left(t + \frac{z}{v}\right)$$

E_1和E_2为两个任意函数,分别表示以速度v沿$+z$方向传播的平面波和沿$-z$方向传播的平面波。我们考虑沿$+z$方向传播的波,只取第一项,可得波动方程式(4-33)的解为

$$E(z,t) = E\left(t - \frac{z}{v}\right)$$

用同样的方法可得波动方程式(4-34)的解为

$$H(z,t) = H\left(t - \frac{z}{v}\right)$$

对应频率为ω的时谐均匀平面波的特解为

$$E(z,t)=E_0\cos\left[\omega\left(t-\frac{z}{v}\right)+\varphi_0\right] \tag{4-35}$$

$$H(z,t)=H_0\cos\left[\omega\left(t-\frac{z}{v}\right)+\varphi_0\right] \tag{4-36}$$

其中,矢量 E_0 和 H_0 的模分别是时谐电场和时谐磁场的振幅,矢量 E_0 和 H_0 的方向分别表示时谐电场和时谐磁场的振动方向,φ_0 为初相位。

理想的时谐均匀平面光波是在时间上无限延续、在空间上无限延伸的光波具有时间、空间周期性。时间周期性用周期(T)、频率(ν)、圆频率(ω)表征,三者之间有关系:

$$\omega=2\pi\nu=\frac{2\pi}{T} \tag{4-37}$$

空间周期性可用波长(λ)、空间频率(f)和空间圆频率(k)表征,三者之间有关系:

$$k=2\pi f=\frac{2\pi}{\lambda} \tag{4-38}$$

时间周期性与空间周期性是密切相关的,由速度相联系,

$$v=\frac{\omega}{k}=\nu\lambda \tag{4-39}$$

利用式(4-39),可将时谐平面波的波动公式表示为如下常用形式:

$$E(z,t)=E_0\cos(\omega t-kz+\varphi_0) \tag{4-40}$$

$$H(z,t)=H_0\cos(\omega t-kz+\varphi_0) \tag{4-41}$$

应该指出,对于在不同介质中的具有相同时间频率的光波,由于具有不同的传播速度,其空间频率不同。由上式可得真空中的波长 λ,在介质中将改变为

$$\lambda'=\frac{v}{\nu}=\frac{v\lambda}{c}=\frac{\lambda}{n} \tag{4-42}$$

其中,n 为介质的折射率。

空间圆频率 k 也称为波数,即包含在空间 2π 内的波长数。对应的真空中的波数 k 与介质中的波数 k' 有下列关系:

$$k'=kn$$

为了便于统一使用真空中的波长 λ 来计算光在各种不同介质中传播时引起的相位差,需要设法将光在介质中的传播距离折合成光在真空中的传播距离。

在图 4-2 中,介质中 $2\lambda'$ 的距离与真空中 2λ 的距离不相等,但是由于它们所包含的波的个数相同,所以引起的相位改变 $\Delta\varphi=4\pi$ 相同。也就是说,介质中长度为 z 的距离,在引起相位改变上相当于真空中同样多个波(z/λ')所占据的距离。由式(4-42)可得这个距离为

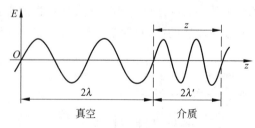

图 4-2 光在介质中传播时的几何路程与光程

$$\frac{z}{\lambda'}\lambda = zn$$

即光在折射率为 n 的介质中前进 z 距离引起的相位改变与在真空中前进 nz 距离引起的相位变化相同。或者说，在引起相位变化方面，介质中长度为 z 的距离与真空中长度为 nz 的距离等效。于是我们将几何路程与介质折射率的乘积定义为等效真空程，又叫做光程，用 δ 表示。与光程对应的相位变化为

$$\Delta\varphi = \frac{2\pi\delta}{\lambda}$$

2. 时谐均匀平面波的复数表示

对于时谐场，将所有电磁场量用复数表示，用比较简单的指数函数运算来代替比较繁琐的三角函数运算，将会使时谐场的分析和计算大为简化。

由欧拉（Euler）公式 $\exp(\mathrm{i}\theta) = \cos\theta + \mathrm{i}\sin\theta$，可将沿 $+z$ 方向传播的时谐平面波 $\boldsymbol{E} = \boldsymbol{E}_0\cos(\omega t - kz + \varphi_0)$ 表示为

$$\boldsymbol{E} = \mathrm{Re}[\boldsymbol{E}_0\exp(-\mathrm{i}(\omega t - kz + \varphi_0))]$$

其中，$\mathrm{Re}[\ ]$ 表示对方括号内的复函数取实部。为进一步简化书写，可去掉上式中取实部的符号，而直接用复数表示时谐均匀平面波

$$\boldsymbol{E} = \boldsymbol{E}_0\exp[-\mathrm{i}(\omega t - kz + \varphi_0)] \tag{4-43}$$

将上式改写为

$$\boldsymbol{E} = \boldsymbol{E}_0\exp[\mathrm{i}(kz - \varphi_0)]\exp(-\mathrm{i}\omega t) = \tilde{\boldsymbol{E}}\exp(-\mathrm{i}\omega t)$$

其中，

$$\tilde{\boldsymbol{E}} = \boldsymbol{E}_0\exp[\mathrm{i}(kz - \varphi_0)] \tag{4-44}$$

称为复振幅，仅为空间坐标的函数，与时间无关。

同样，磁矢量可表示为

$$\boldsymbol{H} = \tilde{\boldsymbol{H}}\exp(-\mathrm{i}\omega t) \tag{4-45}$$

$$\tilde{\boldsymbol{H}} = \boldsymbol{H}_0\exp[\mathrm{i}(kz - \varphi_0)] \tag{4-46}$$

在许多应用中，由于 $\exp(-\mathrm{i}\omega t)$ 因子在空间各处都相同，所以，在只考察光场的空间分布时（例如光的干涉、衍射、成像等问题中），可将其略去不计，仅用复振幅描述时谐平面波。

应该强调的是，式（4-43）只有取实部才有物理意义。对于线性运算，可直接将复数形式代入进行运算，而将最后结果取实部；但是，对于非线性运算，例如乘积或平方运算，必须利用共轭复数间的关系式 $\mathrm{Re}[\boldsymbol{A}] = (\boldsymbol{A} + \boldsymbol{A}^*)/2$ 先取实部，然后再进行运算。

由式（4-21）可得时谐均匀平面波的瞬时能流密度为

$$\begin{aligned}
\boldsymbol{S} &= \mathrm{Re}[\tilde{\boldsymbol{E}}\exp(-\mathrm{i}\omega t)] \times \mathrm{Re}[\tilde{\boldsymbol{H}}\exp(-\mathrm{i}\omega t)] \\
&= \frac{1}{2}(\tilde{\boldsymbol{E}}\exp(-\mathrm{i}\omega t) + \tilde{\boldsymbol{E}}^*\exp(\mathrm{i}\omega t)) \times \frac{1}{2}(\tilde{\boldsymbol{H}}\exp(-\mathrm{i}\omega t) + \tilde{\boldsymbol{H}}^*\exp(\mathrm{i}\omega t)) \\
&= \frac{1}{4}(\tilde{\boldsymbol{E}} \times \tilde{\boldsymbol{H}}\exp(-\mathrm{i}2\omega t) + \tilde{\boldsymbol{E}}^* \times \tilde{\boldsymbol{H}}^*\exp(\mathrm{i}2\omega t) + \tilde{\boldsymbol{E}} \times \tilde{\boldsymbol{H}}^* + \tilde{\boldsymbol{E}}^* \times \tilde{\boldsymbol{H}}) \\
&= \frac{1}{2}\mathrm{Re}[\tilde{\boldsymbol{E}} \times \tilde{\boldsymbol{H}}\exp(-\mathrm{i}2\omega t)] + \frac{1}{2}\mathrm{Re}[\tilde{\boldsymbol{E}} \times \tilde{\boldsymbol{H}}^*]
\end{aligned}$$

其中,$\tilde{\boldsymbol{H}}^*$ 是 $\tilde{\boldsymbol{H}}$ 的共轭复矢量。

由上式可得在一周期 T 内的时间平均能流密度,即光强为

$$I = \left| \frac{1}{T} \int_0^T \boldsymbol{S} \mathrm{d}t \right| = \frac{1}{2} \left| \operatorname{Re} \left[\tilde{\boldsymbol{E}} \times \tilde{\boldsymbol{H}}^* \right] \right| \tag{4-47}$$

此外,由于对复数函数 $\exp(-\mathrm{i}\vartheta)$ 与 $\exp(\mathrm{i}\vartheta)$ 两种形式取实部得到相同的函数,所以对于简谐平面波,采用两种形式完全等效。因此,在不同的文献书籍中,根据作者的习惯不同,可以采取其中任意一种形式。

还需要指出的是:时谐波既可以用余弦函数式表示,也可以用正弦函数来表示。如果用正弦函数表示,则在相应的复数表示法中,应始终理解成取虚部。

3. 沿任意方向传播的时谐平面波

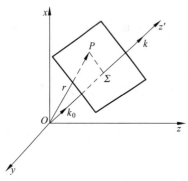

图 4-3 沿任意方向传播的时谐平面波

对于沿任意方向传播的时谐平面波,如图 4-3 所示,引入波矢量 $\boldsymbol{k}$,其大小为波数 k,方向沿传播方向。建立一坐标轴 z',其方向与平面波波矢量一致,波矢量 $\boldsymbol{k}$ 的方向也是等相面的法线方向。

于是,此平面波可表示为

$$\boldsymbol{E} = \boldsymbol{E}_0 \exp\left[-\mathrm{i}(\omega t - kz' + \varphi_0) \right]$$

为了在 xyz 坐标系中表示此平面波的等相位面,应有

$$z' = \boldsymbol{k}_0 \cdot \boldsymbol{r}$$

其中,$\boldsymbol{k}_0$ 为波矢 $\boldsymbol{k}$ 的单位矢量,$\boldsymbol{r}$ 为所考察点的位置矢量。所以,时谐平面波的一般表达式为

$$\boldsymbol{E} = \boldsymbol{E}_0 \exp\left[-\mathrm{i}(\omega t - \boldsymbol{k} \cdot \boldsymbol{r} + \varphi_0) \right] \tag{4-48}$$

与之相耦合的磁场为

$$\boldsymbol{H} = \boldsymbol{H}_0 \exp\left[-\mathrm{i}(\omega t - \boldsymbol{k} \cdot \boldsymbol{r} + \varphi_0) \right] \tag{4-49}$$

在各向同性介质中,波矢量 $\boldsymbol{k}$ 与能流密度矢量 $\boldsymbol{S}$ 的方向一致;但是,对于各向异性介质,情况有所不同,波矢量 $\boldsymbol{k}$ 与能流密度矢量 $\boldsymbol{S}$ 的方向一般不一致。关于光波在各向异性介质中的传播问题,第 7 章将加以讨论。

4. 时谐均匀平面波的性质

电场波动方程和磁场波动方程的时谐平面波解并不是独立的,而是由麦克斯韦方程组相联系着的。下面利用麦克斯韦方程组来讨论时谐平面波的性质。

为了讨论简单,假设时谐均匀平面波仍沿 $+z$ 方向传播,

$$\boldsymbol{E} = \boldsymbol{E}_0 \exp\left[-\mathrm{i}(\omega t - kz + \varphi_0) \right] \tag{4-50}$$

$$\boldsymbol{H} = \boldsymbol{H}_0 \exp\left[-\mathrm{i}(\omega t - kz + \varphi_0) \right] \tag{4-51}$$

其中,$\boldsymbol{E}_0$、$\boldsymbol{H}_0$ 是电场、磁场振幅,ω 为角频率,φ_0 为初相位。

1) 横波性

将式(4-50)代入式(4-23),可得

$$\boldsymbol{k}_0 \cdot \boldsymbol{E} = 0 \tag{4-52}$$

即电矢量的振动方向恒垂直于波的传播方向。

将式(4-51)代入式(4-24),可得

$$\boldsymbol{k}_0 \cdot \boldsymbol{H} = 0 \tag{4-53}$$

即磁矢量的振动方向恒垂直于波的传播方向。

由此可知平面电磁波是横电磁波（TEM 波）。

2）电矢量与磁矢量相互垂直

由式(4-50)和式(4-51)可得

$$\frac{\partial \boldsymbol{H}}{\partial t} = -\mathrm{i}\omega \boldsymbol{H}$$

$$\nabla \times \boldsymbol{E} = \mathrm{i}k\boldsymbol{k}_0 \times \boldsymbol{E}$$

由式(4-39)和式(4-27)有

$$k = \omega \sqrt{\varepsilon\mu} \tag{4-54}$$

将以上关系代入式(4-25)

$$\nabla \times \boldsymbol{E} = -\mu \frac{\partial \boldsymbol{H}}{\partial t}$$

可得

$$\boldsymbol{H} = \sqrt{\frac{\varepsilon}{\mu}}(\boldsymbol{k}_0 \times \boldsymbol{E}) \tag{4-55}$$

可见，电矢量和磁矢量互相垂直，彼此又垂直于波的传播方向，且 $\boldsymbol{E}$、$\boldsymbol{H}$ 和波的传播方向单位矢量 $\boldsymbol{k}_0$ 三者满足右螺旋关系。

3）电矢量和磁矢量同相位

由式(4-55)可得

$$\frac{E}{H} = \sqrt{\frac{\mu}{\varepsilon}} \tag{4-56}$$

即电场与磁场的数值之比为一正实数，因此，$\boldsymbol{E}$ 与 $\boldsymbol{H}$ 同相位，同步变化。因此，可把沿 $+z$ 方向传播的、电矢量沿 x 方向的时谐平面电磁波表示如图 4-4 所示。

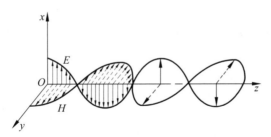

图 4-4　时谐均匀平面电磁波

4）光强

将式(4-56)代入式(4-47)，可得时谐平面波的光强

$$I = \frac{1}{2}\left|\mathrm{Re}\left[\widetilde{\boldsymbol{E}} \times \widetilde{\boldsymbol{H}}^*\right]\right| = \frac{1}{2}\sqrt{\frac{\varepsilon}{\mu}}E_0^2 = \frac{1}{2}\sqrt{\frac{\varepsilon_0}{\mu_0}}nE_0^2 \tag{4-57}$$

应当指出，在有些应用场合，由于只考虑同一种介质中的光强，只关心光强的相对值，因而往往省略比例系数，把光强表示成

$$I = E_0^2 \tag{4-58}$$

5）光矢量

从以上讨论可知：光波中包含有电场矢量和磁场矢量。从波的传播特性来看，它们处于同样的地位，相互激励，不能分离；但是从光与物质的相互作用来看，其作用不同。在通常应用的情况下，磁场的作用远比电场弱，甚至不起作用。例如，实验表明：使照相底片感光的是电场，不是磁场；引起人眼视觉作用的也是电场，不是磁场。

这是因为物质中的带电粒子（电子或原子核）受到电场的作用而引起的运动远比受磁场的影响大。设带电粒子的电荷为 q，运动速度为 v，则它在电磁场中运动受到的力为

$$\boldsymbol{F} = q(\boldsymbol{E} + \boldsymbol{v} \times \boldsymbol{B}) \tag{4-59}$$

而 $B = nE/c$，因为电子运动速度 v 远比光速 c 小，所以电荷产生的机械运动主要是由于电场的作用，即使物体是在静止的状态下，电场还是会产生作用。

因此，通常把光波中的电场矢量 $\boldsymbol{E}$ 称为光矢量，把电场 $\boldsymbol{E}$ 的振动称为光振动，在讨论光的波动特性时，只考虑电场矢量 $\boldsymbol{E}$ 即可。

4.3 光波的偏振特性

光波是横波（TEM 波），其光矢量的振动方向与光波传播方向垂直。在垂直于传播方向的平面内，电场强度矢量还可能存在各种不同的振动方向，称之为光的偏振状态。不同的偏振态的光波具有不同的性质。我们将光振动方向相对光传播方向不对称的性质称为光波的偏振特性。波的偏振性是横波区别于纵波的一个最明显的标志。

4.3.1 光波的偏振态

根据在垂直于传播方向的平面内，光矢量振动方向相对光传播方向是否具有对称性，可将光波分为非偏振光和偏振光。具有不对称性的偏振光又分为完全偏振光和部分偏振光。

1. 完全偏振

如果光波场中某点光矢量某时刻只分布在某一特定方向上，光矢量方向相对传播方向具有最强的不对称性，这样的光称为完全偏振光。如果光矢量有确定不变的振动方向，只是它的大小随时间改变，在传播方向各点光矢量在确定的平面内，称为平面偏振光。也由于在垂直于传播方向的平面内光矢量端点的轨迹为一直线，又称为线偏振光。如果光波场中某点光矢量随时间有规则地变化，若光矢量大小不变只是方向变化，在垂直于传播方向的平面内光矢量端点的轨迹为一圆，这样的光称为圆偏振光；若光矢量大小和方向都变化，在垂直于传播方向的平面内光矢量端点的轨迹为一椭圆，这样的光称为椭圆偏振光。线偏振光、圆偏振光和椭圆偏振光都属于完全偏振光，圆偏振光和椭圆偏振光可视为传播方向相同、振动方向相互垂直、相位差恒定的两线偏振光的叠加（或组合）。

平面偏振光常用图 4-5 来表示，其中，图 4-5（a）表示电矢量垂直于图面的平面偏振光，图 4-5（b）表示电矢量平行于图面的平面偏振光。

2. 非偏振（自然光）

由普通光源发出的光波都不是单一的平面偏振光，而是许多光波的总和：它们具有一

(a)   (b)

图 4-5　平面偏振光的图示法

（a）电矢量垂直于图面；（b）电矢量平行于图面

切可能的振动方向，在各个振动方向上振幅在观察时间内的平均值相等，初相位完全无关，这种光称为非偏振光，或称自然光。自然光可以用相互垂直的两个光矢量表示，这两个光矢量的振幅相同，但相位关系是不确定的，是瞬息万变的，绝不能把这两个光矢量合成为一个稳定的或有规则变化的完全偏振光。通常用图 4-6 表示自然光，其中图（a）表示自然光在垂直于传播方向平面内光矢量的分布，图（b）表示自然光可等效为相位关系不确定、振动方向垂直的两平面偏振光的叠加。从自然光中获得偏振光的方法将在后面介绍。

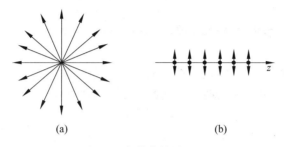

(a)   (b)

图 4-6　自然光的图示法

（a）自然光光矢量在垂直于传播方向的平面内的分布；

（b）自然光的等效表示（振幅相等、振动方向垂直而相位关系不确定的两平面偏振光的叠加）

3. 部分偏振

如果由于外界的作用，使自然光某个振动方向上的振动比其他方向占优势，就变成部分偏振光。部分偏振光可以看作是完全偏振光和自然光的混合。因而，部分偏振光可以用相互垂直的两个光矢量表示，这两个光矢量的振幅不相等，相位关系也不确定。通常用图 4-7 表示部分偏振光，其中，图 4-7（a）为部分偏振光电矢量在垂直于传播方向的平面内的分布，图 4-7（b）为部分偏振光的等效表示（电矢量在图面内最强的部分偏振光）。

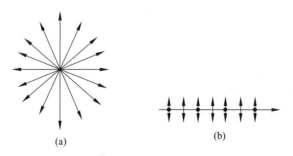

(a)   (b)

图 4-7　部分偏振光的图示法

（a）部分偏振光光矢量在垂直于传播方向的平面内的分布；（b）电矢量在图面内

最强的部分偏振光的等效表示（振幅不相等、振动方向垂直而相位关系不确定的两平面偏振光的叠加）

为表征部分偏振光的偏振程度,引入偏振度 P。偏振度的定义是,在部分偏振光的总强度中完全偏振光所占的比例,即

$$P = \frac{I_P}{I_{总}} \tag{4-60}$$

偏振度还可表示为

$$P = \frac{I_M - I_m}{I_M + I_m} \tag{4-61}$$

其中,I_M 和 I_m 分别为相位不相关且相互正交的两个特殊方向上所对应的最大光强和最小光强。

对于非偏振光,$P = 0$;对于完全偏振光,$P = 1$;对于部分偏振光,$0 < P < 1$。P 值越接近 1,光的偏振程度越高。需要注意的是,式(4-61)对于圆偏振光、椭圆偏振光以及含圆偏振光和椭圆偏振光的部分偏振光不适用。

4.3.2 椭圆偏振光、线偏振光和圆偏振光

为简化起见,仍讨论沿 $+z$ 方向传播的时谐均匀平面波。沿 z 方向传播的波动方程的通解可表示为沿 x、y 方向振动的两个独立场分量的线性组合,即

$$\boldsymbol{E} = \boldsymbol{i}E_x + \boldsymbol{j}E_y$$

其中,

$$E_x = E_{0x}\cos(\omega t - kz + \varphi_x) \tag{4-62}$$
$$E_y = E_{0y}\cos(\omega t - kz + \varphi_y) \tag{4-63}$$

表示传播方向相同、振动方向相互垂直、有固定相位差的两束线偏振光。

我们来讨论电矢量 $\boldsymbol{E}$ 的端点在空间所描绘的曲线的性质,该曲线实际上就是点(E_x、E_y)的轨迹。根据空间任一点光矢量 $\boldsymbol{E}$ 的末端轨迹形状不同,可将完全偏振光分为椭圆偏振光、线偏振光和圆偏振光。

1. 椭圆偏振光

将上两式中消去($\omega t - kz$),经过运算可得

$$\left(\frac{E_x}{E_{0x}}\right)^2 + \left(\frac{E_y}{E_{0y}}\right)^2 - 2\left(\frac{E_x}{E_{0x}}\right)\left(\frac{E_y}{E_{0y}}\right)\cos\varphi = \sin^2\varphi \tag{4-64}$$

其中,

$$\varphi = \varphi_y - \varphi_x$$

在垂直于传播方向的平面内,这是一个二元二次方程,一般情况下表示的几何图形是椭圆(图 4-8),称为椭圆偏振光,其电矢量的大小和方向都随时间变化。

椭圆内切于一个矩形,边长分别为 $2E_{0x}$ 和 $2E_{0y}$。可以证明,当 $E_{0x} > E_{0y}$ 时椭圆的长轴和 x 轴的夹角由下式决定:

$$\tan 2\Psi = \frac{2E_{0x}E_{0y}}{E_{0x}^2 - E_{0y}^2}\cos\varphi \tag{4-65}$$

在某一时刻,传播方向上各点对应的合成电场强度矢量 $\boldsymbol{E}$ 的端点分布在具有椭圆截面的螺旋线上,如图 4-9 所示。

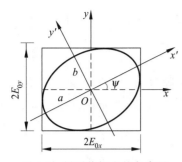

图 4-8　椭圆偏振光的各参量

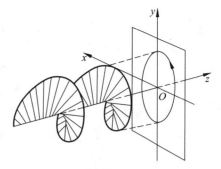

图 4-9　椭圆偏振光矢量的分布

图 4-10 画出了几种不同 φ 值相对应的椭圆偏振态。可见相位差 φ 和振幅比 E_{0x}/E_{0y} 的不同,决定了椭圆形状和空间取向的不同,从而也就决定了光的不同偏振态。线偏振态和圆偏振态是椭圆偏振态的两种特殊情况。

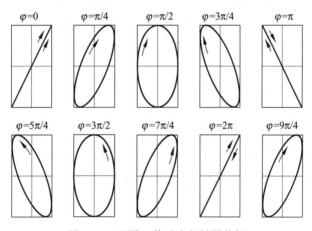

图 4-10　不同 φ 值对应的椭圆偏振

根据电矢量的旋转方向不同,可将椭圆偏振光分为右旋偏振光和左旋偏振光。所谓右旋或左旋,与观察的方向有关,通常规定逆着光传播的方向看,$\boldsymbol{E}$ 顺时针方向旋转时,称为右旋椭圆偏振光;反之,称为左旋椭圆偏振光。其旋向取决于相位差 φ。当 $2m\pi < \varphi < (2m+1)\pi$,$m=0,\pm1,\pm2,\cdots$ 时,为右旋椭圆偏振光;当 $(2m-1)\pi < \varphi < 2m\pi(m=0,\pm1,\pm2,\cdots)$ 时,为左旋椭圆偏振光。

2. 线偏振光

当 E_x、E_y 两分量的相位差 $\varphi = m\pi$,$m=0,\pm1,\pm2,\cdots$ 时,椭圆方程退化为直线方程,称为线偏振光。此时,有

$$\frac{E_x}{E_y} = \pm\frac{E_{0x}}{E_{0y}} \tag{4-66}$$

其电矢量的方向保持不变,大小随相位变化。当 m 为零或偶数时,光振动方向在 Ⅰ、Ⅲ 象限内;当 m 为奇数时,光振动方向在 Ⅱ、Ⅳ 象限内。

由于在同一时刻,线偏振光传播方向上各点的光矢量都在同一平面内,所以又叫做平面偏振光。通常将包含光矢量和传播方向的平面称为振动面。

3. 圆偏振光

当 E_x、E_y 的振幅相等 ($E_{0x}=E_{0y}=E_0$)，相位差 $\varphi=(2m\pm1/2)\pi, m=0,\pm1,\pm2,\cdots$ 时，椭圆方程退化为圆方程

$$E_x^2+E_y^2=E_0^2 \tag{4-67}$$

该光称为圆偏振光。其电矢量的大小保持不变，而方向随时间变化。和椭圆偏振光一样，圆偏振光的电矢量也有旋转方向，即左旋还是右旋的问题。当 $\varphi=(2m+1/2)\pi$ 时为右旋圆偏振光，而当 $\varphi=(2m-1/2)\pi$ 时为左旋圆偏振光。

4.4　光波在介质界面上的反射和折射

当光波由一种媒质投射到与另一种媒质的交界面时，将发生反射和折射（透射）现象。下面根据麦克斯韦方程组和边界条件讨论光在介质界面上的反射和折射。反射波、透射波与入射波传播方向之间的关系由反射定律和折射定律描述，而反射波、透射波与入射波之间的振幅和相位关系由菲涅耳（Fresnel）公式描述。

4.4.1　反射定律、折射定律

设两不同媒质的交界面是如图 4-11 所示 $z=0$ 的无限大平面，媒质 1 的介电常数和磁导率分别为 ε_1、μ_1，媒质 2 的介电常数和磁导率分别为 ε_2、μ_2，两媒质交界面的法线方向单位矢量为 $\boldsymbol{n}$，入射光、反射光和折射光均为线偏振平面光波，其电场表示式为

$$\boldsymbol{E}_l=\boldsymbol{E}_{0l}\exp[-\mathrm{i}(\omega_l t-\boldsymbol{k}_l\cdot\boldsymbol{r})],\quad l=\mathrm{i,r,t} \tag{4-68}$$

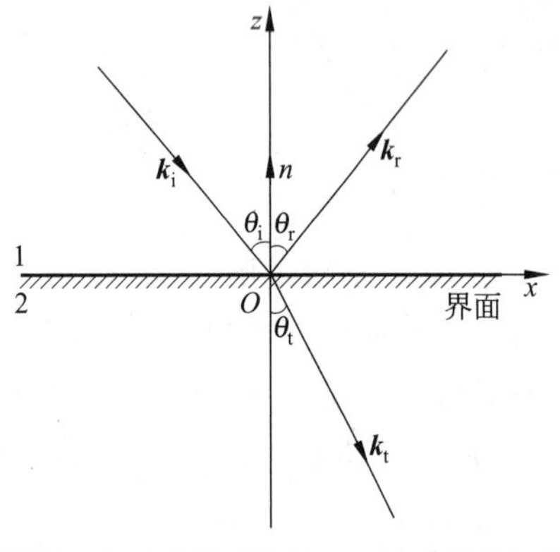

式中，脚标 i、r、t 分别代表入射光、反射光和折射光。$\boldsymbol{k}_i$、$\boldsymbol{k}_r$、$\boldsymbol{k}_t$ 分别为入射波、反射波和折射波的波矢量，且

$$\left.\begin{array}{l}|k_i|=\omega_i\sqrt{\varepsilon_1\mu_1}\\|k_r|=\omega_r\sqrt{\varepsilon_1\mu_1}\\|k_t|=\omega_t\sqrt{\varepsilon_2\mu_2}\end{array}\right\} \tag{4-69}$$

图 4-11　平面光波在界面上的反射和折射

根据边界条件式(4-18)，在交界面上，电场相对于交界面的切向分量连续，即

$$\boldsymbol{E}_{i\tau}\big|_{z=0}+\boldsymbol{E}_{r\tau}\big|_{z=0}=\boldsymbol{E}_{t\tau}\big|_{z=0}$$

其中，下标 τ 表示分界面的切向分量。

将 $z=0$ 界面上任意一点的位置矢径记为 $\boldsymbol{r}_B$，得

$$\boldsymbol{E}_{0ir}\exp[-\mathrm{i}(\omega_i t-\boldsymbol{k}_i\cdot\boldsymbol{r}_B)]+\boldsymbol{E}_{0rr}\exp[-\mathrm{i}(\omega_r t-\boldsymbol{k}_r\cdot\boldsymbol{r}_B)]=\boldsymbol{E}_{0tr}\exp[-\mathrm{i}(\omega_t t-\boldsymbol{k}_t\cdot\boldsymbol{r}_B)]$$

因为 t 和 $\boldsymbol{r}_B$ 是两个相互独立的变量，上式对任意时刻和界面上任意一点成立的条件是

$$\omega_i=\omega_r=\omega_t \tag{4-70}$$

$$k_i \cdot r_B = k_r \cdot r_B = k_t \cdot r_B \tag{4-71}$$

由式(4-70)可知,入射波、反射波和折射波的频率相等,可用 ω 表示这三列波的频率,这是线性介质所应有的性质。

设入射波、反射波、折射波的波矢量分别为

$$k_i = k_i(i\cos\alpha_i + j\cos\beta_i + k\cos\gamma_i)$$

$$k_r = k_r(i\cos\alpha_r + j\cos\beta_r + k\cos\gamma_r)$$

$$k_t = k_t(i\cos\alpha_t + j\cos\beta_t + k\cos\gamma_t)$$

代入式(4-71)可得,在分界面上有

$$k_i\cos\alpha_i x + k_i\cos\beta_i y = k_r\cos\alpha_r x + k_r\cos\beta_r y = k_t\cos\alpha_t x + k_t\cos\beta_t y$$

上式对界面上任意点成立的条件是

$$k_i\cos\alpha_i = k_r\cos\alpha_r = k_t\cos\alpha_t \tag{4-72}$$

$$k_i\cos\beta_i = k_r\cos\beta_r = k_t\cos\beta_t \tag{4-73}$$

入射波波矢量与界面法线矢量所在的平面称为入射面。当入射面在 xOz 平面时,$\beta_i = 90°$,由式(4-73)得

$$\beta_r = \beta_t = 90°$$

即 k_i、k_r、k_t 三矢量共面,都在入射面内。

由式(4-70)和式(4-54)可得

$$k_i = k_r = \omega\sqrt{\varepsilon_1\mu_1} = \frac{\omega}{c}n_1 \tag{4-74}$$

$$k_t = \omega\sqrt{\varepsilon_2\mu_2} = \frac{\omega}{c}n_2 \tag{4-75}$$

由图 4-11 可得

$$\alpha_i = 90° - \theta_i$$

$$\alpha_r = 90° - \theta_r$$

$$\alpha_t = 90° - \theta_t$$

其中,θ_i、θ_r、θ_t 分别为入射角、反射角和折射角。

将以上关系代入式(4-72)可得

$$\theta_r = \theta_i \tag{4-76}$$

$$n_1\sin\theta_i = n_2\sin\theta_t \tag{4-77}$$

式(4-76)为反射定律,而式(4-77)为折射定律,也称为斯涅耳(Snell)定律。

综上所述:入射波、反射波和折射波传播矢量共面;反射角等于入射角;折射角由 $n_1\sin\theta_i = n_2\sin\theta_t$ 确定。

4.4.2　菲涅耳公式

反射波、折射波与入射波之间的振幅和相位关系与入射波的振动方向有关。我们将看到不同振动方向的波在同一边界上会有不同的反射和折射特性。分析光波在不同媒质的分界面上的反射、折射现象时,总是将任意振动方向的电矢量分解为垂直于入射面振动的分量

（s 分量）和平行于入射面振动的分量（p 分量）。菲涅耳公式就是确定这两个振动分量反射、折射特性的定量关系式。为讨论方便起见,规定 s 分量和 p 分量的正方向如图 4-12 所示,各光波电矢量的 p 分量和 s 分量的正方向与其波矢量 k 构成右手螺旋关系。

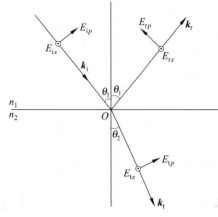

图 4-12　s 分量和 p 分量的正方向

将任意线偏振电矢量分解为 p 分量和 s 分量,并认为光波在界面发生反射和折射的物理过程中,p 振动与 s 振动是两个特征振动。作为特征振动的含义是:p 振动与 s 振动之间互不交混,彼此独立,有各自不同的传播特性。这是电磁场边值关系所要求的。

若将入射波、反射波和透射波在界面的电矢量相对于入射面的两分量表示为

$$E_{lm} = E_{0lm} \exp[-\mathrm{i}(\omega_l t - \boldsymbol{k}_l \cdot \boldsymbol{r})], \quad l = \mathrm{i,r,t}, \quad m = s, p \tag{4-78}$$

则可定义 s 分量、p 分量的反射系数和透射系数分别为

$$r_m = \frac{E_{0rm}}{E_{0im}}, \quad m = s, p \tag{4-79}$$

$$t_m = \frac{E_{0tm}}{E_{0im}}, \quad m = s, p \tag{4-80}$$

下面导出反射系数和透射系数的表达式。

1. s 分量（电矢量垂直于入射面）

根据电磁场的边界条件式(4-18)、式(4-19)及 s 分量、p 分量的正方向规定,可得

$$E_{is} + E_{rs} = E_{ts} \tag{4-81}$$

$$H_{ip}\cos\theta_1 - H_{rp}\cos\theta_1 = H_{tp}\cos\theta_2 \tag{4-82}$$

由式(4-56)可得相互耦合的电场和磁场分量间有关系

$$\sqrt{\mu}\,H_p = \sqrt{\varepsilon}\,E_s$$

对于非铁磁质,取 $\mu_1 = \mu_2 = \mu_0$,再利用上式可将式(4-82)表示为

$$(E_{is} - E_{rs})n_1\cos\theta_1 = E_{ts}n_2\cos\theta_2 \tag{4-83}$$

将式(4-78)代入式(4-81)和式(4-83),分析得

$$E_{0is} + E_{0rs} = E_{0ts}$$

$$(E_{0is} - E_{0rs})n_1\cos\theta_1 = E_{0ts}n_2\cos\theta_2$$

再利用折射定律,并将上两式消去 E_{0ts},得 s 分量的反射系数为

$$r_s = \frac{E_{0rs}}{E_{0is}} = \frac{n_1\cos\theta_1 - n_2\cos\theta_2}{n_1\cos\theta_1 + n_2\cos\theta_2} = -\frac{\sin(\theta_1 - \theta_2)}{\sin(\theta_1 + \theta_2)} \tag{4-84}$$

消去 E_{0rs} 得 s 分量的透射系数为

$$t_s = \frac{E_{0ts}}{E_{0is}} = \frac{2n_1\cos\theta_1}{n_1\cos\theta_1 + n_2\cos\theta_2} = \frac{2\cos\theta_1\sin\theta_2}{\sin(\theta_1 + \theta_2)} \tag{4-85}$$

由上两式可知 s 分量的反射系数和透射系数间有关系:

$$1 + r_s = t_s \tag{4-86}$$

该式表明 r_s 和 t_s 不是独立的,已知其中之一,则可由该式求出另一个量。

2. p 分量(电矢量平行于入射面)

利用类似的方法,可以推出 p 分量的反射系数和透射系数:

$$r_p = \frac{E_{0rp}}{E_{0ip}} = \frac{n_2\cos\theta_1 - n_1\cos\theta_2}{n_2\cos\theta_1 + n_1\cos\theta_2} = \frac{\tan(\theta_1 - \theta_2)}{\tan(\theta_1 + \theta_2)} \tag{4-87}$$

$$t_p = \frac{E_{0tp}}{E_{0ip}} = \frac{2n_1\cos\theta_1}{n_2\cos\theta_1 + n_1\cos\theta_2} = \frac{2\cos\theta_1\sin\theta_2}{\sin(\theta_1 + \theta_2)\cos(\theta_1 - \theta_2)} \tag{4-88}$$

由上两式可得 p 分量的反射系数和透射系数之间的关系:

$$1 + r_p = \frac{n_2}{n_1}t_p \tag{4-89}$$

在麦克斯韦建立光的电磁理论之前,菲涅耳已由光的弹性以太理论得到在形式上稍有不同、但结论是一致的 r_s、r_p、t_s、t_p 的表达式,故将以上的 r_s、r_p、t_s、t_p 的表达式称为菲涅耳公式。如果已知界面两侧的折射率 n_1、n_2 和入射角 θ_1,就可由折射定律确定折射角 θ_2,再由上面的菲涅耳公式求出反射系数和透射系数。图 4-13 绘出了在 $n_1 < n_2$(光由光疏介质射向光密介质)和 $n_1 > n_2$(光由光密介质射向光疏介质)两种情况下,反射系数、透射系数随入射角 θ_i 的变化曲线。其中 θ_B 和 θ_C 分别为布儒斯特角和全反射临界角,将在 4.4.3 节和 4.4.4 节中详细讨论。

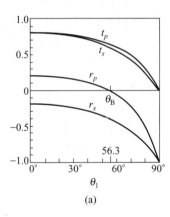 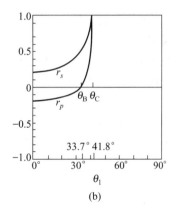

图 4-13 r_s、r_p、t_s、t_p 随入射角的变化曲线
(a) $n_1 = 1.0, n_2 = 1.5$; (b) $n_1 = 1.5, n_2 = 1.0$

由图 4-13 可以看出,在入射角从 0° 到 90° 的变化范围内,不论光波以什么角度入射至界面,也不论界面两侧折射率的大小如何,s 分量和 p 分量的透射系数 t 总是取正值,因此,折射光总是与入射光同相位。

反射光与入射光的相位关系比较复杂。根据 r_s 和 r_p 的正负可得其相位特性如图 4-14 所示。其中,图 4-14(a)所示为 $n_1 < n_2$ 时,反射光中的 s 分量与入射光中的 s 分量相位相反,或者说反射光中的 s 分量相对入射光中的 s 分量存在一个 π 相位突变。图 4-14(b)为 $n_1 < n_2$ 时反射光中的 p 分量与入射光中的 p 分量相位关系,在 $\theta_1 < \theta_B$ 范围内,二者同相位;在 $\theta_1 > \theta_B$ 范围内,二者反相。图 4-14(c)为 $n_1 > n_2$ 时反射光中的 s 分量相对入射光中的 s 分量的相位关系。图 4-14(d)为 $n_1 > n_2$ 时反射光中的 p 分量相对入射光中的 p 分量的相位关系。$\theta_1 > \theta_C$ 的情况将在后面讨论。

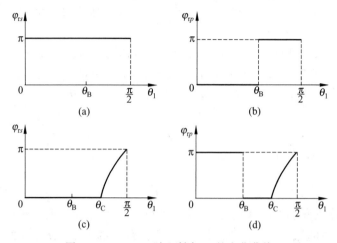

图 4-14 φ_{rs},φ_{rp} 随入射角 θ_1 的变化曲线

结合图 4-12 所示的 s、p 分量正方向的规定,说明反射光场与入射光场之间的相位关系。

1) 正入射的反射特性

当 $\theta_1 = 0$ 时,由式(4-84)和式(4-87)可得 $|r_s| = |r_p|$。

当 $n_1 < n_2$ 时,由图 4-13(a)可知有 $r_s < 0$,$r_p > 0$。考虑到图 4-12 所示的光电场振动正方向的规定,入射和反射光的 s 分量、p 分量方向如图 4-15 所示。所以,在入射点处,合成的反射光矢量 E_r 相对入射光场 E_i 反向,相位发生 π 突变。通常把反射时发生的 π 相位突变称为半波损失,意思是反射时损失了半个波长。对于 θ_1 小角度入射时,都将近似产生 π 相位突变,或半波损失。半波损失在光的干涉中有重要意义。

当 $n_1 > n_2$ 时,由图 4-13(b)可知有 $r_s > 0$,$r_p < 0$。考虑到图 4-12 所示的光电场振动正方向的规定,入射光和反射光的 s 分量、p 分量方向如图 4-16 所示。于是,在入射点处,入射光矢量与反射光矢量同方向,即二者同相位,反射光没有半波损失。

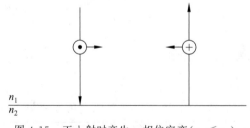

图 4-15 正入射时产生 π 相位突变($n_1 < n_2$)

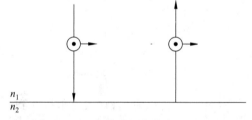

图 4-16 正入射无相位突变($n_1 > n_2$)

2) 掠入射的反射特性

掠入射时,$\theta_1 \approx 90°$,由式(4-84)和式(4-87)可得 $|r_s| = |r_p|$。

当 $n_1 < n_2$ 时,有 $r_s < 0$,$r_p < 0$。考虑到图 4-12 所示的光电场振动正方向的规定,入射

图 4-17 掠入射时产生 π 相位突变($n_1 < n_2$)

光和反射光的 s 分量、p 分量方向如图 4-17 所示。因此,在入射点处,合成的反射光矢量 E_r 相对入射光场 E_i 近似反向,反射光发生了半波损失。

当 $n_1 > n_2$ 时,掠射时发生全反射,仍有 $r_s < 0$,$r_p < 0$,于是,在入射点处,入射光矢量 $\boldsymbol{E}_i$ 与反射光矢量 $\boldsymbol{E}_r$ 近似反向,即反射光有半波损失。

对于折射光波,则不论哪种情况,电矢量都不会发生相位突变。

4.4.3 反射率和透射率

现在,我们根据菲涅耳公式来考察入射光的能量在反射光和透射光(即折射光)之间的分配问题。在讨论过程中,不计吸收、散射等能量损耗,因此,入射光能量在反射光和折射光中重新分配,而总能量保持不变。

设每秒投射到界面单位面积上的能量为 W_i,反射光和透射光的能量分别为 W_r、W_t,则定义反射率、透射率分别为

$$R = \frac{W_r}{W_i} \tag{4-90}$$

$$T = \frac{W_t}{W_i} \tag{4-91}$$

由 $W_i = W_r + W_t$ 可知有

$$R + T = 1 \tag{4-92}$$

下面推导反射率、透射率的表达式。

如图 4-18 所示,若有一个平面光波以入射角 θ_1 斜入射介质分界面,平面光波的强度为 I_i,则每秒入射到界面上单位面积的能量为

$$W_i = I_i \cos\theta_1$$

由光强表达式(4-57),上式可写成

$$W_i = \frac{1}{2}\sqrt{\frac{\varepsilon_1}{\mu_0}} E_{0i}^2 \cos\theta_1 \tag{4-93}$$

类似地,反射光和折射光的能量分别为

$$W_r = \frac{1}{2}\sqrt{\frac{\varepsilon_1}{\mu_0}} E_{0r}^2 \cos\theta_1 \tag{4-94}$$

$$W_t = \frac{1}{2}\sqrt{\frac{\varepsilon_2}{\mu_0}} E_{0t}^2 \cos\theta_2 \tag{4-95}$$

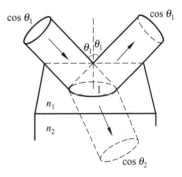

图 4-18　光束截面积在反射和折射时的变化
(设在分界面上光束截面积为1)

由此可以得到反射率、透射率分别为

$$R = \frac{W_r}{W_i} = r^2 \tag{4-96}$$

$$T = \frac{W_t}{W_i} = \frac{n_2 \cos\theta_2}{n_1 \cos\theta_1} t^2 \tag{4-97}$$

将菲涅耳公式代入,即可得到入射光中 s 分量和 p 分量的反射率和透射率的表示式分别为

$$R_s = r_s^2 = \frac{\sin^2(\theta_1 - \theta_2)}{\sin^2(\theta_1 + \theta_2)} \tag{4-98}$$

$$R_p = r_p^2 = \frac{\tan^2(\theta_1 - \theta_2)}{\tan^2(\theta_1 + \theta_2)} \tag{4-99}$$

$$T_s = \frac{n_2 \cos \theta_2}{n_1 \cos \theta_1} t_s^2 = \frac{\sin 2\theta_1 \sin 2\theta_2}{\sin^2(\theta_1 + \theta_2)} \tag{4-100}$$

$$T_p = \frac{n_2 \cos \theta_2}{n_1 \cos \theta_1} t_p^2 = \frac{\sin 2\theta_1 \sin 2\theta_2}{\sin^2(\theta_1 + \theta_2) \cos^2(\theta_1 - \theta_2)} \tag{4-101}$$

由上述关系式,显然有

$$R_s + T_s = 1 \tag{4-102}$$

$$R_p + T_p = 1 \tag{4-103}$$

下面将以上结果应用于线偏振光和自然光,给出总的反射率和透射率。

1) 入射光为线偏振光

设入射光波的电矢量与入射面的夹角为 α,有

$$E_{0ip} = E_{0i} \cos \alpha$$

$$E_{0is} = E_{0i} \sin \alpha$$

即有

$$W_{ip} = W_i \cos^2 \alpha$$

$$W_{is} = W_i \sin^2 \alpha$$

因此,

$$R = \frac{W_r}{W_i} = \frac{W_{rp} + W_{rs}}{W_i} = \frac{W_{rp}}{W_{ip}} \cos^2 \alpha + \frac{W_{rs}}{W_{is}} \sin^2 \alpha = R_p \cos^2 \alpha + R_s \sin^2 \alpha \tag{4-104}$$

同理可得

$$T = T_p \cos^2 \alpha + T_s \sin^2 \alpha \tag{4-105}$$

由上两式同样可得

$$R + T = 1 \tag{4-106}$$

2) 入射光为自然光

对于自然光,有

$$W_{is} = W_{ip} = \frac{1}{2} W_i$$

因此,反射率为

$$R_n = \frac{W_{rs} + W_{rp}}{W_i} = \frac{W_{rs}}{2W_{is}} + \frac{W_{rp}}{2W_{ip}} = \frac{1}{2}(R_s + R_p) \tag{4-107}$$

由于两个分量的反射率不相等,因此反射光和折射光的偏振状态相对入射光发生变化。反射光的偏振度为

$$P_r = \left| \frac{I_{rp} - I_{rs}}{I_{rp} + I_{rs}} \right| = \left| \frac{R_p - R_s}{R_p + R_s} \right| \tag{4-108}$$

折射光的偏振度为

$$P_t = \left| \frac{I_{tp} - I_{ts}}{I_{tp} + I_{ts}} \right| = \left| \frac{T_p - T_s}{T_p + T_s} \right| \tag{4-109}$$

综上所述,光在界面上的反射、透射特性由三个因素决定:入射光的偏振态、入射角、界面两侧介质的折射率。

图 4-19 给出了按光学玻璃（$n=1.52$）和空气界面计算得到的反射率随入射角 θ_1 变化的关系曲线。由此可以看出：

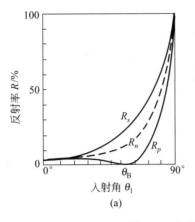
(a)

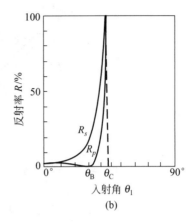
(b)

图 4-19　R 随入射角 θ_1 变化的曲线

(a) $n_1 < n_2$；(b) $n_1 > n_2$

（1）一般情况下，$R_s \neq R_p$，$T_s \neq T_p$，即反射率和透射率与偏振状态有关。线偏振光入射时，其反射光和折射光仍为线偏振光，但由于 $R_s \neq R_p$，$T_s \neq T_p$，其振动方向要发生改变。自然光斜入射时，反射光和折射光都变成了部分偏振光。

（2）在小角度（正入射）和大角度（掠入射）情况下，$R_s \approx R_p$，$T_s \approx T_p$。

在正入射（$\theta_1 = 0°$）时，

$$R_s = R_p = \left(\frac{n_2 - n_1}{n_2 + n_1}\right)^2 \tag{4-110}$$

$$T_s = T_p = \frac{4n_1 n_2}{(n_1 + n_2)^2} \tag{4-111}$$

在掠入射（$\theta_1 \approx 90°$）时，

$$R_s \approx R_p \approx 1 \tag{4-112}$$

$$T_s \approx T_p \approx 0 \tag{4-113}$$

（3）当入射角满足关系 $\theta_1 + \theta_2 = 90°$，即反射光与折射光互相垂直时，由式（4-99）得

$$R_p = 0$$

即反射光中不存在 p 分量，p 分量入射波全部透射到媒质 2。将此特定的入射角称为布儒斯特（Brewster）角，记为 θ_B。利用折射定律，可得 θ_B 满足

$$\tan \theta_B = \frac{n_2}{n_1} \tag{4-114}$$

上式称为布儒斯特角定律。例如，当光由空气射向玻璃时，其布儒斯特角 $\theta_B = 56°40'$。

对于任意振动方向的均匀平面波，当以布儒斯特角入射时，其 p 分量产生全透射，反射波中就只剩下 s 分量了。由于此过程起到了偏振滤波的作用，布儒斯特角又称为起偏角。

在实际应用中，采用"片堆"可以从自然光中获得偏振光。片堆是由一组平行平面玻璃片（或其他透明的薄片，如石英片等）叠在一起构成的，如图 4-20 所示，将这些玻璃片放在圆筒内，使其表面法线与圆筒轴构成布儒斯特角（θ_B）。当自然光沿圆筒轴（以布儒斯特角）入

射并通过片堆时,因透过片堆的折射光连续不断地以相同的状态入射和折射,每通过一次界面,都从折射光中反射掉一部分垂直纸面振动的分量,最后使通过片堆的透射光接近为一个振动方向平行于入射面的线偏振光。

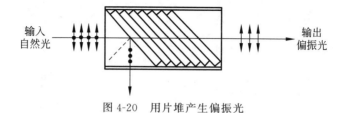

图 4-20　用片堆产生偏振光

在激光技术中,外腔式气体激光器放电管的布儒斯特窗口,就是上述片堆的实际应用。如图 4-21 所示,当平行入射面振动的光分量通过窗片时,没有反射损失,因而这种光分量在激光器中可以起振,形成激光。而垂直纸面振动的光分量通过窗片时,将产生高达 15% 的反射损耗,不可能形成激光。由于在激光产生的过程中,光在腔内往返运行,类似于光通过片堆的情况,所以输出的激光将是在平行于激光管轴和窗片法线组成的平面内振动的线偏振光。

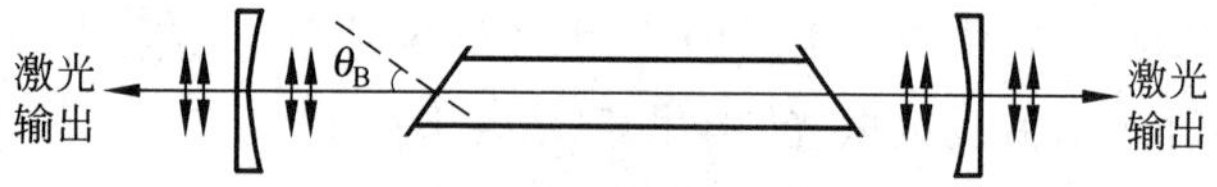

图 4-21　外腔式气体激光器

4.4.4　全反射与临界角

当光由光密介质射向光疏介质($n_1 > n_2$)时,存在一个对应 $\theta_2 = 90°$ 的入射角,此角称为临界角,记为 θ_C。由式(4-98)和式(4-99)可知,对应 $\theta_2 = 90°$,有 $R_s = R_p = 1$,即光波全部返回第一介质,这个现象称为全反射。

由折射定律,对应于折射角 $\theta_2 = 90°$,可得到临界角 θ_C 满足

$$\sin \theta_C = \frac{n_2}{n_1} \tag{4-115}$$

由上式可知,只有当 $n_1 > n_2$ 时,临界角 θ_C 才有实数解,也才可能产生全反射。例如,当光由玻璃($n = 1.51$)射向空气时,由上式可得其临界角 $\theta_C = 41°8'$。

当 $\theta_1 > \theta_C$ 时,由折射定律可得

$$\sin \theta_2 = \frac{n_1}{n_2} \sin \theta_1 > 1$$

此时,

$$\cos \theta_2 = \sqrt{1 - \sin^2 \theta_2} = \frac{i}{n} \sqrt{\sin^2 \theta_1 - n^2} \tag{4-116}$$

其中,

$$n = \frac{n_2}{n_1} \tag{4-117}$$

r_s 和 r_p 为复数,

$$\widetilde{r}_s = \frac{\cos\theta_1 - i\sqrt{\sin^2\theta_1 - n^2}}{\cos\theta_1 + i\sqrt{\sin^2\theta_1 - n^2}} = |\widetilde{r}_s|\exp(i\varphi_{rs}) \tag{4-118}$$

$$\widetilde{r}_p = \frac{n^2\cos\theta_1 - i\sqrt{\sin^2\theta_1 - n^2}}{n^2\cos\theta_1 + i\sqrt{\sin^2\theta_1 - n^2}} = |\widetilde{r}_p|\exp(i\varphi_{rp}) \tag{4-119}$$

利用复数的性质,由上两式可得

$$|\widetilde{r}_s| = |\widetilde{r}_p| = 1 \tag{4-120}$$

$$\tan\frac{\varphi_{rs}}{2} = n^2\tan\frac{\varphi_{rp}}{2} = -\frac{\sqrt{\sin^2\theta_1 - n^2}}{\cos\theta_1} \tag{4-121}$$

φ_{rs},φ_{rp} 为反射光中 s 分量、p 分量光场相对入射光的相位变化,随入射角变化曲线如图 4-22 所示。

由式(4-95)可得

$$R_s = \widetilde{r}_s \cdot \widetilde{r}_s^* = 1$$
$$R_p = \widetilde{r}_p \cdot \widetilde{r}_p^* = 1$$

所以,

$$R = 1$$

上述结果表明:当 $\theta_1 > \theta_C$ 时,也出现全反射,但有 $\varphi_{rs} \neq \varphi_{rp}$。

在不发生全反射时,菲涅耳公式中不会出现虚数项,反射系数 r 和透射系数 t 只能取正、负值,因此,反射光和折射光电场的 s、p 分量不是与入射光同相就是反相。在全反射时,反射光中的 s 分量和 p 分量的相位变化不同,它们之间的相位差取决于入射角 θ_1 和两介质的相对折射率 n,由下式决定:

$$\Delta\varphi = \varphi_{rs} - \varphi_{rp} = 2\arctan\frac{\cos\theta_1\sqrt{\sin^2\theta_1 - n^2}}{\sin^2\theta_1} \tag{4-122}$$

因此,在 n 一定的情况下,适当地控制入射角 θ_1,即可改变 $\Delta\varphi$,从而改变反射光的偏振状态。

例如,图 4-23 所示的菲涅耳菱体就是利用这个原理将入射的线偏振光变为圆偏振光的。对于图示之玻璃菱体($n = 1.51$),当 $\theta_1 = 54°37'$(或 $48°37'$)时,有 $\Delta\varphi = 45°$。因此,垂直菱体入射的线偏振光,若其振动方向与入射面的法线成 $45°$,则在菱体内上下两个界面进行两次全反射后,s 分量和 p 分量的相位差为 $90°$,因而输出光为圆偏振光。

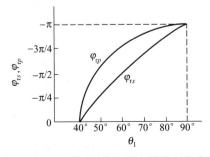

图 4-22　全反射时的相位随入射角变化曲线

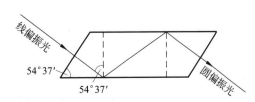

图 4-23　菲涅耳菱体

当入射面为 xOz 平面时,透射光波可表示为

$$\boldsymbol{E}_t = \boldsymbol{E}_{0t}\exp[-\mathrm{i}(\omega t - \boldsymbol{k}_t \cdot \boldsymbol{r})] = \boldsymbol{E}_{0t}\exp[-\mathrm{i}(\omega t - k_t x \sin\theta_2 - k_t z \cos\theta_2)]$$

$$= \boldsymbol{E}_{0t}\exp(-k_t z\sqrt{\sin^2\theta_1 - n^2}/n)\exp[-\mathrm{i}(\omega t - k_t x \sin\theta_1/n)] \tag{4-123}$$

表明当 $\theta_1 > \theta_C$ 时,透入到第二介质中的波是一种沿着 z 方向振幅按指数衰减,沿着界面 x 方向传播的非均匀波,称为全反射时的衰逝波(倏逝波),如图 4-24 所示。

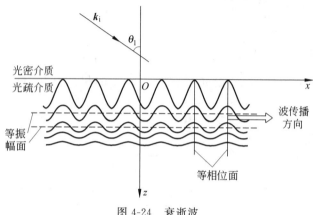

图 4-24 衰逝波

为描述衰逝波在第二介质中沿 z 方向存在的范围,定义衰逝波沿 z 方向衰减到表面强度 $1/\mathrm{e}$ 处的深度为衰逝波在第二介质中的穿透深度 z_0。由式(4-123)可得穿透深度为

$$z_0 = \frac{n}{k_t\sqrt{\sin^2\theta_1 - n^2}} \tag{4-124}$$

由式(4-123)还可得知衰逝波沿 x 方向传播的传播常数为 $k_t\sin\theta_1/n$,因此,沿 x 方向传播的波长为

$$\lambda_x = \frac{2\pi}{k_t\sin\theta_1/n} = \frac{\lambda}{\sin\theta_1} \tag{4-125}$$

沿 x 方向传播的速度为

$$v_x = \frac{v}{\sin\theta_1} \tag{4-126}$$

在全反射时,尽管在第二种介质中有透射波电磁场存在,但是没有能量持续地流过界面。更严格的分析表明,虽然在边界法线方向(即 z 方向)上坡印廷矢量的分量 S_z 不为零,但它的时间平均值却为零。这意味着在界面两侧虽然有能量来回流动,但却没有光能量持续地从介质 1 流到介质 2 中去。在发生全反射时,光波场进入第二介质的一薄层内,沿界面传播一段距离,再返回第一介质。光由第一介质进入第二介质的能量入口处和返回能量的出口处,相隔约半个波长,如图 4-25 所示,存在一个横向位移,此位移通常称为古斯-哈恩斯(Goos-Hänchen)位移。正是这一位移造成了全反射时反射光的相位变化。

利用衰逝波可制作激光可变输出耦合器。图 4-26 所示为两块斜面靠得很近的 45°-90°-45°棱镜,激光束通过棱镜射到斜面时,由于激光束在斜面上的入射角大于临界角,两斜面之间的空气隙内将有衰逝波场,在波场的耦合作用下光波可以从一块棱镜射到另一块棱镜,透

射量的多少与棱镜两斜面间的空气间隙的间隔有关。利用这一原理可以制作成激光可变输出耦合器。

图 4-25　古斯-哈恩斯位移

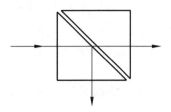

图 4-26　激光可变输出耦合器

在光纤中的传光原理正是基于全反射现象。在光电子技术中,光纤通信和光纤传感是光纤非常重要的应用领域。如图 4-27 所示的圆柱形光纤波导,由折射率为 n_1 的纤芯和折射率为 n_2 的包层组成,且有 $n_1 > n_2$。当光线由光纤端面进入光纤纤芯,并以入射角 θ 射到纤芯和包层界面上时,如果入射角 θ 大于临界角 θ_c,将全反射回到纤芯中,并在纤芯中继续不断地全反射,以锯齿形状在光纤内传输,直至从另一端折射输出。

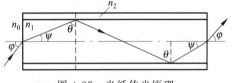

图 4-27　光纤传光原理

根据全反射的要求,对于光纤端面上光线的入射角 φ,存在一个最大角 φ_m,它可根据全反射条件,由临界角关系求出:

$$\sin \varphi_m = \frac{1}{n_0}\sqrt{n_1^2 - n_2^2} \tag{4-127}$$

当 $\varphi > \varphi_m$ 时,光线将透过界面进入包层,并向周围空间产生辐射损耗,这样光纤不能有效地传递光能。通常将 $n_0 \sin \varphi_m$ 称为光纤的数值孔径(NA),即数值孔径表示式为

$$NA = \sqrt{n_1^2 - n_2^2} \approx \sqrt{2n_1^2\left(\frac{n_1 - n_2}{n_1}\right)} = n_1\sqrt{2n_r} \tag{4-128}$$

式中

$$n_r = \frac{n_1 - n_2}{n_1} \tag{4-129}$$

称为纤芯和包层的相对折射率差,一般光纤的 n_r 值为 $0.01 \sim 0.05$。

4.5　光波场的频率谱

线偏振的单色均匀平面光波是一种理想模型,可作为构成实际光波场的基本单元。实际上,普通光源,如钠光灯、汞灯、阳光和烛光等,其发光是由大量微观粒子的自发辐射所造成的。这是个随机过程,表现为发光的断续性、无规性和独立性,这三者同出于一个根源——微观上持续发光时间有限。原子每次发光的持续时间是源于两次碰撞的时间间隔,即使是在最好的条件下(如稀薄气体发光),这个持续时间也极短,约为 10^{-9} s 的数量级。这样,原子发出的光波是由一段段有限长的称为波列的光波组成的;每一段波列,其振幅在持续时间内保持不变或缓慢变化,前后各段之间没有固定的相位关系,甚至光矢量的振动方向也不同。

激光器是一种与普通光源完全不同的新型光源。它的发光机制是发光中心的受激辐射过程,通过受激辐射过程产生的光与激励光同频率、同传播方向、同偏振和同相位。由于激光的优良特性,激光器已成为光电子技术应用中的基本光源。

4.5.1 光波场的时间频率谱

1. 光波场的时间频率谱

时谐平面波是最重要的一种电磁波,时谐电磁波容易激励(在离波源较远的小区域内其波面可近似为平面),而且在频域内研究电磁波问题时,随时间作周期变化的电磁波可用傅里叶级数展开成时谐波的叠加,非周期的电磁波也可用傅里叶积分将其表示成时谐波的叠加,因此,研究时谐波就成为研究一切周期和非周期电磁波的基础。

单一频率的时谐均匀平面波也称为单色均匀平面波。严格的单色平面光波在时间和空间上都无限扩展,实际上是不存在的。时间上有限的实际光波,根据傅里叶变换,可以表示为不同频率的单色波的叠加,即复色波。

若只考虑光波场在时间域内的变化,可以把电矢量表示为时间的函数 $E(t)$。根据傅里叶变换,它可以展开成如下形式:

$$E(t) = F^{-1}[E(\nu)] = \int_{-\infty}^{\infty} E(\nu)\exp(-\mathrm{i}2\pi\nu t)\mathrm{d}\nu \tag{4-130}$$

式中,$\exp(-\mathrm{i}2\pi\nu t)$ 为频率域中频率为 ν 的一个基元成分,取实部后得 $\cos(2\pi\nu t)$。因此,可将 $\exp(-\mathrm{i}2\pi\nu t)$ 视为频率为 ν 的单位振幅简谐振荡。$E(\nu)$ 随 ν 的变化称为 $E(t)$ 的时间频谱分布,或简称频谱。这样,式(4-130)可理解为:一个随时间变化的光波场振动 $E(t)$ 可以视为许多单频成分简谐振荡的叠加,各成分相应的振幅为 $E(\nu)$,并且 $E(\nu)$ 按下式计算:

$$E(\nu) = F[E(t)] = \int_{-\infty}^{\infty} E(t)\exp(\mathrm{i}2\pi\nu t)\mathrm{d}t \tag{4-131}$$

一般情况下,由上式计算出来的 $E(\nu)$ 为复数,它就是频率为 ν 成分的复振幅,可表示为

$$E(\nu) = |E(\nu)|\exp[\mathrm{i}\varphi(\nu)] \tag{4-132}$$

式中,$|E(\nu)|$ 为模,$\varphi(\nu)$ 为辐角。因而,$|E(\nu)|^2$ 就表征了频率 ν 成分的功率,称 $|E(\nu)|^2$ 为光波场的功率谱。

由上所述,一个时域光波场 $E(t)$ 可以在频率域内通过它的频谱描述。下面举例来说明光波场的时域频率谱。

1) 无限长时间的等振幅光振动

在时间域内,此光波场的表达式为

$$E(t) = E_0\exp(-\mathrm{i}2\pi\nu_0 t), \quad -\infty < t < \infty \tag{4-133}$$

其频率谱为

$$\begin{aligned}
E(\nu) &= \int_{-\infty}^{\infty} E_0\exp(-\mathrm{i}2\pi\nu_0 t)\exp(\mathrm{i}2\pi\nu t)\mathrm{d}t = E_0\int_{-\infty}^{\infty}\exp(\mathrm{i}2\pi(\nu-\nu_0)t)\mathrm{d}t \\
&= E_0\delta(\nu-\nu_0)
\end{aligned}$$

其功率谱为

$$|E(\nu)|^2 = E_0^2 \delta(\nu - \nu_0) \tag{4-134}$$

如图 4-28 所示。这就是说,无限长的单色光振动所对应的频谱只含有单一的频率成分 ν_0,因此这是理想的单色波。换句话说,理想的单色波在时间上应是无界的,其频谱为没有宽度(或无限窄)的单频。

2)持续时间有限的等幅光振动

原函数为

$$E(t) = \begin{cases} E_0 \exp(-\mathrm{i}2\pi\nu_0 t), & -\tau/2 < t < \tau/2 \\ 0, & \text{其他} \end{cases} \tag{4-135}$$

对应的频谱函数为

$$E(\nu) = \int_{-\tau/2}^{\tau/2} E_0 \exp(-\mathrm{i}2\pi\nu_0 t)\exp(\mathrm{i}2\pi\nu t)\mathrm{d}t = E_0\tau \frac{\sin[\pi\tau(\nu-\nu_0)]}{\pi\tau(\nu-\nu_0)}$$

$$= E_0\tau\sin c[\pi\tau(\nu-\nu_0)]$$

功率谱为

$$|E(\nu)|^2 = E_0^2\tau^2\sin c^2[\pi\tau(\nu-\nu_0)] \tag{4-136}$$

如图 4-29 所示。可见,持续时间有限的光振动,不可能是单色光振动,而是由若干单色光波组合而成的复色波。这种光场频谱的主要部分集中在从 ν_1 到 ν_2 的频率范围之内,主峰中心位于 ν_0 处,$|E(\nu_0)|^2 = E_0^2\tau^2$,$\nu_0$ 是振荡的表观频率,或称为中心频率。

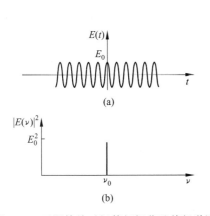

图 4-28 无限持续时间等幅振荡及其频谱图
(a)时间域内光场的振荡曲线;(b)频率域内光场的功率谱

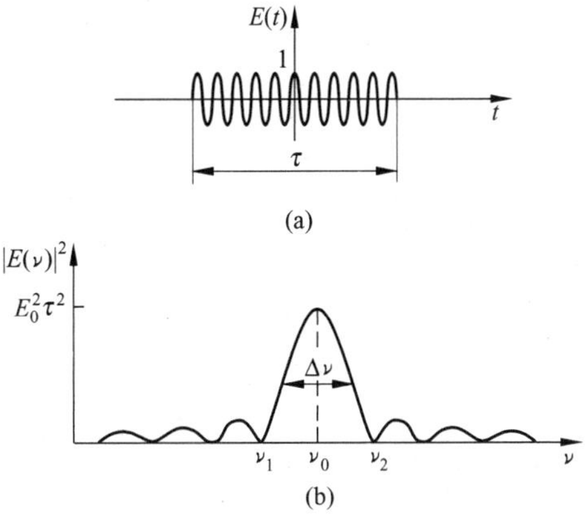

图 4-29 有限持续时间等幅振荡及其频谱图
(a)时间域内光场的振荡曲线;(b)频率域内光场的功率谱

为表征频谱分布特性,定义最靠近 ν_0 的两个强度为零的点所对应的频率 ν_2 和 ν_1 之差的一半为这个有限正弦波的频谱宽度 $\Delta\nu$,即

$$|E(\nu_2)|^2 = |E(\nu_1)|^2 = 0$$

$$\Delta\nu = \frac{\nu_2 - \nu_1}{2}$$

由式(4-136)可得,当 $\tau(\nu-\nu_0) = \pm 1$,即 $\nu = \nu_0 \pm \dfrac{1}{\tau}$ 时,有

$$|E(\nu_0 \pm 1/\tau)|^2 = 0$$

所以,

$$\nu_1 = \nu_0 - \frac{1}{\tau}$$

$$\nu_2 = \nu_0 + \frac{1}{\tau}$$

$$\Delta\nu = \frac{1}{\tau} \qquad (4\text{-}137)$$

因此,振荡持续的时间越长,频谱宽度越窄。由此可见,光源的光谱特性或单色光及多色光问题是与光源辐射的物理过程紧密相关的。谱线宽度与光波的波列长度都可以作为光波单色性好坏的量度,两种描述是完全等价的。

2. 准单色光

如果上面讨论的等幅振荡持续时间很长,满足

$$\frac{1}{\tau} \ll \nu_0 \qquad (4\text{-}138)$$

则其频谱宽度 $\Delta\nu$ 很窄,有

$$\frac{\Delta\nu}{\nu_0} \ll 1 \qquad (4\text{-}139)$$

可以认为这样的光波接近单色波,称为中心频率为 ν_0 的准单色波。可以证明准单色光的场振动可表示为

$$E(t) = E_0(t)\exp(-\mathrm{i}2\pi\nu_0 t) \qquad (4\text{-}140)$$

上式与单色光振动的式(4-133)形式上相似,其差别只在因子 $E_0(t)$。$E_0(t)$ 作为时间的函数,相对于 $\exp(-\mathrm{i}2\pi\nu_0 t)$ 的变化来说,其变化是缓慢的。这样,在式(4-140)中,$E_0(t)$ 是一个振幅的包络,它调制了一个频率为 ν_0 的振动。只有在准单色光的条件下,才能应用振幅包络的概念以式(4-140)来描写光振动。在光电子技术应用中,经常遇到的调制光波均可认为是准单色光波。

3. 相速与群速

对于单色平面波有

$$E = E_0\cos(\omega t - kz + \varphi_0)$$

由等相位面方程

$$\omega t - kz + \varphi_0 = \mathrm{const}$$

可得

$$\omega\,\mathrm{d}t - k\,\mathrm{d}z = 0$$

则有

$$v = \frac{\mathrm{d}z}{\mathrm{d}t} = \frac{\omega}{k} = \nu\lambda \qquad (4\text{-}141)$$

即 v 代表单色平面波等相位面传播速率,简称为相速度。

准单色光是由中心频率 ν_0 附近的很窄频段内的单色光波群组合而成,为简单起见,以二色波为例进行说明。

假设二色波的光电场由两个频率相近且振幅相等的单色波叠加而成,即

$$E = E_0\cos(\omega_1 t - k_1 z) + E_0\cos(\omega_2 t - k_2 z) \qquad (4\text{-}142)$$

其中

$$\omega_1 = \omega + \delta\omega$$
$$k_1 = k + \delta k$$
$$\omega_2 = \omega - \delta\omega$$
$$k_2 = k - \delta k$$

且有

$$\delta\omega \ll \omega$$
$$\delta k \ll k$$

利用三角函数关系,可将式(4-142)改写为

$$E = 2E_0 \cos(t\delta\omega - z\delta k)\cos(\omega t - kz)$$

令

$$E_g = 2E_0 \cos(t\delta\omega - z\delta k) \tag{4-143}$$

则

$$E = E_g \cos(\omega t - kz) \tag{4-144}$$

上式表明,上述的二色波是一个振幅变化缓慢的简谐波,如图 4-30 所示。其传播速度包含两种含义:等相位面的传播速度和等振幅面的传播速度,前者也称为相速度,后者称为群速度。

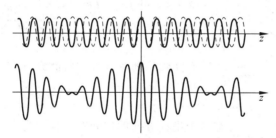

图 4-30　两个单色光波的叠加

由等振幅面方程

$$t\delta\omega - z\delta k = \text{const}$$

得

$$v_g = \frac{\mathrm{d}z}{\mathrm{d}t} = \frac{\delta\omega}{\delta k} = \frac{\mathrm{d}\omega}{\mathrm{d}k} \tag{4-145}$$

由式(4-141)和式(4-145)可得群速度与相速度的关系为

$$v_g = \frac{\mathrm{d}\omega}{\mathrm{d}k} = \frac{\mathrm{d}(vk)}{\mathrm{d}k} = v + k\frac{\mathrm{d}v}{\mathrm{d}k} \tag{4-146}$$

由 $k = \dfrac{2\pi}{\lambda}$,可将上式改写为

$$v_g = v - \lambda\frac{\mathrm{d}v}{\mathrm{d}\lambda} \tag{4-147}$$

由 $v = \dfrac{c}{n}$,上式还可表示为

$$v_g = v\left(1 + \frac{\lambda}{n}\frac{dn}{d\lambda}\right) \qquad (4\text{-}148)$$

该式表明,在折射率 n 随波长变化的色散介质中,准单色波的相速度不等于群速度;对于正常色散介质($dn/d\lambda < 0$),$v > v_g$;对于反常色散介质($dn/d\lambda > 0$),$v < v_g$;在无色散介质($dn/d\lambda = 0$),$v = v_g$,实际上,只有真空才属于这种情况。

由于光波的能量正比于电场振幅的平方,而群速度是波群等振幅点的传播速度,所以,它即是光波能量的传播速度。

严格来说,只有真空(或色散小的区域)中,群速度才可与能量传播速度视为一致;在反常色散区内,由于色散严重,能量传播速度与群速度显著不同,它永远小于真空中的光速。实际上,由于反常色散区的严重色散,不同波长的单色光在传播中弥散严重,群速度已不再有实际意义了。

4.5.2 光波场的空间频率谱

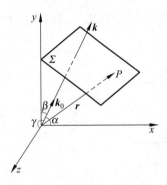

图 4-31 沿任意方向传播的平面波

对于沿任意方向传播的时谐平面波,

$$\boldsymbol{E} = \boldsymbol{E}_0 \exp\left[-i(\omega t - \boldsymbol{k}\cdot\boldsymbol{r} + \varphi_0)\right]$$

其波矢量 $\boldsymbol{k}$ 用分量表示

$$\boldsymbol{k} = \boldsymbol{i}k_x + \boldsymbol{j}k_y + \boldsymbol{k}k_z = \boldsymbol{i}k\cos\alpha + \boldsymbol{j}k\cos\beta + \boldsymbol{k}k\cos\gamma$$

这里,($\cos\alpha$, $\cos\beta$, $\cos\gamma$)为波矢量的方向余弦,如图 4-31 所示。

空间频率随考察的方向而异,在 $\boldsymbol{k}$ 方向的空间频率为

$$f = \frac{1}{\lambda}$$

在三个坐标方向的空间频率分别为

$$f_x = \frac{\cos\alpha}{\lambda}, \quad f_y = \frac{\cos\beta}{\lambda}, \quad f_z = \frac{\cos\gamma}{\lambda} \qquad (4\text{-}149)$$

且有关系

$$f^2 = f_x^2 + f_y^2 + f_z^2 \qquad (4\text{-}150)$$

相应的复振幅表示为

$$\begin{aligned}\widetilde{E} &= \boldsymbol{E}_0 \exp\left[i(k_x x + k_y y + k_z z - \varphi_0)\right] \\ &= \boldsymbol{E}_0 \exp\left\{i\left[2\pi(f_x x + f_y y + f_z z) - \varphi_0\right]\right\}\end{aligned} \qquad (4\text{-}151)$$

因此,一列平面光波的空间传播特性也可以用空间频率这个特征参量描述。不同的空间频率(f_x, f_y, f_z)值对应不同传播方向的时谐均匀平面光波。

即使一个单色平面光波,在传播中或与物质相互作用中,总会在空间上受到种种调制,如透镜口径对光波波面大小的调制、一张底片对光波透过振幅大小的调制、一块凹凸不平的透明玻璃对光波波面形状的调制等,它们破坏了时谐平面波在空间范围内的延续性。用傅里叶变换方法把这些空间受限或空间调制的波面进行分解,可以得到许多不同方向或不同空间频率的平面波成分,这种分解称为空间频谱分解。

空间频率是近代光学中的一个重要概念。因为在光学中处理的像都是随空间坐标变化

的图形,引入空间频率的概念后,便于采用傅里叶分析的方法来讨论光学问题。实际上,在光学图像及光信息处理应用中,经常处理的是在一个平面(如入瞳平面或物平面)上的二维信息,即单色光波场中任一 xy 平面上的复振幅分布。此时可以利用二维傅里叶变换,将 $E(x,y)$ 这个二维空间坐标函数分解成无数个形式为 $\exp[\mathrm{i}2\pi(f_x x + f_y y)]$ 的基元函数的线性组合,即

$$\widetilde{E}(x,y) = F^{-1}[\widetilde{E}(f_x, f_y)]$$

$$= \iint_{-\infty}^{\infty} \widetilde{E}(f_x, f_y)\exp[\mathrm{i}2\pi(f_x x + f_y y)]\mathrm{d}f_x \mathrm{d}f_y \qquad (4\text{-}152)$$

式中的基元函数 $\exp[\mathrm{i}2\pi(f_x x + f_y y)]$ 可视为由空间频率 (f_x, f_y) 决定的、沿一定方向传播的平面光波,其传播方向的方向余弦为 $\cos\alpha = f_x\lambda, \cos\beta = f_y\lambda$。相应地,该空间频率成分的基元函数所占比例的大小由 $\widetilde{E}(f_x, f_y)$ 决定。通常称 $\widetilde{E}(f_x, f_y)$ 为空间频率谱,简称为空间频谱。因此,可以把一个平面上的单色光波场复振幅视为向空间不同方向传播的单色平面光波的叠加,每一个平面光波分量与一组空间频率 (f_x, f_y) 相对应。这样一来,就可以把对光波各种现象的分析,转变为考察该光波场的平面光波成分的组成变化,也就是通过考察其空间频率谱 $\widetilde{E}(f_x, f_y)$ 在各种过程中的变化,研究光波在传播、衍射及成像等过程中的规律。

空间频谱函数与原函数的关系为

$$\widetilde{E}(f_x, f_y) = F[\widetilde{E}(x,y)]$$

$$= \iint_{-\infty}^{\infty} \widetilde{E}(x,y)\exp[-\mathrm{i}2\pi(f_x x + f_y y)]\mathrm{d}x \mathrm{d}y \qquad (4\text{-}153)$$

表 4-1 给出几种常见光场的原函数和对应的空间频谱函数。其中 $\mathrm{J}_1(x)$ 为一阶贝塞尔(Bessel)函数,矩形孔和圆形孔的空间频谱分别表现为矩形孔和圆形孔的夫琅禾费衍射图样。有关函数的图形如图 4-32 所示。

表 4-1 常见光场的原函数和对应的空间频谱函数

光 场	原 函 数	谱 函 数
单色平面波	1	$\delta(f_x, f_y)$
单色平面波通过矩形孔屏	$\mathrm{rect}(x)\mathrm{rect}(y)$	$\mathrm{sin\,c}(f_x)\mathrm{sin\,c}(f_y)$
单色平面波通过网状屏	$\mathrm{comb}(x)\mathrm{comb}(y)$	$\mathrm{comb}(f_x)\mathrm{comb}(f_y)$
单色平面波通过圆形孔屏	$\mathrm{circ}(\sqrt{x^2 + y^2})$	$\dfrac{\mathrm{J}_1(2\pi\sqrt{f_x^2 + f_y^2})}{\sqrt{f_x^2 + f_y^2}}$

对应原函数为 1 的单色平面波最显著的特点是时间周期性和空间周期性,这表示单色光波是一种时间无限延续、空间无限延伸的波动,它的时间频谱和空间频谱都是 δ 函数,任何时间周期性和空间周期性的破坏都意味着单色光波的单色性的破坏。它是一种理想模型,也是分析实际光波的基础。对于其他任意复杂的入射光波比如非线偏振、非单色或非平面波情形,均可以将它们视为线偏振单色平面波的某种集合。

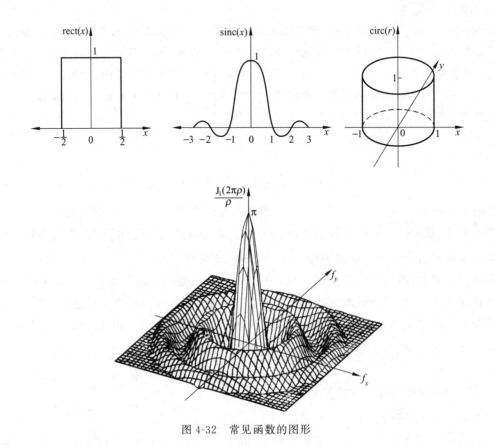

图 4-32　常见函数的图形

　　一个平面内的单色光场复振幅可以在空间频率域内分解为许多不同的空间频率分量，因此，对于传统物理光学中所讨论的各种光波现象，都可以在空间频率域内进行讨论。也就是说，在空间频率域内研究各空间频率分量在这些现象中的变化，与在空间域内直接研究光场复振幅或光强度空间变化的分析完全等效。在实际应用中，究竟是在空间域中还是在空间频率域中进行分析，完全视方便而定。而在空间频率域内的分析方法，正是傅里叶光学的基本分析方法。

4.6　球面光波与柱面光波

　　时谐平面波是描述光波的基本模型。虽然任意复杂波可以用时谐平面波的叠加来描述，但有两种特殊波面的光波可用更简洁的数学式来描述。

　　波动方程是一个二阶偏微分方程，根据不同的波面形状，解的具体形式也不同，比如，可以是平面光波，也可以是球面光波或柱面光波。波面为球面的波称为球面波，理想点光源发出的波就是球面波。各种形状的光源可以看成是许多点光源的集合体。所以，点光源是一种基本的光源。波面为柱面的波称为柱面波，理想线光源发出的波就是柱面波。

4.6.1 球面光波

一个在真空或各向同性介质中的点光源,它向外发射的光波是球面光波,等相位面是以点光源为中心、随着距离的增大而逐渐扩展的同心球面,如图 4-33 所示。

球面光波所满足的波动方程仍然是式(4-28),只是由于球面光波的球对称性,其波动方程仅与 r 有关,与坐标 θ、φ 无关,所以球面光波的振幅只随距离 r 变化。若忽略场的矢量性,采用标量场理论,在球坐标中可将波动方程表示为

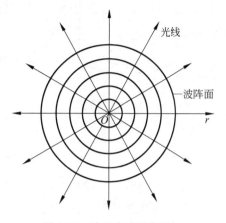

图 4-33　球面光波示意图

$$\frac{1}{r^2}\frac{\partial}{\partial r}\left(r^2\frac{\partial E}{\partial r}\right)-\frac{1}{v^2}\frac{\partial^2 E}{\partial t^2}=0$$

上式可改写为球对称的形式:

$$\frac{\partial^2}{\partial r^2}(rE)-\frac{1}{v^2}\frac{\partial^2}{\partial t^2}(rE)=0$$

与平面波方程比较可得向外传播的通解为

$$E=\frac{1}{r}E'\left(t-\frac{r}{v}\right)$$

对应的时谐球面波可表示为

$$E=\frac{E_0}{r}\cos(\omega t-kr) \tag{4-154}$$

式中,$k=\omega/v$,E_0 为离开点光源单位距离处的振幅值。由此可知等振幅面与等相位面一致,都位于球面上。

球面波的复数形式为

$$E=\frac{E_0}{r}\exp[-\mathrm{i}(\omega t-kr)]$$

对应的复振幅为

$$\widetilde{E}=\frac{E_0}{r}\exp(\mathrm{i}kr) \tag{4-155}$$

可以证明,球面波的振幅随 r 成反比例变化,这是忽略介质对光的吸收的情况下能量守恒所要求的。

4.6.2 柱面光波

一根在各向同性介质中的线光源,向外发射的波是柱面光波,其等相位面是以线光源为中心轴、随着距离的增大而逐渐展开的同轴圆柱面,如图 4-34 所示。在光学中,用一平面波照射一狭缝可获得柱面波。

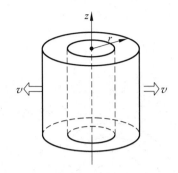

图 4-34　柱面光波示意图

在柱坐标中可将波动方程表示为

$$\frac{1}{r}\frac{\partial}{\partial r}\left(r\,\frac{\partial E}{\partial r}\right)-\frac{1}{v^2}\frac{\partial^2 E}{\partial t^2}=0$$

上式可改写为

$$\frac{\partial^2}{\partial r^2}(\sqrt{r}E)-\frac{1}{v^2}\frac{\partial^2}{\partial t^2}(\sqrt{r}E)=0$$

向外传播的通解为

$$E=\frac{1}{\sqrt{r}}E'\left(t-\frac{r}{v}\right)$$

对应的时谐球面波为

$$E=\frac{E_0}{\sqrt{r}}\cos(\omega t-kr) \tag{4-156}$$

式中，E_0 是离开光源单位距离处光波的振幅值。

柱面波的复数形式为

$$E=\frac{E_0}{\sqrt{r}}\exp[-\mathrm{i}(\omega t-kr)]$$

复振幅为

$$\widetilde{E}=\frac{E_0}{\sqrt{r}}\exp(\mathrm{i}kr) \tag{4-157}$$

可以看出，柱面光波的振幅与 $\sqrt{r}$ 成反比。

平面波、球面波和柱面波的等相位和等振幅面重合，都是光波的基本形式。在光学中，只要把光源放在足够远的位置，并且考察区域比较小时，就可忽略振幅随 r 的变化，将球面波和柱面波近似地看成平面波，如图 4-35 所示。或者把点光源放在透镜的焦点上，利用透镜的折射将球面光波变为平面光波。

图 4-35　球面波的部分波面随传播距离增大而变为平面

例　题

例 4-1　地球表面每平方米接收到来自太阳光的功率约为 $1.33\,\mathrm{kW}$，若把太阳光看作是波长 $\lambda=600\,\mathrm{nm}$ 的单色光，试计算投射到地球表面的太阳光的最大电场强度。激光光束的方向性极好，其光束的正截面面积可以小到 $10^2\,\mu\mathrm{m}^2$，光束内的光功率可达 $10^5\,\mathrm{W}$，问其形成的最大电场强度是多少？

解：因为

$$I = \frac{1}{2} c \varepsilon_0 E_0^2$$

所以地面太阳光的场强极大值为

$$E_0 = \sqrt{\frac{2I}{c\varepsilon_0}} = \sqrt{\frac{2 \times 1.33 \times 10^3 \text{ W}}{3 \times 10^8 \text{ m/s} \times 8.8542 \times 10^{-12} \text{ F/m}}} \approx 10^3 \text{ V/m}$$

而激光束内的场强极大值可达

$$E_0 = \sqrt{\frac{2I}{c\varepsilon_0}} = \sqrt{\frac{2 \times 10^5 \text{ W}}{(10 \times 10^{-6})^2 \times 3 \times 10^8 \text{ m/s} \times 8.8542 \times 10^{-12} \text{ F/m}}} \approx 8.68 \times 10^8 \text{ V/m}$$

例 4-2 一束线偏振光在玻璃中传播时，表达式为 $E_x = 10^2 \cos\left[\pi 10^{15}\left(t + \frac{z}{0.65c}\right)\right]$，试求该光的频率、波长和玻璃的折射率。

解：由线偏振光的表达式可知

$$\omega = \pi \times 10^{15} \text{ rad/s}$$

所以频率为

$$f = \frac{\omega}{2\pi} = 5 \times 10^{14} \text{ Hz}$$

在真空中的波长为

$$\lambda = \frac{c}{f} = \frac{3 \times 10^8 \text{ m/s}}{5 \times 10^{14} \text{ Hz}} = 0.6 \times 10^{-6} \text{ m} = 0.6 \text{ μm}$$

由线偏振光的表达式可知该光在玻璃中的传播速度为

$$v = 0.65c$$

所以玻璃的折射率为

$$n = \frac{c}{0.65c} = 1.538$$

例 4-3 一束右旋圆偏振光（迎着光的传播方向看）从玻璃表面垂直反射出来，若迎着反射光的方向观察，是什么光？

解：选取直角坐标系如图 4-36(a)所示，玻璃面为 xOy 面，右旋圆偏振光沿 z 方向入射，在 xOy 面上入射光电场矢量的分量为

$$E_{i,x} = A\cos(\omega t)$$

$$E_{i,y} = A\cos\left(\omega t + \frac{\pi}{2}\right)$$

所观察到的入射光电场矢量的端点轨迹如图 4-36(b)所示。

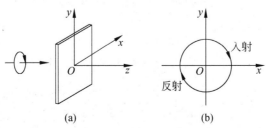

图 4-36 例 4-3 用图

根据菲涅耳公式,玻璃面上的反射光相对于入射面而言有一 π 相位突变,因此反射光的电场矢量的分量为

$$E_{rx} = A\cos(\pi + \omega t) = -A\cos(\omega t)$$

$$E_{ry} = A\cos\left(\omega t + \frac{\pi}{2} + \pi\right) = -\cos\left(\omega t + \frac{\pi}{2}\right)$$

其旋向仍然是由 y 轴旋向 x 轴,所以迎着反射光的传播方向观察时,是左旋圆偏振光。

例 4-4 一束自然光以 70°角入射到空气-玻璃($n = 1.5$)分界面上,求其反射率和反射光的偏振度。

解:由题意有 $\theta_1 = 70°$,根据折射定律

$$\sin\theta_2 = \frac{\sin\theta_1}{n_2} = 0.6265$$

所以

$$\theta_2 = 38.8°$$

$$r_s = -\frac{\sin(\theta_1 - \theta_2)}{\sin(\theta_1 + \theta_2)} = -\frac{\sin 31.2°}{\sin 108.8°} = -0.55$$

$$R_s = r_s^2 = 0.3025$$

$$r_p = \frac{\tan(\theta_1 - \theta_2)}{\tan(\theta_1 + \theta_2)} = \frac{\tan 31.2°}{\tan 108.8°} = -0.21$$

$$R_p = r_p^2 = 0.0441$$

反射率为

$$R_n = \frac{1}{2}(r_s^2 + r_p^2) = 0.17$$

反射光的偏振度为

$$P_r = \left|\frac{R_p - R_s}{R_p + R_s}\right| = \frac{0.3025 - 0.0441}{0.3025 + 0.0441} = 74.6\%$$

例 4-5 如图 4-37,欲使线偏振的激光通过某一放大介质棒时,在棒的端面没有反射损失,棒端面对棒轴的倾角 α 应取何值? 光束入射角 φ_1 应为多大? 入射光的振动方向如何? 已知放大介质的折射率 $n = 1.70$,光束在棒内沿棒轴方向传播。

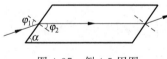

图 4-37 例 4-5 用图

解:若没有反射损耗,入射角应为布儒斯特角,入射光的振动方向应为 p 分量方向,即振动方向在图面内,垂直于传播方向。则入射角 φ_1 为

$$\varphi_1 = \theta_B = \arctan\left(\frac{n_2}{n_1}\right) = 59.53°$$

折射角为

$$\varphi_2 = 90° - \theta_B = 90° - \arctan\left(\frac{n_2}{n_1}\right) = 30.47°$$

由图中几何关系可知

$$\alpha = 90° - \varphi_2 = 59.53°$$

习 题

4-1 计算由 $\boldsymbol{E}=(-2\boldsymbol{i}+2\sqrt{3}\,\boldsymbol{j})\exp\left[i(\sqrt{3}\,x+y+6\times10^8t)\right]$ 表示的平面波电矢量的振动方向、传播方向、相位速度、振幅、频率、波长。

4-2 一列平面光波从 A 点传到 B 点,今在 AB 之间插入一透明薄片,薄片的厚度 $h=0.2\,\mathrm{mm}$,折射率 $n=1.5$。假定光波的波长为 $\lambda_0=550\,\mathrm{nm}$,试计算插入薄片前后 B 点光程和相位的变化。

4-3 试确定下列各组光波表示式所代表的偏振态:

(1) $E_x=E_0\sin(\omega t-kz)$,$E_y=E_0\cos(\omega t-kz)$;

(2) $E_x=E_0\cos(\omega t-kz)$,$E_y=E_0\cos(\omega t-kz+\pi/4)$;

(3) $E_x=E_0\sin(\omega t-kz)$,$E_y=-E_0\sin(\omega t-kz)$。

4-4 光束以 $30°$ 入射到空气和火石玻璃($n_2=1.7$)界面,试求电矢量垂直于入射面和平行于入射面分量的反射系数 r_s 和 r_p。

4-5 一束振动方位角为 $45°$ 的线偏振光入射到两种介质的界面上,第一介质和第二介质的折射率分别为 $n_1=1$ 和 $n_2=1.5$。当入射角为 $50°$ 时,试求反射光的振动方位角。

4-6 光波在折射率分别为 n_1 和 n_2 的两介质界面上反射和折射,当入射角为 θ_1 时(折射角为 θ_2),s 波和 p 波的反射系数分别为 r_s 和 r_p,透射系数分别为 t_s 和 t_p。若光波反过来从 n_2 介质入射到 n_1 介质,且当入射角为 θ_2 时(折射角为 θ_1),s 波和 p 波的反射系数分别为 r_s' 和 r_p',透射系数分别为 t_s' 和 t_p'。试利用菲涅耳公式证明:(1) $r_s=-r_s'$;(2) $r_p=-r_p'$;(3) $t_st_s'=T_s$;(4) $t_pt_p'=T_p$。

4-7 如图 4-38,M_1、M_2 是两块平行放置的玻璃片($n=1.5$),背面涂黑。一束自然光以布儒斯特角 θ_B 入射到 M_1 上的 A 点,反射至 M_2 上的 B 点,再出射。试确定 M_2 以 AB 为轴旋转一周时,出射光强的变化规律。

4-8 如图 4-39,望远镜之物镜为一双胶合透镜,其单透镜的折射率分别为 1.52 和 1.68,采用折射率为 1.60 的树脂胶合。问物镜胶合前后的反射光能损失分别为多少?(假设光束通过各反射面时接近正入射)

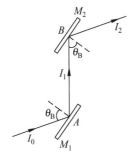

图 4-38 习题 4-7 用图

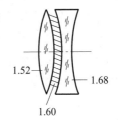

图 4-39 习题 4-8 用图

4-9 如图 4-40,光束垂直入射到 $45°$ 直角棱镜的一个侧面,经斜面反射后从第二个侧面透出。若入射光强为 I_0,问从棱镜透出的光束的强度为多少?设棱镜的折射率为 1.52,

并且不考虑棱镜的吸收。

4-10 如图 4-41,玻璃块周围介质的折射率为 1.4。若光束射向玻璃块的入射角为 $60°$,问玻璃块的折射率至少应为多大才能使透入光束发生全发射?

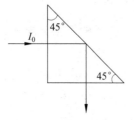

图 4-40 习题 4-9 用图

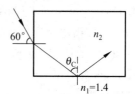

图 4-41 习题 4-10 用图

4-11 产生圆偏振光的穆尼菱体如图 4-42 所示,若菱体的折射率为 1.65,求顶角 A。

4-12 线偏振光在玻璃-空气界面上全反射,线偏振光电矢量的振动方向与入射面成一非零或 $\pi/2$ 的角度。设玻璃的折射率 $n=1.5$,问线偏振光以多大角度入射才能使反射光 s 波和 p 波的相位差等于 $40°$?

4-13 如图 4-43 所示是一根直圆柱形光纤,光纤芯的折射率为 n_1,光纤包层的折射率为 n_2,并且 $n_1>n_2$。(1)证明入射光的最大孔径角 $2u$ 满足: $\sin u=\sqrt{n_1^2-n_2^2}$;(2)若 $n_1=1.62,n_2=1.52$,最大孔径角为多少?

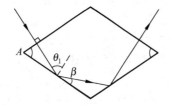

图 4-42 习题 4-11 用图

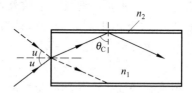

图 4-43 习题 4-13 用图

4-14 如图 4-44 所示是一根弯曲的圆柱形光纤,光纤芯和包层的折射率分别为 n_1 和 $n_2(n_1>n_2)$,光纤芯的直径为 D,曲率半径为 R。(1)证明入射光的最大孔径角 $2u$ 满足: $\sin u=\sqrt{n_1^2-n_2^2\left(1+\dfrac{D}{2R}\right)^2}$;(2)若 $n_1=1.62,n_2=1.52,D=70\ \mu m,R=12\ mm$,则最大孔径角为多少?

4-15 已知冕牌玻璃对 $0.3988\ \mu m$ 波长光的折射率为 $n=1.525\ 46,\mathrm{d}n/\mathrm{d}\lambda=-0.126\ \mu m^{-1}$,求光在该玻璃中的相速和群速。

4-16 试计算下面两种色散规律的群速度(表示式中 v 是相速度):

(1) 电离层中的电磁波,$v=\sqrt{c^2+b^2\lambda^2}$。其中 c 是真空中的光速,λ 是介质中的电磁波波长,b 是常数。

(2) 充满色散介质($\varepsilon=\varepsilon(\omega),\mu=\mu(\omega)$)的直波导管中的电磁波,$v=c\omega/\sqrt{\omega^2\varepsilon\mu-c^2a^2}$。其中 c 是真空中的光速,a 是与波导管截面有关的常数。

4-17 设一平面光波的频率为 $\nu=10^{14}\ Hz$,振幅为 1,$t=0$ 时,在 xOy 面上的相位分布如图 4-45 所示:等相位线与 x 轴垂直,$\varphi=0$ 的等相位线坐标为 $x=-6\ \mu m$,φ 随 x 线性增加,x 每增加 $5\ \mu m$,相位增加 2π。求此波场的空间相位因子。

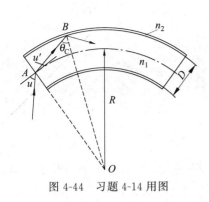

图 4-44 习题 4-14 用图

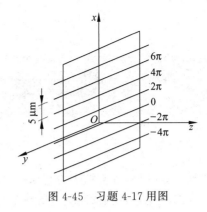

图 4-45 习题 4-17 用图

4-18 一个功率为 40 W 的单色点光源发出的光波的波长为 500 nm,试写出该光波的波动公式。

习题解答 4

第5章 光的干涉

在线性媒质中,麦克斯韦方程组是线性的,叠加原理仍适用,即若干个场源激励起的电磁场等于各个场源单独激励的电磁场的矢量和。光波的叠加将出现丰富多彩的光学现象,并导致许多重要的应用。本章主要从光的干涉现象来说明光的波动性质,讲述光的干涉规律,典型的干涉装置及其应用,并讨论光的相干性。

干涉现象是波动过程的基本特征之一。实际上,在日常生活中也经常会遇到光的干涉现象,例如,肥皂泡和水面上的油膜在日光照射下所呈现出的美丽色彩就是光波干涉的结果。在历史上,光的干涉现象曾经是确定光的波动性的依据,光的波动理论最初就是在研究光的干涉现象的基础上建立起来的。现在,光的干涉原理已广泛应用于光学工程中,特别是在光谱学和精密计量及检测仪器中,具有重要的实际应用。激光的出现给干涉仪器提供了强度高、相干性好的优质光源,使上述应用的范围扩大、精度提高(例如,基于薄板干涉原理的精密计量扩展到"厚板"及长距离范围),这在实验和理论两方面都促进了光学干涉技术的发展。

5.1 光干涉的条件

5.1.1 光的干涉现象

在两束(或多束)光在相遇的区域内形成稳定的明暗交替或彩色条纹的现象称为光的干涉现象。

光的干涉现象是光波叠加后能量再分配的结果。光干涉的理论基础是波的叠加原理。在通常介质与通常光强条件下,波叠加原理成立,即在几束光相遇的区域内,若干个场源激励起的电磁场等于各个场源单独激励的电磁场的矢量和。这意味着波具有独立传播性质——波列的传播及其对场点的贡献,不受另一列波存在与否的影响。基于波叠加原理而建立的波动理论是线性波动理论。如果某种介质中叠加原理不成立,我们就称这样的介质为非线性介质。违反叠加原理的效应称为非线性效应。实际上,介质的非线性效应都是在强光作用下产生的(真空除外)。激光出现后,光的非线性效应变得重要起来。研究这些效应的光学分支称为非线性光学。本章是在线性波动理论框架中研究波动光学。

在波叠加原理成立的条件下,考察叠加区内的光强分布时,还应区分两种情况:非相干叠加(在观测时间中总光强是各分光强的直接相加)和相干叠加(在观测时间中总光强一般不等于各分光强的直接相加)。

由于光的振动周期远小于探测仪器的响应时间和观测时间,任何探测器均无法追踪光场的即时振动,而只能显示其时间平均效应——光强,故干涉问题实质上是一个时间域中的统计平均问题。干涉的形成过程可以依所考察的时间不同而分为三个层次:场的即时叠加—暂态干涉—稳定干涉。在线性媒质中第一层次总是存在的,它能否过渡到第二层次和第三层次则与观测条件有关。不同的观测条件导致了对相干条件的不同提法。下面我们只考虑稳定干涉。

所谓稳定干涉是指在一定的时间间隔内(通常这个时间间隔要大大超过光探测器的响应时间。例如,人眼的视觉暂留时间,底片的曝光时间,光电管的响应时间等),光强的空间分布不随时间改变。强度分布是否稳定是目前我们区别相干和不相干的主要标志。

5.1.2　光干涉的条件

并不是任意的光波叠加都能产生干涉现象,能够产生干涉现象的光波必须满足一定的条件。下面以两束单色线偏振光的叠加为例来讨论。

如图 5-1 所示的两列单色平面线偏振光在 P 点相遇。设两列单色平面线偏振光为

$$\boldsymbol{E}_1 = \boldsymbol{E}_{01}\cos(\omega_1 t - \boldsymbol{k}_1 \cdot \boldsymbol{r} + \varphi_{01})$$

$$\boldsymbol{E}_2 = \boldsymbol{E}_{02}\cos(\omega_2 t - \boldsymbol{k}_2 \cdot \boldsymbol{r} + \varphi_{02})$$

按叠加原理,P 点的光振动为

$$\boldsymbol{E} = \boldsymbol{E}_1 + \boldsymbol{E}_2$$

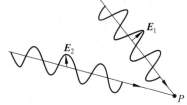

图 5-1　两束光在空间的叠加

则 P 点的光强为

$$I = \langle E^2 \rangle = \langle E_1^2 \rangle + \langle E_2^2 \rangle + 2\langle \boldsymbol{E}_1 \cdot \boldsymbol{E}_2 \rangle = I_1 + I_2 + I_{12} \tag{5-1}$$

式中,

$$
\begin{aligned}
I_1 &= E_{01}^2/2 \\
I_2 &= E_{02}^2/2 \\
I_{12} &= 2\langle \boldsymbol{E}_1 \cdot \boldsymbol{E}_2 \rangle = \langle \boldsymbol{E}_{01} \cdot \boldsymbol{E}_{02}(\cos\varphi_1 + \cos\varphi_2) \rangle \\
&= \langle 2\sqrt{I_1 I_2}\cos\theta(\cos\varphi_1 + \cos\varphi_2) \rangle
\end{aligned}
\tag{5-2}
$$

而 θ 为二光束振动方向间夹角;

$$\varphi_1 = (\boldsymbol{k}_2 + \boldsymbol{k}_1) \cdot \boldsymbol{r} + \varphi_{01} + \varphi_{02} + (\omega_1 + \omega_2)t$$

$$\varphi_2 = (\boldsymbol{k}_2 - \boldsymbol{k}_1) \cdot \boldsymbol{r} + \varphi_{01} - \varphi_{02} + (\omega_1 - \omega_2)t$$

当 $\omega_1 \neq \omega_2$,有 $I_{12} = 0$;

当 $\omega_1 = \omega_2$,有

$$I_{12} = 2\sqrt{I_1 I_2}\cos\theta\cos\varphi \tag{5-3}$$

式中,

$$\varphi = (\boldsymbol{k}_2 - \boldsymbol{k}_1) \cdot \boldsymbol{r} + \varphi_{01} - \varphi_{02} \tag{5-4}$$

当 $I_{12} = 0$ 时,$I = I_1 + I_2$,不发生干涉现象,即两波为非相干叠加;当 $I_{12} \neq 0$ 时,$I \neq I_1 + I_2$,发生干涉现象,两波为相干叠加。可见,I_{12} 决定了干涉是否发生以及干涉效应是否明显,称为干涉项。由式(5-2)可知通常两光束间的相位差在叠加区域内逐点变化,因而干涉项在两

光束光叠加区域(平面或空间)内变化,形成不均匀的光强分布,相位差相同的点组成一系列等光强面(或等光强线),即干涉花样。

由式(5-1)和式(5-3)可知:满足 $\varphi = \pm 2m\pi, m = 0, 1, 2, \cdots$ 的空间位置出现相长干涉,光强取极大值

$$I_{\mathrm{M}} = I_1 + I_2 + 2\sqrt{I_1 I_2}\cos\theta \tag{5-5}$$

满足 $\varphi = \pm(2m+1)\pi, m = 0, 1, 2, \cdots$ 的空间位置出现相消干涉,光强取极小值

$$I_{\mathrm{m}} = I_1 + I_2 - 2\sqrt{I_1 I_2}\cos\theta \tag{5-6}$$

当相位差为其他值时,光强介于最大值和最小值之间。

干涉场中光强随空间位置的变化形成了干涉图样,它通常呈亮暗交替变化的条纹。为反映干涉场某一点 P 附近条纹的清晰度,引入条纹的可见度(或对比度)V 来量度,其定义为

$$V = \frac{I_{\mathrm{M}} - I_{\mathrm{m}}}{I_{\mathrm{M}} + I_{\mathrm{m}}} \tag{5-7}$$

其中,I_{M} 和 I_{m} 分别为 P 点附近强度的极大值和极小值。

由式(5-7)可见,当干涉光强的极小值 $I_{\mathrm{m}} = 0$ 时,$V = 1$,条纹最清晰;当 $I_{\mathrm{M}} = I_{\mathrm{m}}$ 时,$V = 0$,无干涉条纹;当 $0 < I_{\mathrm{m}} < I_{\mathrm{M}}$ 时,$0 < V < 1$,条纹清晰度介于上面两种情况之间。

将式(5-5)和式(5-6)代入式(5-7)可得

$$V = \frac{2\sqrt{I_1 I_2}}{I_1 + I_2}\cos\theta = \frac{2\sqrt{I_2/I_1}}{1 + I_2/I_1}\cos\theta \tag{5-8}$$

即条纹可见度与两相干光振动方向的夹角和光强的相对比值有关。后面我们还将看到条纹的可见度还与光源的大小和光源的单色性有关。

利用双光束干涉条纹可见度表达式(5-8),可将式(5-1)表示为

$$I = \bar{I}(1 + V\cos\varphi)$$

其中,$\bar{I} = I_1 + I_2$ 为光场中 P 点附近的平均光强;$\bar{I}V\cos\varphi$ 项表示由于干涉效应所产生的实际光强在其平均值上下的变化,这一干涉项或振荡项的调制度即为可见度 V。光强的空间平均值仍是该处两列波单独所产生的光强 I_1 与 I_2 之和。因此干涉现象并没有使空间光场的总能量增大或减小,只是在满足总能量守恒的条件下使能量在空间发生了重新分布。

分析干涉项 I_{12} 可知两束光叠加产生干涉的条件。将干涉项改写为

$$I_{12} = 2\boldsymbol{E}_{01} \cdot \boldsymbol{E}_{02}\cos\varphi$$

由上式可知,对于任意相位差 φ,干涉项不为零的条件为

$$\boldsymbol{E}_{01} \cdot \boldsymbol{E}_{02} \neq 0 \quad \text{且} \quad \theta \neq \frac{\pi}{2} \tag{5-9}$$

因此,两个振动方向互相垂直的线偏振光叠加时是不相干的。只有当两个振动有平行分量时才会相干。当两列波振动方向完全相同时,干涉项最大,其干涉效应明显。

对于振动方向平行($\theta = 0$)的双光束干涉,由式(5-1)得光强分布为

$$I = I_1 + I_2 + 2\sqrt{I_1 I_2}\cos\varphi \tag{5-10}$$

$$V = \frac{2\sqrt{I_2/I_1}}{1 + I_2/I_1}$$

当 $I_2/I_1=1$ 时，$V=1$；当 $I_2/I_1=0$ 或 ∞ 时，$V=0$。因此，为获得明暗对比鲜明的干涉条纹，以利于观测，应力求两叠加光的振动方向相同，且强度相等。

当两光束的光强相等（$I_1=I_2=I_0$）时，有

$$I=2I_0(1+\cos\varphi)=4I_0\cos^2\left(\frac{\varphi}{2}\right) \tag{5-11}$$

其曲线如图 5-2 所示。

同振动方向作为相干条件是针对矢量波而言的，对标量波不存在振动方向是否一致的问题，由于光波是横波，这一相干条件的必要性是显然的。振动方向平行的矢量波的叠加可以当作标量波的叠加处理。

然而，对于非偏振的自然光，由于一束自然光总可以表示成振动方向互相垂直，强度相同，但无固定位相关联的两束线偏振光的叠加。两自然光叠加时，可先将两对应分量分别进行相干叠加，产生干涉，再将不同分量的干涉光强进行非相干叠加。

如图 5-3 所示，设在 P 点有相位差为 φ、强度分别为 I_1 和 I_2 的两自然光相遇，它们均可用 x、y 方向的两个分量表示，则有

$$I_1=I_{1x}+I_{1y} \quad 且 \quad I_{1x}=I_{1y}=\frac{I_1}{2}$$

$$I_2=I_{2x}+I_{2y} \quad 且 \quad I_{2x}=I_{2y}=\frac{I_2}{2}$$

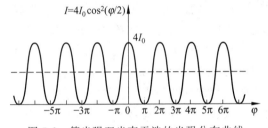

图 5-2　等光强双光束干涉的光强分布曲线

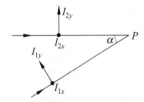

图 5-3　两束自然光的干涉

设它们之间的夹角 α 很小，可将 y 方向的两分量视为完全平行。根据式（5-10），在 P 点两分量的干涉强度分别为

$$I_x=I_{1x}+I_{2x}+2\sqrt{I_{1x}I_{2x}}\cos\varphi$$

$$I_y=I_{1y}+I_{2y}+2\sqrt{I_{1y}I_{2y}}\cos\varphi$$

再考虑 I_x 与 I_y 的非相干求和，则 P 点的总光强为

$$I=I_x+I_y=I_1+I_2+2\sqrt{I_1I_2}\cos\varphi \tag{5-12}$$

式（5-12）与式（5-10）在形式上相同。因此，在处理自然光的干涉问题时，可以不管振动方向，在形式上可把自然光的叠加当作是振动方向相互平行的线偏振光叠加的情形，按式（5-10）处理。也就是说，对于自然光，没有必要也不可能去精确地描述是什么方向的光振动的叠加，而可以当作标量波处理。只有针对偏振光的干涉，才有必要考虑振动方向问题。

为在一定时间内能观察或记录到相对稳定的条纹分布，还要求两光束的相位差 φ 不随时间变化，由式（5-4）可得 φ 不随时间变化的条件为

$$\omega_1 - \omega_2 = 0 \tag{5-13}$$

和

$$\varphi_{01} - \varphi_{02} = \text{const} \tag{5-14}$$

即两光束的频率相等且两光束的初相位差固定。这是与观察或探测仪器的响应时间有关的相干条件。

当两光束的频率不相等时,干涉条纹将随着时间产生移动,且频率差越大,条纹移动速度越快,当频率差大到一定程度时,肉眼或探测仪器将观察不到稳定的条纹分布。因此,为了产生稳定的干涉现象,要求两干涉光束的频率相等。同频率是对任何波都适用的相干条件。

两列同频率的单色光波的初相位差恒定也是获得稳定干涉的另一条件。对于像无线电、声波这类由宏观波源发出的波,相位差稳定比较容易满足。但对于由微观分子或原子发射的光波来说,这一条件却成了最需要强调的条件。

综上所述,两列光波叠加产生干涉的必要条件,也称为相干条件为:①两光波的振动方向相同;②两光波的频率相同;③两光波的相位差固定。

5.1.3　从普通光源获得相干光的方法

满足相干条件的光波称为相干光,发出相干光的光源称为相干光源。两个普通(非激光)的独立光源,即使振动频率相同,也不能认为有恒定的相位差。即使是同一个光源,它的不同部分(不同点)发出的光之间也没有恒定的相位差。只有来自光源上同一原子或邻近的原子发射的光波,它们的初相位才是相同的或同样变化的。扩展光源是由大量互不相干的点光源组成。因此,它们都不是相干光源。激光器是一种特殊光源,是相干光源。

为了消除普通光源发光随机性所引起的场点相位无规则跃变的影响,以保证场点相位差的稳定性,通常的办法是把光源的一个微小区域(可看作点光源)发出的光波设法分成两束(或多束),然后再使之相遇,这两束(或多束)光可以看作是由两个或多个同频率且相位差恒定的光源发出的,因而满足相干条件而成为相干光,在叠加区中产生稳定的可观测的干涉场。实际上,人们是用一个狭缝或一个小孔从普通光源上"提取"线光源或点光源的。

利用普通光源获得相干光束的方法可分为两大类:一类是分波阵面法,另一类是分振幅法。由这两大类构成了众多的形式不同、用途各异的干涉系统。

所谓分波阵面法,是由同一波面分出两部分或多部分,然后再使这些部分的子波叠加产生干涉。双缝干涉就是一种典型的分波阵面干涉。

所谓分振幅干涉,是来自同一光源的光波经薄膜的上表面和下表面反射,将光波的振幅分成两部分或多部分,再将这些波束叠加产生干涉。薄膜干涉、迈克耳孙干涉仪和多光束干涉仪均利用了分振幅干涉。

以上是利用"普通"光源产生相干光的方法,现代的干涉实验已多用激光光源。激光光源的发光面(即激光管的输出端面)上各点发出的光都是相干的(在基横模输出的情况下),因此,使一个激光光源的发光面上的两部分发的光直接叠加起来,甚至使两个同频率的激光光源发的光叠加,也可以产生明显的干涉现象。现代精密技术中大量利用了激光产生的干涉现象。

5.2 双光束干涉

按相干叠加的光束数,干涉方法还可分为双光束干涉和多光束干涉。本节讨论双光束干涉。

5.2.1 分波面双光束干涉

1. 杨氏双缝干涉

利用分波面产生双光束干涉的典型实验是杨氏双缝实验。1801 年,杨(Young)的双缝实验首次证明了光可以发生干涉,由此肯定了光的波动性。

杨氏双缝干涉装置原理图如图 5-4 所示,一强光源照明的狭缝 S,经 S 的光照明两平行的狭缝 S_1 和 S_2,双缝 S_1 和 S_2 的间距为 d,观察屏 B 与两狭缝的距离为 D,通常使从 S 到 S_1 和 S_2 等距($R_1 = R_2$),且 $d \ll D$,双缝 S_1 和 S_2 是从狭缝 S 发出的同一波面上分割出来的很小的两部分,作为两相干光源,它们发出的次波在观察屏上叠加,形成干涉条纹。

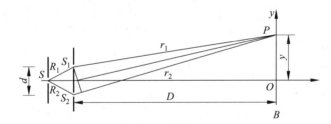

图 5-4　杨氏双缝干涉实验装置原理图

狭缝 S 和双缝 S_1、S_2 都很窄,均可视为线光源。在观察屏上 y 很小的范围内的 P 点,从线光源 S 发出的光波经 SS_1P 和 SS_2P 两条不同路径的两束光的光程差为

$$\Delta = n(r_2 - r_1)$$

而

$$r_1 = \sqrt{\left(y - \frac{d}{2}\right)^2 + D^2}$$

$$r_2 = \sqrt{\left(y + \frac{d}{2}\right)^2 + D^2}$$

由上两式得

$$r_2^2 - r_1^2 = 2yd$$

$$\Delta = (r_2 - r_1)n = \frac{2ydn}{r_2 + r_1}$$

当屏的距离足够远,使 $D \gg d$,且观察范围足够小,使 $D \gg y$ 时,有

$$r_2 + r_1 \approx 2D$$

所以,有

$$\Delta \approx n\,\frac{yd}{D} \tag{5-15}$$

在空气中，$n \approx 1$，相应的相位差为

$$\varphi = \frac{2\pi}{\lambda}\Delta = \frac{2\pi}{\lambda}\frac{yd}{D} \tag{5-16}$$

在 O 点附近，可以认为两束光的强度相等，即 $I_1 = I_2 = I_0$，由式(5-11)可得 P 点的光强为

$$I = 4I_0\cos^2\frac{\varphi}{2} = 4I_0\cos^2\left(\frac{\pi}{\lambda}\frac{yd}{D}\right) \tag{5-17}$$

两束相干光叠加后的光强取决于它们在相遇点的相位差。由式(5-17)可知条纹形状是与双缝平行的直条纹，上、下对称分布。对应 $\varphi = \pm 2m\pi\,(m = 0,1,2,\cdots)$ 的空间点光强极大，由式(5-16)得亮条纹中心位置为

$$y = \pm m\,\frac{D\lambda}{d} \tag{5-18}$$

其中，m 为亮条纹级次，$m=0$ 的亮条纹称为零级亮纹或中央亮纹。

对应 $\varphi = \pm(2m+1)\pi\,(m = 0,1,2,\cdots)$ 的空间点，光强极小，暗条纹中心位置为

$$y = \pm\left(m + \frac{1}{2}\right)\frac{D\lambda}{d} \tag{5-19}$$

其中，m 为暗纹的级次。

相位差为其他值的各点，光强介于极大光强和极小光强之间。因此，屏上可观察到稳定的明暗交替的条纹。

为了表示干涉场(平面或空间)中条纹的疏密，引入条纹间距。由式(5-18)或式(5-19)可得两相邻亮条纹(或暗条纹)间的距离为

$$e = y_{m+1} - y_m = \frac{D\lambda}{d} \tag{5-20}$$

可见条纹间距与干涉级次 m 无关，即条纹是等间距的。条纹间距是观察屏上干涉条纹的空间周期，这种空间周期性的形成是光波的时空周期性和叠加原理的必然结果。由于光波的空间周期 λ 极小，且行波在空间迅速移动，故 λ 难以直接测量。干涉过程则把这一空间周期转化为稳定的且放大到 D/d 倍的另一空间周期 e，而后者是可以直接测量的。简言之，条纹周期性是光波周期性通过干涉效应的另一表现形式，这一转化为实用中通过测量 D、d 和 e 来计算出光的波长 λ 提供了方便。

波长、介质及装置结构变化时干涉条纹将发生移动和变化。

2. 几种其他的分波阵面双光束干涉装置

除了上述杨氏双缝实验外，利用分波面产生双光束干涉的实验还有菲涅耳双镜实验、洛埃(Lioyd)镜实验等，它们在原理上与杨氏干涉实验相同，但获得相干光源的装置各有特色。

菲涅耳双棱镜干涉装置如图 5-5 所示，它是由两块相同的、顶角 α 很小的直角棱镜对接组成。光源 S 发出的光波，其波面的两部分经上、下两个棱镜折射后形成两束光。这两束光可以看成是由同一光源 S 的两个虚像 S_1 和 S_2 发出的，因而是相干的。在它们的重叠区域这两束光将产生干涉，形成干涉花样。

在 α 很小的情况下,两相干光源间的距离为 $d \approx 2l(n-1)\alpha$。式中,n 为棱镜材料的折射率。

菲涅耳双面镜干涉装置如图 5-6 所示,它由两个反射镜 M_1 和 M_2 组成,M_1 和 M_2 之间有一很小的夹角 α。光源 S 发出的光波,其波面的两部分经 M_1 和 M_2 反射后形成两束光。这两束光可以看成是同一光源 S 的两个虚像 S_1 和 S_2 发出的,因而是相干的,在它们的重叠区域这两束光产生干涉,形成干涉花样。

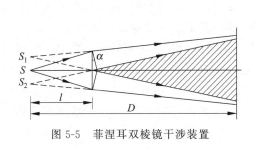

图 5-5 菲涅耳双棱镜干涉装置

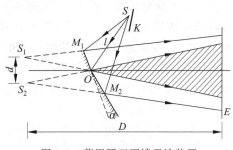

图 5-6 菲涅耳双面镜干涉装置

在 α 很小的情况下,两相干光源间的距离为 $d = 2l\sin\alpha \approx 2l\alpha$。其中 $l = SO$,如图 5-6 所示。

洛埃镜干涉装置如图 5-7 所示。点光源 S_1 靠近平面反射镜 M 所在的平面,由 S_1 发出的光波波面的一部分由反射镜 M 反射形成一束光,这束光好像是由 S_1 的虚像 S_2 所发出的,它与 S_1 直接发出而不经反射的光束相遇,在重叠区域发生干涉。因此,这种干涉可以看成为实光源 S_1 和它的虚像 S_2 发出的两束光之间产生的干

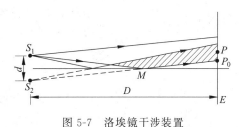

图 5-7 洛埃镜干涉装置

涉。需要指出的是,由于反射光发生"半波损失",两相干光源的相位反相,在屏幕上明、暗条纹位置与杨氏实验中明、暗条纹位置相反。

两相干光源间的距离为 $d = 2a$。其中,a 为 S_1 到平面镜所在平面的距离。

3. 分波面双光束干涉实验的共同点

上述这些分波面干涉实验的共同点是:

(1) 对于分波面的双光束干涉,其干涉条纹在两光束的叠加区域处处可见,只是不同地方条纹的间距、形状不同而已。这种在整个光波叠加区内随处可见干涉条纹的干涉,称为非定域干涉。

(2) 在这些干涉装置中,为得到清晰的干涉条纹,都有限制光束的狭缝或小孔,因而干涉条纹的强度很弱,以至于在实际上难以应用。当光源的宽度增大时干涉条纹的对比度要下降,而达到一定宽度时,干涉条纹将消失,后面将讨论光源宽度对干涉条纹对比度的影响。

(3) 由于亮纹位置、暗纹位置以及条纹间距都和光源的波长有关。因此,如果光源是白光,则除了 $m = 0$ 中央亮纹的中部因各单色光重合而显示为白色,其他各级亮纹将因波长不同,它们的光强极大位置错开而变成彩色条纹。白光干涉条纹这一特点在干涉测量中可以用来判断是否出现了零级条纹。

当两干涉光束的强度不等时,干涉条纹的光强分布不仅与两光束的相位差有关,还与两光束的振幅比有关,因此,若把干涉条纹记录下来,就等于把相干光的振幅比和相位差这两个方面的信息都记录下来。这就是全息记录的概念。

5.2.2 分振幅双光束干涉

与分波面法双光束干涉相比,分振幅法产生干涉的实验装置因其既可以使用扩展光源,又可以获得清晰的干涉条纹,因而被广泛地应用。在干涉计量技术中,成为众多的重要干涉仪和干涉技术的基础。但也正是由于采用了扩展光源,其干涉条纹变成定域的。

产生分振幅干涉的平板可理解为受两个表面限制而成的一层透明物质:最常见的情形就是玻璃平板和夹于两块玻璃板间的空气薄层。某些干涉仪还利用所谓的"虚平板"(见5.3节)。当两个表面是平面且相互平行时,称为平行平板;当两个表面相互成一楔角时,称为楔形平板。对应这两类平板,分振幅干涉分为两类:一类是等倾干涉;另一类是等厚干涉。

1. 平行平板产生的等倾干涉

1) 等倾干涉的原理

假设厚度为 h,折射率为 n 的透明平行薄板放在折射率为 n_0 的介质中,如图 5-8 所示。

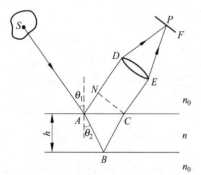

图 5-8　平行平板产生等倾干涉原理图

由扩展光源发出的每一条光线经平行平板上、下表面反射和透射,被分振幅为两条平行的相干光线,会聚在无穷远处,或者通过图示的透镜会聚在焦平面上,产生干涉。

焦平面上 P 点的光强取决于两光束的光程差,对于平行平板,由同一条入射光线经上、下表面反射的两条相干光线相互平行,对应图示光路,该光程差为

$$\Delta = n(AB+BC) - n_0 AN + \frac{\lambda}{2}$$

由于两支反射光中反射面的性质不同,总有一支发生半波损失。式中,$\lambda/2$ 是由此而引入的附加光程差。只要平板两侧介质相同,不论 n 是大于 n_0 还是小于 n_0,上、下两表面的反射中总有一个反射面光是从光疏介质射向光密介质,由菲涅耳公式可知,在这样的界面上反射时有相位 π 跃变,或者说,光程将产生半个波长的损失。

由几何关系可得

$$AB = BC = \frac{h}{\cos\theta_2}$$

$$AN = AC\sin\theta_1 = 2h\tan\theta_2\sin\theta_1$$

再利用折射定律

$$n\sin\theta_2 = n_0\sin\theta_1$$

可得

$$\Delta = 2nh\cos\theta_2 + \frac{\lambda}{2} \tag{5-21}$$

或

$$\Delta = 2h\sqrt{n^2 - n_0^2 \sin^2\theta_1} + \frac{\lambda}{2} \tag{5-22}$$

焦平面上 P 点的光强分布为

$$I = I_1 + I_2 + 2\sqrt{I_1 I_2}\cos\frac{2\pi\Delta}{\lambda} \tag{5-23}$$

其中，I_1 和 I_2 分别为两反射光的强度。对应于光程差 $\Delta = m\lambda$，$m = 0,1,2,\cdots$ 是亮条纹，其位置满足

$$2nh\cos\theta_2 + \frac{\lambda}{2} = m\lambda \tag{5-24}$$

对应于光程差 $\Delta = (m+1/2)\lambda$，$m = 0,1,2,\cdots$ 是暗条纹，其位置满足

$$2nh\cos\theta_2 + \frac{\lambda}{2} = \left(m + \frac{1}{2}\right)\lambda \tag{5-25}$$

条纹的形状直接由光程差的分布决定。如果平板的折射率 n 和厚度 h 均为常数，则光程差只决定于入射光在平板上的入射角 θ_1（或折射角 θ_2）。因此，具有相同入射角的光经平板两表面反射所形成的反射光，在其相遇点上有相同的光程差，也就是说，同一级干涉条纹由具有相同倾角的光形成。因此，这样的干涉称为等倾干涉，其干涉条纹称为等倾干涉条纹。

2）等倾干涉条纹的特点

等倾干涉条纹的位置只与形成条纹的光束入射角有关，而与光源上发光点的位置无关，光源上每一点都产生一组等倾干涉条纹，它们彼此准确重合，因而光源的扩大不会影响条纹的可见度，只会增加干涉条纹的强度。这一结论只在特定的观察平面——透镜焦平面上是正确的，所以条纹是定域的。在定域面上发生的干涉，允许我们使用足够大的光源，从而获得足够亮度又非常清晰的干涉条纹，为干涉测量提供最为有利的条件。

等倾干涉条纹的形状与观察透镜放置的方位有关，如图 5-9 所示。M 为半反射镜，当透镜光轴与平行平板 G 垂直时，等倾干涉条纹是一组以焦点为中心的同心圆环，每一环与光源各点发出的相同入射角（在不同入射面）的光对应，其中心对应 $\theta_1 = \theta_2 = 0$ 的干涉光线。由式(5-21)可知，中心对应的光程差最大，干涉级次最高。偏离圆环中心越远，其相应的入射光线的角度 θ_2 越大，光程差越小，干涉条纹级次越小。

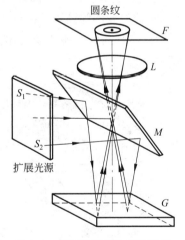

图 5-9　等倾干涉条纹观察装置

由于中心不一定是最亮点，设最靠近中心的亮纹级数为 m_0，由式(5-24)得

$$2nh + \frac{\lambda}{2} = (m_0 + \varepsilon)\lambda, \quad 0 < \varepsilon < 1 \tag{5-26}$$

由中心向外计算，第 N 个亮环的干涉级数为 $[m_0 - (N-1)]$，该亮纹满足下式

$$2nh\cos\theta_{2N} + \frac{\lambda}{2} = [m_0 - (N-1)]\lambda$$

由以上两式可得

$$2nh(1-\cos\theta_{2N})=(N-1+\varepsilon)\lambda \tag{5-27}$$

第 N 个亮环对透镜中心的张角 θ_{1N} 满足

$$n_0\sin\theta_{1N}=n\sin\theta_{2N}$$

一般情况下，θ_{1N} 和 θ_{2N} 都很小，利用折射定律可得

$$\theta_{2N}\approx n_0\theta_{1N}/n$$

$$1-\cos\theta_{2N}\approx\theta_{2N}^2/2\approx n_0^2\theta_{1N}^2/(2n^2)$$

将上两式代入式(5-26)和式(5-27)可得

$$\theta_{1N}\approx\frac{1}{n_0}\sqrt{\frac{n\lambda(N-1+\varepsilon)}{h}} \tag{5-28}$$

相应的第 N 条纹的半径为

$$r_N=f\tan\theta_{1N}\approx f\theta_{1N}$$

其中，f 为透镜的焦距。所以

$$r_N=\frac{f}{n_0}\sqrt{\frac{n\lambda(N-1+\varepsilon)}{h}} \tag{5-29}$$

相邻条纹的间距为

$$e_N=r_{N+1}-r_N\approx\frac{f}{2n_0}\sqrt{\frac{n\lambda}{h(N-1+\varepsilon)}} \tag{5-30}$$

上式表明：平板越厚条纹也越密，离中心越远(N 越大)条纹越密。因此，等倾干涉花样是一组中心疏而边缘密的同心圆环，如图 5-10 所示。

3）透射光的等倾干涉条纹

如图 5-11 所示，由光源发出的入射光经平板产生的两支透射光在透镜焦平面上同样可以产生干涉。

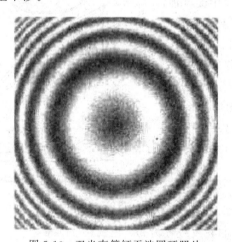

图 5-10 双光束等倾干涉圆环照片

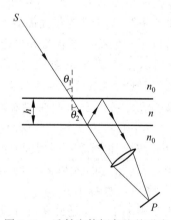

图 5-11 透射光等倾条纹的形成

由于两支透射光之间没有附加的半波损失，其光程差为

$$\Delta=2nh\cos\theta_2 \tag{5-31}$$

对应于光源 S 发出的同一入射角的光束，经平板产生的两支透射光和两支反射光的光程差恰好相差 $\lambda/2$，相位差相差 π。因此，透射光与反射光的等倾干涉条纹是互补的，即对应

反射光干涉条纹的亮条纹,在透射光干涉条纹中恰恰是暗条纹,反之亦然。

应当指出,当平板表面的反射率低时,两支透射光的强度相差很大,因此条纹的可见度很低,而反射光的等倾干涉条纹可见度要大得多。对于空气-玻璃界面,接近正入射时所产生的两反射光相对光强和对应的等倾条纹的强度分布如图 5-12(a)、(b)所示,两透射光相对光强和对应的等倾条纹的强度分布如图 5-12(c)、(d)所示。所以,在平行板表面反射率较低的情况下,通常应用的是反射光的等倾干涉。

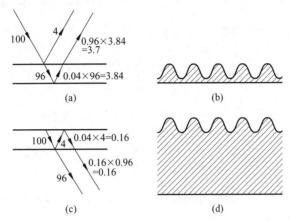

图 5-12　平行平板的反射光和透射光等倾条纹的强度分布

2. 等厚干涉

1）楔形平板产生的等厚干涉

如图 5-13 所示,当平行光投射到厚度很薄、夹角很小的楔形平板表面时,由上、下两表面反射的光在上表面相遇产生干涉,在上表面任意点 C 处相遇的两相干光的光程表达式可近似地表示为

$$\Delta = 2nh\cos\theta_2 + \frac{\lambda}{2} \tag{5-32}$$

或

$$\Delta = 2h\sqrt{n^2 - n_0^2\sin^2\theta_1} + \frac{\lambda}{2} \tag{5-33}$$

上式在形式上与等倾干涉的光程差表达式相同,所不同的是式中的厚度 h 不是常数,而入射角或折射角为常数。

由式(5-33)可知,如果所研究的楔形平板的折射率是均匀的,那么平板表面各点对应的光程差就只依赖于所在处平板的厚度。因此,干涉条纹,即等光强度线,与平板上厚度相同点的轨迹(等厚线)相对应,这种条纹称为等厚条纹。

楔形平板上厚度相同点的轨迹是平行于楔棱的直线,所以楔形平板表面的等厚条纹是一些平行于楔棱的等距直线,如图 5-14 所示。

实际上采用最多的是正入射方式,即 $\theta_1 = \theta_2 = 0$,此时,光程差表达式为

$$\Delta = 2nh + \frac{\lambda}{2} \tag{5-34}$$

相邻亮条纹或暗条纹对应的光程差相差一个波长

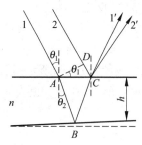

图 5-13　等厚干涉原理图

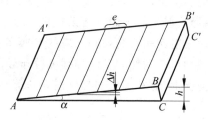

图 5-14　楔形平板所形成的干涉条纹

$$亮条纹：\begin{cases} 2nh_m + \dfrac{\lambda}{2} = m\lambda \\ 2nh_{m+1} + \dfrac{\lambda}{2} = (m+1)\lambda \end{cases} \qquad 暗条纹：\begin{cases} 2nh_m + \dfrac{\lambda}{2} = \left(m + \dfrac{1}{2}\right)\lambda \\ 2nh_{m+1} + \dfrac{\lambda}{2} = \left(m + \dfrac{3}{2}\right)\lambda \end{cases}$$

所以相邻亮条纹或暗条纹对应的厚度差为

$$\Delta h = h_{m+1} - h_m = \frac{\lambda}{2n} \tag{5-35}$$

由图 5-14 可以看出，在楔形平板的楔角 α 很小时，楔形平板相邻亮条纹或暗条纹之间的距离，即条纹间距可表示为

$$e = \frac{\Delta h}{\alpha} = \frac{\lambda}{2n\alpha} \tag{5-36}$$

上式表明，条纹间距不仅与楔形平板的楔角 α 有关，还与光波波长 λ 有关。楔角 α 小，条纹间距大；反之，楔角 α 大，条纹间距小。因此，随着楔角 α 增大，条纹间距变小，条纹将向棱边方向移动。波长较长的光形成的条纹间距较大，波长短的光形成的条纹间距小。因此，当使用白光光源时，除厚度等于零的棱边为零级暗条纹外，其他各级条纹将发生色散，并有一定的色序。对同一干涉级次，在厚度增加的方向上，干涉花样的彩色将是由紫色逐渐变为红色。白光条纹的这两个特点，可用来确定零光程差位置和按颜色来估计光程差的大小。色散随级次增高而加大，结果只有在靠近楔棱的很少几级能看到彩色条纹，较高级次处则因各色光的交叠混合而使得色彩和条纹均消失。

2）牛顿环

在焦距很大的平凸透镜与一标准平板玻璃组成的牛顿环装置（如图 5-15 所示）中，在球面和平面之间将形成一层薄空气间隙，间隙厚度 h 是随离开透镜顶点 C 的距离而变的。由于透镜表面是半径为 R 的球面，因此等厚线是以 C 为中心的圆。

当光垂直入射时，由透镜曲面和标准平板表面反射的光将发生干涉形成等厚干涉花样。由于等厚线是圆，因此，由这样的装置所产生的干涉花样是一组以 C 为中心的同心圆环，称作牛顿环，如图 5-16 所示。

牛顿环的形状与等倾圆条纹相同，但牛顿环内圈的干涉级次小，外圈的干涉级次大，恰与等倾圆条纹相反。由式(5-32)可知，越向边缘，厚度 h 越大，光程差也越大。假设第 m 级干涉环的半径为 r_m，而透镜的曲率半径为 R，一般情况，$r_m \ll R$，则由图 5-15 的几何关系，得对应的厚度为

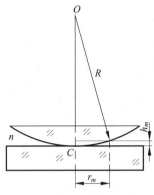

图 5-15 牛顿环的形成

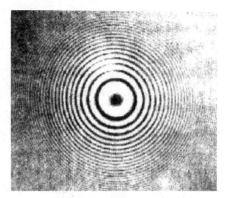

图 5-16 牛顿环的照片

$$h_m = R - \sqrt{R^2 - r_m^2} = R - R\sqrt{1 - r_m^2/R^2}$$

$$\approx R - R\left(1 - \frac{r_m^2}{2R^2}\right) = \frac{r_m^2}{2R} \tag{5-37}$$

将上式代入反射光的 m 级暗条纹的条件

$$2nh_m + \frac{\lambda}{2} = (2m+1)\frac{\lambda}{2}, \quad m = 0,1,2,\cdots \tag{5-38}$$

得 m 级暗条纹的半径为

$$r_m = \sqrt{\frac{mR\lambda}{n}} \tag{5-39}$$

其中,n 为透镜和标准平板之间的介质折射率。在上面的讨论中,介质是空气,故 $n=1$。由此,可利用牛顿环来测量透镜的曲率半径 R。

同样可得无半波损失的透射光 m 级亮纹的半径

$$r_m = \sqrt{mR\lambda} \tag{5-40}$$

显然透射光的干涉条纹的明暗情形与反射光干涉条纹相反。在牛顿环中心($h=0$)处,由于两反射光的光程差(计及半波损失)为 $\Delta = \lambda/2$,所以是一个暗点,而在透射光方向上可以看到一个强度互补的干涉图样,这时的牛顿环中心是一个亮点。

牛顿环除了用于测量透镜曲率半径 R 外,还常用来检验光学零件的表面质量。常用的"玻璃样板检验法"就是利用与牛顿环类似的干涉条纹。这种条纹形成在样板和待测零件表面之间的空气层上,俗称"光圈"。根据光圈的形状、数目以及用手加压后条纹的移动,就可以检验出零件的偏差。例如,当条纹是图 5-17(b)所示的同心圆环时,表示没有局部误差。假设零件表面的曲率半径为 R_1,样板的曲率半径为 R_2,如图 5-17(a)所示,则两表面曲率差 $\Delta c = 1/R_1 - 1/R_2$,由其几何关系有

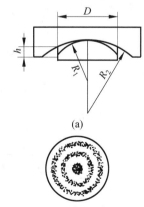

图 5-17 "玻璃样板法"检验光学零件表面质量

$$h = \frac{D^2}{8}\left(\frac{1}{R_1} - \frac{1}{R_2}\right) = \frac{D^2}{8}\Delta c \tag{5-41}$$

如果零件直径 D 内含有 N 个暗光圈,则由式(5-38)可得

两表面所夹空气层的最大厚度为

$$h = N \frac{\lambda}{2}$$

所以

$$N = \frac{D^2}{4\lambda} \Delta c \qquad (5\text{-}42)$$

在光学设计中,可以按上式换算光圈数与曲率差之间的关系。

5.3 多光束干涉

5.3.1 平行平板的多光束干涉

如图 5-18 所示,由于光束在平板内会不断地反射和折射,这种多次反射和折射对于反射光和透射光在无穷远或透镜焦平面上的干涉都有贡献。因此,在讨论干涉现象时,应考虑板内多次反射和折射的效应,即多光束干涉。

上一节讨论了平行平板的双光束干涉现象,实际上它只是在表面反射率较小情况下的一种近似处理。例如,对于平板玻璃($n=1.52$)来说,在正入射下它每一个表面的反射率 R 约为 4%。如果假设入射光强为 100%,则第一条反射光线的光强为 4%,第二条的光强为 3.7%,而第三条的光强为 0.006%……。由此可见,第一条与第二条的光强接近相等。但第三条的光强几乎降低三个数量级,因此完全可以忽略第三条及其以后各条光线的影响,也就是说,这种情况下用双光束来近似处理就足够了。但是,当表面反射率相当高时,情况就不一样了。例如,当每一个表面的反射率 R 为 90% 时,如果仍假设入射光强为 100%,那么第一条透射光线的光强为 1%,第二条的光强为 0.81%,第三条的光强为 0.66%,第四条的光强为 0.53%……。在这种情况下,虽然各条的光强是递减的,但相邻两条之间光强差并不是太大,因此,必须考虑多光束产生的干涉效应。

现在推导如图 5-19 所示的透镜焦平面上干涉条纹的光强分布公式。

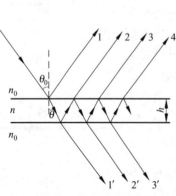

图 5-18 光束在平行平板内的多次反射和折射

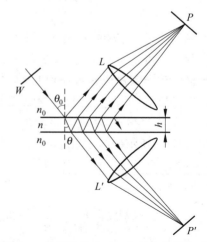

图 5-19 在透镜焦平面上产生的多光束干涉

干涉场上任意点 P 对应相互平行的多光束的相干叠加,设多光束的出射角为 θ_0,在平板内的入射角为 θ,相继两束光(除了第一束光)的光程差为

$$\Delta = 2nh\cos\theta \tag{5-43}$$

对应的相位差为

$$\varphi = \frac{2\pi\Delta}{\lambda} = \frac{4\pi}{\lambda}nh\cos\theta \tag{5-44}$$

假设 E_{0i} 为入射光电矢量的复振幅,若光从周围介质射入平板时的反射系数为 r,透射系数为 t,光从平板射出时的反射系数为 r',透射系数为 t',则从平板反射出的各个光束的复振幅分别为

$$E_{01r} = rE_{0i}$$
$$E_{02r} = r'tt'E_{0i}\exp(\mathrm{i}\varphi)$$
$$\vdots$$
$$E_{0lr} = tt'r'^{(2l-3)}E_{0i}\exp[\mathrm{i}(l-1)\varphi]$$
$$\vdots$$

P 点的合成光矢量为

$$E_{0r} = E_{01r} + \sum_{l=2}^{\infty}E_{0lr} = E_{01r} + \sum_{l=2}^{\infty}tt'r'^{(2l-3)}E_{0i}\exp[\mathrm{i}(l-1)\varphi]$$

$$= E_{01r} + r'tt'E_{0i}\exp(\mathrm{i}\varphi)\sum_{l=0}^{\infty}r'^{2l}\exp(\mathrm{i}l\varphi) \tag{5-45}$$

根据菲涅耳公式可以证明 r、r'、t 和 t' 之间的关系为

$$r = -r' \tag{5-46}$$
$$tt' = 1 - r^2 \tag{5-47}$$

并且 r、r'、t 和 t' 与反射率 R 和透射率 T 之间有如下关系:

$$r^2 = r'^2 = R \tag{5-48}$$
$$tt' = 1 - R = T \tag{5-49}$$

利用数学恒等式

$$\sum_{n=0}^{\infty}x^n = \frac{1}{1-x}$$

在反射光数目很大的情况下可将式(5-45)化简为

$$E_{0r} = \frac{[1-\exp(\mathrm{i}\varphi)]\sqrt{R}}{1-R\exp(\mathrm{i}\varphi)}E_{0i} \tag{5-50}$$

由上式可得反射光在 P 点的光强为

$$I_r = \frac{F\sin^2\dfrac{\varphi}{2}}{1+F\sin^2\dfrac{\varphi}{2}}I_i \tag{5-51}$$

其中

$$F = \frac{4R}{(1-R)^2} \tag{5-52}$$

用类似的方法可得透射光在 P' 点处的光强

$$I_t = \frac{T^2}{(1-R)^2 + 4R\sin^2\dfrac{\varphi}{2}} I_i \tag{5-53}$$

利用无吸收时 $T = 1-R$ 可得

$$I_t = \frac{1}{1 + F\sin^2\dfrac{\varphi}{2}} I_i \tag{5-54}$$

式(5-51)和式(5-54)为反射光干涉场和透射光干涉场的强度分布公式,通常称为艾里(Airy)公式。

5.3.2 多光束干涉条纹的特性

尽管多光束干涉的基本原理与双光束干涉是相同的,但参与干涉的光束的增多将会使干涉结果产生一些不同于双光束干涉的特性。由艾里公式可以得知多光束干涉图样有如下特性。

1. 等倾性

由艾里公式可以看出,干涉光强随 R 和 φ 变化。在特定的 R 条件下,干涉光强仅随 φ 变化,根据式(5-44),也可以说干涉光强只与光束倾角有关,这正是等倾干涉条纹的特性。因此,平行平板在透镜焦平面上产生的多光束干涉条纹,如同双光束干涉条纹一样,是等倾条纹。当实验装置中的透镜光轴垂直于平板(图 5-20)时,所观察到的等倾条纹仍是一组同心圆环。

2. 互补性

在忽略平板的吸收和其他损耗的情况下,由式(5-51)和式(5-54)可得

$$I_r + I_t = I_i \tag{5-55}$$

该式反映了能量守恒的普遍规律,即反射光强与透射光强之和等于入射光强。若对于某一个方向反射光因干涉加强,则透射光自然因干涉而减弱,反之亦然。也就是说,反射光强分布与透射光强分布互补。

3. 明暗条纹的极值光强

由艾里公式可得知,对于反射光,当 $\varphi = (2m+1)\pi, m = 0,1,2,\cdots$ 时,形成亮条纹,其强度为

$$I_{rM} = \frac{F}{1+F} I_i \tag{5-56}$$

而当 $\varphi = 2m\pi, m = 0,1,2,\cdots$ 时,形成暗条纹,其光强为

$$I_{rm} = 0 \tag{5-57}$$

对于透射光,形成亮条纹和暗条纹的条件分别为

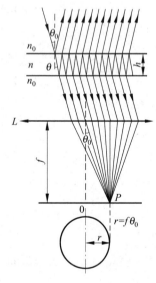

图 5-20　多光束干涉的
实验装置

$$\varphi = 2m\pi, \quad m = 0, 1, 2, \cdots$$

和

$$\varphi = (2m+1)\pi, \quad m = 0, 1, 2, \cdots$$

而光强极大值和极小值分别为

$$I_{tM} = I_i \tag{5-58}$$

和

$$I_{tm} = \frac{1}{1+F} I_i \tag{5-59}$$

可见,不论是在反射光或透射光方向,形成亮条纹和暗条纹的条件与前面讨论双光束干涉时在相应方向形成亮、暗条纹的条件相同,因此条纹的整体形状、明暗位置及疏密分布是完全相同的。

应当说明的是,在前面讨论平行平板的双光束干涉时,两反射光的光程差计入了第一束反射光半波损失的贡献,表示式为式(5-21),而在讨论平行平板多光束干涉时,除了第一个反射光外,其他相邻两反射光间的光程差均为式(5-43),对于第一束反射光的特殊性已由菲涅耳系数 $r = -r'$ 表征了。因此,这里得到的光强分布极值条件,与只考虑前两束反射光时的双光束干涉条件实际上是相同的,干涉条纹的分布也完全相同。

4. 反射率对干涉条纹对比度和锐度的影响

干涉条纹的对比度与反射率有关。在不同表面反射率 R 的情况下,透射光强度的分布如图 5-21 所示,图中横坐标是相邻两透射光束间的相位差 φ,纵坐标为相对光强。由反射光与透射光的互补性可知,图中曲线与水平虚线 $I_t/I_i = 1$ 之间的纵坐标则代表反射光条纹的强度随相位差 φ 的变化。

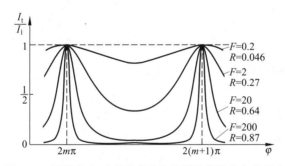

图 5-21 反射率 R 对多光束干涉的透射光强分布的影响

由式(5-56)和式(5-57)可得反射光条纹对比度为

$$V_r = 1$$

由式(5-58)和式(5-59)可得透射光条纹对比度为

$$V_t = \frac{F}{2+F} = \frac{2R}{1+R^2}$$

可见,V_t 恒小于1,但这并不意味着透射条纹的实用性差于反射条纹。由图 5-21 可知,当 R 增大时,反射条纹的亮线越来越宽,而透射条纹的亮线则越来越窄。当 $R \to 1$ 时,反射条纹是亮背景上的一组很细的暗纹,透射条纹则是暗背景上一组很细的亮纹,而且此时 $V_t \to 1$,后者比前者更容易观察和识别,故对高反射率平板通常应用透射条纹。

由图 5-21 可知光强分布与反射率 R 有关。R 很小时，F 远小于 1，可将式(5-51)和式(5-54)展开，只保留 F 的一次项

$$\frac{I_r}{I_i} \approx F\sin^2\frac{\varphi}{2} = \frac{F}{2}(1-\cos\varphi)$$

$$\frac{I_t}{I_i} \approx 1 - F\sin^2\frac{\varphi}{2} = 1 - \frac{F}{2}(1-\cos\varphi)$$

容易证明，上两式正是反射光和透射光中前两束光干涉条纹的强度分布，因此，当反射率 R 很小时可以只考虑前面两束光的干涉。但是，当反射率 R 增大时，情况就有很大的不同。

控制 R 的大小，可以改变光强的分布。当 R 很小时，干涉光强的变化不大，即干涉条纹的可见度很低。当 R 增大时，透射光暗条纹的强度降低，条纹可见度提高。

条纹锐度也与反射率 R 有关。随着 R 增大，极小值下降，亮条纹宽度变窄。但因透射光强的极大值与 R 无关，所以，在 R 很大时，透射光的干涉条纹是在暗背景上的细亮条纹。与此相反，反射光的干涉条纹则是在亮背景上的细暗条纹，由于它不易辨别，故极少应用。

能够产生极明锐的透射光干涉条纹，是多光束干涉的最显著和最重要的特点。

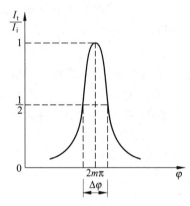

图 5-22　透射光干涉条纹的半宽度

透射光干涉条纹的锐度可以用它们的半宽度来表示。所谓半宽度是指亮条纹中强度等于峰值强度一半的两点间的相位差，记为 $\Delta\varphi$，如图 5-22 所示。对于第 m 级条纹，两半强度点对应的相位差为

$$\varphi = 2m\pi \pm \frac{\Delta\varphi}{2}$$

将上式代入式(5-54)，得

$$\frac{1}{1+F\sin^2\dfrac{\Delta\varphi}{4}} = \frac{1}{2}$$

当 $\Delta\varphi$ 很小时，有

$$\sin\frac{\Delta\varphi}{4} \approx \frac{\Delta\varphi}{4}$$

由上两式可得条纹半宽度为

$$\Delta\varphi = \frac{4}{\sqrt{F}} = \frac{2(1-R)}{\sqrt{R}} \tag{5-60}$$

条纹的锐度也常用相邻两条纹中心的相位差 2π 和条纹半宽度 $\Delta\varphi$ 之比来表示，称为条纹的精细度 N，即

$$N = \frac{2\pi}{\Delta\varphi} = \frac{\pi\sqrt{F}}{2} = \frac{\pi\sqrt{R}}{1-R} \tag{5-61}$$

由式(5-60)和式(5-61)可见，当反射率 $R\to 1$ 时，条纹变得越来越细，条纹的锐度越来越好，如图 5-23 所示。这对于测量工作是非常有利的，一般情况下，两光束干涉条纹的读数精确度为条纹间距的 1/10；但对于多光束干涉条纹，不难达到条纹间距的 1/100，甚至 1/1000。因此，常利用多光束干涉装置来进行比较精密的测量，如在光谱技术中测量光谱线的精细结构，在精密光学加工中检验高质量玻璃平板等。

5. 平行平板的滤波特性

由式(5-44)可知,在平行板的结构(n,h)给定,入射光方向一定的情况下,相位差φ只与光波长λ有关,只有波长满足$\varphi=2m\pi$的光才能最大地透过该平行平板。所以,平行平板具有滤波特性。式(5-44)可改写为

$$\varphi=\frac{4\pi}{c}nh\nu\cos\theta \tag{5-62}$$

图 5-24 给出了I_t/I_i随频率变化的曲线,平行平板的滤波特性是显而易见的。

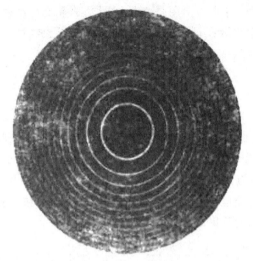

图 5-23　高反射率$(R>0.9)$多光束干涉透射
　　　　　圆环条纹照片

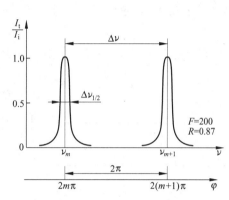

图 5-24　平行平板的滤波特性

通常将对应于条纹半宽度$\Delta\varphi$的频率范围$\Delta\nu_{1/2}$称为滤波带宽,由式(5-62)得

$$\Delta\nu_{1/2}=\frac{c\,\Delta\varphi}{4\pi nh\cos\theta}$$

将式(5-60)代入上式,得

$$\Delta\nu_{1/2}=\frac{c(1-R)}{2\pi nh\sqrt{R}\cos\theta} \tag{5-63}$$

由$\nu_m=c/\lambda_m$,得

$$|\Delta\nu|=\frac{c}{\lambda_m^2}\Delta\lambda_m$$

λ_m对应$\varphi=2m\pi$,有

$$\lambda_m=\frac{2nh\cos\theta}{m}$$

所以

$$(\Delta\lambda_m)_{1/2}=\frac{2nh(1-R)\cos\theta}{m^2\pi\sqrt{R}}=\frac{\Delta}{m^2N}=\frac{\lambda_m}{mN} \tag{5-64}$$

通常称$(\Delta\lambda_m)_{1/2}$为透射带的波长半宽度。显然,R越大,N越大,相应的$(\Delta\lambda_m)_{1/2}$越小。

5.4 光 学 薄 膜

光学薄膜是多光束干涉应用的一个具体实例。所谓光学薄膜,是指在一块透明的平整玻璃基片或金属光滑表面上,用物理或化学的方法涂敷的单层或多层透明介质薄膜。若为厚度均匀的薄膜,则可利用在薄膜上、下表面反射光干涉相长或相消的原理,使反射光得到增强或减弱,制成光学元件增透膜或增反膜。它的基本作用是满足不同光学系统对反射率和透射率的不同要求。本节主要是应用多光束干涉原理来讨论光学薄膜系统的光学性质。

5.4.1 单层光学薄膜

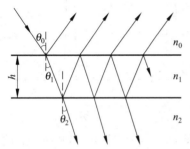

图 5-25　单层介质膜的反射与透射

如图 5-25 所示,单层光学薄膜是在折射率为 n_2 的基片上只镀一层折射率为 n_1、厚度为 h 的介质薄膜。当光束由折射率为 n_0 的介质入射到薄膜上时,将在膜内产生多次反射,并且在薄膜的两表面上有一系列相互平行的光束射出,采用类似于平行平板多光束干涉的处理方法,可以得到单层膜的反射系数(不同于单个表面的反射系数)为

$$r=\frac{E_{0r}}{E_{0i}}=\frac{r_1+r_2\exp(i\varphi)}{1+r_1r_2\exp(i\varphi)}=|r|\exp(i\varphi_r) \quad (5\text{-}65)$$

其中,r_1 是薄膜上表面的反射系数,r_2 是薄膜下表面的反射系数,φ 是相邻两出射光束间的相位差,且有

$$\varphi=\frac{4\pi}{\lambda}n_1h\cos\theta_1 \qquad (5\text{-}66)$$

φ_r 是单层膜反射系数的相位因子,由下式决定

$$\tan\varphi_r=\frac{r_2(1-r_1^2)\sin\varphi}{r_1(1+r_2^2)+r_2(1+r_1^2)\cos\varphi}$$

用这种方法,可以把薄膜的上、下两个表面用一个等效分界面来表示。这个等效分界面的振幅反射比 r 由式(5-65)所决定。因此,薄膜的反射率 R,或者说这个等效分界面的反射率 R 为

$$R=\left|\frac{E_{0r}}{E_{0i}}\right|^2=rr^*=\frac{r_1^2+r_2^2+2r_1r_2\cos\varphi}{1+r_1^2r_2^2+2r_1r_2\cos\varphi}$$

推导中利用了公式

$$\cos\varphi=\frac{\exp(i\varphi)+\exp(-i\varphi)}{2}$$

当光束正入射到薄膜上时,由菲涅耳公式可得薄膜两表面的反射系数分别为

$$r_1=\frac{n_0-n_1}{n_0+n_1}$$

$$r_2 = \frac{n_1 - n_2}{n_1 + n_2}$$

对应的单层膜的反射率 R 为

$$R = \frac{(n_0 - n_2)^2 \cos^2 \dfrac{\varphi}{2} + \left(\dfrac{n_0 n_2}{n_1} - n_1\right)^2 \sin^2 \dfrac{\varphi}{2}}{(n_0 + n_2)^2 \cos^2 \dfrac{\varphi}{2} + \left(\dfrac{n_0 n_2}{n_1} + n_1\right)^2 \sin^2 \dfrac{\varphi}{2}} \qquad (5\text{-}67)$$

上式表明,对于一定的基片和介质膜,n_0 和 n_2 为常数,R 随 φ(即随 $n_1 h$)变化。图 5-26 给出了 $n_0 = 1, n_2 = 1.5$,对给定波长 λ_0 和不同折射率 n_1 的介质膜,按式(5-67)计算出的单层膜反射率 R 随膜层光学厚度 $n_1 h$ 的变化曲线。

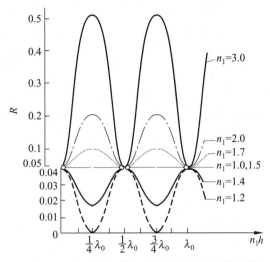

图 5-26 介质膜反射率随光学厚度的变化曲线

由图 5-26 单层膜反射率 R 随膜层光学厚度 $n_1 h$ 的变化曲线可得如下结论:

(1)当 $n_1 = n_0$ 或 $n_1 = n_2$ 时,R 和未镀膜时的反射率 R_0 一样。

$$R_0 = \left(\frac{n_0 - n_2}{n_0 + n_2}\right)^2$$

(2)当 $n_1 < n_2$ 时,$R < R_0$,即该单层膜的反射率较之未镀膜时减小,透过率增大,即该膜具有增透的作用,称为增透膜。当 $n_1 > n_2$ 时,$R > R_0$,即该单层膜的反射率较之未镀膜时增大,透过率减小,即该膜具有增反的作用,称为增反膜。

(3)当光学厚度 $n_1 h = 2m\lambda_0/4 = m\lambda_0/2, m = 1, 2, \cdots$ 时,$\sin^2(\varphi/2) = 0$,有 $R = R_0$。这说明,当薄膜的光学厚度 nh 为 $\lambda_0/4$ 的偶数倍或半波长 $\lambda_0/2$ 的整数倍时,薄膜层对光的反射毫无影响,好像根本没有镀膜、光是直接从折射率为 n_0 的介质入射到折射率为 n_2 的基底上一样。

(4)当光学厚度 $n_1 h = (2m+1)\lambda_0/4, m = 1, 2, \cdots$ 时,$\cos^2(\varphi/2) = 0$,由式(5-67)得反射率为

$$R = \left(\frac{n_0 n_2 - n_1^2}{n_0 n_2 + n_1^2}\right)^2 = \left(\frac{n_0 - n_1^2/n_2}{n_0 + n_1^2/n_2}\right)^2$$

进一步考察当 $n_1 < n_2$ 时,反射率最小,有最好的增透效果。此时,$R = R_{\mathrm{m}}$,其表达式为

$$R_{m} = \left(\frac{n_0 n_2 - n_1^2}{n_0 n_2 + n_1^2}\right)^2 = \left(\frac{n_0 - n_1^2/n_2}{n_0 + n_1^2/n_2}\right)^2$$

由上式可知,当 $n_1 = \sqrt{n_0 n_2}$ 时,$R_m = 0$,此时达到完全增透的效果。在 $n_0 = 1$,$n_2 = 1.5$ 的情况下,要实现 $R_m = 0$,就应选取 $n_1 = 1.22$ 的镀膜材料。折射率如此低的镀膜材料至少目前还未找到。现在经常采用氟化镁($n = 1.38$)材料镀制单层增透膜,其最小反射率 $R_m \approx 1.3\%$。

上述结果是对一个给定的单层增透膜,仅对某一波长 λ_0 才为 R_m,对于其他波长,由于该膜层的光学厚度不是它们的 1/4 或其奇数倍,增透效果要差一些。此时,只能按式(5-67)对这些波长的反射率进行计算。

当 $n_1 > n_2$ 时,反射率最大,$R = R_M$,有最好的增反效果。这个最大反射率为

$$R_M = \left(\frac{n_0 n_2 - n_1^2}{n_0 n_2 + n_1^2}\right)^2 = \left(\frac{n_0 - n_1^2/n_2}{n_0 + n_1^2/n_2}\right)^2 \qquad (5\text{-}68)$$

尽管该式在形式上与 R_m 相同,但因 n_1 值不同,对应的反射率 R,一个是最大,一个是最小。对于经常采用的增反膜材料硫化锌,其折射率为 2.35,相应的单层增反膜的最大反射率为 33%。

可以看出,当薄膜的光学厚度 nh 为 $\lambda_0/4$ 的奇数倍时(一般 $nh = \lambda_0/4$),薄膜的反射率 R 有极大值或极小值。但究竟是极大还是极小,要看膜层材料的折射率是大于还是小于基底折射率 n_2,换句话说,要依(n_1/n_2)是大于 1 还是小于 1 而定。

5.4.2 多层光学薄膜

单层膜的功能有限,通常只用于一般的增反、增透和分束。为满足更高的光学特性要求,实际上更多地采用多层膜系。

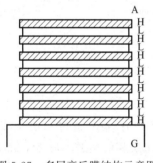

图 5-27 多层高反膜结构示意图

常用的多层高反膜是由光学厚度 nh 都是 $\lambda_0/4$ 的高折射率膜层和低折射率膜层交替镀制的膜系,如图 5-27 所示,这样的多层高反射膜可用下面的符号来表示:

$$\text{GHLHL}\cdots\text{HLHA} = \text{G(HL)}^p\text{HA}$$

其中,G 代表基底,A 为空气,H 代表光学厚度为 $\lambda_0/4$ 的高折射率膜层,其材料一般为硫化锌(ZnS),折射率 $n_H = 2.34$;L 代表光学厚度为 $\lambda_0/4$ 的低折射率膜层,材料一般为氟化镁(MgF$_2$),折射率 $n_L = 1.38$。这样的多层反射膜共有($2p+1$)层膜,其中与基底 G 以及空气 A 相邻的都是高折射率膜层 H。

在讨论多层反射膜的反射率 R 之前,首先介绍一下关于等效折射率的概念。前面我们曾经提到,单层薄膜的上、下两个表面可用一个等效分界面来表示,其振幅反射比 r 由式(5-65)决定,由此可以求出光入射到这一等效反射面上的反射率 R。

对于 $\lambda_0/4$ 单层光学薄膜,式(5-67)可得其反射率 R 为

$$R = \left(\frac{n_0 - n_1^2/n_2}{n_0 + n_1^2/n_2}\right)^2$$

令

$$n_{\mathrm{I}} = \frac{n_1^2}{n_2} \qquad\qquad (5\text{-}69)$$

有

$$R = \left(\frac{n_0 - n_{\mathrm{I}}}{n_0 + n_{\mathrm{I}}}\right)^2 \qquad\qquad (5\text{-}70)$$

上式表明，入射在折射率为 n_1 的 $\lambda_0/4$ 膜层上的光的反射率与入射在折射率为 n_{I} 的单个分界面上的反射率是相同的。从这个意义上讲，光入射在折射率为 n_1 的 $\lambda_0/4$ 膜层上与入射在折射率为 n_{I} 的单个分界面上完全等效，如图 5-28 所示。因此，由式(5-69)所定义的折射率 n_{I} 就称为等效折射率。利用等效分界面和等效折射率的概念，可以将多层膜问题简化成单层膜来处理。

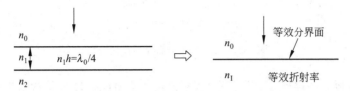

图 5-28　等效分界面

现在借助于等效分界面和等效折射率来讨论 $\lambda_0/4$ 多层高反射膜的反射率 R。

我们知道，镀膜总是在基底上一层一层顺序往上镀的，基底的折射率为 n_2，空气的折射率为 n_0，当在基底上首先镀了一层 $\lambda_0/4$ 高折射率膜层 H 之后，如图 5-29(a)所示，则薄膜的反射率 R_1 为

$$R_1 = \left(\frac{n_0 - n_{\mathrm{I}}}{n_0 + n_{\mathrm{I}}}\right)^2 \qquad\qquad (5\text{-}71)$$

其中

$$n_{\mathrm{I}} = \frac{n_{\mathrm{H}}^2}{n_2} \qquad\qquad (5\text{-}72)$$

为单层膜 H 的等效折射率，如图 5-29(b)所示。在此基础上，再镀一层 $\lambda_0/4$ 低折射率膜层 L，构成 HL 层。实际上这等效于在折射率为 n_{I} 的表面镀上一层 L 层，如图 5-29(c)所示。此时双层膜 HL 的反射率 R_2 为

$$R_2 = \left(\frac{n_0 - n_{\mathrm{II}}}{n_0 + n_{\mathrm{II}}}\right)^2 \qquad\qquad (5\text{-}73)$$

其中

$$n_{\mathrm{II}} = \frac{n_{\mathrm{L}}^2}{n_{\mathrm{I}}} = \frac{n_{\mathrm{L}}^2}{n_{\mathrm{H}}^2} n_2 \qquad\qquad (5\text{-}74)$$

为双层膜 HL 的等效折射率，如图 5-29(d)所示。如果再继续交替镀上一层 H 层，构成 HLH 层，实际上又等效于在折射率为 n_{II} 的表面镀上一层 H 层，如图 5-29(e)所示。对于这样一个三层膜 HLH，其反射率 R_3 为

$$R_3 = \left(\frac{n_0 - n_{\mathrm{III}}}{n_0 + n_{\mathrm{III}}}\right)^2 \qquad\qquad (5\text{-}75)$$

其中

$$n_{\text{III}} = \frac{n_{\text{H}}^2}{n_{\text{II}}} = \left(\frac{n_{\text{H}}}{n_{\text{L}}}\right)^2 \frac{n_{\text{H}}^2}{n_2^2} n_2 \tag{5-76}$$

为三层膜 HLH 的等效折射率,如图 5-29(f)所示。镀了以上三层膜后的实际膜层情况如图 5-29(g)所示。由于 $n_{\text{H}} > n_{\text{L}}$,且 $n_{\text{H}} > n_2$,因此,由式(5-76),这样三层膜 HLH 的等效折射率 n_{III},大于基底材料的折射率 n_2,这就是说,HLH 膜系列的反射率 R_3 大于没有镀膜的基底材料 n_2 的反射率。

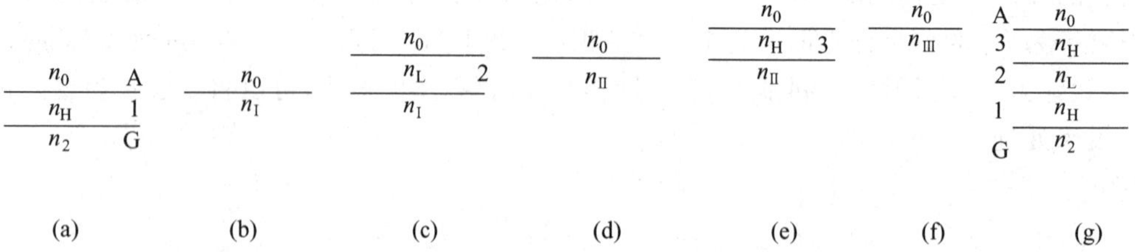

图 5-29　$\lambda_0/4$ 多层高反射膜的分析

按照上述分析方法类推,可以得到 $(2p+1)$ 层薄膜 $(\text{HL})^p\text{H}$ 的等效折射率为

$$n_{2p+1} = \left(\frac{n_{\text{H}}}{n_{\text{L}}}\right)^{2p} \frac{n_{\text{H}}^2}{n_2^2} n_2 \tag{5-77}$$

此式说明,$\lambda_0/4$ 多层高反膜的层数越多,即 p 越大,则等效折射率也越大。与其相应的 $(2p+1)$ 层 $(\text{HL})^p\text{H}$ 高反膜的反射率 R_{2p+1} 为

$$R_{2p+1} = \left(\frac{n_0 - n_{2p+1}}{n_0 + n_{2p+1}}\right)^2 = \left(\frac{1 - n_0/n_{2p+1}}{1 + n_0/n_{2p+1}}\right)^2 \tag{5-78}$$

当 p 较大时,则 $n_{2p+1} \gg n_0$,因此,利用

$$\frac{1-x}{1+x} \approx (1-x)^2, \quad |x| < 1$$

$$(1-x)^n \approx 1 - nx, \quad |x| < 1$$

可将式(5-78)化简为

$$R_{2p+1} \approx 1 - 4\frac{n_0}{n_{2p+1}} = 1 - 4\left(\frac{n_{\text{L}}}{n_{\text{H}}}\right)^{2p} \frac{n_0 n_2}{n_{\text{H}}^2} \tag{5-79}$$

此式表明,由于 $n_{\text{L}}/n_{\text{H}} < 1$,因此,$\lambda_0/4$ 多层高反膜的层数越多,即 p 越大,那么第二项就越小,多层膜的反射率 R_{2p+1} 就越接近于 1。因此,膜层数越多,多层反射膜的反射率 R 越高。表 5-1 列出了不同层数多层膜的等效折射率、反射率和透射率(不考虑吸收)的计算值。计算数据为:$n_0 = 1$,$n_2 = 1.52$,$n_{\text{H}} = 2.3(\text{ZnS})$,$n_{\text{L}} = 1.38(\text{MgF}_2)$。

表 5-1　不同层数多层膜的等效折射率、反射率和透射率(不考虑吸收)的计算值

膜系	层数	等效折射率	反射率/%	透射率/%
GA	0		4.25	95.75
GHA	1	3.48	30.64	69.36
GHLHA	3	9.67	66.03	33.97
$\text{G(HL)}^2\text{HA}$	5	26.85	86.15	13.85
$\text{G(HL)}^3\text{HA}$	7	74.59	94.78	5.22

膜系	层数	等效折射率	反射率/%	透射率/%
$G(HL)^4HA$	9	207.21	98.09	1.91
$G(HL)^5HA$	11	575.21	99.31	0.69
$G(HL)^6HA$	13	1598.81	99.75	0.25
$G(HL)^7HA$	15	4441.14	99.91	0.09
$G(HL)^8HA$	17	$1.23×10^4$	99.97	0.03
$G(HL)^9HA$	19	$3.43×10^4$	99.99	0.01

需要说明的是,无论单层光学薄膜还是多层光学薄膜,都是利用光的干涉效应来增大或减小反射率,因此,是和光波的波长紧密相关的。前面所讨论的薄膜的反射率都是对一定的中心波长 λ_0 而言的。如果入射光波的波长偏离中心波长,则反射率将随之改变。对于 $\lambda_0/4$ 多层高反射膜来说,如果入射光波偏离中心波长,则反射率要下降,偏离越多,下降越厉害。这就是说,高反膜只在一定的波长范围内产生高反射,关于波长范围的确定这里不再讨论。图 5-30 中给出了几种不同层数的 $ZnS-MgF_2$ $\lambda_0/4$ ($\lambda_0 = 0.46\ \mu m$) 膜系的反射特性曲线。可以看出,随着膜系层数的增加,高反射率的波长区变窄,所对应的波段称为该反射膜系的反射带宽。

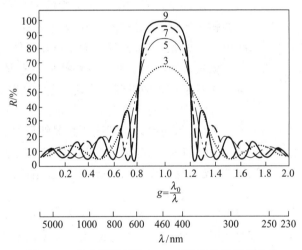

图 5-30　几种不同层数 $\lambda_0/4$ 多层膜的反射率曲线

5.4.3　光学薄膜的应用

高反射膜在现代高科技中应用很广。激光器谐振腔的高反射镜就是在玻璃基片上镀上多层介质膜构成的。对于激光器谐振腔的反射镜(尤其是增益较小的氦氖气体激光器的反射镜),要求很高的反射率和很低的损耗。这是因为反射镜的反射率越大,激光器的平行平面腔的品质因子值就越大。因此对于反射率已高达 99.9% 的高反膜而言,即使是提高 0.01% 的反射率,对输出功率也有很大的贡献。同样,利用增反膜和增透膜原理制成的高反射率多层光学薄膜在激光器、激光陀螺和 DWDM 等现代高科技领域中也得到了广泛的应用。

1. 激光陀螺

作为新一代光学惯性传感器,激光陀螺具有很多传统机电惯性器件无法比拟的优点,已成为国内外惯性器件研制机构竞相研制、生产与装备的新型导航仪器。在激光陀螺中,要获得对转速的高灵敏度,应设法减小在反射镜表面的后向散射,因此就必须使用高反射率的光学薄膜。

激光陀螺是20世纪70年代发展起来的全固态惯性陀螺仪表,具有结构牢固、可靠性高、启动时间短和耐冲击等特性,是非常理想的捷联惯性制导器件。激光陀螺的工作原理基于SAGNAC效应。所谓SAGNAC效应是指在任意几何形状的闭合光路中,从某一观察点出发的一对光波沿相反方向运行一周后又回到该观察点时,它们的相位(或经历的光程)将由于该闭合环行光路相对于惯性空间的旋转而不同。其相位差Δ(或光程差)的大小与闭合光路的转动速率成正比。因此它是以双向行波激光器为核心的量子光学仪表,可以依靠环形行波激光振荡器对惯性角速度进行测量。决定激光陀螺精度和性能最关键的元件之一就是超光滑的反射镜基片。为了减少后向散射损耗,就需要尽可能地提高其反射率,有效的办法之一就是采用多层光学薄膜制成的高增反膜。

SAGNAC效应源于Sagnac研究的旋转环形干涉仪,其基本结构如图5-31所示。

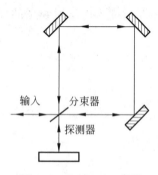

输入　分束器

探测器

图5-31　SAGNAC环形
干涉仪结构图

它由分束器和三个反射镜构成闭合回路,形成两束方向相反的相干光,相干后射向探测器,当整个系统转动时,两束光将产生一定的光程差,光程差大小正比于转动角速度。旋转环形干涉仪这种结构被扩展成各种环形激光器,特别是用于激光陀螺。相对于传统的陀螺仪来说,激光陀螺具有耐冲击振动,无加速度效应,无交叉耦合效应,动态范围大,可靠性好,成本低等优越性,因而被认为是捷联式惯性导航的理想器件。现已用于战术飞机、战术导弹、波音747/757民航机、巡航导弹、火炮基准、反坦克制导和指北仪等,其应用范围正在不断扩大,有着极为广阔的前景。

目前,激光陀螺已广泛应用于航天、航海以及制导等领域。对激光陀螺的角速度测量精度,国外现已公布的高水平零漂值达到了0.0005(°)/h,输入速率动态范围为±1500(°)/s,寿命20万小时以上,输入轴对准稳定度达微弧度量级。

2. 在DWDM中的应用

光纤波分复用特别是密集波分复用(dense wavelength division multiplexed,DWDM)技术,已成为通信系统增加容量的主要手段。DWDM技术的发展成熟,以及各种新型器件的开发,把光纤通信技术推向一个新的发展阶段。随着通信容量需求的进一步增加,ITU-T信道间隔标准由最初的100 GHz减至50 GHz。目前50 GHz的DWDM系统已经商用化,而信道间隔为25 GHz的研究也得到了广泛的关注。用薄膜干涉即窄带滤光片来实现不同通道信号的分波和合波以及信道隔离等,是目前光通信领域中DWDM系统的主要方式。由于DWDM系统对窄带滤光片的技术指标要求越来越高,制成超窄带型的DWDM器件,其复用信道间隔可小于1 nm,因此通常这样的膜系都是三腔或三腔以上、膜层数超过100层的高反射膜、多层结构。如DWDM系统使用的波长间隔为0.8 nm滤波器大约需要

150 层介质薄膜。

1）干涉滤波器

干涉滤波器是多层光学薄膜应用的又一个例子。为得到透射率高且透波带宽窄的滤波片，采用如图 5-32 所示的干涉滤波片，其结构可表示为

$$GH(LH)^p LL(HL)^{p-1} HA$$

其中，G 为基底；A 为空气；H 和 L 代表光学厚度为 $\lambda_0/4$ 的膜层：H 为高折射率膜层，L 为低折射率膜层。

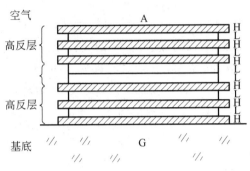

图 5-32　干涉滤波片结构示意图

此多层膜系可视为两组高反射率膜系相对组合在一起构成的。中间的 LL 的光学厚度为 $\lambda_0/2$。根据前面分析单层光学薄膜所得到的结论，当薄膜的光学厚度为半波长 $\lambda_0/2$ 的整数倍时，薄膜对波长为 λ_0 的光毫无影响，好像根本没有膜层存在一样。因此，LL 层对波长为 λ_0 的光完全不起作用，可以略去。当略去中间层 LL 以后，剩下的中间层将成 HH 层，而 HH 层同样是光学厚度为 $\lambda_0/2$ 的膜层，当然也对波长为 λ_0 的光不起作用。于是，HH 层也可略去。一旦略去 HH 层后，中间层又变成 LL 层，照样可略去……依此类推，整个干涉滤光片的膜层对于波长为 λ_0 的光来说都可以略去。其结果是对于波长 λ_0 的光，整个滤光片好像完全没有镀任何膜一样，其透过率相当于光从空气 A 直接照射在基底 G 上。但对于不是 λ_0 而是其他波长的光，则中间层并不满足光学厚度等于半波长的条件，因此，对于其他波长的光透过率迅速下降。于是，滤光片只通过波长 λ_0 的光而滤掉了其他波长的光。干涉滤波片具有透射率大和透射带的波长半宽度窄（见式(5-64)）的优点。

2）分波器/合波器

可实现四个波长分波与合波的干涉膜滤波器的基本结构如图 5-33 所示。在制作干涉膜滤波器时，常用自聚焦透镜（GRIN）作准直器件，直接在自聚焦棒的截面上镀膜形成滤光器，以构成一种结构稳定的小型器件。自聚焦透镜是一种圆柱棒状微光学元件，其折射率分布与自聚焦光纤相同，只是直径远大于光纤芯径。在复用器件中使用的自聚焦透镜，长度应为四分之一节距，这样通过自聚焦透镜和中间的干涉滤光片就可以实现分波和合波。

在图 5-33 中，M_1、M_2 和 M_3 是利用增透膜和增反膜制成的多层干涉滤光器。其中，M_1 对波长为 λ_1 的光波增透、对波长为 λ_2，λ_3，λ_4 的光波增反；M_2 对波长为 λ_2 的光波增透、对波长为 λ_3，λ_4 的光波增反；M_3 对波长为 λ_3 的光波增透、对波长为 λ_4 的光波增反。该系统可用作分波器，也可用作合波器。当作分波器时，包含 λ_1，λ_2，λ_3，λ_4 四种波长的入射光波照射到 M_1，由于 M_1 对 λ_1 是增透膜，对 λ_2，λ_3，λ_4 是增反膜，因此 λ_1 可以透过 M_1，从

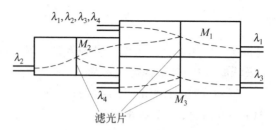

图 5-33　干涉膜滤波器型四波分复用器示意图

入射光中被分离出来；同理，从 M_1 反射来的光波入射到 M_2，M_2 对波长为 λ_2 的光波是增透膜，而对 λ_3，λ_4 则是增反膜，所以对波长为 λ_2 的光波就透过 M_2 被分离出来，而波长为 λ_3，λ_4 的光波被反射到 M_3 表面，经 M_3 分别对波长为 λ_4 的光波增反、对波长为 λ_3 的光波增透，最后 λ_3，λ_4 也被分离开来。当图 5-33 所示系统被用作合波器时，M_1，M_2，M_3 对波长为 λ_1，λ_2，λ_3，λ_4 所起作用相同，只是光波的传输方向相反。

5.4.4　高反射率的测量

反射膜反射率的精确测定，对于进一步提高镀膜工艺，正确选用腔反射镜、改善激光陀螺的性能等都具有重要意义。现在已有多种高精度反射率测量仪器，传统的测量方法有光强法、差动法、谐振腔法三大类。其代表产品分别是中国科学院上海光学精密机械研究所的 GFS 高反射率测量仪，光路为 V-W 型，精度为 $\pm0.05\%$；国防科技大学的 DF 透反仪，采用差动原理，能很好地消除光源起伏，经长期使用表明，精度优于 $\pm0.01\%$；Sanders 提出了一种利用激光谐振腔挑选高反射镜的装置，重复精度为 $\pm0.01\%$。随着镀膜工艺的提高，要求精度更高的测量仪器。但是这些仪器对反射率为 99.999 99% 甚至 99.999 999% 的测量就无能为力了。近年来，随着激光技术的发展，超高反射率的测量方法和精度也在发展和提高。

目前测量超高反射率的方法一般均以光学谐振腔为基础，如利用光延迟线的测量法，光腔衰荡光谱方法及利用光学谐振腔的精细度测定的方法等等。由于激光反射镜对高反膜的反射率要求越来越高（>99.9%），高反射率的测量精度也要求越来越高。对各种测量方法的误差分析直接决定了该测量方法的测量精度。

1. 利用光学谐振腔透射谱线的精细度来测量高反射率

该方法是利用透射谱线的精细度与光学谐振腔的腔镜反射率之间的关系，通过测量透射谱线的精细度来测量腔镜的反射率，并且通过对引入的透射-反射比值谱函数的测量，确定了高反膜镜片的透过率和吸收损耗，测量精度达到 10^{-4} 量级。

精细度的测量直接影响测得的反射率的精确程度，要准确测量，消除误差，需要根据激光束的高斯特性以及 F-P 腔的高斯特性，在 F-P 腔前加匹配透镜进行光束匹配，以使得 F-P 腔的谐振性最好。整个实验系统如图 5-34 所示。

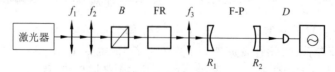

图 5-34　利用精细度测量反射率的装置图

其中激光器提供所需测定反射率的波长；f_1 和 f_2 为调光束透镜，用来调整激光束的高斯形状；B 为格兰棱镜；FR 为法拉第（Faraday）旋光隔离器，防止反射光返回激光器影响激光器的稳定性；f_3 为匹配透镜；F-P 为待测反射镜组成的法布里-珀罗干涉仪；D 为快速光电探测器，在示波器上进行精细度的测量，然后利用 F-P 腔中精细度与反射率的关系测出腔镜的反射率。

使用该方法测量高反射率时，提高测量精度的主要途径是减小除腔镜反射率以外的其他因素对透射谱线精细度的影响。例如入射光与谐振腔的模式匹配对谱线精细度的影响，通过仔细调整谐振腔与入射激光束的模式匹配来消除。同时还应注意，高反膜镜片的非球面误差和镜面粗糙度对谐振腔的透射谱线精细度也有较大影响。

2. 利用光腔衰荡方法测量高反射率

通过测定谐振腔的衰减时间来确定反射率的方法称为衰减时间法，也称为光腔衰荡方法。理论和实验均表明，此方法具有极高的灵敏度，可达 10^{-6} 量级。其基本原理示于图 5-35，其中由待测镜 M 和两个端镜 M_1 和 M_2 构成一个低损耗谐振腔，B 为入射角（正入射测量则采用直腔），脉冲激光经过输入镜 M_2 注入谐振腔，由于腔的损耗，腔中的光能量将不断衰减，此衰减过程由输出镜 M_1 后面的光电系统探测，透射光强的变化规律为

$$I = I_0 \exp(-t/\tau) \tag{5-80}$$

其中，τ 为腔的衰减时间常数，它与腔损耗 δ 的关系为

$$\tau = L/(c\delta) \tag{5-81}$$

其中，L 为腔的光学长度，c 为光速。显然腔损耗越低，衰减时间越长，所以此方法特别适用于低损耗腔的测量。

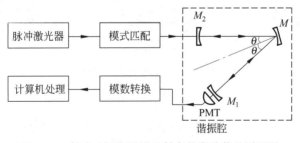

图 5-35　衰减时间法测量反射率的实验装置原理图

δ 主要由腔中最大的损耗因素决定。谐振腔中的损耗因素有几何偏折损耗、衍射损耗、腔中介质的吸收散射损耗和腔镜反射不完全引起的损耗。欲测量腔镜反射率必须使腔内的其他损耗在数量级上较之更低。在满足此条件的情况下，δ 是腔长 L 和腔镜平均反射率 R 的函数。只要测量出光在谐振腔中的损耗时间，即可测出反射率。

图 5-36 是利用折叠衰荡光腔测量反射率的原理图。在折叠衰荡光腔中，腔内损耗由腔内的介质吸收和被测镜的透过损耗产生。我们把待测镜作为原直腔中的一项损耗来测量。由折叠腔的损耗减去直腔的损耗，就得到待测镜的反射率。根据分析，此装置可以检测反射率高达 99.9998% 的腔镜。

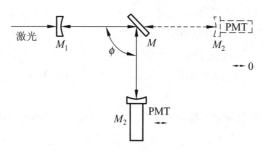

图 5-36　折叠衰荡光腔测量反射率的原理图

5.4.5　周期性介质与光子晶体

　　光学性质具有周期性的介质称为周期性介质。根据周期性的维数可分为一维周期性介质、二维周期性介质和三维周期性介质,如图 5-37 所示。三维周期性介质类似于晶体结构,最简单的周期性介质是一维周期性的层状介质,可由两种高低折射率的透明材料交替排列构成。前面介绍的全介质的高反射率多层膜系就是这种结构的一维周期性介质。从原理上讲,一维周期结构的多层介质膜系,在周期数足够大时,能对中心波长有高反射率,就是利用了各界面的反射光相长干涉而实现的。

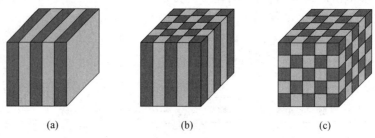

(a)　　　　　　　　　　　(b)　　　　　　　　　　　(c)

图 5-37　周期性介质示意图

(a) 一维光子晶体;(b) 二维光子晶体;(c) 三维光子晶体

　　周期性介质也称为光子晶体(photonic crystals),其周期性尺度具有光波长的数量级。1987 年,美国贝尔通信研究中心的亚伯诺维奇(E. Yablonovitch)和普林斯顿大学物理系的约翰(S. John)在各自研究周期性电介质结构对光传播行为的影响时,几乎同时分别独立地提出了"光子晶体"这一新概念。

　　光子晶体的工作原理可类比于电子带隙晶体。晶体中原子的周期性排列产生了周期性的势场,当电子在这种周期性势场中运动时会受到布拉格散射,从而形成能带结构。带与带之间可能存在带隙,电子波的能量如果落在带隙中,就无法继续传播。类似地,光在周期性介质中传播时,也会呈现出许多独特而非常有用的特性。光波在其中传播时会由于布拉格散射而受到调制而形成能带结构,光子能带之间可能出现带隙(photonic bandgap,PBG),频率在光子禁带内的光子不能通过光子晶体或者在光子晶体内产生的光子不能传输。光子禁带是光子晶体具有的最主要特征,因此被誉为光半导体。借助于光子晶体人类可控制光的传播行为,光子晶体的出现为光子器件和集成光路的实现奠定了基础。由于光子晶体的奇异特性,人们对它潜在的应用前景寄予极大的期望,因此,有关光子晶体的理论研究和实验制作引起了广泛的兴趣,成为世界范围内的研究热点之一。

如同在半导体材料中引入缺陷后电子、空穴能被缺陷俘获一样,如果在光子晶体中引入某种杂质或缺陷,就会在光子禁带内形成新的模式,与缺陷模频率吻合的光子就会被局限于缺陷位置,一旦其偏离缺陷位置,光将迅速衰减,这一特性称为光子局域。理想的光子局域化材料对于其内部的光来说是陷阱,而对于其外部的光则是一个完善的反射体,因此具有重要的应用价值。如果被引入的缺陷是点缺陷,则相当于引入了微腔,处于该缺陷的光子就会被限制在微腔内而不能向任何一个方向传播;如果被引入的缺陷是线缺陷,与其频率相符的光子被局限在线缺陷位置而只能沿线缺陷方向传播,这就相当于引入了一个光波导。如果线缺陷有 90°拐弯,那么光子在传播中将跟着拐弯,如果线缺陷是 Y 形,那么光子在传播中就会被分成 2 路传播。据此可以设计制作无损耗传输的任意角度弯曲的光子晶体波导。总之,通过调节缺陷的结构、大小就能够控制缺陷模在光子带隙中的位置,实现光子局域。

随着光子晶体理论和实验研究的不断进展,尤其是制备方法和技术的提高和完善,光子晶体的应用和器件研究取得了很多成果。以光子晶体为基底的微波天线能在很大程度上提高天线的发射效率;用光子晶体制作的新型光纤比传统光纤在传输效率等方面具有显著的优势;基于光子晶体的全光开关体积小,且全光驱动,比传统全光开关具有更快速的时间响应和更高的开关效率;用光子晶体做成的超棱镜的色散能力比普通棱镜强 $100\sim$ 1000 倍,而体积只有普通棱镜的 1%;利用光子晶体局域光的基本原理制备的光子晶体激光器具有低阈值和便于集成的特点;利用光子晶体对自发辐射的控制作用,则能得到高效的发光二极管;此外,还有光子晶体偏振器、光子晶体滤波器、高性能光子晶体反射镜、光子晶体集成光路等应用。相信在不久的将来,光子晶体还将产生许多新的应用,极大地促进光子学和光子产业的发展。

5.5 典型的干涉仪及其应用

利用光干涉原理制作的各种干涉仪已广泛应用于光学工程中,特别是在光谱学和精密计量及检测仪器中,具有重要的实际应用。本节将介绍三种典型的干涉仪的原理及其应用。

5.5.1 迈克耳孙干涉仪

迈克耳孙(Michelson)干涉仪是利用分振幅法产生双光束干涉的干涉仪,有许多其他的干涉仪都是它的变形。利用迈克耳孙干涉仪可观察等倾干涉条纹和等厚干涉条纹。迈克耳孙干涉仪是迈克耳孙 1881 年为研究"以太"是否存在而设计的,著名的迈克耳孙-莫雷(Morley)实验使寻找绝对参照系"以太"的企图失败了,经典物理学所赖以建立的绝对时空观受到了严重的挑战,为狭义相对论的建立提供了实验基础。

迈克耳孙干涉仪原理图如图 5-38 所示。G_1 和 G_2 是两块折射率和厚度都相同的平行平面玻璃板,分别称为分光板和补偿板,它们彼此互相平行,G_1 的背面有镀银或镀铝的半反射面 A。M_1 和 M_2 是两块平面反射镜,与 G_1 和 G_2 约成 45°。从扩展光源 S 来的光在 G_1

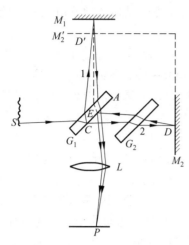

图 5-38　迈克耳孙干涉仪原理图

的半反射面 A 上分为强度相等的反射光 1 和透射光 2。光束 1 射向 M_1，经 M_1 反射后折回再透过 A 进入观察系统 L（人眼或其他观察仪器）；光束 2 通过 G_2 并经 M_2 反射折回到 A，经 A 反射后也进入观察系统 L。两束光由于分自同一束光，因而是相干光束，经 P 叠加后产生干涉花样。

补偿板 G_2 的作用是补偿由于两光路不对称引入的附加光程差。因为，如果没有补偿板 G_2，则由 S 发出的光经 M_1 反射到达 P 将三次通过分光板 G_1，但经 M_2 反射到达 P 则只通过 G_1 一次。加了补偿板 G_2 以后，两路反射光都三次经过相同材料相同厚度的玻璃板，从而"补偿"了两路光程的不对称性。对于单色光照明，这种补偿并非必要，完全可以用光束 2 在空气中的行程补偿。

但对于非单色光源照明，由于分光板玻璃有色散，即对于不同的波长，其折射率不同，因此，对于不同波长的光，在没有补偿板的情况下，两路光的光程将不一样，会引起一个附加的光程差，而这一附加光程差随波长 λ 而变，无法用空气中的行程补偿，它将严重地影响对干涉花样的观察。因此，观察白光条纹时，补偿板不可缺少。

为了更容易地了解这种仪器所形成的干涉图样的性质，可以作出反射镜 M_2 相对于半反射面 A 的虚像 M_2'，M_1 和 M_2 两反射光之间的干涉，实际上可以等效于由实反射平面 M_1 和虚反射平面 M_2' 之间形成的"薄膜"的干涉，其光程差为

$$\Delta = 2h\cos\theta + \frac{\varphi_0}{2\pi}\lambda_0 \tag{5-82}$$

其中，h 为 M_1 和 M_2' 之间的间隔。由于 M_1 和 M_2' 之间的所谓"薄膜"是等效的，在它们之间没有真正的折射，所以 $\theta_0 = \theta$，即不存在折射角和入射角之间的差别。式中的 φ_0 是 M_1 和 M_2 两路光在半反射表面 A 的内、外表面反射时所引起的相位改变，它取决于制作半反射表面 A 的材料的性质。

对于迈克耳孙干涉仪来说，一般有一个平面反射镜（例如 M_2）是固定的，而另一个平面反射镜（例如 M_1）则可用微调螺旋移动，因此，M_1 与 M_2' 之间的距离 h 可以改变。当 M_1 与 M_2 严格垂直时，M_1 与 M_2' 平行，M_1 与 M_2' 之间形成厚度均匀的空气膜，可观察到等倾干涉条纹。当使 M_1 向 M_2' 移动时（虚平板厚度减小），圆环条纹向中心收缩，并在中心一一消失。每移动一个 $\lambda/2$ 的距离，在中心就消失一个条纹。于是，可以根据条纹消失的数目，确定 M_1 移动的距离。根据式(5-30)，此时条纹变粗（因为 h 变小，e 变大），同一视场中的条纹数变少。当 M_1 与 M_2' 完全重合时，因为对于各个方向入射光的光程差均相等，所以视场是均匀的。如果继续移动 M_1，使 M_1 逐渐离开 M_2'，则条纹不断从中心冒出，并且随着虚平板厚度的增大，条纹越来越细且变密。

当 M_1 与 M_2 不严格垂直时，M_1 与 M_2' 之间形成楔形空气膜，可观察到等厚干涉条纹。由于 M_1 和 M_2' 均为平面，因此，所得到的等厚干涉条纹是直线，这些直线和 M_1、M_2' 的交线相平行。与平行平板条纹一样，M_1 每移动一个 $\lambda/2$ 距离，条纹就相应地移动一个。白光条纹只有在楔形虚平板极薄（M_1 与 M_2' 的距离仅为几个波长）时才能观察到，这时的条纹是带

彩色的。如果 M_1 和 M_2' 相交错,交线上的条纹对应于虚平板的厚度 $h=0$。当 G_1 不镀半反射膜时,因在 G_1 中产生内反射的光线 Ⅰ 和产生外反射的光线 Ⅱ 之间有一附加光程差 $\lambda/2$,所以白光条纹是黑色的;镀上半反射膜后,附加光程差与所镀金属及其厚度有关,但通常均接近于零,所以白光条纹一般是白色的。交线条纹的两侧是彩色条纹。

迈克耳孙干涉仪的主要优点是两束相干光完全分开,并可由一个镜子的平移来改变它们的光程差,也可以很方便地在光路中安置测量样品,用以精密测量长度、折射率、光的波长及相干长度等。这些优点使其有许多重要的应用,并且是许多干涉仪的基础。

由于干涉仪能实现光波长量级的测量精度,近年来在精密计量和检测仪器中发挥着越来越大的作用,一个典型应用是 2015 年建造并升级完成的激光干涉引力波天文台(Laser Interferometer Gravitational-Wave Observatory,LIGO)。100 多年前,爱因斯坦提出的广义相对论就预言了引力波的存在,但直到 2015 年,人们才通过激光干涉引力波探测器探测到了引力波,为爱因斯坦的广义相对论提供了有力支撑。LIGO 团队的三名科学家雷纳·韦斯、基普·索恩和巴里·巴里什由于首次直接探测到引力波而获得了 2017 年的诺贝尔物理学奖。

如图 5-39 所示,美国建造 LIGO 主要采用迈克耳孙干涉结构,为了提高探测灵敏度,在两个干涉臂上还采用了法布里-珀罗干涉结构。引力波探测器将两支迈克耳孙干涉臂的光路分别扩展至上千公里,使其能够探测到小于质子直径万分之一的变化,由此探测到宇宙空间中的引力波。实际上,为了确保探测结果的真实性,LIGO 有两台引力波探测器设备,分别位于美国华盛顿州的汉福德和路易斯安那州的列文斯顿。只有当两台设备同时探测到引力波,才能证明探测的信号是真实的。这两台设备相距 3002 km,每个设备都是 L 形的结构。L 形结构的每条臂长约为 4 km,内部含有 1.2 m 宽的真空钢管,同时被 10 ft① 宽、12 ft 高的混凝土防护罩覆盖,以保护真空管不受周围环境影响。

图 5-39　激光干涉引力波天文台(LIGO)

20 世纪 90 年代,美国就已经开始建造 LIGO。一开始由美国国家科学基金会(NSF)资助,加州理工学院(Caltech)和麻省理工学院(MIT)组成 LIGO 联合团队设计、建造并运营。建造完成的 LIGO 于 2002 年投入使用,但受限于探测精度,这个版本的 LIGO 没有探测到引力波。2008 年,LIGO 团队开始升级组件,2010 年,位于汉福德和列文斯顿的 LIGO 结束搜寻,开始被拆解。由此,LIGO 团队开始了大规模的升级改造工作。在此期间,升级 LIGO 的工作先后得到了澳大利亚国立大学和阿德莱德大学等机构以及超过 900 名科学家的支

① 　1 ft=0.3048 m。

持。耗时 7 年,升级后的 LIGO 于 2015 年再次投入使用。相比于之前的 LIGO,更为先进的 LIGO 灵敏度提高了 25%。

下面阐述激光干涉引力波天文台的结构和原理。如图 5-40 所示,LIGO 的引力波探测器采用了迈克耳孙干涉仪结构。宇宙天体在运动、膨胀、收缩的过程中,会引起时空弯曲,这种弯曲便以引力波的形式向外传播。当有引力波传递时,会导致探测器垂直两臂激光传输的距离及所用的时间发生变化,从而改变两路激光合路后的干涉状态。假设两路光处于相消的状态,正常情况下,合路后的光强为零,探测器检测不到光信号。当有引力波通过相互垂直的两臂时,就会在两臂引入不同的相位变化,打破原本的干涉相消状态,探测器就会检测到光信号。图 5-41 就是 2015 年位于汉福德和列文斯顿的 LIGO 探测到的引力波信号。

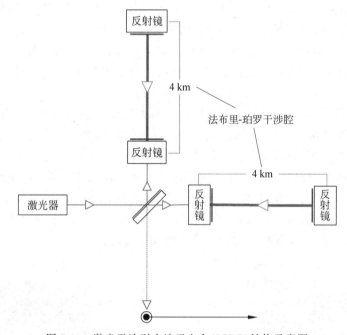

图 5-40　激光干涉引力波天文台(LIGO)结构示意图

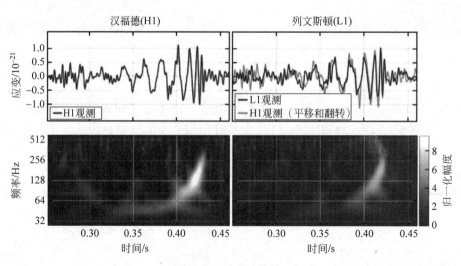

图 5-41　引力波信号

由于引力波携带的能量很小，引起的空间扰动非常微弱，甚至可以小到质子直径的 $1/10\,000$（约 10^{-23} m）。为了能探测到引力波，LIGO 团队将干涉仪臂做得非常大，单臂长度就达到了 4 km。而且，为了继续提高探测灵敏度，LIGO 团队在靠近分光器的每个臂中放置了一面额外的反射镜，与末端的反射镜相距 4 km。这样就在每个臂内形成了法布里-珀罗干涉腔，每个臂中的激光在这两个反射镜之间反射大约 300 次，将每束激光的行进距离从 4 km 增加到 1200 km，大大增加了有效臂长，提高了设备的灵敏度。为了减小周围环境及空间中的噪声影响，LIGO 团队采用稳定机械结构设计、传感器检测环境扰动等方式有效消除了周围环境引入的噪声。

除美国外，还有很多国家开展了引力波探测领域的工作，如意大利和法国共建了 Virgo 探测器、德国和英国共建了 GEO600 探测器以及日本的 KAGRA 探测器等。这些探测器也都是基于激光干涉仪的结构。不过，受限于硬件条件，已经实现引力波信号探测的只有 LIGO 探测器和 Virgo 探测器。我国也开展了引力波探测的研究，如中科院高能物理研究所主导的"阿里实验计划"，以及中山大学领衔的"天琴计划"。

5.5.2 马赫-曾德尔干涉仪

马赫-曾德尔（Mach-Zehnder）干涉仪也是一种分振幅干涉仪，与迈克耳孙干涉仪相比，在光通量的利用率上，大约要高出一倍。这是因为在迈克耳孙干涉仪中，有一半光通量将返回到光源方向，而马赫-曾德尔干涉仪却没有这种返回光源的光。

马赫-曾德尔干涉仪的结构如图 5-42 所示。G_1 和 G_2 是两块分别具有半反射面 A_1 和 A_2 的平行平面玻璃板，M_1 和 M_2 是两块平面反射镜，四个反射面通常安排成近乎平行，其中心分别位于一个平行四边形的四个角上，平行四边形长边的典型尺寸是 $1\sim 2$ m，光源 S 置于透镜 L_1 的焦点上。假设 S 是一个单色点光源，所发出的光波经 L_1 准直后入射到半反射面 A_1 上，经 A_1 透射和反射、并由 M_1 和 M_2 反射的平面光波的波面分别为 W_1 和 W_2，则在一般情况下，W_1 相对于 A_2 的虚像 W_1' 与 W_2 互相倾斜，形成一个空气间隙，在 W_2 上将形成平行等距的直线干涉条纹（图中画出了两支出射光线在 W_2 的 P 点虚相交），条纹的走向与 W_2 和 W_1' 所形成空气楔的楔棱平行。当有某种物理原因（例如使 W_2 通过被研究的气流）使 W_2 发生变形，则干涉图形不再是平行等距的直线，从而可以从干涉图样的变化测出相应物理量（例如，所研究区域的折射率或密度）的变化。

马赫-曾德尔干涉仪是一种大型光学仪器，它广泛应用于研究空气动力学中气体的折射率变化、可控热核反应中等离子体区的密度分布，并且在测量光学零件、制备光信息处理中的空间滤波器等许多方面，有着极其重要的应用。特别是它已在光纤传感技术中被广泛采用。图 5-43 是一种用于温度传感器的马赫-曾德尔干涉仪结构示意图。由激光器发出的相干光，经分束器分别送入两根长度相同的单模光纤，这两根光纤分别称为参考臂和信号臂，其中参考臂光纤不受外场作用，而信号臂放在需要探测的温度场中，由两光纤出射的两激光束产生干涉。由于温度的变化引起信号臂光纤的长度、折射率发生变化，从而使信号臂传输光的相位发生变化，导致了两光纤输出光的干涉效应发生变化，通过测量此干涉效应的变化，即可确定外界温度的变化。

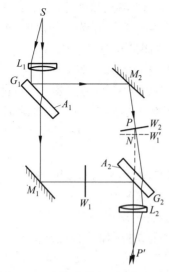

图 5-42 马赫-曾德尔干涉仪原理图

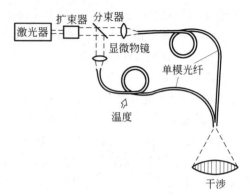

图 5-43 马赫-曾德尔光纤干涉仪温度传感器

5.5.3 法布里-珀罗干涉仪

1. 法布里-珀罗干涉仪的结构及原理

法布里-珀罗(Fabry-Perot)干涉仪是多光束干涉的一个重要应用实例。它是一种应用非常广泛的干涉仪,其特殊价值在于它除了是一种分辨本领极高的光谱仪器外,还可构成激光器的谐振腔。

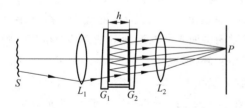

图 5-44 法布里-珀罗干涉仪原理图

如图 5-44 所示,法布里-珀罗干涉仪实质上是由两块玻璃或石英平板 G_1、G_2 组成。G_1、G_2 的内表面镀有高反射率的金属膜或介质膜,且彼此是严格平行的,于是,在它们之间形成一个空气平行平板。法布里-珀罗干涉仪采用扩展光源照明,从光源 S 来的光经过透镜 L_1 照射到平板 G_1、G_2 上,在 G_1、G_2 内形成的平行平板之间发生多次反射和透射,产生多光束干涉。所有的透射光束经透镜 L_2 会聚在观察屏上形成等倾干涉圆环。为了得到高质量的干涉花样,一般将 G_1、G_2 的外表面做得与内表面略微不平行,以避免没有镀膜表面产生的反射光的干扰。

如果 G_1、G_2 的内表面所形成的平行平板之间的距离是可调的,一般称为法布里-珀罗干涉仪;假若 G_1、G_2 内表面之间的间隔是固定的,例如是用殷钢或石英做成的圆环,那么一般又称这种装置为法布里-珀罗标准具。在激光技术中,人们经常把两个具有高反射率的平面反射镜彼此相对平行放置,构成所谓法布里-珀罗谐振腔。激光器输出的纵模频率实际上是满足法布里-珀罗干涉仪干涉亮条纹条件的一系列频率。无论是干涉仪、标准具或是谐振腔,它们的核心部分都是相同的,即有一对相互平行的高反射率的平面反射镜。

在透镜 L_2 的焦平面上形成如图 5-45(b)所示的等倾同心圆条纹,将它与迈克耳孙干涉仪产生的等倾干涉条纹(图 5-45(a))比较可见,法布里-珀罗干涉仪产生的条纹要精细很多,但是两种条纹的角半径和角间距计算公式相同。条纹干涉级次决定于空气平板的厚度 h,通常法布里-珀罗干涉仪的使用范围是 $1\sim200\text{ mm}$,在一些特殊装置中,h 可大到 1 m。以 $h=5\text{ mm}$ 计算,中央条纹的干涉级约为 $20\ 000$,可见其条纹干涉级次很高,因而,这种仪器只适用于单色性很好的光源。

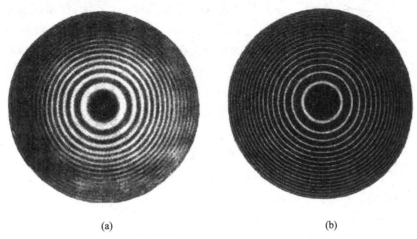

(a)　　　　　　　　　　(b)

图 5-45　两种干涉条纹的比较

(a) 迈克耳孙干涉仪产生的干涉条纹;(b) 法布里-珀罗干涉仪产生的干涉条纹

应当指出,金属膜层对光的吸收使得整个干涉图样的强度有所降低,假设金属膜的吸收率为 A,则根据能量守恒关系有

$$R+T+A=1 \tag{5-83}$$

当干涉仪两板的膜层相同时,由式(5-53)和上式可得考虑膜层吸收时的透射光干涉图样强度公式为

$$I_{\text{t}}=\left(1-\frac{A}{1-R}\right)^2\frac{1}{1+F\sin^2\dfrac{\varphi}{2}}I_{\text{i}} \tag{5-84}$$

其中

$$\varphi=\frac{4\pi}{\lambda}h\cos\theta+2\varphi_0 \tag{5-85}$$

其中,φ_0 为在金属内表面反射时的相位变化。R 应理解为金属膜内表面的反射率。由式(5-84)可见,由于金属膜的吸收,干涉图样强度降低到原来的 $[1-A/(1-R)]^2$ 倍。

2. 作为光谱仪的分光特性

由于法布里-珀罗标准具能够产生十分细而亮的等倾干涉条纹,所以它的一个重要应用就是研究光谱线的精细结构,即将一束光中不同波长的光谱线分开——分光。作为一个分光元件来说,衡量其特性的好坏有三个技术指标:①能够分光的最大波长间隔——自由光谱范围;②能够分辨的最小波长差——分辨本领;③使不同波长的光分开的程度——角色散。下面分别进行讨论。

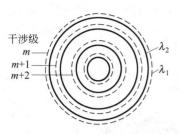

图 5-46　法布里-珀罗标准具的
不同波长的干涉圆环

1）自由光谱范围

设波长为 λ_1 和 λ_2（且 $\lambda_2 > \lambda_1$）的光入射至标准具，由于两种波长的同级条纹角半径不同，因而将得到如图 5-46 所示的两组干涉圆环，且 λ_2 的干涉圆环直径比 λ_1 的干涉圆环直径小，前者用实线表示，后者用虚线表示。

若入射光的光谱范围 $\Delta\lambda$ 较大，使得同级谱中各色谱线的色散量太大，以至于超过了该处的条纹间距，则会发生各级谱的越级交叠，从而使各谱线变得模糊而不可分辨，故实用中对 $\Delta\lambda$ 要有一定限制。我们把各色光干涉条纹不发生级次交叠的最大波长范围称为分光仪器的自由光谱范围，记为 $(\Delta\lambda)_f$。

对于靠近中心的条纹（$\theta \approx 0$）处，λ_2 的第 m 级条纹与 λ_1 的第（$m+1$）级条纹发生重叠时，其光程差相等，有

$$(m+1)\lambda_1 = m\lambda_2 = 2nh$$

$$\lambda_2 = \lambda_1 + (\Delta\lambda)_f$$

由上两式可得

$$(\Delta\lambda)_f = \frac{\lambda_1}{m} = \frac{\lambda_1\lambda_2}{2nh}$$

设 $\lambda_1\lambda_2 = \lambda^2$，所以

$$(\Delta\lambda)_f = \frac{\lambda}{m} = \frac{\lambda^2}{2nh} \tag{5-86}$$

可见 h 或 m 增大时，$(\Delta\lambda)_f$ 将减小。

自由光谱范围 $(\Delta\lambda)_f$ 也称作仪器的标准具常数，它是分光元件的重要参数。例如，对于 $h = 5$ mm 的标准具，入射光波长 $\lambda = 0.5461\ \mu m$，$n = 1$ 时，由上式可得 $(\Delta\lambda)_f = 0.3 \times 10^{-4}\ \mu m$。即对于该标准具，只有波长在 $0.5461\ \mu m$ 到 $(0.5461 + 0.3 \times 10^{-4})\mu m$ 范围内的光才没有不同级干涉圆环重叠现象。

2）分辨本领

分辨本领 A 表征光谱仪对相近谱线的分辨能力，它定义为

$$A = \frac{\lambda}{(\Delta\lambda)_m} \tag{5-87}$$

其中，$(\Delta\lambda)_m$ 为光谱仪刚能分辨的最小波长差。$(\Delta\lambda)_m$ 越小，光谱仪的分光本领越强。

按照瑞利判据，两个等强度的不同波长的亮条纹只有当它们的合强度曲线中央极小值低于两边极大值的 81% 时，才算被分开（图 5-47）。现在，按照这个判据来计算标准具的分辨本领。

如果不考虑标准具的吸收损耗，由式（5-54）可得波长为 λ_1 和 λ_2 的透射光合强度为

$$I = \frac{I_{1i}}{1 + F\sin^2\frac{\varphi_1}{2}} + \frac{I_{2i}}{1 + F\sin^2\frac{\varphi_2}{2}} \tag{5-88}$$

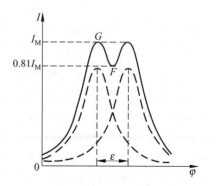

图 5-47　强度相等的不同波长亮纹
刚好被分辨时的强度分布

其中，φ_1 和 φ_2 是在干涉场上同一点处两个波长的同一级条纹所对应的相位差。

在式(5-88)中令 $I_{1i}=I_{2i}=I_i$，$\varphi_2-\varphi_1=\varepsilon$，则在合强度极小值处(图 5-44 中的 F 点)有

$$\varphi_1=2m\pi+\frac{\varepsilon}{2}, \quad \varphi_2=2m\pi-\frac{\varepsilon}{2}$$

因此极小值强度为

$$I_m=\frac{I_i}{1+F\sin^2\left(m\pi+\dfrac{\varepsilon}{4}\right)}+\frac{I_i}{1+F\sin^2\left(m\pi-\dfrac{\varepsilon}{4}\right)}$$

$$=\frac{2I_i}{1+F\sin^2\left(\dfrac{\varepsilon}{4}\right)} \tag{5-89}$$

而在合强度极大值处(图 5-43 中的 G 点)，有

$$\varphi_1=2m\pi, \quad \varphi_2=2m\pi-\varepsilon$$

故极大值强度为

$$I_M=I_i+\frac{I_i}{1+F\sin^2\left(\dfrac{\varepsilon}{2}\right)} \tag{5-90}$$

按照瑞利判据，两个波长条纹恰能分辨的条件是

$$I_m=0.81I_M \tag{5-91}$$

由式(5-89)~式(5-91)有

$$\frac{2I_i}{1+F\sin^2\left(\dfrac{\varepsilon}{4}\right)}=0.81\left[I_i+\frac{I_i}{1+F\sin^2\left(\dfrac{\varepsilon}{2}\right)}\right]$$

由于 ε 很小，利用 $\sin\dfrac{\varepsilon}{2}\approx\varepsilon/2$，$\sin\dfrac{\varepsilon}{4}\approx\varepsilon/4$，由上式可解得

$$\varepsilon=\frac{4.15}{\sqrt{F}}=\frac{2.07\pi}{N} \tag{5-92}$$

其中，N 为由式(5-61)确定的条纹精细度。

再由式(5-85)，略去 φ_0 的影响，可得在同一点不同波长同一级条纹对应的相位差为

$$|\Delta\varphi|=\frac{4\pi h\cos\theta}{\lambda^2}\Delta\lambda=2m\pi\frac{\Delta\lambda}{\lambda}$$

在上式中令 $|\Delta\varphi|=\varepsilon$，得

$$\varepsilon=2m\pi\frac{(\Delta\lambda)_m}{\lambda} \tag{5-93}$$

由式(5-92)和式(5-93)有

$$A=\frac{\lambda}{(\Delta\lambda)_m}=\frac{2mN}{2.07}=0.97mN \tag{5-94}$$

上式指出了提高 A 的两条途径：一是增大 m，它可以通过增大两反射面 M_1 和 M_2 的距离 h 来实现；另一是增大 N，它可通过在反射面上镀膜以提高 R 来实现。实用中 h 可从 mm 到 m 数量级，对可见光 m 可达数万以至数百万，R 可高达 $0.9\sim0.99$，相应 N 可从数十到数

百,因此 A 可高达 10^6 以上,这是其他光谱仪(例如棱镜或后面将讲到的普通光栅)所难以达到的。

3)角色散

角色散是用来表征分光仪器能够将不同波长的光分开程度的重要指标。它定义为单位波长间隔的光,经分光仪所分开的角度,用 D_θ 表示,即

$$D_\theta = \frac{\mathrm{d}\theta}{\mathrm{d}\lambda} \tag{5-95}$$

D_θ 越大,不同波长的光经光谱仪分得越开。

由法布里-珀罗干涉仪透射光极大值条件

$$\Delta = 2nh\cos\theta = m\lambda$$

当不计平行板材料的色散时,对同级亮纹(m 一定),上式两边微分可得

$$D_\theta = \left| \frac{m}{2nh\sin\theta} \right| \tag{5-96}$$

可见,角度 θ 越小,仪器的角色散越大。因此,对给定波长差为 $\Delta\lambda$ 的两谱线,越靠近干涉图样中心其分离量越大,这意味在法布里-珀罗干涉仪的干涉环中心处光谱最纯。

5.6 光的相干性

前面讨论了光波的干涉现象及产生干涉的条件,并指出采用分波面法或分振幅法可从普通光源获得相干光。为获得高质量的干涉花样,在分波面法中须采用单色点(线)光源,在分振幅法中须采用单色扩展光源。

实际上,任何一个光源总有一定的大小或线度,也总有一定的光谱范围,光源的空间展宽和光谱展宽对干涉条纹的特性有明显的影响。下面具体分析这两种展宽的作用,这涉及光的相干性问题。

为了简单和易于了解每一个因素的影响,分两个方面来讨论光源的相干性问题。其一是由光源大小对条纹可见度的影响而引入的空间相干性,即在空间多大范围内,不同点光扰动的相干情况;其二是由光源的复色性对可见度的影响而引入的光的时间相干性,即在空间一固定点,考查两个波列经过这点时有多长时间是相干的。实际上,当光源既是扩展光源,光源上各点又发出非单色光时,光场的时、空相干性需要同时考虑。

对光的相干性的研究,在光电子技术应用中,特别是对有关信息处理的应用,非常重要。

5.6.1 光的空间相干性

以杨氏干涉为代表的分波面系统中,采用单色点(线)光源,则可产生清晰的干涉条纹。如果采用单色扩展光源,其干涉条纹的可见度将降低。下面讨论光源大小对条纹可见度的影响,并由此引出光的空间相干性的概念。

1. 光源大小对条纹可见度的影响

干涉装置中所使用的实际光源,不可能是一个理想的点源,它总有一定的几何宽度或面

积,人们称其为扩展光源。可以将扩展光源看成是大量点源的集合,其中每一点源产生一组
干涉条纹;由于各点源之间发光的随机性和独立
性,彼此为非相干点源,故观测到的干涉场是一组
组干涉条纹的非相干叠加。一般情况下,这一组
组干涉条纹并不一致,彼此有错位,非相干叠加结
果使可见度 V 值有所下降,如图 5-48 所示。当光
源大到一定程度时,甚至使 V 值降为零,即干涉场
变为均匀照明,无强度起伏。

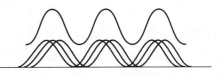

图 5-48　多组干涉条纹的非相干叠加

下面求出杨氏实验中对应可见度下降为零时光源的临界宽度。

假设在杨氏干涉系统中,光源如图 5-49(a)所示,是以 S 为中心的扩展带光源 $S'S''$,宽
度为 b,则可将其想象为由许多无穷窄的线光源元组成,整个扩展光源所产生的光强度便是
这些线光源元所产生的光强度之和。若考察干涉场中的某一点 P,则位于光源中点 S 的线
光源元(宽度为 dx)在 P 点产生的光强度为

$$dI_s = 2I_0 dx \left(1 + \cos\frac{2\pi}{\lambda}\Delta\right)$$

其中,$I_0 dx$ 是线光源元通过 S_1 或 S_2 在干涉场上所产生的光强度;Δ 是线光源元发出的光
波经 S_1 和 S_2 到达 P 点的光程差。对于距离 S 为 x 的 C 点处的元光源(图 5-49(b)),它在
P 点产生的光强度为

$$dI = 2I_0 dx \left(1 + \cos\frac{2\pi}{\lambda}\Delta'\right) \tag{5-97}$$

其中,Δ' 是由 C 处线光源元发出的、经 S_1 和 S_2 到达 P 点的两相干光的光程差。由图 5-48
中几何关系可以得到如下近似结果:

$$CS_2 - CS_1 \approx \alpha d \approx \left(\frac{x + d/2}{R}\right)d \approx \frac{xd}{R} = x\beta$$

其中 $\beta = d/R$,是 S_1 和 S_2 对 S 的张角(图 5-49(a))。因此

$$\Delta' = \Delta + x\beta$$

由上式可将式(5-97)改写为

$$dI = 2I_0 dx \left[1 + \cos\frac{2\pi}{\lambda}(\Delta + x\beta)\right]$$

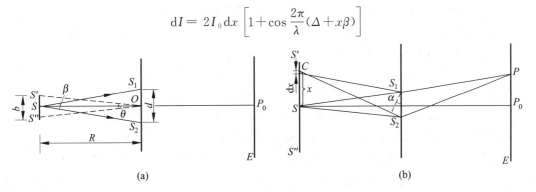

(a)　　　　　　　　　　　　　　(b)

图 5-49　扩展光源的杨氏干涉

(a) S_1 和 S_2 对扩展光源中心 S 的张角 β 和扩展带光源 $S'S''$ 对 S_1S_2 连线的中心 O 的张角 θ;

(b) 计算距离 S 为 x 的元光源在 P 点产生的光强度

于是,宽度为 b 的扩展光源在 P 点产生的光强度为

$$I = \int_{-b/2}^{b/2} 2I_0 \left[1 + \cos\frac{2\pi}{\lambda}(\Delta + x\beta) \right] \mathrm{d}x = 2I_0 b + 2I_0 \frac{\lambda}{\pi\beta} \sin\frac{\pi b\beta}{\lambda} \cos\frac{2\pi}{\lambda}\Delta \qquad (5\text{-}98)$$

其中第一项与 P 点的位置无关,表示干涉场的背景强度;第二项表示干涉场的光强度周期性地随 Δ 变化。由于第一项表示的背景强度随着光源宽度的增大而不断增强,而第二项不超过 $2I_0 b$,所以随着光源宽度增大条纹的可见度下降。

由式(5-98),可得

$$I_M = 2I_0 b + 2I_0 \frac{\lambda}{\pi\beta} \sin\frac{\pi b\beta}{\lambda}$$

$$I_m = 2I_0 b - 2I_0 \frac{\lambda}{\pi\beta} \sin\frac{\pi b\beta}{\lambda}$$

所以,条纹可见度为

$$V = \left| \frac{\lambda}{\pi b\beta} \sin\frac{\pi b\beta}{\lambda} \right| = \left| \mathrm{sinc}\frac{\pi b\beta}{\lambda} \right| \qquad (5\text{-}99)$$

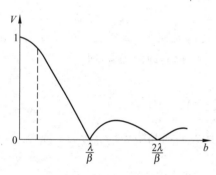

图 5-50 条纹可见度随光源宽度的变化

图 5-50 给出了 V 随光源宽度 b 变化的曲线。可见,随着 b 的增大,可见度 V 将通过一系列极大值和零值后逐渐趋于零。当 $b=0$、光源为线光源时,$V=1$;当 $0<b<\lambda/\beta$ 时,$0<V<1$;当 $b=\lambda/\beta$ 时,$V=0$。

2. 空间相干性　光源临界宽度与横向相干长度

对于一定的光波长和干涉装置,通常称 V 第一次降为零的光源宽度 λ/β 为光源临界宽度 b_c,即

$$b_c = \frac{\lambda}{\beta} \qquad (5\text{-}100)$$

光源临界宽度对应光源边缘 S' 发出的光经 S_1 和 S_2 后在 P_0 点的光程差为 $\lambda/2$,因此,S'' 在屏上产生的干涉条纹与光源中心 S 产生的干涉条纹彼此错位半个条纹宽度,两组条纹非相干叠加后总光强不随空间变化,整个光源可视为这样的光源对的组合,叠加的结果使干涉条纹完全消失,从而使条纹对比度为零。因此,对光源宽度有一定限制。

当光源宽度不超过临界宽度的 $1/4$ 时,由式(5-99)可计算出这时的可见度 $V>0.9$。此光源宽度称为许可宽度 b_p,即

$$b_p = \frac{b_c}{4} = \frac{\lambda}{4\beta} \qquad (5\text{-}101)$$

上述讨论实际上是考察了光源的大小对通过 S_1 和 S_2 的光在空间再度会合时产生干涉的影响,它反映了光源在这两点产生的光场的空间相干特性。当光源是线光源时,所考察的任意两点 S_1 和 S_2 的光场都是空间相干的;当光源是扩展光源时,光场平面上具有空间相干性的各点的范围与光源的大小成反比。空间相干性是指在光源发射的光波场中某一波面上,在多大范围内还能形成相干的两个次波源。对一定的光源宽度 b,通常称光通过 S_1 和 S_2 恰好不发生干涉时所对应的这两点的距离为横向相干长度,以 d_t 表示,由式(5-100)可得

$$d_{\mathrm{t}} = \frac{\lambda R}{b} = \frac{\lambda}{\theta} \qquad (5\text{-}102)$$

其中 $\theta = b/R$，为扩展光源对 S_1 和 S_2 连线的中点 O 的张角（图 5-49(a)）。横向相干长度可以作为能否产生干涉的标志。在光波场中，相干长度越大，可认为空间相干性越好。

以上关于一维情况的讨论很容易推广到二维情况。如果扩展光源是方形的，则由它照明平面上的相干范围的面积（相干面积）为

$$A_{\mathrm{C}} = d_{\mathrm{t}}^2 = \left(\frac{\lambda}{\theta}\right)^2 \qquad (5\text{-}103)$$

在此相干面积内任取两点都具有一定的相干性。由上式可见相干面积反比于光源面积。

理论上可以证明，对于圆形光源，其照明平面上横向相干长度为

$$d_{\mathrm{t}} = \frac{1.22\lambda}{\theta} \qquad (5\text{-}104)$$

对应的相干面积为

$$A_{\mathrm{C}} = \pi \left(\frac{1.22\lambda}{2\theta}\right)^2 = \pi \left(\frac{0.61\lambda}{\theta}\right)^2 \qquad (5\text{-}105)$$

例如，直径为 1 mm 的圆形光源，若 $\lambda = 0.6\ \mu\mathrm{m}$，在距光源 1m 的地方，由式(5-104)算出的横向相干宽度约为 0.7 mm。因此，干涉装置中小孔 S_1 和 S_2 的距离必须小于 0.7 mm 才能产生干涉条纹。而与此相应的相干面积 $A_{\mathrm{C}} \approx 0.38\ \mathrm{mm}^2$。

3. 空间相干性与光源大小

有时用相干孔径角 β_{C} 表征相干范围会更直观、更方便。相干孔径角 β_{C} 是光场中保持相干性的两点的最大横向分离相对于光源中心的张角，即

$$\beta_{\mathrm{C}} = \frac{d_{\mathrm{t}}}{R}$$

由式(5-102)，上式可改写为

$$\beta_{\mathrm{C}} = \frac{\lambda}{b}$$

当 b 和 λ 给定时，凡是在该孔径角以外的两点（如 S_1' 和 S_2'）都是不相干的，在孔径角以内的两点（如 S_1'' 和 S_2''）都具有一定程度的相干性（图 5-51）。

由上式可得

$$b\beta_{\mathrm{C}} = \lambda \qquad (5\text{-}106)$$

此式表示相干孔径角 β_{C} 与光源宽度 b 成反比，并称该式为空间相干性的反比公式。空间相干性直接决定于普通光源的大小。光源小，相干空间大，我们说光源的空间相干性好。可忽略大小的点光源具有最好的空间相干性。空间相干性限制来源于光源上不同点发光的无规律性和不相关性，对激光器来说没有这种限制，激光器是空间相干性最好的光源。

综上所述，光场的空间相干性来源于光源的空间展宽。普通光源的空间展宽越大，其光场的空间相干范围越小，因而通过限制光源线度以实现同时异地光振动的关联。空间相干性反映了光波场的横向相干性。

利用空间相干性的概念，可以测量星体的角直径（星体直径对地面考察点的张角）。图 5-52 所示是为此目的设计的迈克耳孙测星干涉仪的原理图。图中 L 是望远镜物镜，D_1

和 D_2 是它的两个栏孔，M_1、M_2、M_3 和 M_4 是反射镜。其中 M_1 和 M_2 可以沿 D_1D_2 连线方向精密移动，它们起着类似于杨氏装置中小孔 S_1 和 S_2 的作用。反射镜 M_3 和 M_4 固定不动，它们把 M_1 和 M_2 反射来的光再反射向望远镜，在其物镜焦平面上产生干涉。当以干涉仪对准某个星体时，如果逐渐增大 M_1 和 M_2 的距离 d，就会发现焦平面上干涉条纹的可见度逐渐降低，并且当 $d=d_1=\dfrac{1.22\lambda}{\theta}$ 时，可见度降为零，条纹完全消失。因此，只要测量出这时 M_1 和 M_2 的距离 d_1，便可计算出星体直径。

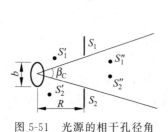

图 5-51　光源的相干孔径角

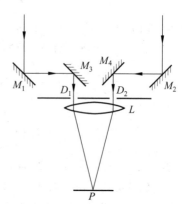

图 5-52　迈克耳孙测星干涉仪原理图

5.6.2　光的时间相干性

以迈克耳孙干涉仪为代表的分振幅干涉系统中，如果采用单色光源，则可产生清晰的干涉条纹。如果采用复色光源，其干涉条纹的可见度将降低。下面讨论光源的非单色性对条纹可见度的影响，并由此引出光的时间相干性的概念。

1. 光源的非单色性对条纹可见度的影响

光源的非单色性（复色性）直接影响着条纹的可见度。因为实际光源都包含有一定的光谱宽度 $\Delta\lambda$，在干涉实验中，$\Delta\lambda$ 范围内的每一种波长的光都生成各自的一组干涉条纹，不同波长的条纹间距不同，除零级干涉级外，各组条纹间均有位移（图 5-53 的下部曲线），其相对位移量随着干涉光束间光程差 Δ 的增大而增大，所以干涉场总强度分布（图 5-53 的上部曲线）的条纹可见度随着光程差的增大而下降，最后降为零。因此，光源的光谱宽度限制了干涉条纹的可见度。

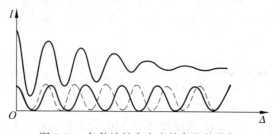

图 5-53　各种波长光产生的条纹的叠加

为讨论光源非单色性对条纹可见度的影响,假设光源在 $\Delta\lambda$ 范围内产生的各个波长的强度相等,或以波数 $k=2\pi/\lambda$ 表示,在 Δk 宽度内不同波数的光谱分量强度相等,则元波数宽度 dk 的光谱分量在干涉场产生的强度为

$$\mathrm{d}I=2I_0\mathrm{d}k(1+\cos k\Delta)$$

其中,I_0 表示光强度的光谱分布(谱密度),按假设条件,它是常数,$I_0\mathrm{d}k$ 是在 $\mathrm{d}k$ 元宽度的光强度。假设光程差不随波长变化,在 Δk 宽度内各光谱分量产生的总光强度为

$$I=\int_{k_0-\Delta k/2}^{k_0+\Delta k/2}2I_0(1+\cos k\Delta)\mathrm{d}k=2I_0\Delta k\left[1+\frac{\sin\left(\Delta k\dfrac{\Delta}{2}\right)}{\Delta k\dfrac{\Delta}{2}}\cos(k_0\Delta)\right] \quad (5\text{-}107)$$

上式中的第一项是常数,表示干涉场的平均光强度;第二项随光程差 Δ 的大小变化,但变化的幅度越来越小。由上式可得

$$I_{\mathrm{M}}=2I_0\Delta k\left[1+\frac{\sin\left(\Delta k\dfrac{\Delta}{2}\right)}{\Delta k\dfrac{\Delta}{2}}\right]$$

$$I_{\mathrm{m}}=2I_0\Delta k\left[1-\frac{\sin\left(\Delta k\dfrac{\Delta}{2}\right)}{\Delta k\dfrac{\Delta}{2}}\right]$$

条纹可见度为

$$V=\left|\frac{\sin\left(\Delta k\dfrac{\Delta}{2}\right)}{\Delta k\dfrac{\Delta}{2}}\right|=\left|\frac{\sin\left(\pi\Delta\lambda\dfrac{\Delta}{\lambda^2}\right)}{\pi\Delta\lambda\dfrac{\Delta}{\lambda^2}}\right|=\left|\sin\mathrm{c}\left(\pi\Delta\lambda\dfrac{\Delta}{\lambda^2}\right)\right| \quad (5\text{-}108)$$

V 随 Δ 的变化曲线如图 5-54 所示。对一定的 $\lambda^2/\Delta\lambda$,V 随着 Δ 变化,Δ 增大,可见度 V 下降。当 $\Delta\lambda=0$、即光源为单色光源时,$V=1$;当 $\Delta\lambda\neq0$ 且 $0<\Delta<\lambda^2/\Delta\lambda$ 时,$0<V<1$;当 $\Delta=\lambda^2/\Delta\lambda$ 时,$V=0$。

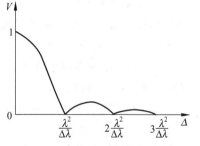

图 5-54　条纹可见度随光程差的变化曲线

上述讨论实际上是考察了光源复色性对该光源通过干涉系统产生的两束光,经过光程差为 Δ 的不同路径再度会合时产生干涉的影响。对于单色光源,$\Delta\lambda=0$,此两束光经不同路径到达干涉场总是相干的,即无论 Δ 为多大,干涉条纹的可见度恒等于 1。对于复色光源 $\Delta\lambda\neq0$,只有 $\Delta=0$,即两束光的光程相等时,才能保证 $V=1$,一旦 $\Delta\neq0$,其可见度就要下降。

2. 时间相干性　相干长度与相干时间

对应使 $V=0$ 的光程差是能够发生干涉的最大光程差,称为相干长度,用 Δ_{C} 表示。即

$$\Delta_{\mathrm{C}}=\frac{2\pi}{\Delta k}=\frac{\lambda^2}{\Delta\lambda} \quad (5\text{-}109)$$

显然,此时光源的光谱宽度越宽,$\Delta\lambda$ 越大,相干长度 Δ_{C} 越小。相干长度这个数值很重要,它

表明在实际应用干涉原理时光源对于干涉装置所施加的限制。

在实际应用中,除了利用相干长度考察复色性的影响外,还经常采用相干时间 τ_C 来度量。相干长度 Δ_C 与相干时间 τ_C 之间的关系为

$$\tau_C = \frac{\Delta_C}{c} \qquad (5\text{-}110)$$

其中,c 是光的速度。相干时间 τ_C 反映了同一光源在不同时刻发出光的干涉特性,凡是在相干时间 τ_C 内不同时刻发出的光,均可以产生干涉;而在大于 τ_C 期间发出的光不能干涉。所以,这种光的相干性叫光的时间相干性。

3. 时间相干性与单色性

由式(5-109),再利用波长宽度 $\Delta\lambda$ 与频率宽度 $\Delta\nu$ 之间的关系:

$$\frac{\Delta\lambda}{\lambda} = \frac{\Delta\nu}{\nu}$$

可得

$$\tau_C = \frac{1}{\Delta\nu}$$

即

$$\tau_C \Delta\nu = 1 \qquad (5\text{-}111)$$

此式说明,$\Delta\nu$ 越小(单色性越好),τ_C 越大,光的时间相干性越好。

光的相干长度 Δ_C 和相干时间 τ_C 的物理意义是:任意一个实际光源所发出的光波都是一段段有限长波列的组合,若这些波列的持续时间为 τ,则相应的空间长度为 $L = c\tau$,各波列的初相位是无关的,因而它们之间不相干。但由同一波列分出的两个子波列,只要经过不同路径到达某点能够相遇,就会产生干涉。两子波列重叠部分越多,则在相遇点它们干涉的相互作用时间就越长,引起的干涉效果就越显著,从而产生的干涉花样的可见度也就越高。我们把最大重叠部分的长度称为相干长度。最大重叠部分显然不可能超过波列本身的长度 L。因此,相干长度实际上就等于波列本身的长度 L。相干长度表征了光波场的纵向相干性。比较式(5-111)和式(4-137)可知,实际上相干时间 τ_C 就是波列的持续时间 τ,则相干长度 Δ_C 就是波列的空间长度 L。因此可以说,光源复色性对干涉的影响,实际上反映了时域中两个不同时刻光场的相关联程度,因而是光的时间相干性问题。

光的时间相干性和光的单色性其实是从不同侧面描述了原子发光断续性这一性质。对于普通光源,由于其自发辐射的发光机制,单色性很差,因而时间相干性很差。在激光出现前,单色性最好的光源是氪灯,其相干长度约为 1 m 量级。激光的发光机制是受激辐射过程,通过受激辐射过程产生的光与激励光同频率、同传播方向、同偏振和同相位,因此其相干性很好。经过稳频的气体激光器,其相干长度约为 $1\sim1000$ km。在表 5-2 中,对几种不同光源的相干长度进行了比较。可以看出,激光的相干性远优于其他光源,由此扩展了干涉的应用,建立起了一系列全新的分析测量技术。

从上面关于光源时间相干性的讨论可以看出,在薄膜干涉和迈克耳孙干涉仪中,两个反射面 M_1 和 M_2 之间的间隔 h 不能太大,否则会缩短相干光波列的重叠时间,降低干涉花样的可见度,甚至于完全观察不到干涉现象。只有当光程差小于光源的相干长度时,才能获得干涉花样,当光程差等于或大于光源的相干长度时,干涉花样将不再出现。这种相干性限制

来源于普通光源原子发光断续性这一性质。

表 5-2　几种不同光源的相干长度比较

光　　源		相干长度数量级/m
白光		10^{-6}
纳		10^{-2}
汞		10^{-1}
氪		10^{0}
氦氖激光器	一般（连续输出）	$0.2 \sim 0.3$
	特别（单模）	4×10^{5}

综上所述，光场的时间相干性来源于光源所发出的波列长度的有限性或发光持续时间的有限性，亦即光源的非单色性或光谱展宽。时间相干性可用相互等价的三个量来描述：纵向相干长度（波列长度）、相干时间（光源辐射一个波列的时间）和光谱宽度（$\Delta\nu$ 或 $\Delta\lambda$）。普通光源的光谱展宽越大，其光场的时间相干范围越小，因而通过限制光源的光谱宽度以实现同地异时信号的关联。时间相干性反映了光波场的纵向相干性。

例　　题

例 5-1　在杨氏实验中，两小孔距离为 1 mm，观察屏离小孔的距离为 100 cm，当用一折射率为 1.58 的透明薄片贴住其中一小孔时，发现屏上的条纹系移动了 1.5 cm，试确定该薄片的厚度。

解： 如图 5-55 所示，设 P_0 点是 S_1 和 S_2 连线的垂直平分线与屏的交点，则当小孔未贴上薄片时，由两小孔 S_1 和 S_2 到屏上 P_0 点的光程差为 0。当贴上薄片时，零程差点由 P_0 移到与之相距 1.5 cm 的 P 点，P 点光程差的变化量为

$$\Delta = \frac{yd}{D} = \frac{15 \text{ mm} \times 1}{1000} = 0.015 \text{ mm}$$

而 P 点光程差的变化等于 S_1 到 P 的光程的增加

$$\Delta = (n-1)h = 0.015 \text{ mm}$$

所以薄片厚度为

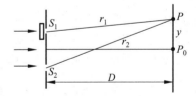

图 5-55　杨氏实验装置示意图

$$h = \frac{0.015 \text{ mm}}{1.58 - 1} = 2.59 \times 10^{-2} \text{ mm}$$

例 5-2　波长为 $0.40 \sim 0.76\ \mu m$ 的可见光正入射在一块厚度为 1.0×10^{-6} m，折射率为 1.6 的薄玻璃片上，试问从玻璃片反射的光中哪些波长的光最强？

解： 垂直入射时，反射光最强应满足 $2nh + \dfrac{\lambda}{2} = m\lambda$，所以

$$\lambda = \frac{2nh}{m - \frac{1}{2}} = \frac{2 \times 1.6 \times 1 \times 10^{-6} \text{ m}}{m - \frac{1}{2}} = \frac{3.2}{m - \frac{1}{2}}\ \mu m$$

在 $0.40 \sim 0.76\ \mu m$ 范围内，取 $m = 5、6、7、8$，得反射光最强的波长为：$\lambda = 0.4267\ \mu m$，

0.4923 μm,0.5818 μm,0.7111 μm。

例 5-3 图 5-56 给出了测量铝箔厚度 D 的干涉装置的结构,两块薄玻璃板尺寸为 80 mm×20 mm。在钠黄光 $\lambda=589.3$ nm 照明下,从楔尖开始数出 50 个条纹,相应的距离是 22.5 mm,试求铝箔的厚度 D;若改用绿光照明,从楔尖开始数出 80 个条纹,其间距为 33.6 mm,试求此绿光的波长。

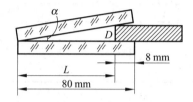

图 5-56 测量铝箔厚度的干涉装置示意图

解：当用钠黄光 $\lambda=589.3$ nm 照明时,条纹间距为

$$e=\frac{22.5\ mm}{50}=0.45\ mm$$

如图 5-56 楔尖角

$$\alpha=\frac{D}{80-8}=\frac{D}{72}$$

又因为 $e=\frac{\lambda}{2\alpha}=\frac{36\lambda}{D}$,则 $\frac{36\lambda}{D}=0.45$ mm,所以 $D=\frac{36\lambda}{0.45}=\frac{36\times589.3\times10^{-6}\ mm}{0.45}=4.71\times10^{-2}$ mm。

当用绿光照射时,$e=\frac{33.6\ mm}{80}=0.42$ mm,则 $\alpha=\frac{D}{72}=0.654\times10^{-3}$ rad。因为 $e=\frac{\lambda}{2\alpha}$,所以 $\lambda=2\alpha e\approx0.549$ μm。

例 5-4 在玻璃基片上镀两层光学厚度为 $\lambda_0/4$ 的介质薄膜。如果第一层的折射率为 1.26,问：为了达到正入射时膜系对波长为 λ_0 的光全增透的目的,第二层薄膜的折射率应为多少？（玻璃基片折射率为 1.58）

解：镀两层光学厚度为 $\lambda_0/4$ 的介质薄膜,其反射率为：$R_2=\left(\frac{1-n_2}{1+n_2}\right)^2$

为了达到正入射时膜系对波长为 λ_0 的光全增透的目的,则 $R_2=0$,$n_2=\left(\frac{n_L}{n_H}\right)^2 n_G=1$,第一层为低折射率膜层。则第二层为高折射率膜层,其折射率为 $n_H=n_L\sqrt{n_G}=1.26\times\sqrt{1.58}=1.584$。

例 5-5 在迈克耳孙干涉仪的一个臂中引入 150 mm 长、充一个大气压空气的玻璃管,用 $\lambda=600$ nm 的光照射。如果将玻璃管内逐渐抽成真空,发现有 196 条干涉条纹移动,求空气的折射率。

解：光程的变化为：$2\Delta nl=N\lambda$

由题意得：$\Delta n=\frac{N\lambda}{2l}=\frac{196\times600\times10^{-6}\ mm}{2\times150\ mm}=0.000\ 392$

空气的折射率为 $n=1+\Delta n=1.000\ 392$。

例 5-6 F-P 干涉仪的反射系数为 $r=0.92$,试计算其最小分辨本领。若要分辨开氢红线（$\lambda = 0.6563\ \mu m$）的双线（$\Delta\lambda = 0.136 \times 10^{-4}\ \mu m$），F-P 最小间隔为多少？

解：F-P 干涉仪的分辨本领为：$A = 0.97m\dfrac{\pi r}{1 - r^2}$

当 $r = 0.92$ 时，最小分辨本领为：$A_{\min} = 0.97 \times 1 \times \dfrac{\pi \times 0.92}{1 - (0.92)^2} = 18.25$

要分辨氢红线的双线，即要求分辨本领为：$\dfrac{\lambda}{\Delta\lambda} = \dfrac{0.6563\ \mu m}{0.136 \times 10^{-4}\ \mu m} = 48\,257.35$

因为 $A = mA_{\min}$，所以 $m = \dfrac{48\,257.35}{18.25} \approx 2645$

F-P 干涉的间距为：$d = m\dfrac{\lambda}{2} = 2645 \times \dfrac{0.6563}{2}\ \mu m = 0.868\ mm$。

习　题

5-1　波长为 589.3 nm 的钠光照射在一双缝上，在距双缝 200 cm 的观察屏上测量 20 个条纹共宽 3 cm，试计算双缝之间的距离。

5-2　在杨氏干涉实验中，两小孔的距离为 1.5 mm，观察屏离小孔的垂直距离为 1 m，若所用光源发出波长 $\lambda_1 = 650$ nm 和 $\lambda_2 = 532$ nm 的两种光波，试求两光波分别形成的条纹间距以及两组条纹的第 8 级亮纹之间的距离。

5-3　一个长 40 mm 的充以空气的气室置于杨氏装置中的一个小孔前，在观察屏上观察到稳定的干涉条纹系，继后抽去气室中的空气，注入某种气体，发现条纹系移动了 30 个条纹。已知照射光波波长为 656.28 nm，空气折射率为 1.000 276，试求注入气体的折射率 n_g。

5-4　在如图 5-57 所示的菲涅耳双面镜干涉实验中，光波长为 600 nm，光源和观察屏到双面镜交线的距离分别为 0.6 m 和 1.8 m，双面镜夹角为 10^{-3} rad，求：（1）观察屏上的条纹间距；（2）屏上最多能看到多少亮纹？

5-5　在如图 5-58 所示的洛埃镜实验装置中，光源 S_1 到观察屏的距离为 2 m，光源到洛埃镜面的垂直距离为 2.5 mm。洛埃镜长 40 cm，置于光源和屏的中央。若光波波长为 500 nm，条纹间距为多少？在屏上可看见几条条纹？

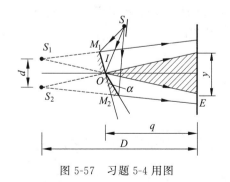

图 5-57　习题 5-4 用图

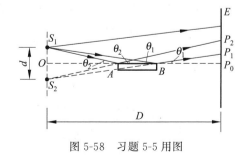

图 5-58　习题 5-5 用图

5-6 用 $\lambda = 500$ nm 的绿光照射肥皂泡膜,若沿着与肥皂泡膜平面成30°的方向观察,看到膜最亮。假设此时干涉级次最低,并已知肥皂水的折射率为1.33,求此时膜的厚度。当垂直观察时,应改用多大波长的光照射才能看到膜最亮?

5-7 在如图5-59所示的干涉装置中,若照明光波的波长 $\lambda = 640$ nm,平板厚度 $h = 2$ mm,

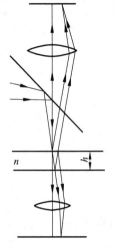

折射率 $n = 1.6$,其下表面涂上某种高折射率介质($n_H > 1.6$)。问:(1)反射光方向观察到的干涉圆环的中心是亮斑还是暗斑?(2)由中心向外计算,第10个亮斑的半径是多少?(3)第10个亮环处的条纹间距是多少?(设望远镜物镜的焦距为25 cm)

5-8 如图5-60所示,单色光源 S 照射平行平板 G,经反射后通过透镜 L 在其焦平面 E 上产生等倾干涉条纹,光源不直接照射透镜,光波长 $\lambda = 600$ nm,板厚 $d = 2$ mm,折射率 $n = 1.5$,为了在给定系统下看到干涉环,照射在板上的谱线最大允许宽度是多少?

5-9 如图5-61所示,G_1 是待检物体,G_2 是一个标定长度用的标准物,T 是放在两物体上的透明玻璃板。假设在波长 $\lambda = 550$ nm 的单色光垂直照射下,玻璃板和物体之间的楔形空气层产生间距为1.8 mm的条纹,两物体之间的距离 $R = 80$ mm,问两物体的长度之差为多少?

图5-59 习题5-7用图

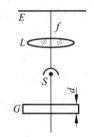

图5-60 习题5-8用图

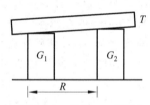

图5-61 习题5-9用图

5-10 如图5-62所示的尖楔形薄膜,右端厚度 $d = 0.0417$ mm,折射率 $n = 1.5$,波长为 0.589 μm 的光以30°入射到其表面上,求在这个面上产生的条纹数。若以两块玻璃片形成的空气楔尖代替,产生多少条纹?

5-11 集成光学中的楔形薄膜耦合器如图5-63所示。楔形端从 A 到 B 厚度逐渐减小到零。为测定薄膜的厚度,用波长 $\lambda = 632.8$ nm 的 He-Ne 激光垂直照明,观察到楔形端共出现11条暗纹,且 A 处对应一条暗纹。已知薄膜对632.8 nm激光的折射率为2.21,求薄膜的厚度。

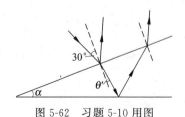

图5-62 习题5-10用图

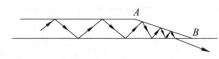

图5-63 习题5-11用图

5-12 如图 5-64 所示,在一块平面玻璃板上,放置一曲率半径 R 很大的平凸镜,以观察牛顿环条纹。(1)证明条纹间隔 e 满足:$e=\dfrac{1}{2}\sqrt{\dfrac{R\lambda}{N}}$,式中 N 是由中心向外计算的条纹数;

(2)若分别测得相距 k 个条纹的两个环的半径为 r_N 和 r_{N+k},证明:$R=\dfrac{r_{N+k}^2-r_N^2}{k\lambda}$。

5-13 在观察牛顿环时,用 $\lambda_1=580$ nm 的第 5 个亮环与用 λ_2 的第 7 个亮环重合,求波长 λ_2 为多少?

5-14 曲率半径为 R_1 的凸透镜和曲率半径为 R_2 的凹透镜相接触如图 5-65 所示。在钠黄光 $\lambda=589.3$ nm 垂直照射下,观察到两透镜之间的空气层形成 10 个暗环。已知凸透镜的直径 $D=30$ mm,曲率半径 $R_1=500$ mm,试求凹透镜的曲率半径 R_2。

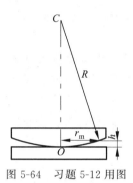

图 5-64 习题 5-12 用图

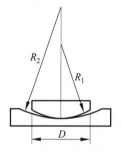

图 5-65 习题 5-14 用图

5-15 假设照射迈克耳孙干涉仪的光源发出两种波长的单色光(设 $\lambda_1>\lambda_2$)。因此当平面镜 M_1 移动时,条纹将周期性地消失和再现。设 Δh 表示条纹相继两次消失时 M_1 移动的距离,$\Delta\lambda=\lambda_1-\lambda_2$,试证明:$\Delta h=\dfrac{\lambda_1\lambda_2}{2\Delta\lambda}$。

5-16 在光学玻璃基片($n_G=1.52$)上镀制硫化锌膜层($n=2.35$),入射光波长 $\lambda=0.5$ μm,求正入射时最大反射率和最小反射率的膜厚和相应的反射率数值。

5-17 在玻璃片上($n_G=1.6$)镀单层增透膜,膜层材料是氟化镁($n=1.38$),控制膜厚使其在正入射下对于波长 $\lambda_0=0.5$ μm 的光给出最小反射率,试求这个单层膜在下列条件下的反射率:(1)波长 $\lambda=0.6$ μm,入射角 $\theta_0=0°$;(2)波长 $\lambda=0.6$ μm,入射角 $\theta_0=30°$。

5-18 在照相物镜上镀一层光学厚度为 $6\lambda_0/5(\lambda_0=0.5$ μm) 的低折射率膜,试求在可见光区内反射率最大的波长为多少?

5-19 比较下面三个 $\lambda/4$ 膜系的反射率:

(1) 7 层膜,$n_G=1.50$,$n_H=2.40$,$n_L=1.38$;

(2) 7 层膜,$n_G=1.50$,$n_H=2.20$,$n_L=1.38$;

(3) 9 层膜,$n_G=1.50$,$n_H=2.40$,$n_L=1.38$。

说明膜系折射率和层数对膜系反射率的影响。

5-20 有一干涉滤光片,间隔层厚度为 1.8×10^{-4} mm,折射率 $n=1.5$,试求:

(1) 正入射时滤光片在可见光区内的中心波长;

(2) 透射带的波长半宽度,设高反射膜的反射率 $R=0.91$;

(3) 倾斜入射时,入射角分别为 15° 和 40° 时的透射光波长。

5-21 一块 F-P 干涉滤光片,其中心波长 $\lambda_0 = 0.6328\,\mu m$,波长半宽度 $\Delta\lambda_{1/2} \leqslant 0.1\lambda_0$,求它在反射光损失为 10% 时的最大透过率。

5-22 观察迈克耳孙干涉仪,看到一个由同心明、暗环所包围的圆形中心暗斑。该干涉仪的一个臂比另一个臂长 2.5 cm,且 $\lambda = 500$ nm,试求中心暗斑的级数,以及第六个暗环的级数。

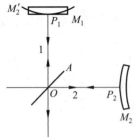

图 5-66　习题 5-23 用图

5-23 利用如图 5-66 所示的干涉系统可测量大球面反射镜的曲率半径。图中球面反射镜的球心位于 OP_2 的延长线上,由 O 到 P_1 和到 P_2 的光程相等。假设半反射面 A 的镀膜恰使光束 1 和光束 2 的附加光程差为零。在准直的单色光照射下,系统产生一些同心圆环条纹。若第十个暗环的半径为 6 mm,单色光波长为 580 nm,问球面反射镜的曲率半径是多少?

5-24 F-P 干涉仪中镀金属膜的两玻璃板内表面的反射系数为 $r = 0.8944$,试求条纹半宽度、条纹的精细度。

5-25 F-P 干涉仪常用来测量波长相差较小的两条谱线的波长差。设干涉仪两板的间距为 0.5 mm,它产生的 λ_1 谱线的干涉环系中第二环和第五环的半径分别为 3 mm 和 5 mm,λ_2 谱线的干涉环系中第二环和第五环的半径分别为 3.2 mm 和 5.1 mm,两谱线的平均波长为 550 nm,试确定两谱线的波长差。

5-26 已知汞绿线的超精细结构为 546.0753 nm、546.0745 nm、546.0734 nm 和 546.0728 nm。问用 F-P 标准具分析这一结构时应如何选取标准具的间距?(设标准具面的反射率 $R = 0.9$)

5-27 激光器的谐振腔可看作是一 F-P 标准具,若激光器腔长 0.6 m,两反射镜的反射率 $R = 0.99$,气体折射率为 1,输出谱线的中心波长为 633 nm,试求输出激光的频率间隔和谱线宽度。

5-28 在杨氏干涉实验中,准单色光的波长宽度为 0.06 nm,平均波长为 540 nm。问在小孔 S_1 处贴上多厚的玻璃片可使干涉中心 P_0 点附近的条纹消失?设玻璃的折射率为 1.5。

5-29 在杨氏干涉实验中,照射两小孔的光源是一个直径为 3 mm 的圆形光源。光源发射光的波长为 0.5 μm,它到小孔的距离为 2 m。问小孔能够发生干涉的最大距离是多少?

5-30 太阳直径对地球表面的张角 $\theta \approx 32'$。在暗室中若直接用太阳光作光源进行双缝干涉实验(不用限制光源尺寸的单缝),则双缝间距不能超过多大?(设太阳光的平均波长为 $\lambda = 0.55\,\mu m$,日盘上各点的亮度差可以忽略。)

习题解答 5

第6章 光的衍射

光的衍射现象是光波动性的另一个主要标志，也是光波在传播过程中的最重要属性之一。

本章将在基尔霍夫标量衍射理论的基础上，研究两种最基本的衍射现象及其应用：菲涅耳衍射（近场衍射）和夫琅禾费衍射（远场衍射）。由于夫琅禾费衍射问题的计算比较简单，并且在光学系统的成像理论和现代光学中，有着特别重要的意义，所以我们将着重讨论夫琅禾费衍射。

6.1 衍射的基本原理

6.1.1 光的衍射现象

凡是不能用反射、折射或散射来解释的光偏离直线传播的现象称为光的衍射。也可以叫光的绕射。即光可绕过障碍物，传播到障碍物的几何阴影区域中，并在障碍物后的观察屏上呈现出光强的不均匀分布。通常将观察屏上的不均匀光强分布称为衍射图样。

典型的衍射试验如图 6-1 所示，让一个足够亮的点光源 S 发出的光透过一个圆孔 Σ 照射到屏幕 K 上，并且逐渐改变圆孔的大小，就会发现，当圆孔足够大时，在屏幕上看到一个具有清晰边界的均匀光斑，光斑的大小就是圆孔的几何投影；随着圆孔逐渐减小，起初光斑也相应地变小，而后光斑边缘开始模糊，并且在圆斑外面产生若干围绕圆斑的同心圆环；此后再使圆孔变小，光斑及圆环不但不跟着变小，反而会增大起来，这就是光的衍射现象。当使用单色光源时，这是一组明暗相间的同心环带，当使用白色光源时，这是一组色彩相间的彩色环带，说明光的衍射与波长有关。

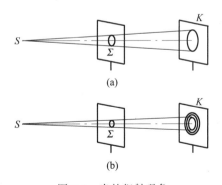

图 6-1 光的衍射现象
(a) 圆孔的几何投影；(b) 圆孔的衍射

光的衍射现象是光的波动性的体现，建立在光的直线传播定律基础上的几何光学是无法解释光的衍射的，这种现象的完善解释要依赖于波动光学。

6.1.2 惠更斯-菲涅耳原理

最早成功地用波动理论解释衍射现象的是菲涅耳,他用光的干涉理论对惠更斯原理加以补充,并予以发展,从而相当完善地解释了光的衍射现象。

1. 惠更斯原理

为了说明光波在空间传播的机理,惠更斯在1690年发表的《论光》一书中提出了一个原理,后来称之为惠更斯原理。如图6-2所示,波源 S 在某一时刻所产生波的波阵面为 Σ,则 Σ 面上的每一点都可以看作是一个次波源,它们发出球面次波,其后某一时刻的波阵面 Σ' 即是该时刻这些球面次波的包络面,波阵面的法线方向就是该光波的传播方向。

利用惠更斯原理可以决定光波从一个时刻到另一个时刻的传播,也可以说明衍射现象的存在。但不能说明衍射过程及其强度分布。

2. 惠更斯-菲涅耳原理

惠更斯原理提出后的一百多年里,光的波动说并未取得明显的进展。菲涅耳在研究了光的干涉现象后,考虑到次波来自同一光源,应该相干,因而波阵面 Σ' 上任一点的光振动应该是在光源和该点之间任一波面(如 Σ 面)上所有子波叠加的结果。这就是惠更斯-菲涅耳原理。

光的衍射现象与光的干涉现象就其实质来讲,都是相干光波叠加引起光强的重新分布。不同之处在于,干涉现象是有限个相干光波的叠加,而衍射现象则是无限多个相干光波的叠加结果。

根据惠更斯-菲涅耳原理,如图6-3所示,考察单色光源 S 对于空间任意点 P 的光作用,在 S 和 P 之间选择任一波面 Σ,在 Σ 上各点发出的次波对 P 点相干叠加的结果可以看作是 S 对 P 的作用。

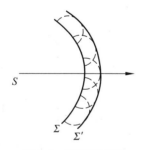

图6-2 惠更斯原理

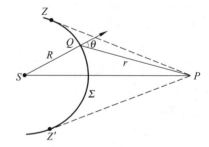

图6-3 点光源 S 对 P 点的光作用

假设 Σ 波面上任意点 Q 的光场复振幅为 $\tilde{E}(Q)$,在 Q 点取一个面元 $\mathrm{d}\sigma$,则 $\mathrm{d}\sigma$ 面元上的次波源对 P 点光场的贡献为

$$\mathrm{d}\tilde{E}(P) = CK(\theta)\tilde{E}(Q)\frac{\exp(\mathrm{i}kr)}{r}\mathrm{d}\sigma$$

其中,C 是比例系数;$r=QP$;$K(\theta)$ 称为倾斜因子,它是与面元法线和 QP 的夹角 θ(称为衍射角)有关的量,按照菲涅耳的假设,当 $\theta=0$ 时,K 有最大值,随着 θ 的增大,K 迅速减小,当 $\theta \geqslant \pi/2$ 时,$K=0$。因此,图6-3中波面 Σ 上只有 $\overset{\frown}{ZZ'}$ 范围内的部分对 P 点光振动有

贡献。所以 P 点的光场复振幅为

$$\widetilde{E}(P) = C \iint\limits_{\Sigma} \widetilde{E}(Q) \frac{\exp(ikr)}{r} K(\theta) \mathrm{d}\sigma \tag{6-1}$$

这就是惠更斯-菲涅耳原理的数学表达式,称为惠更斯-菲涅耳公式。利用这一表达式,原则上可以计算任意形状的孔径或屏的衍射问题。但是,这一积分在一般情况下计算起来很困难,只有在某些简单的情况下才能精确地求解。

当 S 是点光源时,Q 点的光场复振幅为

$$\widetilde{E}(Q) = \frac{A}{R} \exp(ikR)$$

其中,R 是光源到 Q 点的距离。在这种情况下,$\widetilde{E}(Q)$ 可以从积分号中提出来。

虽然利用惠更斯-菲涅耳原理对于简单孔径的衍射可以获得满意的结果,但它还存在两个主要问题:①按式(6-1)计算所得的相位比实际相位落后 $\frac{\pi}{2}$;②为了解释所谓没有倒退波存在,菲涅耳假设 $\theta = 0$ 时,$K(\theta) = 1$,而 $\theta \geqslant \frac{\pi}{2}$ 时,$K(\theta) = 0$。这是在原理之外附加的假设,而且他没有给出 $K(\theta)$ 的具体形式。因此,从理论上来讲,这个原理是不够完善的。

6.1.3　基尔霍夫衍射公式

在光的电磁理论出现之后,人们知道光是一种电磁波,因而光波通过小孔之类的衍射问题应该作为电磁场的边值问题来求解。

基尔霍夫的研究弥补了菲涅耳理论的不足,他从微分波动方程出发,利用数学场论中的格林(Green)定理以及电磁场的边值条件,给出了惠更斯-菲涅耳原理较完善的数学表达式,在某些近似条件下,得到了菲涅耳理论中没有确定的常量 C 以及倾斜因子 $K(\theta)$ 的具体表达式,建立起了光的衍射理论。

该理论将光波当作标量来处理,只考虑电场或磁场的一个横向分量,而假定其他有关分量也可以用同样方法独立处理,完全忽略了电磁场矢量分量间的耦合特性,因此称为标量衍射理论。尽管这是一种近似处理,但在一定条件下,仍与实验结果符合得很好。不过在处理诸如亚波长光学元件、高分辨率衍射光栅的理论等问题中,为了得到精确的结果,必须要进一步考虑光波的矢量性。

1. 基尔霍夫衍射公式

基尔霍夫衍射公式将空间 P 点的光场与其周围任一封闭曲面上的各点光场建立起了联系。现在将基尔霍夫积分定理应用于小孔衍射问题,在某些近似条件下,可以化为与菲涅耳表达式基本相同的形式。

如图 6-4 所示,用单色点光源 S 照射到开孔 Σ 上,开

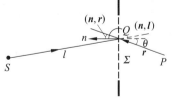

图 6-4　球面波在开孔 Σ 上的衍射

孔 Σ 后任意一点 P 处产生的光场复振幅为

$$\widetilde{E}(P) = \frac{A}{\mathrm{i}\lambda} \iint\limits_{\Sigma} \frac{\exp(ikl)}{l} \frac{\exp(ikr)}{r} \left[\frac{\cos(\boldsymbol{n}, \boldsymbol{r}) - \cos(\boldsymbol{n}, \boldsymbol{l})}{2} \right] \mathrm{d}\sigma \tag{6-2}$$

其中，A 是离点光源单位距离处的振幅；l 是点源 S 到 Σ 上某点 Q 的距离；r 是 P 点到 Q 点的距离；$\cos(\boldsymbol{n},\boldsymbol{r})$ 为法线 $\boldsymbol{n}$ 与从 P 点到 Q 点的矢量 $\boldsymbol{r}$ 之间夹角的余弦；$\cos(\boldsymbol{n},\boldsymbol{l})$ 为法线 $\boldsymbol{n}$ 与从 S 到 Σ 上某点 Q 的矢量 $\boldsymbol{l}$ 之间夹角的余弦。此式称为菲涅耳-基尔霍夫衍射公式。与式(6-1)进行比较，可得

$$C=\frac{1}{\mathrm{i}\lambda}=\frac{-\mathrm{i}}{\lambda}, \quad \tilde{E}(Q)=\frac{\exp(\mathrm{i}kl)}{l}, \quad K(\theta)=\frac{\cos(\boldsymbol{n},\boldsymbol{r})-\cos(\boldsymbol{n},\boldsymbol{l})}{2}$$

因此，如果将积分面元 $\mathrm{d}\sigma$ 视为次波源的话，式(6-2)可解释为：① P 点的光场是 Σ 上无穷多次波源产生的，次波源的复振幅与入射波在该点的复振幅 $\tilde{E}(Q)$ 成正比，与波长 λ 成反比；②因子$(-\mathrm{i})$表明，次波源的振动相位超前于入射波 $\pi/2$；③倾斜因子 $K(\theta)$ 表示了次波的振幅在各个方向上是不同的，其值在 0 与 1 之间。如果由平行光垂直入射到 Σ 上，则 $\cos(\boldsymbol{n},\boldsymbol{l})=-1,\cos(\boldsymbol{n},\boldsymbol{r})=\cos\theta$ 因而

$$K(\theta)=\frac{1+\cos\theta}{2}$$

当 $\theta=0$ 时，$K(\theta)=1$，这表明在波面法线方向上倾斜因子最大；当 $\theta=\pi$ 时，$K(\theta)=0$。这一结论说明，菲涅耳假设 $K(\pi/2)=0$ 是不正确的。

进一步考察式(6-2)可以看出，该式对于光源和观察点是对称的，这意味着 S 点源在 P 点产生的效果和在 P 点放置同样强度的点源在 S 点产生的效果相同。有时称这个结果为亥姆霍兹互易定理(或可逆定理)。

虽然基尔霍夫衍射公式是由点光源照明导出的，但仍普遍适用于一般单色光照明的情形。因为总可以把任一复杂的光波分解为简单的球面波的线性叠加。

2. 基尔霍夫衍射公式的近似

虽然菲涅耳-基尔霍夫衍射公式是在一定条件下得到的，但在计算衍射问题时，因被积函数的形式较复杂，对于一些极简单的衍射问题，仍不易得到解析形式的积分结果。为此，必须根据实际情况作进一步的近似处理。

1) 傍轴近似

如图 6-5 所示，考察无穷大的不透明屏上的开孔 Σ 由垂直入射的单色平面波的衍射。

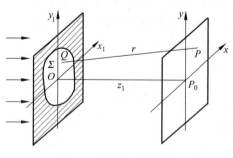

通常，衍射屏开孔 Σ 的线度和观察屏上的考察范围都远小于开孔到观察屏的距离，因此，下面的两个近似条件通常都成立。

（1）取 $\cos(\boldsymbol{n},\boldsymbol{r})=\cos\theta\approx1$，因此

$$K(\theta)=\frac{1+\cos\theta}{2}\approx1$$

（2）在式(6-2)的分母中 r 表示的是 QP 的距离，由于 z_1 很大，可以认为

$$r\approx z_1$$

图 6-5 开孔 Σ 的衍射

这样，式(6-2)可简化为

$$\tilde{E}(P)=\frac{1}{\mathrm{i}\lambda z_1}\iint\limits_{\Sigma}\tilde{E}(Q)\exp(\mathrm{i}kr)\mathrm{d}\sigma \qquad (6\text{-}3)$$

在这里，指数中的 r 未用 z_1 代替，这是因为指数中 r 要与 k 相乘，r 的微小变化都会引起相

位的很大变化,因而会对子波干涉效应产生显著的影响,所以不可用常数 z_1 替代。

用基尔霍夫衍射公式求解衍射问题时,根据观察屏离衍射孔的距离不同,衍射公式指数中的 r 可进行不同的简化,这就是菲涅耳近似和夫琅禾费近似。

2)菲涅耳近似

如图 6-5 所示,孔径平面和观察平面分别取直角坐标系 (x_1,y_1) 和 (x,y),则由几何关系有

$$r = \sqrt{z_1^2 + (x-x_1)^2 + (y-y_1)^2}$$

对该式作二项式展开,有

$$r = z_1 + \frac{1}{2z_1}[(x-x_1)^2 + (y-y_1)^2] - \frac{1}{8z_1^3}[(x-x_1)^2 + (y-y_1)^2]^2 + \cdots$$

当 z_1 大到使得上式第三项引起的相位变化远远小于 π 时,即

$$k\frac{[(x-x_1)^2 + (y-y_1)^2]^2}{8z_1^3} \ll \pi \tag{6-4}$$

上面第三项以及以后的各项都可略去,简化为

$$r = z_1 + \frac{1}{2z_1}[(x-x_1)^2 + (y-y_1)^2]$$

$$= z_1 + \frac{x^2+y^2}{2z_1} - \frac{xx_1+yy_1}{z_1} + \frac{x_1^2+y_1^2}{2z_1} \tag{6-5}$$

这一近似称为菲涅耳近似,在这个区域内观察到的衍射现象叫菲涅耳衍射(或近场衍射)。

在菲涅耳近似下,P 点的光场复振幅为

$$\widetilde{E}(x,y) = \frac{\exp(\mathrm{i}kz_1)}{\mathrm{i}\lambda z_1}\iint_{\Sigma}\widetilde{E}(x_1,y_1)\exp\left\{\frac{\mathrm{i}k}{2z_1}[(x-x_1)^2+(y-y_1)^2]\right\}\mathrm{d}x_1\mathrm{d}y_1 \tag{6-6}$$

这就是菲涅耳衍射公式。将该式积分项展开,有

$$\widetilde{E}(x,y) = \frac{\exp(\mathrm{i}kz_1)}{\mathrm{i}\lambda z_1}\exp\left[\frac{\mathrm{i}k}{2z_1}(x^2+y^2)\right] \times$$

$$\iint_{\Sigma}\widetilde{E}(x_1,y_1)\exp\left[\frac{\mathrm{i}k}{2z_1}(x_1^2+y_1^2)\right]\exp\left[-\mathrm{i}2\pi\left(\frac{xx_1}{\lambda z_1}+\frac{yy_1}{\lambda z_1}\right)\right]\mathrm{d}x_1\mathrm{d}y_1$$

令 $f_x = \dfrac{x}{\lambda z_1}$,$f_y = \dfrac{y}{\lambda z_1}$,则上式为

$$\widetilde{E}(x,y) = \frac{\exp(\mathrm{i}kz_1)}{\mathrm{i}\lambda z_1}\exp\left[\frac{\mathrm{i}k}{2z_1}(x^2+y^2)\right] \times$$

$$\iint_{\Sigma}\widetilde{E}(x_1,y_1)\exp\left[\frac{\mathrm{i}k}{2z_1}(x_1^2+y_1^2)\right]\exp[-\mathrm{i}2\pi(x_1f_x+y_1f_y)]\mathrm{d}x_1\mathrm{d}y_1$$

利用傅里叶变换关系,有

$$\widetilde{E}(x,y) = \frac{\exp(\mathrm{i}kz_1)}{\mathrm{i}\lambda z_1}\exp\left[\frac{\mathrm{i}k}{2z_1}(x^2+y^2)\right]\mathscr{F}\left\{\widetilde{E}(x_1,y_1)\exp\frac{\mathrm{i}k}{2z_1}(x_1^2+y_1^2)\right\} \tag{6-7}$$

显然,菲涅耳衍射公式也可以看成是乘积 $\widetilde{E}(x_1,y_1)\exp\left[\dfrac{\mathrm{i}k}{2z_1}(x_1^2+y_1^2)\right]$ 的傅里叶变换。

3)夫琅禾费近似

当观察屏离孔的距离很远,使得式(6-5)其中的第四项满足

$$k\frac{x_1^2+y_1^2}{2z_1}\ll\pi \tag{6-8}$$

时，可将 r 进一步简化为

$$r=z_1+\frac{x^2+y^2}{2z_1}-\frac{xx_1+yy_1}{z_1} \tag{6-9}$$

这一近似称为夫琅禾费近似，在这个区域内观察到的衍射现象叫夫琅禾费衍射（或远场衍射）。

在夫琅禾费近似下，P 点的光场复振幅为

$$\widetilde{E}(x,y)=\frac{\exp(\mathrm{i}kz_1)}{\mathrm{i}\lambda z_1}\exp\left[\frac{\mathrm{i}k}{2z_1}(x^2+y^2)\right]\iint\limits_{\Sigma}\widetilde{E}(x_1,y_1)\exp\left[\frac{-\mathrm{i}k}{z_1}(xx_1+yy_1)\right]\mathrm{d}x_1\mathrm{d}y_1 \tag{6-10}$$

这就是夫琅禾费衍射公式。与菲涅耳衍射公式类似，夫琅禾费衍射公式有

$$\widetilde{E}(x,y)=\frac{\exp(\mathrm{i}kz_1)}{\mathrm{i}\lambda z_1}\exp\left[\frac{\mathrm{i}k}{2z_1}(x^2+y^2)\right]\mathscr{F}\{\widetilde{E}(x_1,y_1)\} \tag{6-11}$$

显然，夫琅禾费衍射就是入射光场 $\widetilde{E}(x_1,y_1)$ 的傅里叶变换。

由于孔径 Σ 外的 $\widetilde{E}(x_1,y_1)$ 的值为 0，所以两个衍射公式(6-6)和式(6-10)的积分范围都可以是整个 (x_1,y_1) 平面。

由以上讨论可知，菲涅耳衍射和夫琅禾费衍射是傍轴近似下的两种衍射情况。比较式(6-4)和式(6-8)可知，要产生夫琅禾费衍射，观察屏到衍射屏距离的要求比菲涅耳衍射苛刻得多。显然菲涅耳衍射区包含了夫琅禾费衍射区，凡是用来分析计算菲涅耳衍射的公式都适用于夫琅禾费衍射，反之则不然。

6.1.4　衍射的巴比涅原理

巴比涅原理描述的是两个互补屏的衍射场之间的关系。它可以由基尔霍夫衍射公式直接导出。

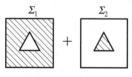

图 6-6　互补屏

若两个衍射屏中，一个屏的开孔部分正好与另一个屏的不透明部分相对应，这样一对衍射屏称为互补屏，如图 6-6 所示。

设 $\widetilde{E}_1(P)$ 和 $\widetilde{E}_2(P)$ 分别表示 Σ_1 和 Σ_2 单独放在光源和观察屏之间时，观察屏上 P 点的光场复振幅，$\widetilde{E}_0(P)$ 表示无衍射屏时 P 点的光场复振幅，根据惠更斯-菲涅耳原理，$\widetilde{E}_1(P)$ 和 $\widetilde{E}_2(P)$ 可表示成对 Σ_1 和 Σ_2 开孔部分的积分，而两个屏的开孔部分加起来就相当于屏不存在，因此

$$\widetilde{E}_0(P)=\widetilde{E}_1(P)+\widetilde{E}_2(P) \tag{6-12}$$

该式说明，互补屏在衍射场某点产生的复振幅之和等于光波自由传播时在该点产生的光场复振幅。这一结论是由巴比涅(Babinet)于 1837 年提出的，故称为巴比涅原理。无论是近场还是远场，该结论都是正确的。

由于光波自由传播时，光场复振幅容易计算，因此利用巴比涅原理可以方便地由一种衍射屏的衍射光场，求出其互补屏产生的衍射光场，从而使问题大大简化。

由巴比涅原理可得到如下两个结论：

（1）若 $\tilde{E}_1(P)=0$，则 $\tilde{E}_2(P)=\tilde{E}_0(P)$。因此，放置一个屏时，对应于光场为零的那些点，在换上它的互补屏时，光场和没有屏时一样；

（2）若 $\tilde{E}_0(P)=0$，则 $\tilde{E}_2(P)=-\tilde{E}_1(P)$。这就意味着在 $\tilde{E}_0(P)=0$ 的那些点，$\tilde{E}_1(P)$ 和 $\tilde{E}_2(P)$ 的相位差为 π，而光强度相等。这就是说，两个互补屏不存在时，光场为零的那些点，互补屏产生完全相同的光强度分布。

利用巴比涅原理很容易由圆孔、单缝的衍射特性得到圆屏、细丝的衍射特性。近年来研制出的激光细丝测径仪，就是利用这个原理测量细丝（例如金属或纤维丝）直径的。

6.2　夫琅禾费衍射

6.2.1　夫琅禾费衍射装置

我们已经知道，对于夫琅禾费衍射，观察屏必须放置在离衍射屏很远的地方，其垂直距离应满足式（6-8）。如果只考虑单色平行光垂直入射到开孔平面上的夫琅禾费衍射，则通常都采用图 6-7 所示的系统作为夫琅禾费衍射装置。

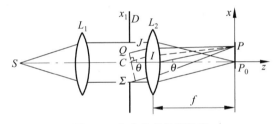

图 6-7　夫琅禾费衍射装置

单色点光源 S 放置在透镜 L_1 的前焦平面上，所产生的平行光垂直入射开孔 Σ，由于开孔的衍射，在透镜 L_2 的后焦平面上可以观察到开孔 Σ 的夫琅禾费衍射图样，后焦平面上各点的光场复振幅由式（6-10）给出。若开孔面上有均匀的光场分布，可令 $\tilde{E}(x_1,y_1)=A=$ CONST，又因为透镜紧贴孔径，$z_1\approx f$，所以，后焦平面上的光场复振幅可写为

$$\tilde{E}(x,y)=C\exp\left[\frac{ik}{2f}(x^2+y^2)\right]\iint\limits_{\Sigma}\exp\left[\frac{-ik}{f}(xx_1+yy_1)\right]dx_1dy_1 \qquad (6\text{-}13)$$

其中

$$C=\frac{A\exp(ikf)}{i\lambda f}$$

6.2.2　矩孔衍射

图 6-8 是夫琅禾费矩形孔衍射的原理图。设矩形沿 x_1 轴和 y_1 轴方向的宽度分别是 a 和 b，中心位于坐标原点。根据式（6-13），透镜焦平面上 $P(x,y)$ 点的光场复振幅为

$$\widetilde{E}(x,y)=C\exp\left[\frac{\mathrm{i}k}{2f}(x^2+y^2)\right]\int_{-\frac{a}{2}}^{+\frac{a}{2}}\int_{-\frac{b}{2}}^{+\frac{b}{2}}\exp\left[-\frac{\mathrm{i}k}{f}(xx_1+yy_1)\right]\mathrm{d}x_1\mathrm{d}y_1 \quad (6\text{-}14)$$

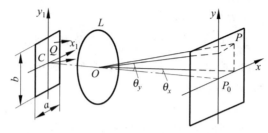

图 6-8 夫琅禾费矩孔衍射原理图

在傍轴近似下,图 6-8 中的方向角 θ_x 和 θ_y 有如下关系

$$\sin\theta_x=\frac{x}{f},\quad \sin\theta_y=\frac{y}{f} \quad (6\text{-}15)$$

则式(6-14)经积分后可写为

$$\widetilde{E}(x,y)=\widetilde{E}_0\frac{\sin\left(\dfrac{\pi a\sin\theta_x}{\lambda}\right)}{\dfrac{\pi a\sin\theta_x}{\lambda}}\frac{\sin\left(\dfrac{\pi b\sin\theta_y}{\lambda}\right)}{\dfrac{\pi b\sin\theta_y}{\lambda}} \quad (6\text{-}16)$$

其中,$\widetilde{E}_0=Cab\exp\left[\dfrac{\mathrm{i}k}{2f}(x^2+y^2)\right]$。

$P(x,y)$点的光强度为

$$I(x,y)=I_0\left[\frac{\sin\left(\dfrac{\pi a\sin\theta_x}{\lambda}\right)}{\dfrac{\pi a\sin\theta_x}{\lambda}}\right]^2\left[\frac{\sin\left(\dfrac{\pi b\sin\theta_y}{\lambda}\right)}{\dfrac{\pi b\sin\theta_y}{\lambda}}\right]^2 \quad (6\text{-}17)$$

令 $\alpha=\dfrac{\pi a\sin\theta_x}{\lambda}$,$\beta=\dfrac{\pi b\sin\theta_y}{\lambda}$,则式(6-17)可简化为

$$I(x,y)=I_0\left(\frac{\sin\alpha}{\alpha}\right)^2\left(\frac{\sin\beta}{\beta}\right)^2 \quad (6\text{-}18)$$

其中,I_0 是 P_0 点的光强度,且有 $I_0=|Cab|^2$。这就是矩孔夫琅禾费衍射的强度分布公式。显然其中两个因子分别依赖于方向角 θ_x 和 θ_y,也就是与 P 点的坐标有关。

下面,我们对衍射图样进行讨论。

1. 衍射光强分布

先分析沿 x 轴的光强度分布,此时 $y=0$,有

$$I=I_0\left(\frac{\sin\alpha}{\alpha}\right)^2 \quad (6\text{-}19)$$

我们来看光强为极值的情况,对上式微分

$$\frac{\mathrm{d}I}{\mathrm{d}\alpha}=2I_0\frac{\sin\alpha}{\alpha}\frac{\alpha\cos\alpha-\sin\alpha}{\alpha^2}=0 \quad (6\text{-}20)$$

分析上式有:

（1）当 $\sin\alpha = 0$，即在 $\alpha = m\pi(m=0,\pm1,\pm2,\cdots)$ 处，有

$$I = \begin{cases} \text{极大值 } I_0, & m=0 \\ \text{极小值 } 0, & m=\pm1,\pm2,\cdots \end{cases}$$

相应地，在 $m=0$ 时的极大值，称为主极大，对应 P_0 点；与极小值相对应的点是暗点，暗点的位置为

$$a\sin\theta_x = m\lambda, \quad m=\pm1,\pm2,\cdots \tag{6-21}$$

相邻两暗点之间的间隔为

$$\Delta x = \frac{\lambda}{a}f \tag{6-22}$$

（2）当 $\alpha\cos\alpha - \sin\alpha = 0$，可确定次极大的位置。说明在相邻两个暗点之间有一个强度次极大，即

$$\tan\alpha = \alpha \tag{6-23}$$

这一方程可以利用图解法求解。如图 6-9 所示，在同一坐标系中分别作出曲线 $f(\alpha) = \tan\alpha$ 和 $f(\alpha) = \alpha$，其交点即为方程的解。图 6-10 为矩孔衍射在 x 轴的分布曲线。

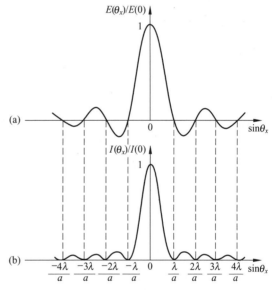

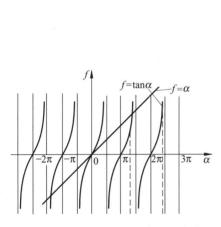

图 6-9　图解法确定矩孔衍射次极大位置

图 6-10　矩孔衍射在 x 轴的分布曲线
(a) 光振幅分布；(b) 强度分布

夫琅禾费衍射在 y 轴上的光强度分布由下式决定：

$$I = I_0\left(\frac{\sin\beta}{\beta}\right)^2 \tag{6-24}$$

其分布特性与 x 轴类似。

在 x 轴和 y 轴以外各点的光强度，可按式(6-18)进行计算。

2. 衍射图样

图 6-11 给出了矩孔的夫琅禾费衍射图样。可以看出，中央亮斑的强度最大，其他亮斑的强度比中央亮斑要小得多，所以绝大部分光能集中在中央亮斑内。中央亮斑可认为是衍

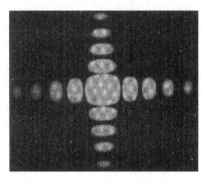

图 6-11　矩孔夫琅禾费衍射图样

射扩展的主要范围,它的边缘在 x 轴和 y 轴上分别由下列条件决定:

$$a \sin \theta_x = \pm \lambda, \quad b \sin \theta_y = \pm \lambda$$

则中央亮斑的半角宽度为

$$\Delta \theta_x = \frac{\lambda}{a}, \quad \Delta \theta_y = \frac{\lambda}{b} \tag{6-25}$$

相应的中央亮斑的半线宽度尺寸为

$$\Delta x = \frac{\lambda}{a} f, \quad \Delta y = \frac{\lambda}{b} f \tag{6-26}$$

式(6-25)和式(6-26)也是次极大的角宽度和宽度的表达式。

由于中央亮斑集中了绝大部分光能,它的半角宽度的大小可以作为衍射效应强弱的标志。对于给定波长,矩孔尺寸越小,它对光束的限制越大,衍射场越弥散;反之,矩孔尺寸越大,衍射场就越集中。当 λ 远远小于孔宽时,光束几乎自由传播,$\Delta \theta \to 0$。这表明衍射场基本上集中在沿直线传播方向上,在透镜焦面上衍射斑收缩为几何像点。$\Delta \theta$ 与波长 λ 成正比,波长越长,衍射效应越显著,波长越短,衍射效应可忽略,所以说几何光学是波动光学当 $\lambda \to 0$ 时的极限情形。

6.2.3　单缝衍射

如果矩孔一个方向的宽度比另一个方向的宽度大得多,例如 $b \gg a$,矩孔就变成了狭缝(单缝)。单缝的夫琅禾费衍射如图 6-12 所示,由于这一单缝的 $b \gg a$,所以入射光在 y 方向的衍射效应可以忽略,衍射图样只分布在 x 轴上。显然,单缝衍射在 x 轴上的衍射强度分布公式与式(6-19)相同,即

$$I = I_0 \left(\frac{\sin \alpha}{\alpha} \right)^2$$

其中

$$\alpha = \frac{\pi a \sin \theta}{\lambda} \tag{6-27}$$

其中,θ 是衍射角。

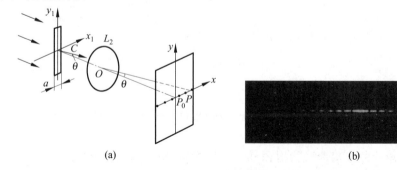

(a)　　　　　　　　　　　　　　　　(b)

图 6-12　单缝夫琅禾费衍射

(a) 原理图;(b) 衍射图样

根据前面的讨论可知在单缝衍射图样中,中央亮纹的半角宽度为

$$\Delta\theta = \frac{\lambda}{a} \qquad\qquad (6\text{-}28)$$

这一范围集中了单缝衍射的绝大部分能量,并是其他亮纹宽度的两倍。

在单缝衍射实验中,常常用取向与单缝平行的线光源(实际是一个被光源照亮的狭缝)来代替点光源,如图 6-13 所示。这时,在观察平面上将得到一些与单缝平行的直线衍射条纹,它们是线光源上各个不相干点光源产生的衍射图样的总和。

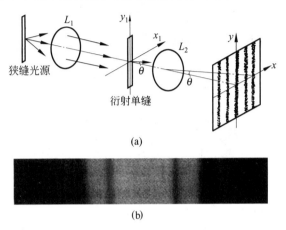

(a)

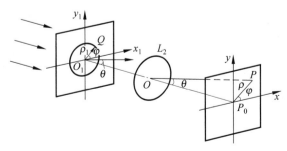

(b)

图 6-13　线光源照明的单缝夫琅禾费衍射

(a) 原理图;(b) 衍射图样

6.2.4　圆孔衍射

由于光学仪器的光瞳通常是圆形的,所以讨论圆孔衍射对于分析光学仪器的特性,具有重要意义。

夫琅禾费圆孔衍射的讨论方法与矩形孔衍射的讨论方法相同,只是由于圆孔结构的几何对称性,采用极坐标处理更加方便。

如图 6-14 所示,设圆孔半径为 a,圆孔中心 O_1 位于光轴上,则圆孔上任一点 Q 的位置坐标为 (r_1, φ_1),与相应的直角坐标 (x_1, y_1) 的关系为

$$x_1 = r_1 \cos\varphi_1, \qquad y_1 = r_1 \sin\varphi_1$$

图 6-14　夫琅禾费圆孔衍射原理图

类似地,也可把观察平面上任意点 P 的位置用极坐标 (r,φ) 表示,它们和直角坐标的关系为

$$x = r\cos\varphi, \quad y = r\sin\varphi$$

式(6-13)是计算夫琅禾费衍射的普遍适用的公式。计算圆孔衍射时,积分域 Σ 是圆孔面积,用极坐标表示时应为

$$d\sigma = r_1 dr_1 d\varphi_1$$

而

$$\frac{x}{f} = \frac{r\cos\varphi}{f} = \theta\cos\varphi, \quad \frac{y}{f} = \frac{r\sin\varphi}{f} = \theta\sin\varphi$$

其中,θ 是衍射角(衍射方向 OP 与光轴的夹角)。把这些关系代入式(6-13),得到 P 点的复振幅为

$$
\begin{aligned}
\widetilde{E}(P) &= C'\int_0^a\int_0^{2\pi}\exp[-\mathrm{i}k(r_1\theta\cos\varphi_1\cos\varphi + r_1\theta\sin\varphi_1\sin\varphi)r_1 dr_1 d\varphi_1] \\
&= C'\int_0^a\int_0^{2\pi}\exp[-\mathrm{i}kr_1\theta\cos(\varphi_1 - \varphi)r_1 dr_1 d\varphi_1]
\end{aligned}
\tag{6-29}
$$

其中,C' 为常系数和相位因子 $\exp\left[\mathrm{i}k\left(\dfrac{x^2+y^2}{2f}\right)\right]$。由于圆对称情况下,积分结果与方位角 φ 无关,可令 $\varphi = 0$。

根据贝塞尔函数的性质,

$$\frac{1}{2\pi}\int_0^{2\pi}\exp(-\mathrm{i}kr_1\theta\cos\varphi_1)d\varphi_1 = \mathrm{J}_0(kr_1\theta)$$

是零阶贝塞尔函数,于是式(6-29)可表示为

$$
\begin{aligned}
\widetilde{E}(P) &= 2\pi C'\int_0^a \mathrm{J}_0(kr_1\theta)r_1 dr_1 = \frac{2\pi C'}{(k\theta)^2}\int_0^{ka\theta}(kr_1\theta)\mathrm{J}_0(kr_1\theta)d(kr_1\theta) \\
&= \frac{2\pi C'}{(k\theta)^2}\left[kr_1\theta\mathrm{J}_1(kr_1\theta)\right]_{r_1=0}^{r_1=a} \\
&= \pi a^2 C'\frac{2\mathrm{J}_1(ka\theta)}{ka\theta}
\end{aligned}
\tag{6-30}
$$

其中利用了贝塞尔函数的递推关系

$$\frac{\mathrm{d}}{\mathrm{d}z}[Z\mathrm{J}_1(Z)] = Z\mathrm{J}_0(Z)$$

因此,P 点的光强度为

$$I = (\pi a^2)^2|C'|^2\left[\frac{2\mathrm{J}_1(ka\theta)}{ka\theta}\right]^2 = I_0\left[\frac{2\mathrm{J}_1(Z)}{Z}\right]^2 \tag{6-31}$$

其中,$I_0 = (\pi a^2)^2|C'|^2$ 是轴上点 P_0 的强度;$\mathrm{J}_1(Z)$ 为一阶贝塞尔函数,而

$$Z = ka\theta \tag{6-32}$$

式(6-31)就是所求的圆孔衍射的强度分布公式。在光学仪器理论中,这是一个十分重要的公式。下面根据这一公式来分析圆孔衍射图样。

首先,式(6-31)表示 P 点的强度与它对应的衍射角 θ 有关$\left(因 \theta = \dfrac{r}{f}\right)$,也可以说强度与 r 有关,而与方位角 φ 坐标无关。r 相等处的光强相同,所以衍射图样是圆环条纹,如图 6-15 所示,该强度分布曲线如图 6-16 所示。

图 6-15 夫琅禾费圆孔衍射图样

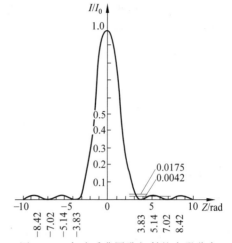

图 6-16 夫琅禾费圆孔衍射的光强分布

其次,衍射图样的极值特性由贝塞尔函数的级数定义,可将式(6-29)表示为

$$\frac{I}{I_0} = \left[\frac{2J_1(Z)}{Z}\right]^2 = \left[1 - \frac{Z^2}{2!2^2} + \frac{Z^4}{2!3!2^4} - \cdots\right] \tag{6-33}$$

我们来看光强为极值的情况,对上式微分有:

$$\frac{\mathrm{d}I}{\mathrm{d}Z} = I_0 \times 2\left[\frac{2J_1(Z)}{Z}\right] \times 2\frac{\mathrm{d}}{\mathrm{d}Z}\left[\frac{J_1(Z)}{Z}\right] = 0 \tag{6-34}$$

分析上式有:

(1) 当 $J_1(Z) = 0$

$$I = \begin{cases} I_0, & 主极大, \quad Z = 0 \\ 0, & 极小, \quad Z \neq 0 \end{cases} \tag{6-35}$$

当 $Z = 0$ 时,即对应光轴上的 P_0 点,有 $I = I_0$,它是衍射光强的主极大值。当 $Z \neq 0$ 满足 $J_1(Z) = 0$ 时,$I = 0$,这些 Z 值决定了衍射暗环的位置。

(2) 当 $\frac{\mathrm{d}}{\mathrm{d}Z}\left[\frac{J_1(Z)}{Z}\right] = -\frac{J_2(Z)}{Z} = 0$ 或 $J_2(Z) = 0$,在相邻两个暗环之间存在一个衍射次极大值。这些次极大值位置即为衍射亮环的位置。其中,$J_2(Z)$ 为二阶贝塞尔函数。

表 6-1 列出了中央的几个亮环和暗环的 Z 值及相对光强大小。由表可知,衍射图样中两相邻暗环的间距不相等,距离中心越远,间距越小,这一点有别于矩形孔的衍射图样。

表 6-1　夫琅禾费圆孔衍射强度分布中央的几个极大和极小

极大和极小	Z	$\dfrac{I}{I_0} = \left[\dfrac{2J_1(Z)}{Z}\right]^2$
主极大	0	1
极小	$1.220\pi = 3.833$	0
次极大	$1.635\pi = 5.136$	0.0175
极小	$2.233\pi = 7.016$	0
次极大	$2.679\pi = 8.417$	0.0042
极小	$3.238\pi = 10.174$	0
次极大	$3.699\pi = 11.620$	0.0016

次极大的强度比中央主极大的强度要小得多。因此,在圆孔衍射图样中,光能也是绝大部分集中在中央亮斑内。这一亮斑通常称为艾里(Airy)斑,它的半径 r_0 由对应于第一个强度为零的 Z 值决定:

$$Z = \frac{kar_0}{f} = 1.22\pi$$

因此

$$r_0 = 1.22\frac{\lambda}{2a}f \tag{6-36}$$

或以角半径表示为

$$\theta_0 = \frac{r_0}{f} = \frac{0.61\lambda}{a} \tag{6-37}$$

此式表明衍射斑的大小与圆孔半径成反比,而与光波波长成正比,这些规律与矩孔和单缝衍射完全类似。

6.3 光学成像系统的衍射和分辨本领

6.3.1 在像面观察的夫琅禾费衍射

到目前为止,我们讨论的是以平行光入射(相当于点光源在无穷远处),在透镜的焦面上观察的夫琅禾费衍射问题。但是,对于光学成像系统,比较多的情形是对近处的点光源(点物)成像(比如照相物镜、显微物镜),这时在像面上观察到的衍射像斑是否可以应用夫琅禾费衍射公式来计算? 下面来讨论这个问题。

在图 6-17 所示的成像装置中,S 是点物,L 代表成像系统,S' 是成像系统对 S 所成的像,D 是系统的孔径光阑。假定成像系统没有像差,并且略去它的衍射效应,那么像 S' 应为点像。用波动光学来描述这一过程,就是系统 L 将发自 S 的发散球面波改变为会聚于点 S' 的会聚球面波。但是,在该图所示的装置中,还有孔径光阑 D,它将限制来自 L 的会聚球面波,所以系统所成的像 S' 应是会聚球面波径孔径光阑 D 后的衍射像斑。通常光阑面到像面的距离 R 虽比光阑的口径要大得多,但一般还不能用夫琅禾费衍射公式来计算像面上的复振幅分布,只能利用菲涅耳衍射的计算公式。如果在孔径光阑面上建立坐标系 x_1Cy_1,在像面上建立坐标系 $xS'y$,两坐标系的原点 C 和 S' 均在光轴上,那么按照式(6-6),像面上的复振幅分布为

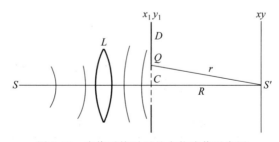

图 6-17 成像系统对近处点物成像示意图

$$\widetilde{E}(x,y) = \frac{\exp(\mathrm{i}kR)}{\mathrm{i}\lambda R}\iint\limits_{\Sigma}\widetilde{E}(x_1,y_1)\exp\left\{\frac{\mathrm{i}k}{2R}\left[(x-x_1)^2+(y-y_1)^2\right]\right\}\mathrm{d}x_1\mathrm{d}y_1 \qquad (6\text{-}38)$$

其中,Σ 是孔径光阑面;$\widetilde{E}(x_1,y_1)$ 是孔径光阑面上的复振幅分布。由于孔径光阑受会聚球面波照明,按照 6.1 节对球面波函数所作的近似处理,在菲涅耳近似下,则有

$$\widetilde{E}(x_1,y_1) = \frac{A}{R}\exp(-\mathrm{i}kR)\exp\left[-\frac{\mathrm{i}k}{2R}(x_1^2+y_1^2)\right]$$

把这一结果代入式(6-38),得到

$$\widetilde{E}(x,y) = \frac{A'}{\mathrm{i}\lambda R}\exp\left[\frac{\mathrm{i}k}{2R}(x^2+y^2)\right]\iint\limits_{\Sigma}\exp\left[-\mathrm{i}k\left(\frac{x}{R}x_1+\frac{y}{R}y_1\right)\right]\mathrm{d}x_1\mathrm{d}y_1 \qquad (6\text{-}39)$$

其中,$A' = \dfrac{A}{R}$ 是入射波在光阑面上的振幅。把式(6-39)和夫琅禾费衍射公式(6-13)相比较,可见两式中的积分项是一样的,只是在式(6-39)中用 R 代替了式(6-13)中的 f。因此,式(6-39)也可以解释为单色平面波垂直入射到孔径光阑,并在一个焦距为 R 的透镜的后焦面上产生的夫琅禾费衍射的复振幅分布(不考虑积分前的因子)。这说明在像面上观察到的近处点物的衍射像也是孔径光阑的夫琅禾费衍射图样。这提供了一种更为普遍的用会聚光照明方式来得到孔径的频谱的方法。相应的艾里斑半径为

$$r_0 = 1.22\frac{R\lambda}{D} \qquad (6\text{-}40)$$

其中,D 为孔径光阑的直径;R 为光阑到像面的距离。

至此,我们已经说明了成像系统对无穷远处的点物在焦面上所成的像是夫琅禾费衍射像,也说明了成像系统对近处点物在像面上所成的像是夫琅禾费衍射像。由于无穷远处的点物和系统的焦点是物像关系,所以上述结论统一起来也可以说:成像系统对点物在它的像面上所成的像是孔径光阑的夫琅禾费衍射图样。

6.3.2 成像系统的分辨率

光学成像系统的分辨本领是指系统能分辨开两个靠近的点物或物体细节的能力,它是光学成像系统的重要指标。

从几何光学的观点看,每个像点应该是一个几何点,因此,对于一个无像差的理想光学成像系统,其分辨本领应当是无限的,即两个点物无论靠多近,像点总可分辨开。6.4.1 节已经指出,实际光学系统对点物所成的"像"总会因孔径光阑的限制产生夫琅禾费衍射图样。由于一般光学系统的通光孔都是圆的,因此,理想光学系统的分辨本领是由圆孔夫琅禾费衍射所形成的衍射花样所决定的,更具体地说它的分辨本领实际上是由艾里斑的大小所决定。为了简化问题的讨论,我们假设要分辨的两物点具有相等的光强,而且两物点发出的光是独立的,不相干的,因此,它们通过光学系统后所形成的像点是光强度的叠加,而不是复振幅相加。

考察图 6-18 所示的光学系统对两个点物的成像。图中 L 代表成像系统,S_1 和 S_2 是两个发光强度相等的点物,S_1' 和 S_2' 分别是 S_1 和 S_2 的"像",即衍射图样。

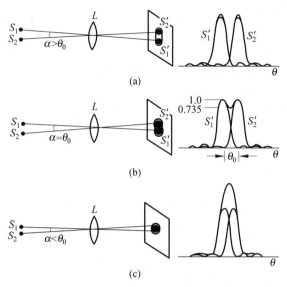

图 6-18　两个点物衍射像的分辨

（a）分辨良好；（b）恰能分辨；（c）不能分辨

瑞利把图 6-18(b)的情况,即一个点物衍射图样的中央极大与近旁另一个点物衍射图样的第一极小重合的情况,作为光学成像系统恰能分辨两个点物的极限。该分辨标准称为瑞利判据。这时有 $\alpha = \theta_0$,其中,α 为两点物对透镜的张角;θ_0 为点物衍射斑的角半径。显然,当 $\alpha \geqslant \theta_0$ 时,两点物可以分辨。

下面分别对三种典型光学系统进行讨论。

1. 望远镜的分辨率

望远镜用于对远处物体成像。它的分辨本领用两个恰能分辨的点物对物镜的张角表

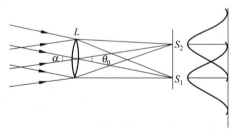

图 6-19　望远镜物镜分辨率的示意图

示。设望远镜物镜的圆形通光孔径的直径为 D,则它对远处点物所成的像的艾里斑角半径为 $\theta_0 = \dfrac{1.22\lambda}{D}$。如图 6-19 所示,如果两点物恰好为望远镜所分辨,根据瑞利判据,两点物对望远物镜的张角为

$$\alpha = \theta_0 = \frac{1.22\lambda}{D} \tag{6-41}$$

这就是望远镜的分辨率公式。此式表明,物镜的直径 D 越大,分辨本领越强。为了增强分辨本领,天文望远镜物镜的直径要做得很大。通过多片合成,当今世界上最大的天文望远镜的直径可达 16 m,如图 6-20(a)所示;通过合成孔径的方法,美国宇航局已获得相当于 85 m 直径的望远系统,其原理如图 6-20(b)所示,通过两个精确定位的、相距 100~1000 m 的采集器接收两路星光,再反射到合成器,从而扩大了接收望远物镜的通光口径。

2. 照相物镜的分辨率

照相物镜一般用于对较远的物体成像,并且所成的像由感光底片记录,底片的位置与照

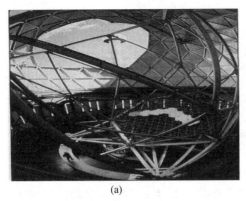
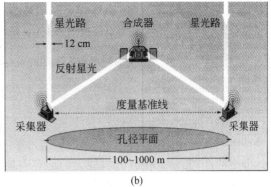

(a)   (b)

图 6-20　合成望远镜工作原理

（a）多片合成；（b）双路合成

相物镜的焦面大致重合。照相物镜的分辨率以像面上每毫米能分辨的直线数 N 来表示。

若照相物镜的孔径为 D，则它能分辨的最靠近的两直线在感光底片上的距离为

$$\varepsilon' = f\theta_0 = 1.22f\frac{\lambda}{D}$$

其中，f 是照相物镜的焦距。显然有

$$N = \frac{1}{\varepsilon'} = \frac{1}{1.22\lambda}\frac{D}{f} \tag{6-42}$$

其中，D/f 是物镜的相对孔径。可见，照相物镜的相对孔径越大，其分辨率越高。

由于摄影系统的分辨率受到照相物镜分辨率和感光底片分辨率的限制，为了充分利用照相物镜的分辨能力，所使用的感光底片的分辨率应该大于或等于物镜的分辨本领。

3. 显微镜的分辨率

1）常规显微镜

显微镜用于观察近处微小物体。用刚好能分辨的两点物间的距离表示其分辨率。

显微镜由物镜和目镜组成，在一般情况下系统成像的孔径光阑为物镜框，因此，限制显微镜分辨本领的是物镜框。显微镜物镜的成像如图 6-21 所示。点物 S_1 和 S_2 位于物镜前焦点附近，由于物镜的焦距极短，所以 S_1 和 S_2 发出的光波以很大的孔径角入射到物镜，而它们的像 S_1' 和 S_2' 则离物镜较远。虽然 S_1 和 S_2 离物镜很近，但根据本节前面的讨论，它们的像也是物镜边缘的夫琅禾费衍射图样，其中艾里斑的半径为

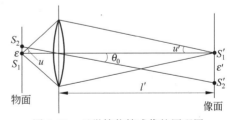

图 6-21　显微镜物镜成像的原理图

$$r_0 = l'\theta_0 = 1.22\frac{l'\lambda}{D} \tag{6-43}$$

其中，l' 是像距；D 是物镜直径。式（6-43）与式（6-36）的区别仅是以 l' 代替了其中的 f。显然，如果两衍射图样的中心 S_1' 和 S_2' 之间的距离 $\varepsilon' = r_0$，则按照瑞利判据，两衍射图样刚好可以分辨，这时两点物之间的距离 ε 就是物镜的最小分辨距离。由于显微物镜的成像满足

阿贝正弦条件

$$n\varepsilon\sin u = n'\varepsilon'\sin u'$$

其中，n 和 n' 分别为物方和像方折射率，对显微镜 $n'=1$。由于 $l'\gg D$，有

$$\sin u' \approx u' = \frac{D}{2l'}$$

最后得到

$$\varepsilon = \frac{0.61\lambda}{n\sin u} = \frac{0.61\lambda}{NA} \tag{6-44}$$

由上式可见，增强显微物镜分辨能力的途径有两种：①增大物镜的数值孔径；②减小波长。增大数值孔径有两种方法：①减小物镜的焦距，使孔径角 u 增大；②用油浸物镜以增大物方折射率，但只能把数值孔径增大到 1.5 左右。应用减小波长的方法，如果被观察的物体不是自身发光的，只要用短波长的光照明即可。一般显微镜的照明设备附加一块紫色滤光片，就是这个原因。

2）特种显微镜

常规显微镜在分辨能力等方面有一些局限。为满足现代科学和技术在分辨能力、检测样品、应用环境等方面的一些特殊需求，一些特种显微镜不断推出。下面简要介绍几种。

（1）电子显微镜

电子显微镜利用减小波长的方法提高分辨能力。由于电子束的波长比光波要小得多，比如在几百万伏的加速电压下电子束的波长可达 10^{-3} nm 的数量级，因而，就波长而言，电子显微镜的分辨率可比普通光学显微镜提高几十万倍，尽管电子显微镜的数值孔径较小，实际分辨率也比普通光学显微镜提高千倍以上，美国研制出的电子显微镜的放大倍率达 1.5×10^{8}。

（2）红外显微镜

红外显微镜是基于红外焦平面技术的新型显微镜。与电子显微镜相反，红外显微镜的工作波长比可见光波长更长，使其空间分辨能力有所降低，但它能以被动方式给出微细目标温度的精细分布，因而在现代高科技领域有广泛的用途。

灰体的辐射强度和温度的关系可以由斯蒂芬-玻耳兹曼定律来表示：

$$W_0(T) = \varepsilon\delta T^4 \tag{6-45}$$

式中，$W_0(T)$ 为热力学温度 T 下的辐射强度，ε 为物体发射率，δ 为玻耳兹曼常数。由此可以看出，辐射强度与热力学温度的四次方成正比，当温度有较小变化时，会引起辐射强度很大的变化，因此通过探测物体的辐射强度分布可以间接得到其温度场。红外显微的最大特点就是不用接触待检测物体。因此，对于一些高危行业，比如核工业中元器件的检测就变得非常有用了。

如图 6-22 所示，现代红外显微镜主要由红外显微物镜、红外焦平面器件、红外图像信号的处理及样品温度场的存储显示等单元组成。样品辐射经红外显微物镜投射到焦平面器件的光敏面，焦平面作为样品的像平面，焦平面器件会将表征样品温度分布的辐射强度分布转换为红外图像信号，经红外图像信号处理单元，得到样品的温度场或温度分布，最后送存储显示单元，完成样品温度场的存储、显示。

由于红外焦平面器件、计算机图像信号处理等相关技术的高速发展，红外显微已达到很

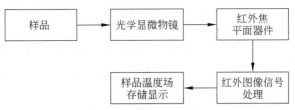

图 6-22　红外显微镜结构框图

高的性能水平,其空间分辨能力已达到微米甚至亚微米级,温度分辨能力不难达到 100 mK 量级甚至更高水平。红外显微实时显示微细目标温度分布的卓越性能使其在微电子、光电集成等重要领域都有广泛的应用。以大功率集成电路芯片的设计、研制为例,芯片上功率元件的温升无疑是设计、研制人员的关注中心,而常规的温度检测方法却难以得到相关温度信息。红外显微技术给人们带来极大的方便。在通电激励状态下,芯片中相应的元件会发热而产生温度变化,通过红外显微系统,可以很方便地实时观测、显示大规模集成电路芯片中数以千、万计的微小元件的温度及其变化,图 6-23(a)和(b)就是由红外热像显微系统得到的未通电和通电状态下集成电路芯片的温度分布。根据红外显微得到的温度场,研制人员便于对集成电路芯片的相关结构、材料或工艺作出准确的调整或修改,研制出高品质芯片。显然,红外显微技术可以大幅度缩短集成电路芯片的设计、研制周期,大幅度降低其设计、研制成本。

图 6-23　集成电路板的热成像图

(a) 未通电状态;(b) 通电状态

（3）扫描隧道显微镜

尽管电子显微镜的分辨本领已远胜于光学显微镜,但电子显微镜须在真空条件下工作,所以很难观察活的生物,而且电子束的照射也会使生物样品受到辐照损伤。因此,扫描隧道显微镜(scanning tunneling microscope,STM)应运而生。与扫描电子显微镜、透射电子显微镜以及场离子显微镜相比,STM 具有结构简单、分辨本领高、不破坏样品的表面结构等特点。它可在真空、大气或液体环境下,在实空间内进行原位动态观察样品表面的原子组态,并可直接用于观察样品表面发生的物理或化学反应的动态过程及反应中原子的迁移过程等,其横向分辨率可达 0.1 nm,与样品垂直方向上的纵向分辨率可达 0.01 nm。STM 是一种利用量子理论中的隧道效应探测物质表面结构的测试分析仪器,由 G. Binnig 博士和 H. Rohrer 博士于 1983 年在 IBM 位于瑞士苏黎世的实验室发明,两位发明者因此获得了

1986 年诺贝尔物理学奖。STM 在低温下(4K)可以利用探针尖端精确操纵原子,因此它在纳米科技中既是重要的测量工具又是加工工具。它使人类第一次能够实时地观察单个原子在物质表面的排列状态和与表面电子行为有关的物化性质,在表面科学、材料科学、生命科学等领域的研究中有着重大意义和广泛的应用前景,被国际科学界公认为 20 世纪 80 年代世界十大科技成就之一。

STM 的基本原理是利用量子理论中的隧道效应,即将原子线度的极细探针和被研究物质的表面作为两个电极,当样品与针尖的距离非常接近时(通常小于 1 nm),在外加电场的作用下,电子会穿过两个电极之间的势垒流向另一电极,产生隧道电流。这种现象即为隧道效应。在低温低压下,隧道电流 I 可近似地表达为式(6-46):

$$I \propto \exp(-2kd) \tag{6-46}$$

式中,I 为隧道电流,d 为样品与针尖间的距离,k 为常数。在真空隧道条件下,k 与有效局部功函数有关,可近似表示为

$$k = \frac{2\pi}{h}\sqrt{2m\Phi}$$

式中,m 为电子质量,Φ 为有效局部功函数,h 为普朗克常量。

典型条件下,Φ 近似为 4 eV,$k = 10\ \text{nm}^{-1}$。由式(6-46)算得,当间隙 d 每增加 0.1 nm 时,隧道电流 I 将下降一个数量级。需要指出,式(6-46)是非常近似的。STM 工作时,针尖与样品间的距离一般为 0.4 nm,此时隧道电流 I 可更准确地表达为式(6-47):

$$I = \frac{2\pi e}{h^2}\sum_{\mu\nu} f(E_\mu)\left[1 - f(E_\nu) + eV\right] |M_{\mu\nu}|^2 \delta(E_\mu - E_\nu) \tag{6-47}$$

式中,$M_{\mu\nu}$ 为隧道矩阵元,$f(E_\mu)$ 为费米函数,V 为跨越能垒的电压,E_μ 表示状态 μ 的能量,μ,ν 表示针尖和样品表面的所有状态。$M_{\mu\nu}$ 可表示为

$$M_{\mu\nu} = \frac{h^2}{2m}\int dS \cdot (\psi_\mu^* \nabla\psi_\nu - \psi_\nu^* \nabla\psi_\mu^*) \tag{6-48}$$

式(6-48)中,ψ 为波函数。由此可见,隧道电流 I 并非样品表面起伏的简单函数。它表征样本和指针电子波函数的重叠程度。

根据扫描过程中针尖与样品间相对运动的不同,可将 STM 的工作原理分为如图 6-24(a)和(b)所示的恒电流模式和恒高度模式。如图 6-24(a)所示,若控制样品与针尖间的距离不

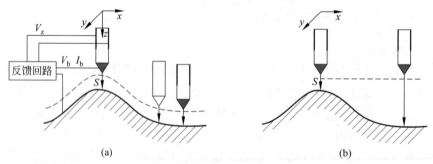

图 6-24 STM 的工作原理示意图

(a) 恒电流模式;(b) 恒高度模式

S 为针尖与样品间距;I_b,V_b 为隧道电流和工作偏压;V_z 为控制针尖在 z 方向高度的反馈电压

变,则当针尖在样品表面扫描时,由于样品表面高低起伏,势必引起隧道电流变化,此时通过一定的电子反馈系统,驱动针尖随样品高低变化而作升降运动,以确保针尖与样品间的距离保持不变。此时针尖在样品表面扫描时的运动轨迹如图 6-24(a)中的虚线表示,直接反映了样品表面的态密度的分布,而在一定条件下,样品的表面态密度与样品表面的高低起伏程度有关,即恒电流模式。若控制指针在样品表面的某一水平面上扫描,指针的运动轨迹如图 6-24(b)所示,随着样品表面高低起伏,隧道电流不断变化,通过记录隧道电流的变化,可得到样品表面的形貌图,即恒高度模式。恒电流模式是目前 STM 仪器设计时常用的工作模式,适合于观察表面起伏较大的样品;恒高度模式适合于观察表面起伏较小的样品,一般不能用于观察表面起伏大于 1 nm 的样品。但是,恒高度模式下,STM 可进行快速扫描,而且能有效地减少噪声和热漂移对隧道电流信号的干扰,从而获得更高分辨图像。

一般说来 STM 由三个大部分组成:STM 的主体、控制电路、计算机控制(测量软件及数据处理软件)。主体主要包括针尖平面扫描机构、样品与针尖间距控制调节机构、系统与外界振动的隔离装置。STM 是十分精密的仪器,任何微小的扰动都会引起电流的剧烈变化,因此需要严格的隔离防震措施来保证原子级的分辨能力和稳定的图像。针尖结构也十分关键,理想针尖的最尖端只有一个稳定的原子,通常用钨或铂铱合金为针尖材料,经过场蒸发等特殊工艺制备成探针针尖。

STM 的出现为人类认识和改造微观世界提供了一种极其重要的新型工具。随着实验技术的不断完善,它将在单原子操纵和纳米技术等诸多研究领域中得到越来越广泛的应用,这也必将极大地促进纳米技术不断发展,并渗透到表面科学、材料科学、生命科学等各个科学技术领域中。

下面对 STM 在单分子科学、纳米生物学、诱导发光中的应用进行简单的介绍。

① 在单分子科学中的应用

单分子科学的研究内容是分子、原子团簇和生物大分子本身及其吸附在表面或者处于复杂凝聚相环境时的物理、化学和机械等性质。单分子体系的尺度最小可至纳米量级,其能级往往是分立的,在这种情况下出现的量子行为决定了体系的主要性质。人们希望通过调控其量子效应以实现某些特定功能,从而能够制备出单分子器件,如分子开关等。在分子电子学领域里,这种自下而上地搭建分子器件并研究其性质和应用已是当前的科技热点之一。STM 技术在单分子科学研究的应用中具有以下的优势和特点:STM 能获得具有原子级分辨率的图像,可直接用于观测单分子体系电子态的空间分布、观察分子的几何构型和空间取向;STM 谱学技术可以提供与单分子体系电子态有关的更丰富的信息,例如通过 I-V 曲线可以得到分子的输运性质,dI/dV 技术(dI/dV 谱和 dI/dV 成像)可以对分子的分立能级进行扫描以研究体系的能级结构;利用 STM 针尖及其施加的外场可以进行单原子和单分子的操控,并进一步设计和构造单分子器件;通过各种途径(例如在针尖外加脉冲电压)还可以调节单分子体系的磁学性质;对单分子的表征和操控不仅可以测量单个键的强度,直接观测单分子态反应,甚至可能实现"选键化学"。所以 STM 是目前研究单分子体系最有力而独特的技术手段。

总之,STM 在单分子研究中的应用范围很广,手段也比较多样化,并且一直在深入发展。虽然由于 STM 探测机理的复杂性和针尖结构的不确定性等因素,具体的实验结果往往需要基于量子理论的模拟计算来解释,但这仍无法动摇 STM 作为单分子研究核心手段的重要地位,STM 及其相关研究工具在微观尺度成像和操纵方面所具有的特点和优势目前是其他技术手段无法替代的。

② 在纳米生物学中的应用

纳米生物学的主要内容是在纳米尺度上了解生物大分子的精细结构与生物大分子功能的联系以及在纳米尺度上获取生命信息。1989 年 1 月,美国科学家发表了第一张在大气环境下的 DNA 分子的 STM 图像,这张图被评为当年美国的第一号科技成果。此后,研究者相继得到了左旋 DNA 的碱基对、平行双螺旋 DHA 的 STM 图像。1991 年,中国科学院上海原子核所应用自己研制成功的 STM 与上海细胞生物学所、苏联科学院分子生物学所合作,获得一种新的 DNA 构型——平行双链 DNA(P-DNA)的 STM 图像,直观地显示了 P-DNA 的结构特征:右手螺旋和链的等距间隔。2008 年,据美国《连线》(Wired)杂志报道,一位英国科学家首次拍下了一个进攻性病毒攻击酶和 DNA 链的实时纳米级影像,这是扫描探针显微镜发展中的最新突破。另外,应用 STM 研究蛋白质结构也是国际研究的热点。中科院上海原子核所和上海细胞生物学所合作,获得了人体 β-珠蛋白质基因的某个调控过程中 DNA 形成环结构的 STM 图像。生物学家认为,这种环结构对理解基因的调控机制有重要意义。美国明尼苏达大学研究小组则观察到了磷酸化激酶的形貌。目前,STM 研究蛋白质结构已涉及氨基酸、人工合成多肽、结构蛋白和功能蛋白等多个领域。应用 STM 观测蛋白质与 DNA 的复合物的报道也于近年来不断传出。在此基础上,纳米生物学提出在分子水平上对微生物、植物及动物等不同种属之间的基因进行随意剪切拼接的设想将不再是梦想,人类将按自己的意志将不同种属个体的基因任意重组传递,设计合成新的蛋白质,制造出新的物种。

③ 诱导发光中的应用

STM 不仅可以用来观察和操纵纳米世界的一个个原子和分子,而且其高度局域化的隧穿电流还可以用来激发隧道结发光,能提供隧道结微腔内与各种激发及其衰变有关的局域电磁场响应和跃迁本质等信息。这种利用 STM 隧穿电流的激发来研究隧道结发光特性的技术称为 STM 诱导发光技术(STML)。通过该技术可以把高空间分辨的形貌表征与高能量的光学检测相结合,不仅可以利用隧穿电子来对表面、分子和纳米结构进行成像,而且还可以利用它来激发金属、半导体或分子产生光子发射,并通过研究光谱和强度分布来洞察与隧道结和纳米结构有关的能级排列和光学跃迁本质,达到化学识别的目的。这一融合技术还因为纳米探针所固有的高度局域化电子激发特性,而使得电激励单分子发光的实现成为可能。单分子发光及其作为潜在的单光子源,在单分子科学、分子器件和量子信息技术中具有迷人的应用前景。STM 诱导发光是利用隧穿电子的高度局域化激发实现隧道结发光的研究,注重在原子分子水平,乃至量子水平上,从空间、能量、时间三个方面来对隧道结和界面处的光电现象进行高分辨表征和检测,能够提供隧道结中电子、激子、等离激元、声子和光子等基本量子之间的耦合与转化,以及各种光学跃迁与衰变的基本信息。该领域在纯金属和半导体表面上已经有大量的研究,光子图谱的分辨能力也在不断提高,并对其发光机制有比较好的理解。如何通过脱耦合作用等光子态调控,协调局域等离激元与分子之间的耦合作用以及与荧光淬灭效应之间的竞争,实现电子、空穴载流子的平衡注入、传输,并在特定的分子位置进行辐射复合,从而实现可控的高量子效率的电泵单分子发光将是未来研究的重要发展方向。

（4）相衬显微镜

相衬法（也叫相位反衬法）是一种光学信息处理方法，它通过空间滤波器将物体的相位信息转换为相应的振幅信息，用改变频谱的相位来改善透明物体成像的反衬度，从而大大提高透明物体的可分辨性。1935 年，荷兰格罗宁根大学的泽尔尼克（Frits Zernike,1888—1966）根据阿贝成像原理，首先提出相位反衬法，通过改变频谱的相位来改善透明物体成像的反衬度，从而发明了相衬显微镜。1953 年泽尔尼克因此获诺贝尔物理学奖。相衬显微镜具有两个其他显微镜所不具有的功能：①将直射的光（视野中背景光）与经物体衍射的光分开；②将大约一半的波长从相位中除去，使之不能发生相互作用，从而引起强度的变化。特别适用于观察具有很高透明度的对象，如生物切片、油膜和相位光栅等。

泽尔尼克采用相位型空间滤波器来改变物信息的相位频谱，让零级频谱的振幅适当衰减，同时使高级频谱产生 $\pi/2$ 的相位移动，从而改变像平面上的复振幅分布，实现相物体的强度显示。这种相位滤波器叫相板，它是由透明材料做成的薄板，如在玻璃片上蒸镀一层一定厚度的合适介质，介质的折射率为 n，厚度为 d，使其光学厚度 $nd = \lambda/4$，则透射光零级相移 $\delta = 2\pi \dfrac{nd}{\lambda} = \dfrac{\pi}{2}$。

设物平面透射光的复振幅分布为

$$U_0(x,y) = A_1 \exp[\mathrm{i}\varphi(x,y)] \tag{6-49}$$

式中，A_1 为实振幅，$\exp[\mathrm{i}\varphi(x,y)]$ 为透射率函数（透射光与入射光之比），将 $U_0(x,y)$ 展开

$$U_0(x,y) = A_1\left(1 + \mathrm{i}\varphi - \frac{1}{2!}\varphi^2 - \frac{\mathrm{i}}{3!}\varphi^3 + \cdots\right) \tag{6-50}$$

第一项代表沿光轴传播的平面衍射波，在焦平面上形成零级衍射斑，其他频谱弥漫在焦平面上各处。加入相板后，零级相移 δ，第一项变为 $A_1\exp(\mathrm{i}\delta)$，像平面复振幅分布为

$$
\begin{aligned}
U_1(x',y') &= A_1\left[\exp(\mathrm{i}\delta) + \mathrm{i}\varphi - \frac{1}{2!}\varphi^2 - \frac{\mathrm{i}}{3!}\varphi^3 + \cdots\right] \\
&= A_1\left\{[\exp(\mathrm{i}\delta) - 1] + \left(1 + \mathrm{i}\varphi - \frac{1}{2!}\varphi^2 - \frac{\mathrm{i}}{3!}\varphi^3 + \cdots\right)\right\} \\
&= A_1\{\exp(\mathrm{i}\delta) - 1 + \exp[\mathrm{i}\varphi(x',y')]\} \tag{6-51}
\end{aligned}
$$

光强分布为

$$
\begin{aligned}
I(x',y') &= U_1 U_1^* = A_1^2[\exp(\mathrm{i}\delta) - 1 + \exp(\mathrm{i}\varphi)][\exp(-\mathrm{i}\delta) - 1 + \exp(-\mathrm{i}\varphi)] \\
&= A_1^2[3 + 2(\sin\delta\sin\varphi + \cos\delta\cos\varphi - \cos\varphi - \cos\delta)] \tag{6-52}
\end{aligned}
$$

显然此时像平面不再是均匀照明，而是出现了与物的相位信息相关的光强分布。在 $\varphi \ll 1$ 的情况下，有 $\cos\varphi \approx 1$，$\sin\varphi \approx \varphi$，则上式简化为

$$I(x',y') = A_1^2[1 + (2\sin\delta)\varphi] \tag{6-53}$$

此时像平面上的强度分布与样品的相位信息成线性关系，出现亮暗起伏（有反衬）的图像。

按照上述理论构造出的相衬显微镜光路如图 6-25 所示，图中有两个光阑，一个是位于聚光镜 L_2 的前焦平面上的环形光阑 D_1，一个是在物镜 L_3 后焦平面上的环形相板 D_2。光源 S 发出的光经聚光镜 L_1 成像于光阑 D_1 上，透过环形孔的光经聚光镜 L_2 变成倾斜的平行光照明相物体 I（样品）。通过相板 D_2 的环形部分（镀有一定厚度薄膜）是直射光即零级频谱，产生一定振幅的透射率和 $\pi/2$ 的相移，经过相物体的衍射光，即其他高级次频谱则从相板上未

镀膜的地方透过。这样在像平面 I' 上得到与物体相位分布成线性关系的光强分布。

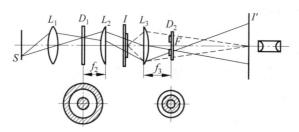

图 6-25　相衬显微镜光路图

由于相衬方法能够把一个小的相位差转变为大的衬度差,因此用相衬方法观察的试样表面制备要特别仔细,不留划痕。相衬显微镜最初主要用于生物学及医学方面细菌学和病理学的研究以及晶体学中研究相物体的结构,在高分子材料结构性能的研究中也常用来观察聚合物共混体的形态结构。

下面列举相衬方法实际应用的一些例子。

① 相变浮凸的观察

在材料热处理后相变中,其中马氏体、贝氏体的相变都有浮凸。这些相变浮凸用一般显微镜很难观察到。将试样抛光,真空下发生相变,不用腐蚀就可以在相衬显微镜下看到衬度不同的浮凸现象,如图 6-26(a)和(b)所示。

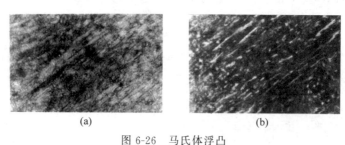

(a)　　　　　　　　　　　　　(b)

图 6-26　马氏体浮凸

(a) 明视场照明;(b) 正相衬照明

② 过共析钢的球化退火组织的观察

过共析钢经球化退火后的组织为:铁素体基体上分布着大量渗碳体的颗粒。在显微组织显示时,经硝酸酒精溶液化学腐蚀,铁素体易腐蚀而溶解得快,渗碳体不易腐蚀而凸起在铁素体基体上,由于铁素体和渗碳体对光的反射率差不多,在一般显微镜下都是白亮的,只看到黑暗的相界。有的地方腐蚀不够均匀,很难分辨。图 6-26 为在一般显微镜下观察的结果,图 6-27 是在正相衬照明条件下观察的结果,渗碳体为白亮的,铁素体为灰暗的,两相反差明显。可以非常清楚地看出球化的程度,很容易根据灰度对渗碳体颗粒大小和分布进行定量分析。另外根据同样的原理,高速钢的淬火组织在正相衬照明下,由于碳化物高出基体而呈明亮色,可以很清晰地看出碳化物的数量多少及分布情况。对于高凸于基体上的显微组织观察以正相衬为宜。

总之,相衬显微镜已在生物学、医学、晶体学、高分子材料结构性能的研究和矿物晶体微形貌学进行晶体表面生长的动态观察中获得了相当好的效果,这一发明在光学发展史上具有极其重要的意义。

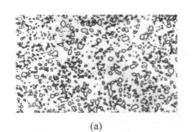
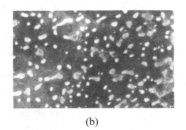

(a)   (b)

图 6-27   T12 钢球化退火组织

(a) 明视场照明;(b) 正相衬照明

6.3.3 光刻机的分辨本领

与成像系统类似,信息技术领域中的光学光刻系统的分辨率同样由艾里斑的大小决定。因为无论是望远镜、照相物镜等成像系统还是光盘存储技术中的光盘刻录机、集成电路制造中的光刻机等光学光刻系统,它们的基本原理在本质上是一致的。

如图 6-28 所示,光盘刻录、读写系统的核心模块由三部分组成:存储数据的盘片及其旋转驱动装置,读、写数据的光学组件以及控制接口的系统电路。

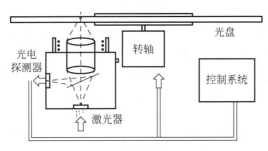

图 6-28   非接触式读/写系统

母盘信息的刻录是通过调制激光实现的。激光经光学系统聚焦,产生与光衍射极限尺寸有关的微小斑点,而极大的功率密度使得该点存储介质的反射率发生改变,与周围介质形成较大反衬度,即形成信息点。母盘信息的读取是通过检测反射光功率强弱实现的。小功率激光聚焦产生的焦点在记录道上扫描,信息点的反射特性与周围位置反射特性具有较为显著的差异,以此读取二进制编码。

为了提高光盘的存储密度,缩小聚光点尺寸至关重要,根据光学衍射理论,聚光点的直径由下式给出:

$$\varepsilon = 0.61 \frac{\lambda}{\mathrm{NA}} = 0.61 \frac{\lambda}{n \sin u} \tag{6-54}$$

其中,ε 为聚光点直径,也是光刻光学系统的分辨率;λ 为激光波长;NA 为光头物镜的数值孔径。

由式(6-54)可知,可以采用以下两种方法来进一步缩小聚光点:缩小激光的波长 λ 或扩大物镜的数值孔径 NA。

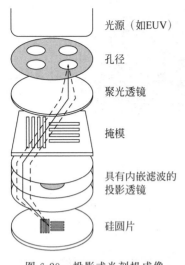

光源（如EUV）

孔径

聚光透镜

掩模

具有内嵌滤波的
投影透镜

硅圆片

图 6-29　投影式光刻机成像
系统基本原理图

集成电路制造中的光刻系统主要包括三大部分：光掩模、光刻机、光刻胶。光刻本质上是掩模版到硅芯片的图形转移，光掩模和光刻胶分别是图形转移的蓝图和材料，而光刻机则充当了转移过程中的"光打印"。光刻机是芯片制造的核心设备，被誉为半导体工业皇冠上的明珠，它的分辨率决定了芯片的集成密度和性能水平。图 6-29 展示了投影式光刻机成像系统的基本原理。

投射到晶圆片上的特征图的精度，取决于投影系统的光波长，以及经过光掩模板衍射光的衍射级次有多少被会聚透镜捕获。投影系统能够刻印的最小特征尺寸可用瑞利判据给出：

$$CD = k_1 \cdot \frac{\lambda}{NA} \tag{6-55}$$

其中，CD 为最小特征尺寸（critical dimension）；k_1 是与光刻系统相关的系数，一般为 0.4，采用计算光刻技术处理之后，k_1 还能更进一步减小；λ 为光的波长；NA 为数值孔径。

由式(6-55)可知，CD 与光源波长 λ 是成正比的，也就是说，光刻机的分辨本领与波长成反比，波长越短，CD 越小，也即分辨本领越强。要增强光刻机的分辨本领，可以通过减小光波波长 λ，或增大数值孔径 NA 来实现。当掩模版图形尺寸远大于光源波长 λ，即远大于 CD 时，由衍射产生的图形偏差可以忽略不计，在这种情况下光刻胶膜中通过曝光形成的光刻图形与掩模版基本相同。然而由于技术发展和资金规模的限制，光刻机所用光源波长的减小速度远远慢于电路特征尺寸的减小速度。而且随着芯片的集成化、小型化发展和生产工艺的演进，特征尺寸逐渐接近于光刻波长，逐渐达到分辨率极限。例如极端情况下，对于尺寸极短的矩形特征，直线边缘将变成圆形，这是由于其 x 和 y 间距都接近分辨率极限的缘故。

然而，由于硅片本身平整度误差、光刻胶厚度不均匀、透镜调焦误差以及视场弯曲等因素的存在，最佳成像平面与实际成像平面之间总是存在一定偏离，这称为离焦。离焦会导致畸变的进一步加剧，而且由于光刻胶层有一定的厚度，要保证蚀刻质量也要求其上下表面的成像近于一致。这都要求成像系统要在理想成像平面上下一定范围内都要有较好的成像效果。一般将这一范围称为焦深（depth of focus，DoF）。焦深 D_F 可以通过下式计算：

$$D_F = k_2 \cdot \frac{\lambda}{NA^2} \tag{6-56}$$

其中，k_2 是另一个与光刻系统过程相关的系数。可以看到 D_F 也与光源波长成正比，与数值孔径成反比。但不同的是，分辨率 CD 是越小越好，而焦深 D_F 则是越大越好。因此，如果通过减小光源波长 λ 以及增大 NA 的方法提高分辨率，则同时也会降低系统的焦深，两者相互制约。

除二维分辨率和焦深的影响外，对于更复杂的结构，相较于波长，模糊（blur）成为限制分辨率的关键因素。模糊受到光子剂量以及光催化量子产率的影响。通常将模糊用高斯函数 $e^{-x^2/2\sigma^2}$ 表示，此时的最小间距由 $\sigma/0.14$ 给出，其中与高斯函数的半高宽 FWHM（full width at half maximum）相关，$FWHM = 2\sigma/\sqrt{2\ln 2}$。总之，减小曝光光源波长成为提升光刻机分辨率的突破口,每一次曝光光源波长的减小都是光刻技术发展史中的关键节点。

在光刻技术发展的过程中,光刻机的光源波长不断缩减,迄今经历了五代的发展,包括 436 nm 和 365 nm 的紫外线(UV)、248 nm 和 193 nm 的深紫外线(DUV)以及最新的 13.5 nm 的极紫外线(EUV),其相应的芯片制程也由最初的 800~250 nm 减小到 12~5 nm。目前全世界只有荷兰阿斯麦(ASML)公司能够生产第五代的极紫外线(EUV)光源,这是其在光刻机制造上一直领先世界水平的重要因素之一。但需要注意的是,第五代 13.5 nm EUV 光刻机是集美国、德国、日本等多个发达国家技术的产品,在世界范围内尚没有一个国家能够独立制造。如果光刻技术的发展继续采用缩短光源波长的技术手段,下一步则需要将波长从 13.5 nm 缩减到 X 射线波段(0.01~10 nm),但这必将大幅增加光刻机的制造难度和成本。

也有研究者提出第六代双光束超分辨光刻技术,采用远场突破光学衍射的双光束方法,在不使用短波长光源的前提下,达到与使用短波长光源时相同甚至更强的光刻分辨能力,从而大幅度降低超强分辨能力光刻机的研制难度。该技术将两束光的图案调制成阴阳文互补图案,并在边缘处对准,两束光共同作用于光刻胶材料,第二束光起抑制作用,效果是消除第一束光因为衍射带来的对图案边缘的影响,从而突破第一束光因为衍射极限对光刻分辨率的限制。但该方法增加了光学系统和光刻胶的开发难度,目前基于该技术的光刻设备在国际上尚没有成熟的商用实例。

截至 2022 年,世界上最先进的晶圆制程工艺可以达到 3 nm,全球仅有两家厂商能够实现:一个是韩国的三星,另一个是我国台湾的台积电。2022 年 6 月,三星电子正式对外宣布,基于 3 纳米(nm)全环绕栅极(gate-all-around,GAA)制程工艺节点的芯片已经开始初步生产,这意味着三星已具备量产 3 nm 制程芯片的能力。与此同时,全球几大半导体公司也已经将 2 nm 芯片的研发提上了日程。目前我国大陆的光刻机与世界顶尖水平还存在较大差距,以上海微电子的 SSA600/20 光刻机为代表的完全自主知识产权的量产化光刻机只能生产 90 nm 的芯片。

当然,芯片制程在物理上也并不是能无限制提升的。近年来摩尔定律所预言的晶体管数量增长速度已经大为放缓,这不仅与光刻机的发展速度放缓相关,也与电子器件瓶颈相关。即使采用更短波长的光源使得芯片的二维密度在物理上提高到 1 nm 以下,其在功能上也必然会受到量子效应极限的限制。在芯片二维密度逼近量子效应极限的情况下,通过增加单位体积内晶体管数量的三维集成芯片被认为将成为未来信息技术数据处理能力和存储容量可持续增长的关键。

6.4 夫琅禾费多缝衍射

现在,我们在夫琅禾费单缝衍射的基础上来讨论一下夫琅禾费多缝衍射问题,多缝衍射是研究衍射光栅的基础。所谓多缝衍射是指许多条等间距、等宽度的通光狭缝所引起的衍射。假如多缝的总缝数为 N,缝宽为 a,缝与缝之间的距离为 d。在光栅中,一般将 d 称为光栅常数。为了简化问题的讨论,我们仍和讨论夫琅禾费单缝衍射一样,假设缝是无限长的,即可将两维问题简化成一维问题。

6.4.1　强度分布公式

夫琅禾费多缝衍射原理图如图 6-30 所示,图中 S 是与图面垂直的线光源,位于透镜 L_1 的前焦面上。多缝的方向与线光源平行。多缝的衍射图样在透镜 L_2 的后焦面上观察。假定多缝的方向是 y 方向,那么很显然,多缝衍射图样的强度分布只沿 x 方向变化,衍射条纹是一些平行于 y 轴的亮暗条纹。

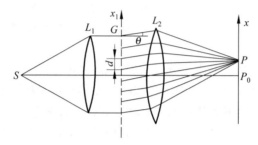

图 6-30　夫琅禾费多缝衍射原理图

设 P 为 L_2 后焦面上任一观察点。若设最边缘一个单缝的夫琅禾费衍射图样在 P 点的复振幅为

$$\widetilde{E}(P)=A\left(\frac{\sin\alpha}{\alpha}\right)$$

其中,$A=\dfrac{C'}{f}A'\exp[\mathrm{i}kf]=\mathrm{CONST}$。

在这个装置中,多缝按其光栅常数 d 把入射光波面分割成 N 个部分,每个部分成为一个单缝夫琅禾费衍射。由于各个单缝衍射场之间是相干的,因此,在观察屏上 P 点不是单缝衍射花样光强的叠加,而是它们的复振幅叠加。也就是说,P 点总振幅 $E(P)$ 为各条缝对 P 点所贡献的复振幅的干涉叠加。相邻单缝在 P 点产生的相位差为

$$\delta=\frac{2\pi}{\lambda}d\sin\theta \tag{6-57}$$

则多缝在 P 点产生的复振幅是 N 个振幅相同、相邻光束光程差相等的多光束干涉的结果。

$$\begin{aligned}
\widetilde{E}(P)&=A\left(\frac{\sin\alpha}{\alpha}\right)\{1+\exp(\mathrm{i}\delta)+\exp(\mathrm{i}2\delta)+\cdots+\exp[\mathrm{i}(N-1)\delta]\}\\
&=A\left(\frac{\sin\alpha}{\alpha}\right)\frac{1-\exp(\mathrm{i}N\delta)}{1-\exp(\mathrm{i}\delta)}\\
&=A\left(\frac{\sin\alpha}{\alpha}\right)\left(\frac{\sin\dfrac{N}{2}\delta}{\sin\dfrac{\delta}{2}}\right)\exp\left[\mathrm{i}(N-1)\frac{\delta}{2}\right]
\end{aligned}$$

由于相位项不影响强度分布,因此 P 点的光强为

$$I(P)=I_0\left(\frac{\sin\alpha}{\alpha}\right)^2\left(\frac{\sin\dfrac{N}{2}\delta}{\sin\dfrac{\delta}{2}}\right)^2 \tag{6-58}$$

其中，$I_0 = |A|^2$ 是单缝在 P_0 点产生的光强。

将式(6-58)与夫琅禾费单缝衍射的光强表达式(6-19)比较，我们看到多缝衍射多了一个因子，即

$$\left(\frac{\sin\frac{N}{2}\delta}{\sin\frac{\delta}{2}}\right)^2$$

从上面的分析可以看出，这个因子是缝与缝之间光波的相互干涉作用产生的，将其称为多光束干涉因子；同时把 $\left(\frac{\sin\alpha}{\alpha}\right)^2$ 称为单缝衍射因子。式(6-58)表明多缝衍射也是衍射和干涉两种效应共同作用的结果。单缝衍射因子与单缝本身的性质(包括缝宽乃至单缝范围内引入的振幅和相位的变化)有关，而多光束干涉因子来源于狭缝的周期性排列，与单缝本身的性质无关。因此，如果有 N 个性质相同的缝在一个方向上周期性地排列起来，或者 N 个性质相同的其他形状的孔径在一个方向上周期地排列起来，它们的夫琅禾费衍射图样的强度分布公式中就将出现这个因子。这样，只要把单个衍射因子求出来，将它乘上多光束干涉因子，便可以得到这种孔径周期排列的衍射图样的强度分布。这一规律对于求多个周期排列的开孔的衍射是很有用的。

6.4.2　多缝衍射的特点与图样

1. 多缝衍射的特点

由于增加了多光束干涉因子，多缝衍射具有一些与单缝衍射不一样的特点。

(1) 当干涉因子 $\left(\frac{\sin\frac{N}{2}\delta}{\sin\frac{\delta}{2}}\right)^2$ 的分子和分母同时为零时，将产生干涉主极大。

由于缝数 N 总是整数，因此，干涉因子的分母为零时，其分子必定为零，即

$$\delta = \frac{2\pi}{\lambda}d\sin\theta = 2m\pi, \quad m = 0, \pm 1, \pm 2, \cdots$$

或

$$d\sin\theta = m\lambda, \quad m = 0, \pm 1, \pm 2, \cdots \tag{6-59}$$

该式常被叫做光栅方程，其中，m 为主极大的级次。值得注意的是，这些主极大是由多缝干涉所形成的，因此是干涉主极大。按照洛必塔法则，有

$$\lim_{\delta \to 2m\pi}\left(\frac{\sin\frac{N}{2}\delta}{\sin\frac{\delta}{2}}\right)^2 = N^2 \tag{6-60}$$

这说明由 N 条无限细的狭缝干涉所形成的干涉主极大的强度与缝数 N 的平方成正比。干涉主极大的方向由式(6-59)所确定。

(2) 当干涉因子的分子为零而分母不为零时,将产生干涉极小。即当

$$\frac{\delta}{2} = \left(m + \frac{m'}{N}\right)\pi, \quad m = 0, \pm 1, \pm 2, \cdots; \ m' = 1, 2, \cdots, N-1$$

或

$$d\sin\theta = \left(m + \frac{m'}{N}\right)\lambda, \quad m = 0, \pm 1, \pm 2, \cdots; \ m' = 1, 2, \cdots, N-1 \qquad (6\text{-}61)$$

时,它有极小值,其数值为零。不难看出,在两个相邻主极大之间有 $N-1$ 个零值。

(3) 在两个相邻主极大之间有 $N-2$ 个次极大。在两个相邻的干涉极小之间,必定存在一个极大值,这一极大值比干涉主极大小许多,称为次极大。由于两个相邻主极大之间共有 $N-1$ 个极小,因此,两相邻主极大之间共有 $N-2$ 个次极大。次极大的准确位置应对多光束干涉因子求导定出。可以证明,次极大的强度与它离开主极大的远近有关,但主极大旁边的最强的次极大,其强度也只有主极大强度的 4% 左右。

(4) 条纹角宽度。条纹的角宽度是指两相邻极小之间的角距离。由式(6-61)可得相邻两个零值之间($\Delta m = 1$)的角距离 $\Delta\theta$ 为

$$\Delta\theta = \frac{\lambda}{Nd\cos\theta} \qquad (6\text{-}62)$$

由式(6-61)同样可得到主极大和与其相邻的一个零值之间的角距离也是式(6-62)的形式,此时 $\Delta\theta$ 称为主极大的半角宽度,它表明缝数 N 越大,主极大的宽度越小,反映在观察面上主极大亮纹越亮、越细。这是由于多缝产生的多光束干涉效应使条纹变细的。

(5) 主极大间距。由式(6-59)可以立即得到相邻两主极大,即第 m 级与第 $m+1$ 级之间的间距为

$$\sin\theta_{m+1} - \sin\theta_m = \frac{\lambda}{d} \qquad (6\text{-}63)$$

很明显,主极大之间的间距只与波长 λ 以及缝距 d 有关,而与干涉级次 m 无关。因此,如果以 $\sin\theta$ 为坐标,则同一波长的各主极大之间是等间距的。

2. 多缝衍射图样

由式(6-58)可看出,多缝衍射图样的光强分布实际上是单缝衍射图样与多缝干涉图样两者的乘积,是单缝衍射与多缝干涉的双重效果的叠加,它兼有两者的特点。

图 6-31(a)给出了对应于 6 缝的干涉因子的曲线。这时在两相邻主极大之间有 5 个零点和 4 个次极大。图 6-31(b)所示为单缝衍射因子的曲线。上述两个因子相乘的曲线就是 6 缝衍射的强度分布曲线,如图 6-31(c)所示。我们来分析图样的特点:

(1) 各级主极大的强度受到单缝衍射因子的调制。各级主极大的强度为

$$I = N^2 I_0 \left(\frac{\sin\alpha}{\alpha}\right)^2$$

它们是单缝衍射在各级主极大位置上产生的强度的 N^2 倍。其中零级主极大的强度最大,等于 $N^2 I_0$。由于多缝干涉花样又受到单缝衍射的调制,因此,几乎全部光能量都集中在单缝衍射所决定的中央极大范围内(图 6-31(c))。一般来说,由于缝宽 a 很小,因此单缝衍射的中央极大的范围较宽,包括了几级干涉主极大。也就是说,多缝衍射的光能量实际上是集中在单缝衍射中央极大范围内的几条对应的干涉主极大上。

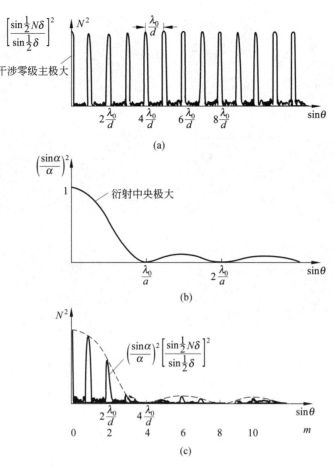

图 6-31 多缝衍射图样 $\left(N=6,\dfrac{d}{a}=4\right)$

(a) 6 缝的干涉因子；(b) 单缝的衍射因子；(c) 6 缝衍射的强度分布曲线

(2) 多缝衍射花样中有可能出现缺级现象。由于多缝衍射是多缝干涉与单缝衍射的乘积,因此,如果当某一级干涉主极大方向正好与单缝衍射极小的位置重合,也就是说,当某一级干涉主极大正好落在衍射极小位置,那么,该主极大值就被调制为零,对应级次的干涉主极大就会消失,这就产生所谓缺级现象。因为干涉主极大的位置由 $d\sin\theta=m\lambda$,$m=0,\pm1$,$\pm2,\cdots$ 决定,而衍射极小的位置由 $a\sin\theta=n\lambda$,$n=\pm1,\pm2,\cdots$ 决定,因此缺级的条件为

$$m=n\left(\dfrac{d}{a}\right) \tag{6-64}$$

图 6-31(c)绘出了当缝距 d 为缝宽 a 的 4 倍时所产生的缺级现象。

总之,对于多缝夫琅禾费衍射,光栅常数 d 给出了各级主极大值的位置;单缝因子仅影响光强在各主极大值之间的分配。从图 6-32 可以看出,当缝数 N 增大时,衍射图样有两个显著的变化:①光的能量向主极大的位置集中(为单缝衍射的 N^2 倍);②亮条纹变得更加细而亮。

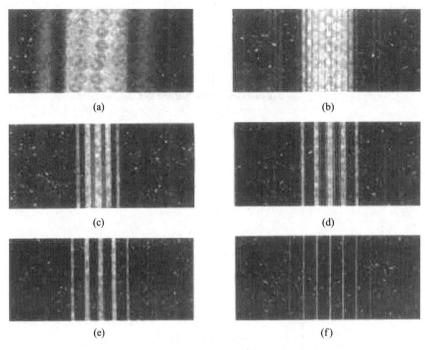

图 6-32　夫琅禾费单缝、双缝和多缝衍射的衍射图样照片

(a) 单缝；(b) 双缝；(c) 3 缝；(d) 5 缝；(e) 6 缝；(f) 20 缝

6.5　衍 射 光 栅

　　能对入射光波的振幅和相位或二者之一进行空间周期性调制的光学元件称为衍射光栅。通常讲的衍射光栅都是基于夫琅禾费多缝衍射效应进行工作的。

　　衍射光栅的种类很多,分类的方法也不尽相同。按工作方式可分为透射型和反射型;按对光波的调制方式,可以分为振幅型和相位型;按光栅工作表面的形状又可分为平面光栅和凹面光栅;按对入射波调制的空间又可分为二维平面光栅和三维体积光栅;按光栅制作的方式又可分为机刻光栅、复制光栅以及全息光栅等。前节分析过的光栅就是一种振幅型平面光栅。

　　透射光栅是在光学平玻璃上刻划出一道道等间距的刻痕,刻痕处不透光,未刻处则是透光的狭缝;反射光栅是在金属反射镜上刻划一道道刻痕;刻痕上发生漫反射,未刻处在反射光方向发生衍射,相当于一组衍射狭缝。制作光栅是一项非常精密的工作。一块光栅刻划完成后,可作为母光栅进行复制,实际上大量使用的是这种复制光栅。

　　光栅最重要的应用是作为分光元件,即把复色光分开成各单色光,它可以应用于由远红外到真空紫外的全部波段。使用光栅作分光元件的光谱仪称光栅光谱仪。此外,它还可以用于长度和角度的精密测量,以及作为调制元件等。

　　下面先介绍光栅作为分光元件的性质。

6.5.1 光栅的分光性能

1. 光栅方程

光栅的分光原理可以从多缝夫琅禾费衍射图样中干涉主极大位置公式(6-59)

$$d\sin\theta = m\lambda, \quad m = 0, \pm 1, \pm 2, \cdots$$

看出。该式只是正入射时设计和使用光栅的基本方程式。对于更为普遍的斜入射情形,光栅方程的形式又不同。

下面以平面透射光栅为例,导出更为普遍的斜入射情形的光栅方程。

如图 6-33(a)所示,当平行光以入射角 φ 斜入射到透射光栅上时,光线 R_1 比相邻的光线 R_2 超前 $d\sin\varphi$,在离开光栅时,R_2 比 R_1 超前 $d\sin\theta$,所以这两束光的光程差为

$$\Delta = d\sin\varphi - d\sin\theta$$

对于图 6-33(b)的情况,光线 R_1 总比 R_2 超前,故光程差为

$$\Delta = d\sin\varphi + d\sin\theta$$

将上面两式合并于一式表示,产生极大值的条件为

$$\Delta = d\sin\varphi \pm d\sin\theta$$

因此,光栅方程的普遍形式可写为

$$d(\sin\varphi \pm \sin\theta) = m\lambda, \quad m = 0, \pm 1, \pm 2, \cdots \tag{6-65}$$

在考察与入射光同一侧的衍射光谱时,上式取正号;在考察与入射光异侧的衍射光谱时,上式取负号。容易证明,上式对于图 6-34 所示的反射光栅同样适用。

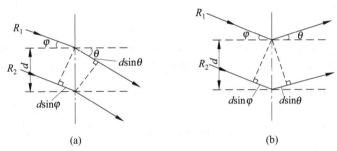

(a)   (b)

图 6-33 透射光栅的衍射

(a)入射光与衍射光在光栅法线异侧;(b)入射光与衍射光在光栅法线同侧

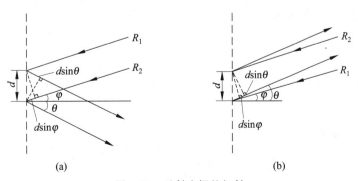

(a)   (b)

图 6-34 反射光栅的衍射

(a)入射光与衍射光在光栅法线异侧;(b)入射光与衍射光在光栅法线同侧

2. 光栅的色散

由光栅方程可知,主极大的位置 θ 与波长 λ 有关。当用多色光照明光栅时,除零级外,不同波长的同一级主极大对应不同的衍射角,即发生了色散现象,表示它有分光能力。这就是光栅分光的原理。对应于不同波长的各级主极大亮线称为光栅光谱线。

色散本领表示了不同波长的两个主极大分开的程度。光栅的色散用角色散和线色散来表示。波长相差 $10^{-10}\,\mathrm{m}$ 的两条谱线分开的角距离为角色散。它与光栅常数 d 和谱线的级次 m 的关系可从光栅方程式(6-65)求得。方程两边取微分,得到

$$\frac{\mathrm{d}\theta}{\mathrm{d}\lambda} = \frac{m}{d\cos\theta} \tag{6-66}$$

表明光栅的角色散与光栅常数 d 成反比,与级次 m 成正比。

光栅的线色散是聚焦物镜焦面上单位波长差的两条谱线分开的距离。设 f 是物镜的焦距,则线色散为

$$\frac{\mathrm{d}l}{\mathrm{d}\lambda} = f\frac{\mathrm{d}\theta}{\mathrm{d}\lambda} = f\frac{m}{d\cos\theta} \tag{6-67}$$

角色散和线色散是光谱仪的重要质量指标,光谱仪的色散越大,就越容易将两条靠近的谱线分开。由于实用光栅通常每毫米有几百条刻线以至上千条刻线,亦即光栅常数 d 通常很小,所以光栅具有很大的色散本领,这一特性,使光栅光谱仪成为一种优良的光谱仪器。

如果我们在 θ 角不大的地方记录光栅光谱,$\cos\theta$ 几乎不随 θ 角而变,所以色散是均匀的,这种光谱称为匀排光谱。测定这种光谱的波长时,可用线性内插法,这一点也是光栅光谱相对于棱镜光谱的优点之一。

3. 光栅的色分辨本领

由于衍射,每一条谱线都具有一定宽度。当两谱线靠得较近时,尽管主极大分开了,它们还可能因彼此部分重叠而分辨不出是两条谱线。分辨本领是表征光谱仪分辨开两条波长相差很小的谱线能力的参量。

根据瑞利判据,当 $(\lambda+\delta\lambda)$ 的第 m 极主极大刚好落在 λ 的第 m 级主极大旁的第一极小值处时,这两条谱线恰好可以分辨开。这时的波长差 $\delta\lambda$ 就是光栅所能分辨的最小波长差,光栅的色分辨本领定义为

$$A = \frac{\lambda}{\delta\lambda} \tag{6-68}$$

其中,$\delta\lambda$ 称为光栅的分辨极限。

根据定义,按照式(6-59),有

$$d\sin\theta = \left(m + \frac{1}{N}\right)\lambda = m(\lambda + \delta\lambda)$$

$$\delta\lambda = \frac{\lambda}{mN}$$

因此,光栅的色分辨本领

$$A = \frac{\lambda}{\delta\lambda} = mN \tag{6-69}$$

此式表明,光栅的色分辨本领正比于光谱级次 m 和光栅线数 N,与光栅常数 d 无关。式(6-69)与 F-P 标准具的分辨本领是一致的。

对于光栅来讲,一般使用的光谱级次都不是很大($m=1,2$),但光栅线数 N 是一个很大的数目,因此光栅的分辨本领仍然是很高的。例如,一块宽度为 $60\,\text{mm}$,每毫米刻有 1200 线的光栅,在其产生的一级光谱中,分辨本领为

$$A = mN = 1 \times 60 \times 1200 = 72\,000$$

对于 $\lambda = 600\,\text{nm}$ 的红光,其所能分辨的最小波长差为

$$\delta\lambda = \frac{\lambda}{A} = \frac{600\,\text{nm}}{72\,000} \approx 0.008\,\text{nm}$$

这样高的分辨本领,棱镜光谱仪是达不到的。所以在分辨本领方面,光栅优于棱镜。光栅与 F-P 标准具的分辨本领都很高,但它们的高分辨本领来自不同的途径:光栅来源于刻线数 N 很大,而 F-P 标准具来源于高干涉级和有效光束数 N'。

4. 光栅的自由光谱范围

图 6-35 所示的是一种光源在可见区的光栅光谱。可以看出,从 2 级光谱开始,发生了邻级光谱之间的重叠现象。这是很容易理解的,因为衍射现象与波长有关。

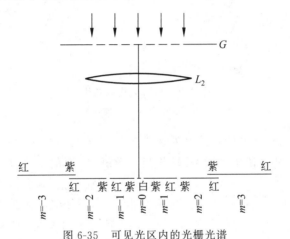

图 6-35　可见光区内的光栅光谱

当波长为 λ 的 $(m+1)$ 级谱线和波长为 $(\lambda+\Delta\lambda)$ 的 m 级谱线重叠时,波长在 λ 到 $(\lambda+\Delta\lambda)$ 之内的不同级谱线是不会重叠的。因此,光谱不重叠区 $\Delta\lambda$ 可由式 $m(\lambda+\Delta\lambda)=(m+1)\lambda$ 得到,即

$$\Delta\lambda = \frac{\lambda}{m} \tag{6-70}$$

由于光栅使用的光谱级 m 很小,所以它的自由光谱范围 $\Delta\lambda$ 比较大。这一点和 F-P 标准具形成鲜明对比。

6.5.2　闪耀光栅

由光栅的分光原理可见,光栅衍射的零级主极大,因无色散作用,不能用于分光,光栅分光必须利用高级次谱线。但是多缝衍射的零级光谱占有很大的一部分能量,而光谱分析中

使用的较高级次的光谱却只占很少一部分能量,因此衍射效率(衍射光能量与入射光能量之比)很低。所以,在实际应用中希望改变通常光栅的衍射光强度分布,使光强度集中到有用的那一级光谱上去。

下面介绍的闪耀光栅能使光能量几乎全部集中到所需要的光谱级次上。

瑞利在 1888 年首先指出,理论上有可能把能量从(对分光)无用的零级主极大转移到高级次谱线上去,伍德则在 1910 年首先成功地刻制出了形状可以控制的沟槽,制成了所谓的闪耀光栅。

图 6-36(a)所示的是在平面玻璃上刻出锯齿形细槽构成的透射式闪耀光栅,图 6-36(b)所示的是在金属平板表面刻出锯齿槽构成的反射式闪耀光栅。如果采用这两种闪耀光栅中的一种,就可以通过折射或反射的方法,将干涉零级与衍射中央主极大位置分开。

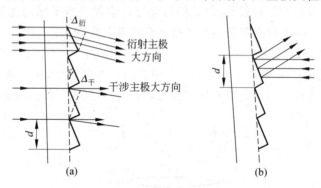

图 6-36 闪耀光栅的结构
(a) 透射式;(b) 反射式

如图 6-37 所示,闪耀光栅的巧妙之处在于它的刻槽面与光栅面不平行,两者之间有一夹角 γ(称为闪耀角),从而使单个刻槽面(相当于单缝)衍射的中央极大和槽面间(缝间)干涉零级主极大分开,将光能量从干涉零级主极大,即零级光谱,转移并集中到某一级光谱上去,实现该级光谱的闪耀。同时,由于闪耀角 γ 很小,闪耀光栅的槽面宽度 $a \approx d$。

图 6-37 中入射光垂直于光栅刻槽面(光谱仪中称之为自准式入射),这时单个刻槽表面衍射的中央极大的方向对应于入射光的反方向,即刻槽面的几何光学的反射方向。而对于光栅平面来说,入射光是以角度 $\varphi = \gamma$ 入射的,在入射光的反方向上的光程差由光栅方程确定,即

$$\Delta = d(\sin\varphi + \sin\theta) = m\lambda = 2d\sin\gamma \tag{6-71}$$

光栅方程取"+"是因为所观察的衍射光的方向与入射光在光栅面法线同侧。式(6-71)表示单个刻槽面衍射的中央极大与诸刻槽面间干涉的 m 级主极大(即 m 级光谱)重合的条件。当 $m=1$,入射波长 λ_B 为

$$\lambda_B = 2d\sin\gamma \tag{6-72}$$

则波长为 λ_B 的 1 级光谱获得闪耀,并获得最大光强度。波长 λ_B 称为 1 级闪耀波长。又因为闪耀光栅的槽面宽度 $a \approx d$,所以波长 λ_B 的其他级次(包括零级)的光谱都几乎和单个刻槽面衍射的极小位置重合,致使这些级次的光谱强度很小,就是说,在总能量中占的比例很少,而大部分能量(80%以上)都转移并集中到 1 级光谱上了(图 6-38)。

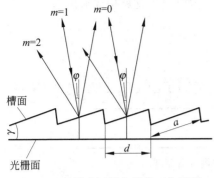

图6-37　反射式闪耀光栅的工作原理

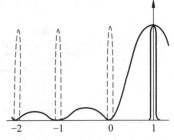

图6-38　λ_B的1级光谱闪耀

由式(6-72)可以看出,对波长为λ_B的1级光谱闪耀的光栅,也对波长为$\lambda_B/2$的2级光谱和波长为$\lambda_B/3$的3级光谱闪耀。不过,通常所指的光栅的闪耀波长是指在上述照明条件下的1级闪耀波长λ_B。显然,闪耀光栅在同一级光谱中只对闪耀波长产生极大光强度,但由于刻槽面衍射的中央极大到极小有一定的宽度,所以,闪耀波长附近一定的波长范围内的谱线也有相当大的光强,因而闪耀光栅可用于一定的波长范围。

在现代光栅光谱仪中,很少利用透射光栅作分光元件,大量使用的是反射光栅,尤其是闪耀光栅。随着现代光栅制造工艺的进步,它们已能运用于很宽的光谱范围,并逐渐取代过去的分光元件——三棱镜。

6.5.3　波导光栅

光波导是一种能够将光波限制在其内部或表面附近,引导光波沿确定方向传播的介质几何结构,它包括平板波导、条形波导以及具有圆形截面的圆波导等。波导光栅是通过波导上的折射率周期分布构成的一种光栅。按其结构的不同,可分为两大类:平面波导光栅和圆形波导光栅(光纤光栅)。

1. 平面波导光栅

平面波导光栅是集成光学中的一个重要的功能器件,它实际上是光波导结构受到一种周期性微扰。其结构形式如图6-39所示,可以是表面几何形状的周期性变化(如传统光学中的光栅),也可以是波导表面层内折射率的周期性变化,或者是两者的结合。

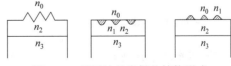

图6-39　平面波导光栅的结构形式

利用波导光栅的衍射特征,可以制作成许多集成光学器件,而且其新的应用还在不断地出现。下面只介绍其中几种应用。

1) 光输入、输出耦合器

图6-40是一种刻蚀式光栅耦合器的原理图。中间是一个平面波导,下为衬底,上为包层,两侧是在波导薄膜上刻蚀出的波导光栅,Λ是光栅周期,a和δ分别是沟槽宽度和深度。激光束以入射角θ_i入射到波导光栅上,因光栅作用产生若干衍射光束。如果其中某一级衍射光的衍射角和波导中导模的模角相等,则入射光将通过这个衍射光束把能量有效地耦合到平面波导中,使光在波导中有效地传播,此时波导光栅为输入耦合器。同理,在图中

右侧,波导中的传输模式通过光栅区域时,又会产生衍射场,这就构成输出耦合。

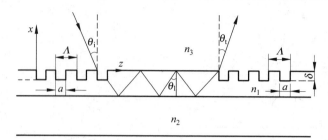

图 6-40　刻蚀式光栅耦合器原理图

与棱镜耦合器相比,波导光栅作光输入、输出耦合器,具有尺寸小、耦合稳定等优点,但耦合效率较低。将波导光栅制作成闪耀光栅不失为一种有效的方法。

2) 滤波器

波导光栅的衍射系数直接由布拉格条件决定,其频率特征如图 6-41 所示,在满足布拉格条件的波长 λ_B 附近衍射系数最大。因此,在 λ_B 附近具有一定谱宽的输入光经过偏转光栅后,透射光将滤去 λ_B 附近的光谱。相反,若仅考虑偏转波,则该器件可看成是选频器,从输入光选出所需要的波长 λ_B。

图 6-42 是一种透射式光波导光栅用做分波器的原理图。具有最小波长间隔 $\Delta\lambda_m$ 的 λ_1、λ_2 和 λ_3 分量的输入光波,经波导光栅偏转后被一一分离出来。利用相反的过程,可以将 λ_1、λ_2 和 λ_3 进行合波。这就是波分复用器。利用波导光栅制作的波分复用器具有体积小、稳定、复用数高以及插入损耗小等优点,特别适用于单模光纤通信系统。

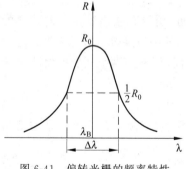

图 6-41　偏转光栅的频率特性

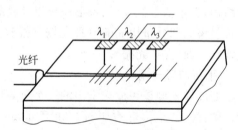

图 6-42　波导光栅式波分复用器原理图

3) 声光波导调制器

声光布拉格衍射型波导调制器结构如图 6-43 所示。它由平面波导和叉指电极换能器组成。为了在波导内有效地激起表面弹性波,波导材料一般采用压电材料(如 ZnO 等),其衬底可以是压电材料,也可以是非压电材料。图 6-43 中衬底是 y 切割的 $LiNbO_3$ 压电晶体材料,波导为 Ti 扩散的波导。用光刻法在表面做成叉指电极的电声换能器。在电极上加不同频率的电信号时,换能器产生的超声波会引起波导及衬底折射率的周期性变化,从而形成不同周期的声栅。因此,当入射光经棱镜(高折射率的金红石棱镜)耦合通过波导,相对于声波波前以布拉格角 θ_B 入射到声栅时,得到与入射光束成 $2\theta_B$ 角的 1 级衍射光。其衍射光强与叉指电极上所加电信号频率有关,从而可实现对波导光的调制。

2. 光纤光栅

光纤光栅是在 1978 年制作成功的,它实际上是一小段光栅,其芯区折射率沿纵向发生周期性的改变。它是利用紫外光照射光纤,使纤芯产生永久性的折射率变化(紫外光敏效应),形成相位光栅。目前广泛采用的制作方法是相位光栅衍射相干法。如图 6-44 所示,将预先做好的相位光栅作为掩模板放在光纤附近,入射光束经掩模板后产生 ±1 级衍射光,这两束衍射光在重叠区(纤芯)内形成干涉条纹,经过曝光后就形成折射率周期分布的体光栅。这种制作方法的优点是工艺简单,便于大规模生产。

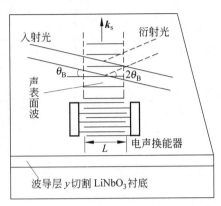

图 6-43　声光布拉格衍射型波导调制器

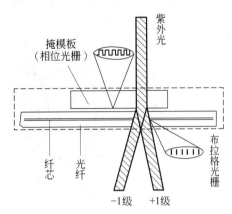

图 6-44　相位光栅衍射相干法制作光纤光栅

对于均匀正弦分布的光纤光栅,其光栅方程为

$$\lambda_B = 2n_{eff}\Lambda \tag{6-73}$$

其中,λ_B 是光栅的中心波长(布拉格中心波长);n_{eff} 是有效折射率;Λ 是光栅周期。光通过光栅的反射率 R 为

$$R = \mathrm{th}^2\left(\frac{\pi\Delta n_m}{\lambda_B}L\right) \tag{6-74}$$

其中,Δn_m 是光栅折射率的最大变化量;L 是光栅长度。相应的反射谱宽近似为

$$\left(\frac{\Delta\lambda}{\lambda_B}\right)^2 = \left(\frac{\Delta n_m}{2n_{eff}}\right)^2 + \left(\frac{\Lambda}{L}\right)^2 \tag{6-75}$$

目前制作的光纤光栅反射率 R 可达 98%,反射谱宽为 1 nm。

光纤光栅是发展极为迅速的一种光纤器件,在光纤通信中可作为光波分复用器;与稀土掺杂光纤结合可构成光纤激光器,并且在一定范围内可实现输出波长调谐;变周期光纤光栅还可用作光纤的色散补偿等,在光纤传感技术中可用于温度、压力传感器,并可构成分布或多点测量系统。

6.6　菲涅耳衍射

菲涅耳衍射是在菲涅耳近似条件成立的距离范围内所观察的衍射现象。相对于夫琅禾费衍射而言,观察屏距衍射屏不太远,此时,直接运用基尔霍夫衍射公式定量计算菲涅耳衍射,数学处理非常复杂。通常在处理菲涅耳衍射现象时,均采用比较简单的、物理概念很清晰的菲涅耳波带法(代数加法)或振幅矢量加法（图解法）。

6.6.1 菲涅耳波带法及圆孔、圆屏菲涅耳衍射

1. 菲涅耳波带法

如图 6-45 所示,考察单色点光源和单色平面波照射圆孔衍射屏的情况。P_0 点位于通过圆孔中心 C 且垂直于圆孔平面的轴上。我们利用菲涅耳波带法来确定 P_0 点的光强度。

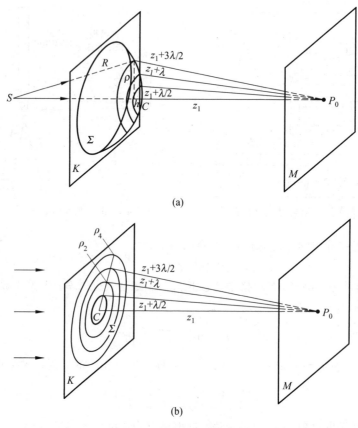

图 6-45　圆孔衍射的波带法
(a) 单色点光源；(b) 单色平面波

假设单色点光源 S 或单色平面波在圆孔范围内的波面为 Σ,根据惠更斯-菲涅耳原理,衍射屏后任一点 P 的复振幅,应是 Σ 上所有面元发出的惠更斯子波在 P 点叠加的结果。为了确定波面 Σ 在 P_0 点产生的复振幅的大小,可以按这样的方法来作图,以 P_0 为中心,以 $z_1+\dfrac{\lambda}{2},z_1+\lambda,\cdots,z_1+\dfrac{j\lambda}{2},\cdots$ 为半径分别作出一系列球面,这些球面与 Σ 相交成圆,将 Σ 划为一个个圆形环带且自相邻波带的相应边缘（或相应点）到 P_0 点的光程差为半个波长,这些环带叫做菲涅耳半波带或菲涅耳波带。

显然,P_0 点的复振幅就是波面 Σ 上所有波带发出的子波在 P_0 点产生的复振幅的叠加,由惠更斯-菲涅耳原理得知,各个波带在 P_0 点产生的振幅正比于该带的面积,反比于该

带到 P_0 点的距离,并且依赖于倾斜因子 $\frac{1}{2}(1+\cos\theta)$。因此,第 j 个波带(圆心 C 所在的为第 1 波带,向外依次为第 $2,3,\cdots,j,\cdots$ 波带)在 P_0 点产生的振幅可以表示为

$$|\widetilde{E}_j| = C\,\frac{A_j}{r_j}\frac{1+\cos\theta}{2} \tag{6-76}$$

其中,C 是比例常数,r_j 是第 j 波带到 P_0 点距离,A_j 是第 j 波带的面积。

由图 6-45(a)所示单色点光源的菲涅耳半波带可以看出,A_j 是波面上半径分别为 ρ_j 和 ρ_{j-1} 的两个球冠的面积之差。因为 ρ_j 满足下式

$$\rho_j^2 = R^2 - (R - h_j)^2 = \left(z_1 + \frac{j\lambda}{2}\right)^2 - (z_1 + h_j)^2 \tag{6-77}$$

所以

$$h_j = \frac{z_1 j\lambda + \dfrac{j^2\lambda^2}{4}}{2(R + z_1)} \tag{6-78}$$

因此

$$A_j = 2\pi R h_j - 2\pi R h_{j-1} = \frac{\pi R\lambda}{R + z_1}\left(z_1 + \frac{j\lambda}{2}\right) = \frac{\pi R\lambda}{R + z_1}r_j \tag{6-79}$$

将式(6-79)代入式(6-76),可以看出各半波带在 P_0 点产生的振幅只与倾斜因子有关,而与各波带到 P_0 点的距离无关。波带的序数 j 越大,倾角也越大,因而各波带在 P_0 点产生的振动的振幅将随 j 的增大而单调减小,即 $|\widetilde{E}_1| > |\widetilde{E}_2| > |\widetilde{E}_3| > \cdots$。

由图 6-45(b)所示单色平面波的菲涅耳半波带可以看出,A_j 是波面上半径分别为 ρ_j 和 ρ_{j-1} 的两个圆的面积之差,而 ρ_j 由下式给出:

$$\rho_j = \left[\left(z_1 + j\frac{\lambda}{2}\right)^2 - z_1^2\right]^{1/2} = \sqrt{jz_1\lambda}\left[1 + \frac{j\lambda}{4z_1}\right]^{1/2} \tag{6-80}$$

当 $z_1 \gg \lambda$ 时,取

$$\rho_j \approx \sqrt{jz_1\lambda} \tag{6-81}$$

因此

$$A_j = \pi\rho_j^2 - \pi\rho_{j-1}^2 \approx \pi z_1\lambda \tag{6-82}$$

表明各个波带的面积近似相等。各波带在 P_0 点所产生的振幅就只与各波带到 P_0 点的距离和倾斜因子有关。波带的序数 j 越大,距离 r_j 和倾角也越大,因而各波带在 P_0 点产生的振动的振幅将随 j 的增大而单调减小,即 $|\widetilde{E}_1| > |\widetilde{E}_2| > |\widetilde{E}_3| > \cdots$。

无论光源为单色光源还是单色平面波,其自相邻波带的相应点到 P_0 点的光程差为半波长,它们发出的子波到达 P_0 点的相位差为 π,相邻波带产生的复振幅分别为一正一负,这样,各波带在 P_0 点产生的复振幅总和为

$$\widetilde{E} = |\widetilde{E}_1| - |\widetilde{E}_2| + |\widetilde{E}_3| - |\widetilde{E}_4| + \cdots - (-1)^n|\widetilde{E}_n| \tag{6-83}$$

这里假定圆孔范围内的波面 Σ 包含有 n 个波带。由于 $|\widetilde{E}_1|, |\widetilde{E}_2|, |\widetilde{E}_3|, \cdots$ 单调下降,且变化缓慢,经计算相邻波带的振幅仅差万分之一左右,所以近似有

$$|\widetilde{E}_2| = \frac{|\widetilde{E}_1|}{2} + \frac{|\widetilde{E}_3|}{2}, \quad |\widetilde{E}_4| = \frac{|\widetilde{E}_3|}{2} + \frac{|\widetilde{E}_5|}{2}, \quad \cdots$$

当波带数 n 足够大时，$|\tilde{E}_{n-1}|$ 和 $|\tilde{E}_n|$ 相差很小，于是，式(6-83)可写为

$$\tilde{E} = \frac{|\tilde{E}_1|}{2} \pm \frac{|\tilde{E}_n|}{2} \tag{6-84}$$

其中，n 为奇数时取"+"号，n 为偶数时取"-"号。

由式(6-84)可见，P_0 点的振幅和强度与圆孔包含的波带数 n 有关。当圆孔包含的波带数 n 为奇数时，$\tilde{E} = \frac{|\tilde{E}_1|}{2} + \frac{|\tilde{E}_n|}{2}$，$P_0$ 点的强度较大；当 n 为偶数时，$\tilde{E} = \frac{|\tilde{E}_1|}{2} - \frac{|\tilde{E}_n|}{2}$，$P_0$ 点的强度较小。若逐渐开大或缩小圆孔，在 P_0 点将可以看到明暗交替的变化。

另一方面，对于一定的圆孔大小和光波波长，波带数 n 取决于 P_0 点的距离 z_1，即 z_1 不同，P_0 点对应的波带数 n 也不同。因此，当把观察屏沿光轴 CP_0 平移时，同样可以看到 P_0 点忽明忽暗地交替变化。

以上两种情况都是假定圆孔包含的波带数目不是非常大时得出的结果。如果圆孔非常大，或者根本不存在圆孔衍射屏时，则 $|\tilde{E}_n| \to 0$（r_n 增大和倾角 θ 增大所致）。因此，由式(6-84)，得到

$$\tilde{E} = \frac{\tilde{E}_1}{2} \tag{6-85}$$

表明这时 P_0 点的复振幅等于第一波带产生的复振幅的一半，强度为第一波带产生的强度的 $\frac{1}{4}$。

由此可见，当圆孔包含的波带的数目很大时，圆孔的大小不再影响 P_0 点光强。这实际上也是从光的直线传播定律出发所得出的结论。可以说，从波动概念和从光的直线传播概念得出的结论，当圆孔包含的波带的数目很大时开始吻合。

2. 圆孔衍射图样

上面讨论了观察屏轴上点 P_0 的光强，对于轴外点的光强原则上也可以用同样的方法来分析。考察轴外 P 点（见图 6-46），这时应以 P 为中心，分别以 $z_1 + \frac{\lambda}{2}, z_1 + \lambda, \cdots$ 为半径在圆孔露出的波面 Σ 上作波带（z_1 为 P 到圆孔衍射屏的距离）。若过 P 点作圆孔的垂线，垂足 C' 会偏离圆孔中心 C，所以波带对圆孔中心不再对称，较高序数的波带已被圆孔屏遮挡，只会露出一部分波带，图 6-47 所示为对应于不同考察点的波带形状。因此，这些波带在 P 点产生的光强，不仅取决于波带的数目，而且也取决于每个波带露出部分的面积，若要精确地计算 P 点的强度是不容易的。但可以预料，随着 P 点离开 P_0 点逐渐向外，其光强将时大时小地变化。当 P 点远离 P_0 点时，P 点将会是暗点。由于整个装置的轴对称性，在观察屏上离 P_0 点距离相同的 P 点都应有相同的光强。因此，圆孔的菲涅耳衍射图样是一组亮暗交替的同心圆环条纹，中心可能是亮点也可能是暗点。

3. 圆屏的菲涅耳衍射

在图 6-45 中，用一个很小的不透明圆屏代替圆孔衍射屏，就是圆屏的菲涅耳衍射装置。为了求得观察屏轴上点 P_0 的光强，也可以采用波带法。为此，以 P_0 为中心，分别以 $r_0 + \frac{\lambda}{2}, r_0 + \lambda, \cdots$ 为半径（r_0 是圆屏边缘点到 P_0 的距离），在到达圆屏的波面上作波带，按照

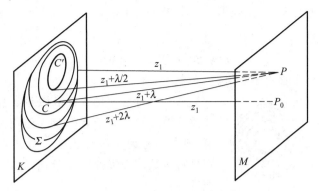

图 6-46   对轴外点所作的波带

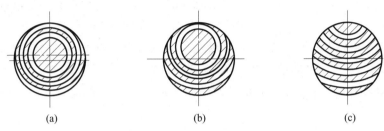

图 6-47   对应于不同考察点的波带形状

(a) 含 4 个完整半波带；(b) 含 2 个完整半波带；(c) 无完整半波带

式(6-85)，全部波带在 P_0 点产生的复振幅应为第一波带产生的复振幅的一半，而强度为第一波带在 P_0 点产生的强度的 $\dfrac{1}{4}$。因此，可以断言，轴上点 P_0 总是亮点，对于轴外点，也可以用讨论圆孔衍射类似的方法来讨论。轴外点随着离开 P_0 点距离的增大，也有光强大小的变化。因此，圆屏的衍射图样是：中心为亮点，周围有一些亮暗相间的圆环条纹。

应该指出，上述讨论是对小圆屏而言的，当圆屏较大时，由于从圆屏边缘开始作出的第一波带对 P_0 点的作用甚微，所以，P_0 点的强度实际上接近于零，不再能够看出是个亮点。

另外，如果我们把圆屏和同样大小的圆孔作为互补屏来考虑，也会得到相同的结论。请读者自行思考。

6.6.2   菲涅耳波带片

在讨论菲涅耳圆孔衍射时已经知道，在对于 P_0 点划分的波带中，奇数（或偶数）波带在 P_0 点产生的复振幅是同相的，它们对 P 点的作用是相长的；而相邻波带的相位相反，它们对于观察点的作用则是相消的。设想制成一个特殊的光阑，使得奇数波带畅通无阻，而偶数波带完全被阻挡，或者使奇数波带被阻挡而偶数波带畅通，那么各通光波带产生的复振幅将在 P_0 点同相位叠加，P_0 点的振幅和光强会大大增加。例如，设上述光阑包含 20 个波带，让 10 个奇数波带通光，而 10 个偶数波带不通光，则 P_0 点的振幅为

$$|\widetilde{E}| = |\widetilde{E}_1| + |\widetilde{E}_3| + \cdots + |\widetilde{E}_{19}| \approx 10|\widetilde{E}_1| = 20|\widetilde{E}_\infty|$$

其中，$|\widetilde{E}_\infty|$ 是波面无穷大，即光阑不存在时 P_0 点的振幅。

P_0 点的光强为

$$I \approx (20|\widetilde{E}_\infty|)^2 = 400 I_\infty$$

即光强约是光阑不存在时的 400 倍。

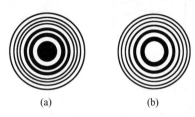

图 6-48　菲涅耳波带片

(a) 挡住奇数波带；(b) 挡住偶数波带

这种将奇数波带或偶数波带挡住的特殊光阑称为菲涅耳波带片。由于它的聚光作用类似一个普通的透镜，所以又称为菲涅耳透镜。图 6-48(a) 和 (b) 所示分别是将奇数波带和偶数波带挡住（涂黑）的两块菲涅耳波带片。

假设图 6-48(a)（或 (b)）所示的波带片是对应于距离为 z_1 的轴上点 P_0 而设计的，那么当用单色平面波垂直照明波带片时，将在 P_0 呈现一亮点。与普通透镜的作用相类似，这个亮点称为波带片的焦点，而距离 z_1 就是波带片的焦距，同样，波带片的焦点也可以理解为波带片对无穷远的轴上点光源所成的像，而 z_1 则是对应于物距无穷大的像距。

由式 (6-81)，波带片第 j 个波带的外圆半径为 $\rho_j = \sqrt{jz_1\lambda}$，因此，波带片的焦距

$$f = z_1 = \frac{\rho_j^2}{j\lambda} \tag{6-86}$$

波带片除了对无穷远的点光源有类似普通透镜的成像关系外，对有限远的点光源也有一个类似于普通薄透镜的成像关系式。设有一个距离波带片为 l 的轴上点光源 S 照明波带片（见图 6-49），波带片焦点为 P_0，波带片焦距 $f = CP_0$。显然，在现在的情况下，波带片平面上的子波不再同相位，因而波带上奇数环带（假定此波带片的奇数环带通光）在焦点 P_0 产生的复振幅也不再同相位，所以 P_0 点不会再是亮点。此时的亮点应在 S'，它必须满足条件

$$SQ + QS' - SS' = \frac{j\lambda}{2} \tag{6-87}$$

其中，Q 是波带片上第 j 个环带的外边缘点。在这一条件下，由 S 经过波带片相邻奇数环带的对应点到达 S' 的光是同相位的，因此在 S' 将形成明亮的像点，CS' 就是像距 l'。

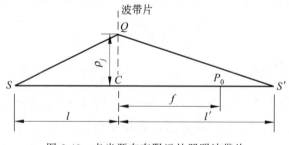

图 6-49　点光源在有限远处照明波带片

由图 6-49 可知

$$SQ = (SC^2 + CQ^2)^{1/2} = (l^2 + \rho_j^2)^{1/2}, \quad QS' = (l'^2 + \rho_j^2)^{1/2}$$

利用二项式级数把这两个式子展开，由于 ρ_j 很小，只保留前两项，得到

$$SQ = l\left(1 + \frac{\rho_j^2}{2l^2}\right), \quad QS' = l'\left(1 + \frac{\rho_j^2}{2l'^2}\right)$$

在满足式(6-87)时,有

$$l\left(1 + \frac{\rho_j^2}{2l^2}\right) + l'\left(1 + \frac{\rho_j^2}{2l'^2}\right) - (l + l') = \frac{j\lambda}{2}$$

由于 $\rho_j = \sqrt{jf\lambda}$,所以由上式得出

$$\frac{1}{l'} + \frac{1}{l} = \frac{1}{f} \tag{6-88}$$

此式表明波带片的物距 l、像距 l' 和焦距 f 三者关系与普通薄透镜的成像公式完全一样。

在制造菲涅耳波带片时,除了用遮挡偶数波带的办法,还可以采用相位补偿的办法,通过减小或增大奇数波带的厚度,使光通过偶数波带时相对于奇数波带产生 π 的相位变化。于是通过偶数波带的光与通过奇数波带的光在 P_0 点变成同相位,它们互相加强。相位补偿是通过在玻璃表面上刻蚀或用薄膜沉积的方法形成浮雕形结构,这构成了一个最简单的两台阶的二元相位菲涅耳透镜。

波带片和普通透镜在成像方面主要的不同点是:

(1) 波带片不仅有上面指出的一个焦点 P_0(也称主焦点),还有一系列光强较小的次焦点 $P_1, P_2, P_3, \cdots$,它们距离波带片分别为 $f/3, f/5, f/7, \cdots$(图 6-50)。波带片具有多个次焦点这一事实,不难利用波带法来说明,所以用它来成像会有多个像。此外,把波带片作为一个类似光栅的衍射屏来考虑,波带片除有上述实焦点外,还应有一系列与实焦点位置对称的虚焦点,见图 6-50 中的 $P_0', P_1', P_2', \cdots$。

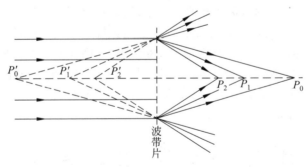

图 6-50　波带片的焦点

(2) 波带片的焦距与波长密切相关,其数值与波长成反比。

(3) 波带片的色差比普通透镜大得多,色差较大是波带片的主要缺点。

(4) 适应波段范围广。比如用金属薄片制作的波带片,由于透明环带没有任何材料,可以在从紫外到软 X 射线的波段内作透镜用,而普通的玻璃透镜只能在可见光区内使用。此外,还可以制作成声波和微波的波带片。

若入射到波带片上的光是平行光,则波带的分法不仅可以是圆形,也可以是长条形或方形。对于长条形波带片(图 6-51(a)),其特点是在焦点处会聚成一条方向平行于波带片条带的明亮直线。由于方形波带片的衍射图是十字亮线,很适合应用于准直,所以目前使用较多(图 6-51(b))。

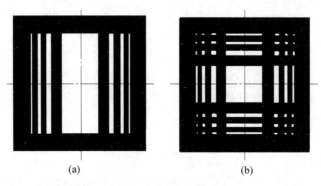

(a)　　　　　　　　　　　(b)

图 6-51　不同形状的波带片

(a) 长条形波带片；(b) 方形波带片

波带片的制作方法是：对已选定的入射光波长和波带片的焦距，先由下式求出各带的半径：

$$\rho_j = \sqrt{j\lambda f} \tag{6-89}$$

对于方形波带则先求出各波带边缘的位置：

$$x_j = \pm\sqrt{j\lambda f}, \quad y_j = \pm\sqrt{j\lambda f} \tag{6-90}$$

然后，按上式的计算值画出波带图，并按比例放大画在一张白纸上，将奇数带（或偶数带）涂黑，再用照相方法按原比例精缩，得到底片后，可翻印在胶片或玻璃感光板上，亦可在金属薄片上蚀刻出空心环带，即可制成所需要的波带片。

在实际应用中，将激光的高亮度和纯单色性与波带片相结合，可使激光束的定位精度大大提高。图 6-52 是一种衍射式激光准直仪的原理图。方形波带片固定于激光准直仪的可调焦望远镜物镜外侧，与激光准直仪成为一体，由望远镜射出的平行光，经波带片后，在其焦点处形成一亮十字，若微调望远镜使射出的光是收敛的，则在光轴上波带片的焦距内形成一个亮十字的实像。目前，装有波带片的激光准直仪主要用于几十米至几百米，甚至几千米范围内的准直调节。由于在几十米范围内十字亮线的宽度可窄到 0.2 nm，所以对中误差可降到 10^{-5} 以下，而未装波带片时对中误差只能达到 10^{-4}。

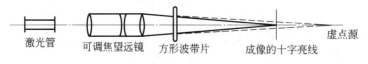

激光管　　可调焦望远镜　　方形波带片　　成像的十字亮线　　虚点源

图 6-52　衍射式激光准直仪原理图

6.6.3　菲涅耳直边衍射

本节讨论另一类孔径的菲涅尔衍射。一个平面光波或柱面光波通过与其传播方向垂直的不透明直边 D（例如，刮脸刀片直边）后，将在观察屏幕上呈现出图 6-53 所示的衍射图样：在几何阴影区的一定范围内，光强度不为零，而在阴影区外的明亮区内，光强度出现有规律的不均匀分布。

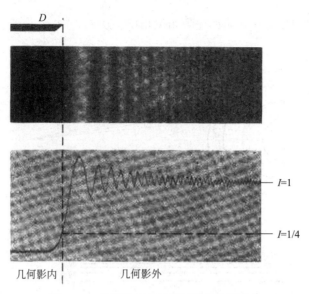

图 6-53　菲涅耳直边衍射图样及光强分布

1. 振幅矢量加法

如图 6-54 所示，S 为一个垂直于图面的线光源，其波面 $\overset{\frown}{AB}$ 是以光源为中心的柱面，MM' 是垂直于图面且有一个直边的不透明屏，其直边与线光源平行。显然，观察屏上各点的光强度取决于波阵面上露出部分在该点产生的光场，并且，在与线光源 S 平行方向上的各观察点具有相同的振幅。这个振幅可以用菲涅耳衍射公式 (6-6) 计算得到，也可以采用振幅矢量加法处理。为了使物理意义更清晰，在这里采用振幅矢量加法讨论。振幅矢量加法的基本思想是先把直边外的波面相对 P 点分成若干直条状波带，然后将露出直边的各个条状带在 P 点产生的光场复振幅进行矢量相加。

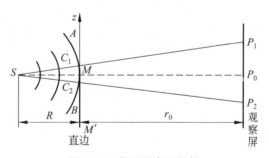

图 6-54　菲涅耳直边衍射

假定先将直边屏 MM' 拿掉，如图 6-55(a) 所示。以 SM_0P_0 为中线，将柱面波的波面分成许多直条状半波带

$$P_0M_0=r_0$$

$$P_0M_1=r_0+\frac{\lambda}{2}$$

$$P_0M_2=r_0+\frac{2\lambda}{2}$$

$$\vdots$$

相邻波带的相应点在 P_0 点所产生的光场相位相反。从 P_0 点向光源看去,其半波带形状如图 6-55(b)所示。

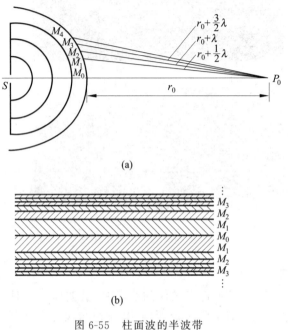

图 6-55 柱面波的半波带

(a) 波面分解成半波带;(b) 半波带形状

在前面讨论圆孔衍射时已经证明,在球面波波面上划分的同心环状波带的面积近似相等,但对于图 6-55(b)所示的条状波带面积,却随着波带序数 N 的增大而很快地减小。这样,当波带序数增大时,将同时因波带面积的减小,以及到 P_0 点距离的增大和倾角的增大,而使点的振幅迅速下降,这种下降的程度较之环形波带明显得多。因此,就不能直接利用环形波带的有关公式进行讨论。为此,可以将每一个直条半波带按相邻带间相位差相等的原则,再分成 n 条波带元。例如,自 M_0 点向上把第一个半波带分成 9 条波带元,使相邻两条波带元的相位差为 $\pi/9$,即 $20°$。很明显,正如半波带之间彼此是不等间隔的,这些小条之间虽然相位差相等,但间隔也是不相等的。由于相邻两小条间相位差相等,因此,这些小矢量与 x 轴夹角的递增量相等,但对 P_0 点贡献的振幅大小不等,明显地递减。如图 6-56(a)所示,通过矢量加法,连结第一个小矢量的起点 O 和第九个小矢量的末端 B 即为第一个半波带对 P_0 点贡献的场强,即图中的 A_1;同样,可以得到第二个直条半波带在 P_0 点产生的光场振幅矢量 A_2。这两个半波带在 P_0 点产生的合光场振幅如图中的矢量 A 所示。显然,这个结果与前面的环形半波带的情况不同,在环形半波带中相邻波带振幅近似相等,相位相反,其合振幅近似为零;而此处由于各波带的振幅与相位关系复杂,合振幅并不为零。如果我们继续重复上述作法,把 M_0 以上的各波带都分成无限多直条波带元,并进行矢量作图,就将得到图 6-56(b)所示的光滑的曲线,此曲线趋近于 Z,矢量 $A=OZ$ 表示上半个波面所有波带在 P_0 点产生的光场振幅。显然,对于下半个波面对 P_0 点光场的作用,也可以在同一坐标面的第三象限内画出一条对应的曲线。因此,上、下两部分波面对 P_0 点的作用就画成如图 6-57 所示的曲线,称为科纽(Cornu)螺线。螺线中两端点的连线 $Z'Z$ 表示整个波面

在 P_0 点所产生的光振幅的大小。

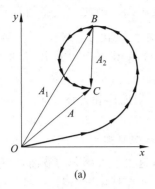 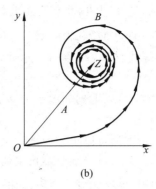

图 6-56 振幅矢量加法

（a）第一、二个半波带的合振幅；（b）上半个波面对 P_0 点产生的合振幅

2. 菲涅耳直边衍射

根据振幅矢量法，可以很方便地讨论菲涅耳直边衍射的图样。

（1）对于图 6-54 中光源与屏的直边边缘连线上的观察点 P_0，由于直边屏把下半部分波面全部遮住，只有上半部分波面对 P_0 点产生作用，所以，P_0 点的光场振幅大小 $\overline{OZ}$ 为波面无任何遮挡时的振幅大小 $\overline{Z'Z}$ 的一半，而光强为其 1/4。

（2）对于直边屏几何阴影界上方的 P_1 点，由它向光源 S 作的直线与波面交于 C_1。现由 C_1 开始，重新把波面分成许多半波带，与 P_0 点情况相比较，相当于 M_0 点移到 C_1，C_1 以上的半个波面，完全不受遮挡，因而它在 P_1 点产生的光场振幅在图 6-58 所示的科纽螺线中，以 $\overline{OZ}$ 表示；C_1 以下的半个波面，有一部分被直边屏遮挡，只露出一小部分对 P_1 有作用，以 $\overline{M_1'O}$ 表示。这样，整个露出的波面对 P_1 点产生的光场振幅，在科纽螺线中以 $\overline{OZ}$ 和 $\overline{M_1'O}$ 的矢量和，即 $\overline{M_1'Z}$ 表示。M_1' 在科纽螺线中的位置取决于图 6-54 中 P_1 点到 P_0 点的距离，P_1 点离 P_0 点越远，图 6-58 中 M_1' 点沿螺线越接近 Z'。这就是说，随着 P_1 点位置的改变，P_1 点的振幅或光强是改变的，并且与 M_2'，M_4'，…相应的点有最大光强度，而与 M_3'，M_5'，…相应的点有最小的光强度。因此，在几何阴影界上方靠近 P_0 处的光强分布不均匀，有亮暗相间的衍射条纹，对于离 P_0 足够远的地方，光强度基本上正比于 $(\overline{Z'Z})^2$，有均匀的光强分布。

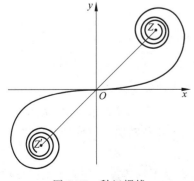 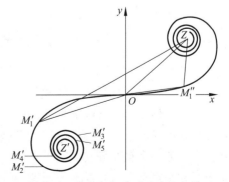

图 6-57 科纽螺线   图 6-58 用科纽螺线讨论直边衍射

（3）对于 P_0 点以下的 P_2 点，它与 S 的连线交波面于 C_2 点。C_2 以下的半个波面也有一部分被遮挡，C_2 以上的半个波面也有一部分被遮挡。因此，P_2 点的合光场振幅矢量的一端为 Z，另一端为 M''_1，即为 $\overline{M''_1 Z}$，P_2 点的光强度正比于 $(\overline{M''_1 Z})^2$。M''_1 随着 P_2 点位置不同，沿着螺线移动，P_1 离 P_0 越远，其上光强度越小，当 P_2 离 P_0 足够远时，光强度趋近于零。

根据上面讨论，可以得到如图 6-57 所示的直边衍射图样和光强分布。

3. 菲涅耳单缝衍射

利用振幅矢量加法可以很方便地讨论菲涅耳单缝衍射现象。

如图 6-59(a)所示，单缝的每一边犹如一个直边，遮去了大部分的波面，而单缝露出的波面对观察点的作用，可以通过科纽螺线作图得到。在菲涅耳单缝衍射中，条纹强度分布与缝的宽度有关。图 6-59(b)给出了一些宽度不同的单缝菲涅耳衍射图样的照片。每一组的三张照片是由三种不同曝光时间得到的。在他们旁边画出了相应的强度曲线（横轴的粗实线代表缝宽）。

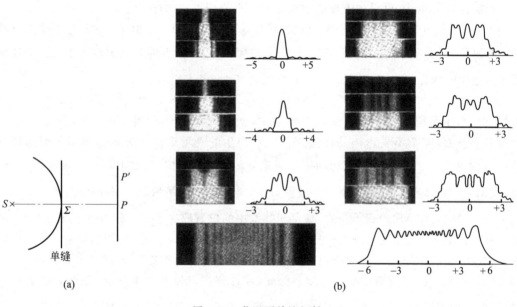

图 6-59 菲涅耳单缝衍射
(a) 原理图；(b) 衍射图样

6.7 全 息 术

全息术（全息照相）是利用干涉和衍射方法来获得物体的完全逼真的立体像的一种成像技术。它是由盖伯（D. Gabor）最早在 1948 年提出的。1960 年以来激光的出现，解决了高相干性与高强度光源问题，全息术得到了迅速的发展，并在许多领域获得成功的应用。它已成为现代光学的一个重要分支。

普通照相是根据几何光学成像原理，通过照相物镜记录下物体发出的光波的强度（即振幅），将空间物体成像在一个平面上，由于丢失了光波的相位信息，因而失去了物体的三维特征。全息术则是利用干涉原理，将物体发出的特定光波以干涉条纹的形式记录下来，使物光波前的振幅和相位信息都储存在记录介质中，所记录的干涉条纹图样被称为"全息图"。当用光波照射全息图时，由于衍射原理能重现出原始物光波，从而形成与原物体逼真的三维像，即使物体已经移开，仍然可以看到原始物体本身具有的全部现象，包括三维感觉和视差，也能在不同的距离聚焦。

这里就全息术的基本原理、特点和应用作一简要介绍。

6.7.1　全息术的原理

1. 物光波面的记录（干涉记录）

全息术的第一步是将物光波的全部振幅和相位信息记录在感光材料上。由于感光材料只能接收光的强度信息，因此必须设法把相位信息转换成强度的变化才能记录下来。干涉法是将空间相位调制转换为空间强度调制的标准方法。为此采用相干光，把具有振幅和相位信息的物光波和未受物体调制的光（称为参考光）相干涉的干涉条纹以强度分布形式记录成全息图，所以全息图实际是一张干涉图。

如图 6-60 所示，设由物体衍射后到达记录干板 H 的物光波的复振幅为 $\widetilde{E}_{\mathrm{o}}(x,y)$，相干光源 R 发出的到达记录干板 H 的参考光波的复振幅为 $\widetilde{E}_{\mathrm{r}}(x,y)$，且有

$$\widetilde{E}_{\mathrm{o}}(x,y)=a_{\mathrm{o}}(x,y)\exp[\mathrm{i}\varphi_{\mathrm{o}}(x,y)] \tag{6-91}$$

$$\widetilde{E}_{\mathrm{r}}(x,y)=a_{\mathrm{r}}(x,y)\exp[\mathrm{i}\varphi_{\mathrm{r}}(x,y)] \tag{6-92}$$

其中，$a_{\mathrm{o}}(x,y)$、$a_{\mathrm{r}}(x,y)$、$\varphi_{\mathrm{o}}(x,y)$、$\varphi_{\mathrm{r}}(x,y)$ 分别表示各波面的振幅和相位，则叠加后强度分布为

$$
\begin{aligned}
I(x,y)&=|\widetilde{E}_{\mathrm{o}}(x,y)+\widetilde{E}_{\mathrm{r}}(x,y)|^{2}\\
&=|\widetilde{E}_{\mathrm{r}}(x,y)|^{2}+|\widetilde{E}_{\mathrm{o}}(x,y)|^{2}+\widetilde{E}_{\mathrm{r}}(x,y)\widetilde{E}_{\mathrm{o}}^{*}(x,y)+\widetilde{E}_{\mathrm{r}}^{*}(x,y)\widetilde{E}_{\mathrm{o}}(x,y)\\
&=a_{\mathrm{r}}^{2}+a_{\mathrm{o}}^{2}+2a_{\mathrm{r}}a_{\mathrm{o}}\cos(\varphi_{\mathrm{r}}-\varphi_{\mathrm{o}})
\end{aligned}
\tag{6-93}
$$

其中，第一项和第二项分别为参考光波和物光波单独到达全息图 H 的强度，它们的和表示干涉条纹的平均强度；第三项包含了物光波和参考光波的振幅和相位的信息，它表示干涉条纹交替的强度变化的幅度为 $2a_{\mathrm{r}}a_{\mathrm{o}}$，相位为 $\varphi_{\mathrm{r}}-\varphi_{\mathrm{o}}$。从干涉条纹可见度的变化可知物光波振幅的信息，而从干涉条纹的形状和间距可以获得相位的信息。参考光波的作用是使物

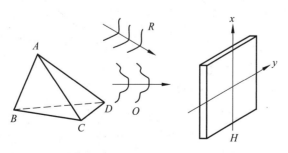

图 6-60　波前记录

光波波前的相位分布转换成干涉条纹的强度分布。所以全息图上记录的干涉条纹反映了物体的振幅和相位的全部信息。

全息图拍摄时应选取底片振幅透射系数随光强（曝光量）呈线性的区域记录，由此条件制作的全息图的振幅透射系数 $t(x,y)$ 为

$$t(x,y)=k_0+k_1 I(x,y) \tag{6-94}$$

其中，k_0 和 k_1 是常数，$k_1<0$ 是负片，$k_1>0$ 是正片。将式(6-93)代入上式，则有

$$t=(k_0+k_1|\tilde{E}_r|^2)+k_1(|\tilde{E}_o|^2+\tilde{E}_r^*\tilde{E}_o+\tilde{E}_r\tilde{E}_o^*)=t_1+t_2+t_3+t_4 \tag{6-95}$$

2. 物光波面的重现（衍射再现）

全息术的第二步是利用衍射原理由全息图重现物光波。当用一束相干光照射全息图时，光波在全息图上就好像在一块复杂光栅上一样发生衍射，在全息图后将出现一个复杂的光波场，该衍射光波中将包含有原来的物光波。

图 6-61 是全息图再现装置。如果照明光是与全息图记录时的参考光波完全相同的光波，即 $\tilde{E}_c=\tilde{E}_r$（图 6-61(a)），则由式(6-83)得，透过全息图的光波的复振幅分布 $\tilde{E}'(x,y)$ 为

$$\tilde{E}'(x,y)=\tilde{E}_r t=\{k_0+k_1|\tilde{E}_r|^2\}\tilde{E}_r+k_1|\tilde{E}_o|^2\tilde{E}_r+k_1|\tilde{E}_r|^2\tilde{E}_o+k_1\tilde{E}_r^2\tilde{E}_o^* \tag{6-96}$$

$$=t_1'+t_2'+t_3'+t_4' \tag{6-97}$$

其中，第一项和第二项表示衰减的重现光 $\tilde{E}_r$ 方向不变地透过全息图，也就是把全息图看作衍射孔径时的零级衍射波，与物光波的重现无关；第三项 t_3' 是透过全息图的+1 级衍射光，除一个常数衰减外，这是一个与原物光波完全相同的重现物光波，因此迎着此重现光波方向可看到一个在原物位置的物的虚像；第四项 t_4' 是通过全息图的-1 级衍射波，这是一个原物光波的共轭波，但此项的振幅和相位表明，所形成的共轭像是与原物存在不同方向失真的实像，称为

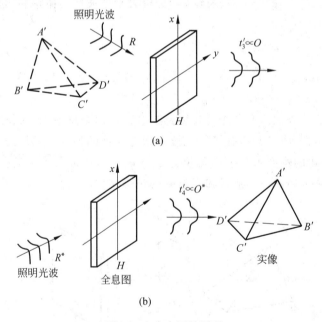

图 6-61　全息图的再现

（a）用参考光波 E_r 重现；(b) 用与参考光共轭光波 E_r^* 重现

赝实像。图 6-61(b)是用与参考光共轭的波 E_r^* 作重现光,此时 t_4 代表的共轭像不失真,它不需要借助透镜就可拍摄下来,只要将感光物质放在实像所处的位置即可。而 t_3 是失真的虚像。因此,要重现出全息图的不失真的虚像和实像,重现照明光应该是 $\tilde{E}_c = \tilde{E}_r$ 或 $E_c = \tilde{E}_r^*$。

6.7.2　全息术的特点

通过前面的讨论,我们可以看出全息术的一些显著的特点。

(1) 全息术能够记录物体光波振幅和相位的全部信息,并能把它再现出来。因此,应用全息术可以获得与原物完全相同的立体像。

(2) 全息术实质上是一种干涉和衍射现象。全息图的记录和再现一般需利用单色光源,单色光的相干长度应大于物光波和参考光波之间的光程差,单色光的空间相干性应保证从物体上不同部分散射的光波和参考光波能够发生干涉。此外,在全息图记录时,由于一般物体的散射光比较弱,故应采用强度大的光源。显然,最理想的光源就是激光器。常用的激光器有:氦-氖激光器(波长 632.8 nm),氩离子激光器(波长 488.0 nm 和 514.5 nm)和红宝石激光器(波长 694.3 nm)。如果要获得物体的彩色信息,需用不同波长的单色光作多次记录。

(3) 全息图的任何局部都能再现原物的基本形状。物体上任意点散射的球面波可抵达全息干板的每点或每个局部,与参考光相干涉形成基元全息图,也就是全息图的每点或局部都记录着来自所有物点的散射光。显然,物体全息图每一局部都可再现出记录时所有照射到该局部的物点,形成物体的像。

(4) 无论是用一块正的还是负的照相底板来制作全息图,观察者看到的总是正像。其理由是,一个负的全息图的再现光波和一个正的全息图的再现光波只不过在位相上改变了 180°,因为人眼对这一恒定相位差是不敏感的,所以观察者在这两种情况下看到的物体的像是一样的。

全息术对照相底板的正负虽无要求,但是如前所述,对照相底板必须进行线性处理;此外,对底板的分辨率也有比较高的要求,通常全息术使用的底板的分辨率为 1000～4000 线/mm。

6.7.3　全息术的应用

1. 全息光学元件

全息光学元件实际上是一张用感光记录介质制作的全息图,它具有普通光学元件的成像、分光、滤波和偏转等功能,并且有重量轻、制作方便等优点,广泛应用于激光技术、传感器和光通信等领域。

平面全息光栅就是记录两列有一定夹角的平面波干涉条纹的全息图。改变两束光的夹角就可以记录所需要频率的光栅。一般采用光致抗蚀剂作为记录介质,用氩离子激光可产生频率达每毫米数千条的光栅。光致抗蚀剂经曝光和显影后可得浮雕型正弦光栅。如在表面镀铝,能制成反射全息光栅。与刻划光栅相比,全息光栅没有鬼线。刻划光栅的鬼线是由光栅周期误差或不规则误差所造成的假谱线,全息光栅的周期与波长成比例,故不存在周期误差,因而没有鬼线。所以全息光栅在天文学和拉曼(Raman)光谱仪中非常有用。

全息透镜则是记录两束球面波或球面波与平面波的干涉条纹从而得到菲涅耳全息图,也称其为菲涅耳全息透镜。它除具有一般光学透镜的成像功能以外,具有重量轻、造价低、易制作、可复制和可阵列化的优点。

此外,全息滤波器、全息扫描器和全息光学互联器件等,也广泛用于光学信息处理、激光技术及光计算领域。

2. 全息显示

全息显示利用全息术重现物体真实三维图像的特点,是全息术最基本的应用之一。已经成功制成的人体骨骼、地铁模型、大型雕塑像和各种机床等的全息图,面积甚至可达 $1\sim$ $1.5\ m^2$。反射全息图由于是体全息,能在白光照明下呈现单色像,若用红、绿、蓝三种波长的激光拍摄彩色物体的全息图,则能再现彩色的三维图像。全息显示的应用涉及艺术、广告、印刷和军事等许多领域。

3. 全息干涉计量

全息术最成功、最广泛的应用之一是在干涉计量方面,全息干涉计量技术具有许多普通干涉计量所不能比拟的优点。例如可用于各种材料的无损检测,非抛光表面和形状复杂表面的检验,可以研究物体的微小变形、振动和高速运动等。这项技术采用单次曝光(实时法)、二次曝光以及多次曝光等多种方法。

1) 二次曝光法

如图 6-62(a)所示,在同一张照相底板上,先让来自变形前物体的物光波和参考光波曝光一次,然后再让来自变形后的物体的物光波和同一参考光波第二次曝光。照相底板在显影定影后形成全息图。当再现这张全息图时,将同时得到两个物光波,它们分别对应于变形前和变形后的物体。由于两个物光波的相位分布已经不同,所以它们叠加后将产生干涉条纹。通过这些干涉条纹便可以研究物体的变形。

二次曝光法不要求全息图精确复位,但不能对物体状态作实时研究。全息干涉术与莫尔效应、散斑技术、计算全息等结合,可开拓更广阔的应用前景。

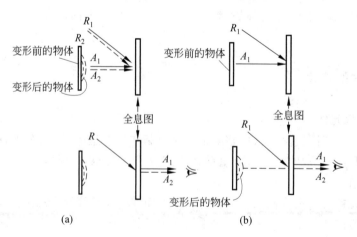

(a)　　　　　　　　　　(b)

图 6-62　全息干涉法

(a) 二次曝光法;(b) 实时法

2）实时法

这种方法可以实时地研究物体状态的变化过程。为此，利用图 6-62(b)装置先拍摄一张物体变形前的全息图，然后将此全息图放回到原来记录时的位置。如果保持记录光路中所有元件的位置不变，并用原来的参考光波照明全息图，那么在原来物体所在处就会出现一个再现虚像。这时，若同时照明物体，并且物体保持原来的状态不变，则再现像与物体完全重合，或者说再现物光波和实际物光波完全相同，它们的叠加不产生干涉。当物体由于外界原因，例如加载、加热等使之产生微小的位移和变形时，再现物光波和实际物光波之间就会产生与位移和变形大小相应的相位差，此时两光波的叠加将产生干涉条纹，我们根据干涉条纹的分布情况，可以推知物体的位移和变形大小，如果物体的状态是逐渐变化的，则干涉条纹也逐步地随之变化，因此物体状态的变化过程可以通过干涉条件的变化实时地加以研究。

4. 全息存储

全息存储是一种大容量、高密度的信息存储方式。把需存储的信息，例如一页文字、一张图表或地图等，通过普通照相微缩的方法制成 36 mm×24 mm 或 24 mm×16 mm 的负片，用图 6-63(a)所示的傅里叶变换全息图，记录信息的频谱。采用负片的优点是黑背景可减少杂散光，使图像清晰。图 6-63(b)为读出光路，通过光束偏转器，用细光束逐个照明全息图，在远处的屏上观察再现。

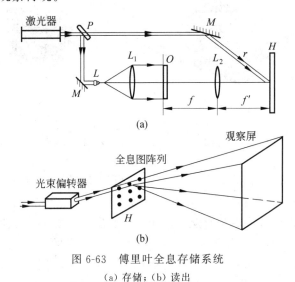

图 6-63　傅里叶全息存储系统
（a）存储；（b）读出

用作全息存储的记录介质，除银盐介质外还有重铬酸明胶光聚合物及铌酸锂晶体等。美国 Northrop 公司 1991 年在 1 cm³ 掺铁铌酸锂晶体中存储并高保真地再现了 500 幅高分辨率军用车辆全息图，1992 年又在同样的铌酸锂晶体中存储 1000 页数字数据并且无任何错误地复制回数字计算机的存储器。

6.7.4　数字全息术

1. 数字全息术的产生

传统的全息术（全息照相）是利用干涉和衍射的方法来获得物体的完全逼真的立体像的

一种成像方式。它是由 D. Gabor 在 1948 年提出的。1960 年以来激光的出现,解决了高相干性与高强度光源的问题,全息术得到了迅速的发展,并在许多领域获得了成功的应用。它已经成为现代光学的一个重要分支。

从 1966 年开始,A. W. Lohmann 和他的同事对计算机生成的全息图进行了大量研究,他们利用数字方式计算全息图像并通过光学方式获取。同样在 1966 年,作为全息图像电子检测的第一例,L. H. Enloe 等人在摄像机上检测到全息图像,从阴极射线管(cathode ray tube,CRT)显示器上拍摄全息图像,并以光学方式进行重建。20 世纪 60 年代末,J. W. Goodman 发明了数字全息术,他提出电子记录全息图像,然后以数字方式重建物体。一方面,随着探测器技术的发展,传统全息技术中的全息胶片逐渐被电荷耦合器件(charge coupled device,CCD)和互补金属氧化物半导体(complementary metal oxide semiconductor,CMOS)取代,全息术的摄影工具实现了从胶片到电子探测器的转变。另一方面,摩尔定律以不可思议的倍数提高了计算机的处理速度。这两个方面的发展导致电子探测器几乎完全取代了胶片,以小而高分辨率的格式记录全息图,推动了数字全息术的快速发展。一旦全息图像以电子形式存在,就很自然地以数字方式重建图像。图 6-64 展示了传统全息术和数字全息术中具有代表性的摄影工具。

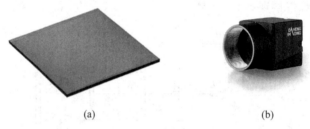

(a)　　　　　　　　　　　(b)

图 6-64　传统全息术和数字全息术的摄影工具
(a) 应用于传统全息术的全息干板;(b) 应用于数字全息术的 CMOS 工业相机

从 20 世纪 90 年代开始,数字全息技术逐渐受到大家的关注,直到现在仍是相关领域的研究热点,并广泛发展,在生物医学、显微镜、商业电子、娱乐、制造、增强现实和虚拟现实、网络物理安全、安全和国防等领域都有众多应用。这些发展主要归功于激光技术、数字探测器和计算机处理技术的进步。与传统全息术相比,数字全息术的主要优点是通过衍射问题的数值解直接获取相位分布,从而提高了相位信息的计算效率,使全息术具备快速挖掘定量数据的能力。利用高精度的相位信息,数字全息术能够分析更多的数值信息,测量多种指标参数,为产品质量检测、计量分析、病理诊断等工业或医学应用场景提供有效帮助。

2. 经典数字全息系统

1) 同轴数字全息

同轴数字全息的参考光束和物体光束的传播方向相同,在相机接收面发生干涉形成全息图像。由于参考光束和物体光束的夹角为 0,导致全息图像的零级谱、物光谱和共轭谱在空间上没有完全分离,因此需要记录多张相移图像来消除零级像和共轭像的干扰,重建样品的相位分布。根据全息图像的记录方式,同轴数字全息可以分为异步相移和同步相移两种方式。异步相移主要通过压电陶瓷驱动反射镜或者利用相位型空间光调制器来改变参考光的相位,一般适用于观察静态样品。

为了提高多帧相移全息图像的采集速率,同步相移通过多相机记录、像素掩膜、平行分光等方式同时记录多幅相移全息图。这些技术无需机械相移单元,避免了异步相移每一步相移变换可能引入的相移误差,并且能够用于观察动态样品。图 6-65 展示了一种基于多相机记录的同步相移数字全息系统,该系统有 4 个 CCD,能够同时采集 4 幅相移全息图像。

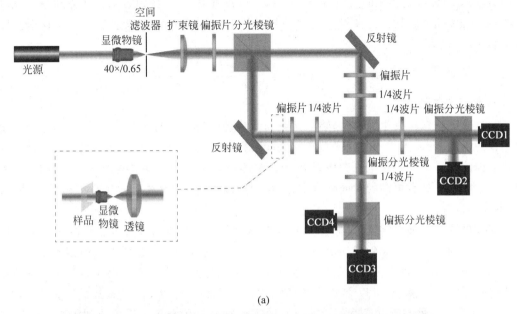

(a)

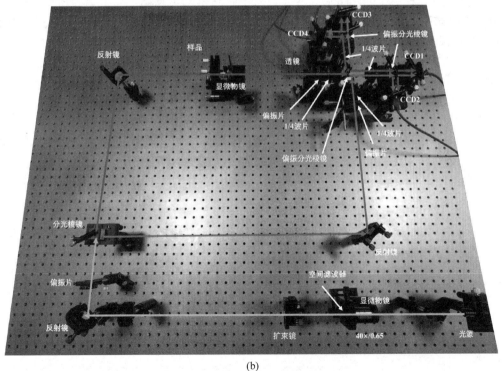

(b)

图 6-65　一种基于多相机记录的同步相移数字全息系统[142]

（a）系统示意图；（b）系统实物图

这里以四步相移的同轴数字全息为例,介绍其数学原理。假设参考光的相位分别引入的相移为 $\delta_i = i \times \dfrac{\pi}{2}(i=0,1,2,3)$,则每次相移对应的全息图像的表达式为

$$I_i(x,y) = I_d(x,y) + 2A_O(x,y)A_R(x,y)\cos[\Delta\varphi(x,y) - \delta_i] \qquad (6\text{-}98)$$

其中,$I_d(x,y)$ 表示全息图的直流分量;$A_O(x,y)$ 和 $A_R(x,y)$ 分别表示物体光和参考光的振幅;$\Delta\varphi(x,y)$ 表示物体光和参考光之间的相位差。$\Delta\varphi(x,y)$ 可以通过四张相移全息图像求解,表达式为

$$\Delta\varphi(x,y) = \arctan\left(\frac{I_1(x,y) - I_3(x,y)}{I_0(x,y) - I_2(x,y)}\right) \qquad (6\text{-}99)$$

2) 离轴数字全息

离轴数字全息在发生干涉时,物体光束和参考光束传播方向存在一定的夹角,这使得全息图像的零级谱、物光谱和共轭谱在空间上能够完全分离,从而有效消除零级像和共轭像的干扰。因此仅需记录一张全息图像即可从频域空间提取物光谱,重建样品的相位分布,这使得离轴数字全息具有更高的时间分辨率,适合观察动态样品,例如研究生物细胞的膜动、生长、形变等过程。

对于传统的离轴数字全息,通常基于马赫-曾德尔干涉仪或迈克耳孙干涉仪搭建适合透射或反射型的样品。考虑到任何微小的机械振动或空气扰动会对物体光束和参考光束造成不同的影响,从而导致系统的时间稳定性较低,如果物体光束和参考光束在共光路配置的系统中沿相同路径传播,则可以有效补偿环境对干涉光束的干扰,并显著提高时间稳定性。图 6-66 展示了一种基于共光路配置的离轴数字全息系统示意图。该系统利用光栅衍射出两束相同的光束,通过空间滤波器对经过光栅衍射的 0 级光进行低通滤波得到参考光束,+1 级光的频谱全部保留,最终 0 级光与 +1 级光在 CCD 接收面上发生干涉。

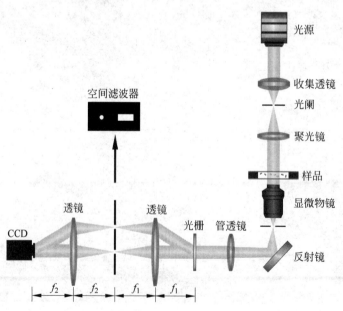

图 6-66　一种基于共光路配置的离轴数字全息系统示意图[143]

接下来介绍离轴数字全息的数学原理。假设光源为单色平面光,物体光束沿光轴 y 传播,参考光束的传播方向相对于光轴 y 具有 θ 角度,则两束光干涉得到的全息图强度可以表示为

$$I(x,y) = \left| U_O + U_R \times \exp\left(j2\pi\frac{\sin\theta}{\lambda}y\right) \right|^2 = |U_O|^2 + |U_R|^2 +$$

$$U_O U_R^* \exp\left(-j2\pi\frac{\sin\theta}{\lambda}y\right) + U_R U_O^* \exp\left(j2\pi\frac{\sin\theta}{\lambda}y\right) \tag{6-100}$$

其中,U_O 表示物体光束;U_R 表示参考光束;λ 表示光源波长;等式右边的前两项对应零级谱,第三项和第四项分别对应物光谱和相应的共轭谱。由于全息图像的物光谱与零级谱和共轭谱在频域空间中完全分离,因此可以直接利用带通滤波器提取物光谱,通过傅里叶逆变换重建相位分布。

3. 数字全息术的特点

根据前面对同轴数字全息和离轴数字全息的描述,我们可以总结出这两种方法的特点:

(1)同轴数字全息可以充分利用相机的空间带宽积,从而具有较高的空间分辨率。此外,由于引入相移并获取了多张全息图像,同轴数字全息的相位测量精度和噪声水平优于离轴数字全息。

(2)离轴数字全息需要采集的全息图像数量比同轴数字全息更少,因此成像效率更高,但是这样的记录方式无法充分利用相机的空间带宽积,限制了再现像的空间分辨率。

(3)这两种数字全息术均无须与待测样品接触即可实现定量成像,通过数值衍射可以在不同的传播距离记录波前,能够进一步实现三维层析成像。

4. 数字全息术的应用

1)个性化医学诊疗

在医学诊疗中,光学模式识别是一种重要的方法,利用光学显微镜观察生物细胞已成为医学中常见的分析手段。然而,经典的明场成像模式识别往往只能提供定性的分析,无法提供详细的细胞参数。为了获取这些信息,往往需要测量细胞的空间相位、折射率以及形态学、动力学等参数。

数字全息术能够再现原始物光场的复杂波前,重建细胞的空间相位分布,从而提供与样本相关的独特参数信息,例如细胞形态、细胞对光的复杂调制幅度,以及细胞随时间的动态变化。目前数字全息术已经用于自动分析和鉴定感染症疾的红细胞、镰状细胞病、癌症、细菌、干细胞、精子细胞、快速 COVID-19 检测等。随着深度学习、图像传感器等算法和硬件的进步,数字全息术在检查和分类微观组织、细胞(例如血细胞)以进行疾病自动识别方面具有巨大潜力。图 6-67 展示了利用数字全息术拍摄的单个红细胞的数字全息图像以及重建的相位分布图。

2)计量与工业检测

工业生产中许多具有挑战性的测量任务同时对精度、测量区域大小、横向采样和测量时间都有很高的要求。作为一种无损检测方法,数字全息术能够测量与感兴趣的场景、物体或结构相关的光程长度,在粗糙度测量、表面形状分析、表面变形和振动测量等领域得到应用。图 6-68 展示了利用数字全息术测量微机电系统(micro-electro mechanical systems,MEMS)表面变形情况。

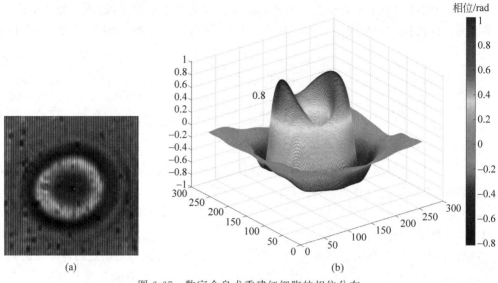

(a)   (b)

图 6-67　数字全息术重建红细胞的相位分布

（a）单个红细胞的数字全息图；（b）单个红细胞的重建相位分布

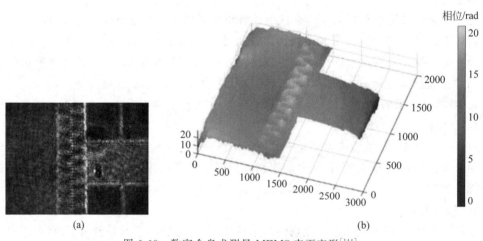

(a)   (b)

图 6-68　数字全息术测量 MEMS 表面变形[144]

（a）MEMS；（b）MEMS 表面厚度测量结果

　　数字全息术在工业中最具挑战性的应用之一就是微型电子互连器的质量控制,例如球栅阵列或微凸块结构。为确保互连器的所有触点正确连接,设备的电触点必须符合微米范围内的公差。数字全息术能够在极短的测量时间内保持亚微米的测量精度,为电子设备提供了快速精准的检测方法。

　　3）增强现实应用

　　虚拟现实（virtual reality,VR）和增强现实（augmented reality,AR）是信息和通信技术的一个新兴领域,它们能够为人们提供身临其境、互动和多样化的体验。但是当前 AR/VR 平台的光引擎在峰值亮度、能效、设备外形、对感知重要焦点提示的支持以及校正能力受到用户视觉像差或下游光学器件光学像差的限制。全息近眼显示器能够通过单一空间光调制器（spatial light modulator,SLM）和相干照明合成 3D 强度分布,有望解决其中的许多问题,使这些显示器成为可穿戴计算系统应用的理想选择。图 6-69 展示了一种基于全息技术的 VR 全息近眼显示器及其观察效果。

图 6-69　VR 全息近眼显示器及其观察效果[145]

（a）VR 全息近眼显示器（HoloLens 2）；（b）目标图像；（c）全息近眼显示器显示的全息图

4）光学安全

数字全息技术常用于安全领域，具有多种优势，例如并行处理、多维能力、多自由度以及生物识别技术的可能性。数字全息术在光学加密的实验实施中发挥了重要作用，并为开发替代安全方案奠定了基础。由于数字全息术的相位检索特性，它已被证明非常适合开发基于生物特征密钥的安全系统。

在基于数字全息术的光学安全技术中，计算机生成的全息图像已发展成为最有前途和最有效的信息保护方法之一，过去的几十年中已经研究了许多迭代和非迭代算法，例如 Gerchberg-Saxton 算法，以将数据编码为仅振幅或仅相位的计算机生成的全息图像并作为密文。光学设置中的许多参数，例如，仅随机相位模式，可以灵活地用作安全密钥。在解码期间，在光学设置中使用正确的安全密钥时，可以进一步设计光学设置并将其应用于实时数据显示。图 6-70 展示了在具有复杂散射介质的数字全息系统中，对灰度图像进行加密。

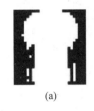 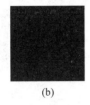 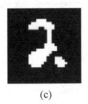 

（a）　　　　　　　　（b）　　　　　　　　（c）　　　　　　　　（d）

图 6-70　利用数字全息系统对灰度图像加密[146]

（a）输入的灰度图像 1；（b）灰度图像 1 的密文；（c）输入的灰度图像 2；（d）灰度图像 2 的密文

数字全息术从诞生开始已经发展了近 60 年，在医学、工业、娱乐等多个领域崭露头角。随着科学技术的不断发展，数字全息术有望进一步突破技术壁垒，优化系统的分辨能力和测量精度，提供更加便捷、可靠的解决方案，在更多领域发挥其独特的优势。

例　　题

例 6-1　一台显微镜的数值孔径 NA＝0.9。

（1）试求它的最小分辨距离；

（2）利用油浸物镜使数值孔径增大到 1.5，利用紫色滤光片使波长减少到 400 nm，问它的分辨本领提高多少？

（3）为利用（2）中获得的分辨本领，显微镜的放大率应设计为多大？

解：（1）显微镜的最小分辨距离可由式（6-44）求出

$$\varepsilon = \frac{0.61\lambda}{\text{NA}} = \frac{0.61 \times 550 \times 10^{-6}\ \text{mm}}{0.9} = 3.7 \times 10^{-4}\ \text{mm}$$

（2）当 $\lambda = 400$ nm 时

$$\varepsilon' = \frac{0.61 \times 400 \times 10^{-6}\ \text{mm}}{1.5} = 1.6 \times 10^{-4}\ \text{mm}$$

分辨本领提高的倍数为

$$\frac{\varepsilon}{\varepsilon'} = \frac{3.7 \times 10^{-4}}{1.6 \times 10^{-4}} = 2.3$$

（3）为充分利用显微镜物镜的分辨本领，显微镜目镜应把最小分辨距离 ε' 放大到眼睛在明视距离处能够分辨。人眼在明视距离处的最小分辨距离为

$$\varepsilon_e = 250\alpha_e = 250 \times 2.68 \times 10^{-4}\ \text{mm} = 6.7 \times 10^{-2}\ \text{mm}$$

所以，这台显微镜的放大率至少应为

$$M = \frac{\varepsilon_e}{\varepsilon'} = \frac{6.7 \times 10^{-2}\ \text{mm}}{1.6 \times 10^{-4}\ \text{mm}} \approx 420$$

例 6-2　一平行光束垂直投射到一光屏上，屏上开有两个直径均为 d、中心间距为 D 的圆孔，且满足 $D > d$，分析其夫琅禾费衍射图样。

解：图 6-71(a) 给出了该实验装置的示意图。

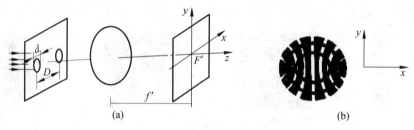

图 6-71　夫琅禾费衍射实验装置
(a) 原理图；(b) 衍射图样

根据多缝衍射的分析可知，该双圆孔的夫琅禾费衍射图样由单圆孔衍射和双光束干涉决定，即可视为是由单圆孔衍射调制的双光束干涉条纹。

由几何光学，凡平行于光轴的任何光线，经透镜后，都将会聚于主焦点。因此，圆孔衍射图样与圆孔的位置是否偏离透镜光轴无关。所以，单圆孔衍射图样是中心在 F' 的同心圆环。又由于通过两个圆孔的光波所产生的干涉可视为杨氏干涉，所以观察屏上所看到的衍射图样如图 6-71(b) 所示。

例 6-3　用一个每毫米 500 条缝的衍射光栅观察钠光谱线（$\lambda = 0.589\ \mu$m），问平行光垂直入射和 30° 斜入射时，分别最多能观察到几级谱线？

解：当平行光垂直入射时，光栅方程为

$$d\sin\theta = m\lambda$$

对应于 $\sin\theta = 1$ 的 m 为最大谱线极。根据已知条件，光栅常数 $d = 1/500\text{ mm}$，所以有

$$m = \frac{d}{\lambda} = 3.4$$

因为 m 是衍射级次，对于小数无实际意义，故取 $m = 3$，即只能观察到第 3 级谱线。

当平行光斜入射时，光栅方程为

$$d(\sin\varphi + \sin\theta) = m\lambda$$

取 $\sin\theta = 1$，代入已知条件得

$$m = \frac{d(\sin\varphi + 1)}{\lambda} = 5.09$$

即最多能观察到第 5 级谱线。

斜入射时，尽管可以得到高级次的光谱，从而得到大的色散率和分辨率，但需要注意缺级和因光谱线落在中央衍射最大包线之外，导致光能很小的问题。

例 6-4 一块闪耀光栅宽 260 mm，每毫米有 300 个刻槽，闪耀角为 $77°12'$。

（1）求光束垂直槽面入射时，对于波长 $\lambda = 500$ nm 的光的分辨本领；

（2）光栅的自由光谱范围有多大？

（3）同空气间隔为 1 cm，精细度为 25 的法布里-珀罗标准具的分辨本领和自由光谱范围作一比较。

解：（1）光栅常数 $d = 1/300$ mm

光栅缝数为

$$N = \frac{W}{d} = \frac{260\text{ mm}}{(1/300)\text{ mm}} = 7.8 \times 10^4$$

应用式(6-71)，光栅对 500 nm 光的闪耀级数为

$$m = \frac{2d\sin\gamma}{\lambda} = \frac{(2 \times \sin 77°12')\text{ mm}}{300 \times 500 \times 10^{-6}\text{ mm}} = 13$$

因此，应用式(6-69)得到光栅的分辨本领为

$$A = \frac{\lambda}{\delta\lambda} = mN = 13 \times 7.8 \times 10^4 \approx 10^6$$

（2）光栅的自由光谱范围，应用式(6-70)

$$\Delta\lambda = \frac{\lambda}{m} = \frac{500\text{ nm}}{13} = 38.5\text{ nm}$$

（3）法布里-珀罗标准具的分辨本领和自由光谱范围分别为

$$A = \frac{\lambda}{\delta\lambda} = 0.97mN = 0.97\frac{2h}{\lambda}N = \frac{0.97 \times 2 \times 10\text{ mm} \times 25}{500 \times 10^{-6}\text{ mm}} \approx 10^6$$

$$\Delta\lambda = \frac{\lambda^2}{2h} = \frac{(500\text{ nm})^2}{2 \times 10^7\text{ nm}} = 0.0125\text{ nm}$$

可见，该光栅和标准具的分辨本领相当，但光栅比标准具的自由光谱范围宽得多。

例 6-5 波长为 $\lambda = 0.55\ \mu\text{m}$ 的单色平行光正入射到一直径 $d = 1.1$ mm 的圆孔上，试求在过圆孔中心的轴线上、与孔相距 33 cm 处 P 点的光强与光波自由传播时的光强之比。

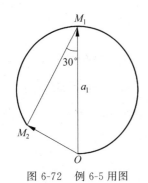

图 6-72 例 6-5 用图

解： 圆孔对 P 点露出的半波带数为

$$N = \frac{\rho^2}{\lambda r_0} = 1\frac{2}{3}$$

即圆孔对 P 点露出第一个半波带和第二个半波带的 2/3。利用振幅矢量法，P 点的振幅矢量为 $\overrightarrow{OM_2}$，由图 6-72 可知

$$|\overrightarrow{OM_2}| = |\overrightarrow{OM_1}| \sin 30° = \frac{a_1}{2}$$

即 P 点的振幅是第一个半波带所产生的振幅的一半，其光强与光波自由传播时的该点光强相等。

习 题

6-1 求矩形夫琅禾费衍射图样中，沿图样对角线方向第一个次极大和第二个次极大相对于图样中心的强度。

6-2 由氩离子激光器发出波长 $\lambda = 488$ nm 的蓝色平面光，垂直照射在一不透明屏的水平矩形孔上，此矩形孔尺寸为 $0.75\text{ mm} \times 0.25\text{ mm}$。在位于矩形孔附近正透镜（$f = 2.5$ m）焦平面处的屏上观察衍射图样，试求中央亮斑的尺寸。

6-3 一天文望远镜的物镜直径 $D = 100$ mm，人眼瞳孔的直径 $d = 2$ mm，求对于发射波长为 $\lambda = 0.5$ μm 光的物体的角分辨极限。为充分利用物镜的分辨本领，该望远镜的放大率应选多大？

6-4 一个使用汞绿光（$\lambda = 546$ nm）的微缩制版照相物镜的相对孔径（D/f）为 $1 : 4$，问用分辨率为每毫米 380 条线的底片来记录物镜的像是否合适？

6-5 若要使照相机感光胶片能分辨 2 μm 的线距，问
(1) 感光胶片的分辨本领至少是每毫米多少线？
(2) 照相机镜头的相对孔径 D/f 至少要多大？

6-6 借助于直径为 2 m 的反射式望远镜，将地球上的一束激光（$\lambda = 600$ nm）聚焦在月球上某处。如果月球距地球 4×10^5 km。忽略地球大气层的影响，试计算激光在月球上的光斑直径。

6-7 直径为 2 mm 的激光束（$\lambda = 632.8$ nm）射向 1 km 远的接收器时，它的光斑直径有多大？如果离激光器 150 km 远有一长 100 m 的火箭，激光束能否把它全长照亮？

6-8 一透镜的直径 $D = 2$ cm，焦距 $f = 50$ cm，受波长 $\lambda = 500$ nm 的平行光照射，试计算在该透镜焦平面上衍射图像的艾里斑大小。

6-9 波长为 550 nm 的平行光垂直照射在宽度为 0.025 mm 的单缝上，以焦距为 60 cm 的会聚透镜将衍射光聚焦于焦平面上进行观察。求单缝衍射中央亮纹的半宽度。

6-10 用波长 $\lambda = 630$ nm 的激光粗测一单缝缝宽。若观察屏上衍射条纹左右两个五级极小的距离是 6.3 cm，屏和缝的距离是 5 m，求缝宽。

6-11 波长 $\lambda = 500$ nm 的平行光垂直照射在宽度为 0.025 mm 的单缝上，以焦距为 50 cm 的会聚透镜将衍射光聚焦于焦面上进行观察，求：(1)衍射图样中央亮纹的半宽度；

(2)第一亮纹和第二亮纹到中央亮纹的距离;(3)第一亮纹和第二亮纹相对于中央亮纹的强度。

6-12 在不透明细丝的夫琅禾费衍射图样中,测得暗条纹的间距为 1.5 mm,所用透镜的焦距为 300 mm,光波波长为 632.8 nm,问细丝直径为多少?

6-13 在双缝的夫琅禾费衍射实验中所用的光波的波长 $\lambda = 500$ nm,透镜焦距 $f = 100$ cm,观察到两相邻亮条纹之间的距离 $e = 2.5$ mm,并且第四级亮纹缺级,试求双缝的缝距和缝宽。

6-14 考察缝宽 $a = 8.8 \times 10^{-3}$ cm,双缝间隔 $d = 7.0 \times 10^{-2}$ cm,波长为 0.6328 μm 时的双缝衍射,在中央极大值两侧的衍射极小值间,将出现多少个干涉极小值? 若屏离开双缝 457.2 cm,计算条纹宽度。

6-15 计算缝距是缝宽 3 倍的双缝的夫琅禾费衍射第 1,2,3,4 级亮纹的相对强度。

6-16 波长为 500 nm 的平行光垂直入射到一块衍射光栅上,有两个相邻的主极大分别出现在 $\sin\theta = 0.2$ 和 $\sin\theta = 0.3$ 的方向上,且第四级缺级,试求光栅的栅距和缝宽。

6-17 用波长为 624 nm 的单色光照射一光栅,已知该光栅的缝宽 $a = 0.012$ mm,不透明部分宽度 $b = 0.029$ mm,缝数 $N = 1000$ 条,试求:(1)中央极大值两侧的衍射极小值间,将出现多少个干涉主极大;(2)谱线的半角宽度。

6-18 一块光栅的宽度为 10 cm,每毫米内有 500 条缝,光栅后面放置的透镜焦距为 500 mm,问:(1)它产生的波长 $\lambda = 632.8$ nm 的单色光一级和二级谱线的半宽度是多少? (2)若入射光是波长为 632.8 nm 和波长与之相差 0.5 nm 的两种单色光,它们的一级和二级谱线之间的距离是多少?

6-19 钠黄光垂直照射一光栅,它的第一级光谱恰好分辨开钠双线($\lambda_1 = 589$ nm,$\lambda_2 = 589.6$ nm),并测得 589 nm 的第一级光谱线所对应的衍射角为 2°,第四级缺级,试求光栅的总缝数、光栅常数和缝宽。

6-20 为在一块每毫米 1200 条刻线的光栅的一级光谱中分辨波长为 632.8 nm 的一束 He-Ne 激光的模结构(两个模之间的频率差为 450 MHz),光栅需有多长?

6-21 对于 $d = 1/500$ mm 的光栅,求可见光(0.4~0.76 μm)一级光谱散开的角度,一级红光(0.76 μm)的角色散率,以及对于 $f = 1.5$ m 物镜的线色散率。

6-22 波长范围为 390~780 nm 的可见光垂直照射栅距 $d = 0.002$ mm 的光栅,为了在透镜焦面上得到可见光一级光谱的长度为 50 mm,透镜的焦距应为多少?

6-23 设计一块光栅,要求(1)使波长 $\lambda = 600$ nm 的第二级谱线的衍射角 $\theta \leqslant 30°$;(2)色散尽可能大;(3)第三级谱线缺级;(4)在波长 $\lambda = 600$ nm 的第二级谱线能分辨 0.02 nm 的波长差。在选定光栅参数后,问在透镜的焦平面上只可能看到波长 600 nm 的几条谱线?

6-24 已知一光栅的光栅常数 $d = 2.5$ μm,缝数为 $N = 20\,000$ 条,求此光栅的一、二、三级光谱的分辨本领,并求波长 $\lambda = 0.69$ μm 红光的二级光谱位置,以及光谱对此波长的最大干涉级次。

6-25 一块每毫米 50 条线的光栅,如要求它产生的红光($\lambda = 700$ nm)的一级谱线和零级谱线之间的角距离为 5°,红光需用多大的角度入射光栅?

6-26 一块每毫米 1200 个刻槽的反射闪耀光栅,以平行光垂直于槽面入射,一级闪耀波长为 480 nm。若不考虑缺级，有可能看见 480 nm 的几级光谱？

6-27 一闪耀光栅刻线数为 100 条/mm，用 $\lambda = 600$ nm 的单色平行光垂直入射到光栅平面，若第二级光谱闪耀，闪耀角应为多大？

6-28 在进行菲涅耳衍射实验中，圆孔半径 $\rho = 1.3$ mm，光源离圆孔 0.3 m，$\lambda = 632.8$ nm，当接收屏由很远的地方向圆孔靠近时，求前两次出现光强最大和最小的位置。

6-29 波长 $\lambda = 563.3$ nm 的平行光射向直径 $D = 2.6$ mm 的圆孔，与孔相距 $r_0 = 1$ m 处放一屏幕。问轴线与屏的交点是亮点还是暗点？至少把屏幕向前或向后移动多少距离时，该点的光强发生相反的变化？

6-30 一波带片离点光源 2 m，点光源发光的波长为 546 nm，波带片成点光源的像位于 2.5 m 远的地方，问波带片第一个波带和第二个波带的半径各是多少？

6-31 一个波带片的第八个带的直径为 5 mm，试求此波带片的焦距以及相邻次焦点到波带片的距离。设照明光波波长为 500 nm。

6-32 波长 632.8 nm 的单色平行光垂直入射到一圆孔屏上，在孔后中心轴上距圆孔 $r_0 = 1$ m 处的 P 点出现一个亮点，假定这时小圆孔对 P 点恰好露出第一个半波带，试求小圆孔的半径。当 P 点沿中心轴从远处向小圆孔移动时，求第一个暗点至圆孔的距离。

6-33 单色点光源（$\lambda = 500$ nm）安放在离光阑 1 m 远的地方，光阑上有一个内、外半径分别为 0.5 mm 和 1 mm 的通光圆环，接收点离光阑 1 m 远，问在接收点的光强和没有光阑时的光强之比是多少？

6-34 波长为 0.45 μm 的单色平面波入射到不透明的屏 A 上，屏上有半径 $\rho = 0.6$ mm 的小孔和一与小孔同心的环形缝，其内、外半径分别为 $0.6\sqrt{2}$ mm 和 $0.6\sqrt{3}$ mm，求距离 A 为 80 cm 的屏 B 上出现的衍射图样中央亮点的强度比无屏 A 时的光强大多少倍？

6-35 有一波带片对波长 $\lambda = 580$ nm 的焦距为 1 m，波带片有 10 个奇数开带，试求波带片的直径是多少？

6-36 一波带片主焦点的强度约为入射光强的 10^3 倍，在 400 nm 的紫光照明下的主焦距为 80 cm。问波带片应有几个开带，以及波带片的半径。

习题解答 6

第7章 光在各向异性介质中的传播

前面各章都是讨论光在各向同性介质中的传播情况。所谓各向同性,是指介质的光学性质与方向无关。本章将讨论光在各向异性介质中的传播情况。所谓各向异性,是指介质的光学性质,比如介电常数 ε,在不同的方向上有不同的值,即 ε_x、ε_y 和 ε_z 两两不相等,或者至少有两个彼此不相等。

介质的各向异性和介质的均匀性、透明性是不同的概念。各向异性介质完全可以是均匀的、透明的。晶体就是这样一种均匀的、透明的,但却是各向异性的介质。光的偏振现象与各向异性的晶体有着密切的联系:一束非偏振光入射到晶体中,一般将分解为两束偏振光。最重要的偏振器件是由晶体制成的。随着激光技术的发展,晶体中的光学现象越来越受到人们的重视。本章将讨论光波在晶体中的传播规律。

7.1 介 电 张 量

7.1.1 各向异性介质的介电张量

光的电磁理论认为光波是一种电磁波,而光的电磁理论是建立在两个完全不同的基础上的。一个是麦克斯韦方程组,即

$$
\left.
\begin{aligned}
\nabla \times \boldsymbol{H} &= \boldsymbol{j} + \frac{\partial \boldsymbol{D}}{\mathrm{d}t} \\
\nabla \times \boldsymbol{E} &= -\frac{\partial \boldsymbol{B}}{\mathrm{d}t} \\
\nabla \cdot \boldsymbol{B} &= 0 \\
\nabla \cdot \boldsymbol{D} &= \rho
\end{aligned}
\right\}
\tag{7-1}
$$

另一个是物质方程组,即

$$
\left.
\begin{aligned}
\boldsymbol{j} &= \sigma \boldsymbol{E} \\
\boldsymbol{D} &= \varepsilon \boldsymbol{E} \\
\boldsymbol{B} &= \mu \boldsymbol{H}
\end{aligned}
\right\}
\tag{7-2}
$$

麦克斯韦方程组是描述电磁场的运动方程,它与物质无关,无论是哪一种物质,甚至无论是否有介质存在,麦克斯韦方程组都是成立的。但是,物质方程组却和介质的性质有紧密的联系。方程组(7-2)中的电导率 σ、介电常数 ε 和磁导率 μ 都反映了介质的性质。对不同的介质,σ、ε 和 μ 是不同的。方程组(7-2)实际上只是在各向同性的介质中才成立。在各向异性

介质中,各个场矢量之间,特别是电位移矢量 D 和电场强度矢量 E 之间,有着更复杂的关系。现在,我们来讨论这种关系。

为了简单起见,我们假定:

(1) 介质是均匀的;

(2) 介质是非导体,或者说它是绝缘体,因此,$\sigma=0$,即电流密度 $j=0$;

(3) 介质是磁各向同性的,即 μ 是各向同性的,因此,$B=\mu H$ 仍然成立,换句话说,B 和 H 仍然有相同的方向;

(4) 介质在电学性质上是各向异性的,即介电常数 ε 是各向异性的。在这样的介质中,一般来说,电位移矢量 D 不再和电场强度矢量 E 的方向一致,即一般不存在各向同性介质中 $D=\varepsilon E$ 这种简单关系。

电位移矢量 D 的方向代表在外加电场 E 的作用下介质的极化方向,或者说,D 实际上反映了光波在介质中的偏振方向。在各向异性介质中,D 和 E 最简单的关系是 D 的各个直角分量和 E 的各个直角分量之间呈线性关系,即

$$
\left.\begin{array}{l}
D_x=\varepsilon_0\left[\varepsilon_{xx}E_x+\varepsilon_{xy}E_y+\varepsilon_{xz}E_z\right] \\
D_y=\varepsilon_0\left[\varepsilon_{yx}E_x+\varepsilon_{yy}E_y+\varepsilon_{yz}E_z\right] \\
D_z=\varepsilon_0\left[\varepsilon_{zx}E_x+\varepsilon_{zy}E_y+\varepsilon_{zz}E_z\right]
\end{array}\right\} \tag{7-3}
$$

其中,ε_0 是真空介电常数,它显然和方向无关,是一个标量;而 ε_{xx}、ε_{xy} 等 9 个量实际上代表了第 4 章中所介绍的相对介电常数 ε_r,它们反映了介质的性质,这 9 个量统称为介电张量。式(7-3)说明电位移矢量 D 是通过介电张量 ε_{ij} 与电场强度矢量 E 联系在一起的。

我们还可以将式(7-3)写成更简短的形式,即

$$
D_i=\varepsilon_0\sum_j\varepsilon_{ij}E_j \tag{7-4}
$$

其中,i 代表 x、y、z 三个数中的一个;j 代表 x、y、z 按顺序求和。

介电张量 ε_{ij} 是由 9 个量组成,它的每一个分量有两个下标 i 和 j,这种具有两个下标的张量称为二阶张量。二阶张量 ε_{ij} 可以看成是将两个矢量 D 和 E 联系起来的物理量,在一般情况下,这两个矢量具有不同的方向,如图 7-1 所示。根据这种命名方式,我们可以将一个矢量看作是一个一阶张量,因为一个矢量 E 是由三个分量 E_x、E_y、E_z 组成的,而它的每一个分量 E_i 只包含一个下标 i。类似地,一个标量,例如温度 T,只有一个分量,不含下标,因此,标量可以看成是零阶张量。

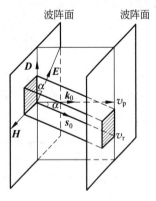

图 7-1 各向异性介质中单色平面波的各矢量关系

具有 27 个分量,每个分量有 3 个下标的张量称为三阶张量,三阶张量是将一个矢量和另外两个矢量联系起来的物理量,或者将三阶张量看作是联系二阶张量和一个矢量的物理量。

下面我们将着重讨论二阶介电张量 ε_{ij}。介电张量 ε_{ij} 是在同一坐标系中连接介质内某一点的电场强度 E 和 E 在该点感应产生的电位移矢量 D 之间关系的物理量。联系 D 和 E 之间关系的方程式(7-4)也可用矩阵形式表示为

$$\begin{bmatrix} D_x \\ D_y \\ D_z \end{bmatrix} = \varepsilon_0 \begin{bmatrix} \varepsilon_{xx} & \varepsilon_{xy} & \varepsilon_{xz} \\ \varepsilon_{yx} & \varepsilon_{yy} & \varepsilon_{yz} \\ \varepsilon_{zx} & \varepsilon_{zy} & \varepsilon_{zz} \end{bmatrix} \begin{bmatrix} E_x \\ E_y \\ E_z \end{bmatrix} \tag{7-5}$$

因此,介电张量中任一元素或分量,比如 ε_{xy},其物理意义可以理解成:表示 y 方向单位电场强度矢量(即 $E_y = 1, E_x = E_z = 0$)在某一点感应所产生的电位移矢量 D 在 x 方向上的分量 D_x 除以 ε_0,即 $\varepsilon_{xy} = D_x / \varepsilon_0$。由于 ε_0 是真空介电常数,它与物质无关,因此,ε_{xy} 实际上反映了电场强度 E 感应所产生的电位移矢量 D 在 x 方向上分量的大小。

7.1.2 介电张量的对称性

电磁场能量守恒定律(或称能量定律)的微分表达式为

$$\frac{\partial w}{\partial t} + \nabla \cdot S = 0 \tag{7-6}$$

其中,$S = E \times H$ 为坡印廷矢量,它代表单位时间内通过垂直于 $E \times H$ 面法线的方向上单位面积的能量。在各向异性介质中,坡印廷矢量 S 代表的是光波能量流动的方向,即光线的传播方向。而式(7-6)中 w 为电磁场总的电磁能密度,可表示为

$$w = w_e + w_m \tag{7-7}$$

其中,w_e、w_m 分别为电能密度和磁能密度,它们的定义为

$$\left. \begin{aligned} w_e &= \frac{1}{2} E \cdot D \\ w_m &= \frac{1}{2} H \cdot B \end{aligned} \right\} \tag{7-8}$$

假设晶体介质是均匀的非导体,且磁各向同性,它们只是电各向异性的。于是,由式(7-4)及 $B = \mu H$,有

$$\left. \begin{aligned} w_e &= \frac{1}{2} \varepsilon_0 \sum_{i,j} E_i \varepsilon_{ij} E_j \\ w_m &= \frac{1}{2} \mu H^2 \end{aligned} \right\} \tag{7-9}$$

又由 $E \cdot \dfrac{\partial D}{\partial t} + H \cdot \dfrac{\partial B}{\partial t} + \nabla \cdot (E \times H) = 0$ 可得

$$\varepsilon_0 \sum_{i,j} E_i \varepsilon_{ij} \frac{\partial E_j}{\partial t} + \frac{1}{2} \frac{\partial (\mu H^2)}{\partial t} + \nabla \cdot S = 0 \tag{7-10}$$

将式(7-9)和式(7-10)进行比较可以看出,式(7-10)第二项代表磁能密度 w_m 对时间的变化率 $\dfrac{\partial w_m}{\partial t}$;但是,它的第一项却并不一定代表电能密度 w_e 的时间变化率,因为,由式(7-9)可知电能密度的时间变化率为

$$\frac{\partial w_e}{\partial t} = \frac{1}{2} \varepsilon_0 \sum_{i,j} \varepsilon_{ij} \left(E_i \frac{\partial E_j}{\partial t} + \frac{\partial E_i}{\partial t} E_j \right) \tag{7-11}$$

如果我们想使式(7-10)第一项代表电能密度的时间变化率,则必须满足

$$\varepsilon_0 \sum_{i,j} E_i \varepsilon_{ij} \frac{\partial E_j}{\partial t} = \frac{1}{2}\varepsilon_0 \sum_{i,j} \varepsilon_{ij}\left(E_i\frac{\partial E_j}{\partial t} + \frac{\partial E_i}{\partial t}E_j\right) \tag{7-12}$$

即

$$\sum_{i,j}\varepsilon_{ij}\left(E_i\frac{\partial E_j}{\partial t} - \frac{\partial E_i}{\partial t}E_j\right) = 0 \tag{7-13}$$

其中，i、j 每一个都代表 x、y、z 按顺序求和。由于 i、j 是代表 x、y、z 的一种符号，因此，我们将式(7-13)第一项的 i 和 j 进行交换，表达式(7-13)不会改变，于是有

$$\sum_{i,j}\varepsilon_{ji}\left(E_i\frac{\partial E_j}{\partial t} - \frac{\partial E_i}{\partial t}E_j\right) = 0 \tag{7-14}$$

比较式(7-13)和式(7-14)，得

$$\sum_{i,j}(\varepsilon_{ij} - \varepsilon_{ji})E_i\frac{\partial E_j}{\partial t} = 0 \tag{7-15}$$

对于无论什么样的电场，式(7-15)都必须成立才能保证式(7-10)的第一项代表电能密度的时间变化率，因此，唯一的可能是

$$\varepsilon_{ij} = \varepsilon_{ji} \tag{7-16}$$

此式说明，能量守恒定律要求介电张量是一对称张量，因此，在 9 个介电张量分量中，只有 6 个是独立的，它们是 ε_{xx}、ε_{yy}、ε_{zz}、$\varepsilon_{xy} = \varepsilon_{yx}$、$\varepsilon_{yz} = \varepsilon_{zy}$、$\varepsilon_{zx} = \varepsilon_{xz}$。

介电张量的对称性使我们能够进一步简化电位移矢量 $\boldsymbol{D}$ 和电场强度 $\boldsymbol{E}$ 的关系式(7-4)。为此，考虑如下式所示的 xyz 空间中的一个二次曲面(见 7.4.2 节)：

$$\varepsilon_{xx}x^2 + \varepsilon_{yy}y^2 + \varepsilon_{zz}z^2 + 2\varepsilon_{xy}xy + 2\varepsilon_{yz}yz + 2\varepsilon_{zx}zx = \text{CONST} \tag{7-17}$$

因 $\varepsilon_{ij} = \varepsilon_{ji}$，如果将 x、y、z 看成电场强度 $\boldsymbol{E}$ 的三个直角分量 E_x、E_y、E_z，则会发现：当常数值为 $2w_e/\varepsilon_0$ 时，式(7-17)的左边实际上就是电能密度的表达式。由于电能密度总是正的，而真空介电常数 ε_0 也总是正的，因此，式(7-17)是一个正的二次型方程，它代表一个椭球。从解析几何中知道，我们总是可以经过适当的坐标变换，例如坐标旋转等，将新的坐标轴变换到椭球的主轴位置。坐标轴选择得和椭球的主轴方向一致的坐标系称为主坐标系，主坐标系中的每一个轴称为主介电轴。在主坐标系中，椭球方程(7-17)只包含平方项而不包含交叉乘积项，即

$$\varepsilon_{xx}x^2 + \varepsilon_{yy}y^2 + \varepsilon_{zz}z^2 = \text{CONST} \tag{7-18}$$

为方便，一般将 ε_{xx}、ε_{yy}、ε_{zz} 分别记为 ε_x、ε_y、ε_z。此时，物质方程及电能密度表达式都取更简单的形式，$\boldsymbol{D}$、$\boldsymbol{E}$ 之间的关系为

$$D_x = \varepsilon_0\varepsilon_x E_x, \quad D_y = \varepsilon_0\varepsilon_y E_y, \quad D_z = \varepsilon_0\varepsilon_z E_z \tag{7-19}$$

或写为矩阵

$$\begin{bmatrix} D_x \\ D_y \\ D_z \end{bmatrix} = \varepsilon_0 \begin{bmatrix} \varepsilon_x & 0 & 0 \\ 0 & \varepsilon_y & 0 \\ 0 & 0 & \varepsilon_z \end{bmatrix} \begin{bmatrix} E_x \\ E_y \\ E_z \end{bmatrix} \tag{7-20}$$

而电能密度表达式可以简化为

$$w_e = \frac{1}{2}\varepsilon_0(\varepsilon_x E_x^2 + \varepsilon_y E_y^2 + \varepsilon_z E_z^2) \tag{7-21}$$

其中，ε_x、ε_y、ε_z 称为主介电常数。

从上面的分析可以看出,当选取主轴坐标系时,介电张量进一步简化,由对称张量变为对角张量,除对角线上的分量 ε_x、ε_y、ε_z 不为零外,其余非对角线上的分量均为零。在各向异性介质中,ε_x、ε_y、ε_z 彼此不相等或至少有两个不相等,因此,$\boldsymbol{D}$ 和 $\boldsymbol{E}$ 的分量一般不成比例,或者说,$\boldsymbol{D}$ 和 $\boldsymbol{E}$ 具有不同的方向。由式(7-19)可看出,在一些特殊情况下,当外加电场强度 $\boldsymbol{E}$ 的方向与晶体的某一个主介电轴方向(x,y,z)一致时,$\boldsymbol{D}$ 和 $\boldsymbol{E}$ 的方向将是相同的;或者,当所有的主介电常数都相等时,即 $\varepsilon_x = \varepsilon_y = \varepsilon_z$ 时,$\boldsymbol{D}$ 和 $\boldsymbol{E}$ 有相同的方向,此时椭球将退化成圆球,这实际上就是各向同性介质的情况。

在各向异性介质中,既然介电常数在不同的方向上有不同的值,那么,介质的折射率也就与方向有关。与式(7-20)中表示的主介电常数相对应,根据麦克斯韦方程我们可以定义三个主折射率为

$$n_x^2 = \varepsilon_x, \quad n_y^2 = \varepsilon_y, \quad n_z^2 = \varepsilon_z \tag{7-22}$$

此定义对于后面的讨论十分重要。

7.2 单色平面波在晶体中的传播

7.2.1 相速度和光线速度

1. 晶体中光波的结构

在第 4 章中我们曾指出,一个以角频率 ω 随时间作简谐变化的单色平面波可以用复数表示为

$$\begin{bmatrix} \boldsymbol{E} \\ \boldsymbol{D} \\ \boldsymbol{H} \end{bmatrix} = \begin{bmatrix} \boldsymbol{E}_0 \\ \boldsymbol{D}_0 \\ \boldsymbol{H}_0 \end{bmatrix} \exp\left[-i\omega\left(t - \frac{n}{c}\boldsymbol{k}_0 \cdot \boldsymbol{r} \right) \right] \tag{7-23}$$

其中,$\boldsymbol{E}_0$、$\boldsymbol{D}_0$、$\boldsymbol{H}_0$ 分别为 $\boldsymbol{E}$、$\boldsymbol{D}$、$\boldsymbol{H}$ 的振幅;$n = \sqrt{\varepsilon_r}$;$c = 1/\sqrt{\varepsilon_0 \mu_0}$;$\omega\left(t - \frac{n}{c}\boldsymbol{k}_0 \cdot \boldsymbol{r} \right)$ 为波的相位,此时,假设初相位 $\delta = 0$,$\boldsymbol{r}$ 为所考查点的位置矢量,$\boldsymbol{k}_0$ 为波法线方向的单位矢量。在各向异性介质中,笼统地谈光波的传播方向很容易引起混淆,因此,需要特别强调指出的是,这里所说的"波法线方向"是指等相面的法线方向,它与等相面或波阵面相垂直。对于这样一种光波,可以以 $-i\omega$ 代替 $\frac{\partial}{\partial t}$,以 $(i\omega n/c)\boldsymbol{k}_0$ 代替算符 ∇,对麦克斯韦方程进行运算,得

$$\left. \begin{aligned} \boldsymbol{H} \times \boldsymbol{k}_0 &= \frac{c}{n}\boldsymbol{D} \\ \boldsymbol{E} \times \boldsymbol{k}_0 &= -\mu_0 \frac{c}{n}\boldsymbol{H} \\ \boldsymbol{k}_0 \cdot \boldsymbol{D} &= 0 \\ \boldsymbol{k}_0 \cdot \boldsymbol{H} &= 0 \end{aligned} \right\} \tag{7-24}$$

上式说明:①$\boldsymbol{D}$ 垂直于 $\boldsymbol{H}$ 和 $\boldsymbol{k}_0$;②$\boldsymbol{H}$ 垂直于 $\boldsymbol{E}$ 和 $\boldsymbol{k}_0$。即波法线方向矢量 $\boldsymbol{k}_0$ 与 $\boldsymbol{D}$、$\boldsymbol{H}$ 垂直,$\boldsymbol{H}$ 垂直于 $\boldsymbol{E}$、$\boldsymbol{D}$、$\boldsymbol{k}_0$,并且一般情况下 $\boldsymbol{E}$、$\boldsymbol{D}$ 不在同一方向上。

由于坡印廷矢量

$$S = E \times H \tag{7-25}$$

代表能量的传播方向,显然 H 垂直于 E、s_0(能流方向上的单位矢量),这表示 E、H 和代表光线方向的 s_0 构成右手螺旋正交关系。

既然 D、E、k_0 和 s_0 都垂直于 H,那么 D、E、k_0 和 s_0 必定在一个平面内,如图 7-1 所示。由图可以看出,如果 D 和 E 之间的夹角为 α,那么 k_0 和 s_0 之间的夹角也应为 α。因此,在各向异性介质中各场矢量的关系是:一方面是 D、H 和 k_0,另一方面是 E、H 和 s_0,它们各自形成一套正交三重矢,这两组三重矢中的 $D \times k_0$ 面和 $E \times s_0$ 面绕矢量 H 彼此相对旋转了一个角度 α。这说明,在晶体中,一般来说,光线方向 s_0 和波法线方向 k_0 不同,或者说,光波能量传播方向和等相面的传播方向不相同。这是光在各向异性介质中传播的一个重要结论。

2. 能量密度

根据电磁能量密度定义及式(7-24),有

$$w_e = \frac{1}{2} E \cdot D = \frac{n}{2c} E \cdot (H \times k_0) = \frac{n}{2c}(E \times H) \cdot k_0 \tag{7-26}$$

$$w_m = \frac{1}{2} B \cdot H = -\frac{n}{2c} H \cdot (E \times k_0) = \frac{n}{2c}(E \times H) \cdot k_0 \tag{7-27}$$

因此,总电磁能量密度为

$$w = w_e + w_m = \frac{n}{c}(|S|s_0 \cdot k_0) \tag{7-28}$$

对于各向同性介质,因 s_0 与 k_0 同方向,所以有

$$w = \frac{n}{c}|S| \tag{7-29}$$

3. 相速度和光线速度

相速度 $\boldsymbol{v}_p$ 是光波等相位面的传播速度,其表示式为

$$\boldsymbol{v}_p = v_p \boldsymbol{k}_0 = \frac{c}{n} \boldsymbol{k}_0 \tag{7-30}$$

光线速度 $\boldsymbol{v}_r$ 是单色光波能量的传播速度,其方向为能流密度(坡印廷矢量)的方向 s_0,大小等于单位时间内流过垂直于能流方向上的一个单位面积的能量除以能量密度,即

$$\boldsymbol{v}_r = v_r s_0 = \frac{|S|}{w} s_0 \tag{7-31}$$

也等于光在真空中的传播速度与光线折射率之比,即 $v_r = c/n_r$。

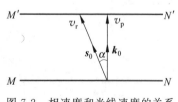

图 7-2　相速度和光线速度的关系
（MN 代表波阵面）

由式(7-29)～式(7-31),得

$$v_p = v_r s_0 \cdot k_0 = v_r \cos\alpha \tag{7-32}$$

此式说明,单色平面光波的相速度是其光线速度在波阵面法线方向上的投影,如图 7-2 所示。

可见,在一般情况下,光在晶体中的相速度和光线速度分离,其大小和方向均不相同。

7.2.2 菲涅耳方程

为了得到 $\boldsymbol{D}$ 和 $\boldsymbol{E}$ 的关系,利用式(7-24)中的前两个方程,并利用 $c=1/\sqrt{\varepsilon_0\mu_0}$,得

$$\boldsymbol{D} = -\frac{n^2}{\mu_0 c^2}\boldsymbol{k}_0 \times (\boldsymbol{k}_0 \times \boldsymbol{E}) = -\varepsilon_0 n^2 \boldsymbol{k}_0 \times (\boldsymbol{k}_0 \times \boldsymbol{E}) \tag{7-33}$$

利用矢量恒等式 $\boldsymbol{a}\times(\boldsymbol{b}\times\boldsymbol{c})=\boldsymbol{b}(\boldsymbol{a}\cdot\boldsymbol{c})-\boldsymbol{c}(\boldsymbol{a}\cdot\boldsymbol{b})$,可得到

$$\boldsymbol{D} = \varepsilon_0 n^2 \left[\boldsymbol{E} - (\boldsymbol{k}_0\cdot\boldsymbol{E})\boldsymbol{k}_0\right] \tag{7-34}$$

1. 波法线菲涅耳方程

上面所推导的公式仅仅是从麦克斯韦方程出发所得到的结果,并没有使用物质方程。因此,它们和介质的性质无关。现在,我们结合物质方程来分析光在晶体中的传播。

如果选取主轴坐标系,则物质方程式(7-2)将简化成

$$D_i = \varepsilon_0\varepsilon_i E_i, \quad i=x,y,z \tag{7-35}$$

利用式(7-35)可将式(7-34)按照在晶体三个主轴上分量的形式写出,得

$$D_i = n^2\left[\varepsilon_0 E_i - \varepsilon_0(\boldsymbol{k}_0\cdot\boldsymbol{E})k_{0i}\right] = n^2\left[\frac{D_i}{\varepsilon_i} - \varepsilon_0(\boldsymbol{k}_0\cdot\boldsymbol{E})k_{0i}\right] \tag{7-36}$$

将式(7-36)进一步变形,得

$$\left.\begin{aligned}
D_x &= \frac{\varepsilon_0(\boldsymbol{k}_0\cdot\boldsymbol{E})k_{0x}}{\dfrac{1}{\varepsilon_x}-\dfrac{1}{n^2}}\\[4mm]
D_y &= \frac{\varepsilon_0(\boldsymbol{k}_0\cdot\boldsymbol{E})k_{0y}}{\dfrac{1}{\varepsilon_y}-\dfrac{1}{n^2}}\\[4mm]
D_z &= \frac{\varepsilon_0(\boldsymbol{k}_0\cdot\boldsymbol{E})k_{0z}}{\dfrac{1}{\varepsilon_z}-\dfrac{1}{n^2}}
\end{aligned}\right\} \tag{7-37}$$

由式(7-24)可知,由于 $\boldsymbol{D}$ 垂直于波法线方向 $\boldsymbol{k}_0$,即 $\boldsymbol{D}\cdot\boldsymbol{k}_0\equiv0$,所以有

$$D_x k_{0x} + D_y k_{0y} + D_z k_{0z} = 0 \tag{7-38}$$

把式(7-37)中的 D_x、D_y 和 D_z 表达式代入上式并相加也必定恒等于零,因此

$$\varepsilon_0(\boldsymbol{k}_0\cdot\boldsymbol{E})\left[\frac{k_{0x}^2}{\dfrac{1}{\varepsilon_x}-\dfrac{1}{n^2}} + \frac{k_{0y}^2}{\dfrac{1}{\varepsilon_y}-\dfrac{1}{n^2}} + \frac{k_{0z}^2}{\dfrac{1}{\varepsilon_z}-\dfrac{1}{n^2}}\right] = 0 \tag{7-39}$$

但是,在各向异性介质中,波法线方向 $\boldsymbol{k}_0$ 并不一定和 $\boldsymbol{E}$ 垂直,即 $(\boldsymbol{k}_0\cdot\boldsymbol{E})$ 一般不等于零,而真空介电常数 ε_0 显然不为零,因此,使式(7-39)成立的唯一可能是

$$\frac{k_{0x}^2}{\dfrac{1}{\varepsilon_x}-\dfrac{1}{n^2}} + \frac{k_{0y}^2}{\dfrac{1}{\varepsilon_y}-\dfrac{1}{n^2}} + \frac{k_{0z}^2}{\dfrac{1}{\varepsilon_z}-\dfrac{1}{n^2}} = 0 \tag{7-40}$$

这一方程称为波法线菲涅耳方程。它给出了单色平面波在晶体中传播时波法线方向 $\boldsymbol{k}_0(k_{0x},k_{0y},k_{0z})$、折射率 n 和主介电常数 ε_x、ε_y、ε_z 的联系。将式(7-40)通分后去掉分母,可以看出它是一个关于 n^2 的二次方程。由于一元二次方程有两个实根,因此,对每一个给

285

定的波法线方向 k_0，一般来说有两个不相等的实根 n_1 和 n_2，而其中有意义的只有正根（负根没有意义）。这表明在晶体中对应于光波的一个传播方向 k_0，可以有两种不同的折射率或两种不同的光波相速度。把 $n=n_1$ 和 $n=n_2$ 两个根分别代入式(7-37)，便可以确定对应于 n_1 和 n_2 的两个光波的 D 矢量方向。进一步分析表明，这两个光波都是线偏振光，且它们的 D 矢量互相垂直。

从以上分析可知，在各向异性介质（晶体）中，光波的结构是这样的：对于任何给定的波法线方向 k_0，允许且只允许两个单色平面波在其中传播，这两个单色平面波具有不同的偏振方向（D' 和 D''）和不同的传播速度，它们与该方向 k_0 的两个不同的折射率 n'、n'' 相对应，而且，这两个偏振方向 D' 和 D'' 是相互垂直的，即 $D' \cdot D'' = 0$。这样，我们便从理论上证明了双折射的存在。

2. 光线菲涅耳方程

上面的波法线菲涅耳方程，是将折射率 n（或相速度 v_p）与波法线 k_0 联系起来的关系式。类似地，对光线来讲，也有相应的光线菲涅耳方程，光线菲涅耳方程是将光线折射率 n_r（或光线速度 v_r）与光线方向 s_0 联系起来的关系式。

在各向异性介质中，对于基本方程式有如下对偶性规则：若我们将变量列成如下两行，即

$$
\left.
\begin{array}{cccccccccccc}
E & D & k_0 & s_0 & c & \varepsilon_0 & \mu & v_p & n & \varepsilon_x & \varepsilon_y & \varepsilon_z \\
D & E & -s_0 & -k_0 & 1/c & 1/\varepsilon_0 & 1/\mu & v_r & 1/n_r & 1/\varepsilon_x & 1/\varepsilon_y & 1/\varepsilon_z
\end{array}
\right\} \tag{7-41}
$$

如果在其中一行的这些量中有某一关系式成立，那么，将这一关系式中的每一个量用另一行中相应的量去代替，所获得的新关系式也成立。

将对偶性规则应用于波法线菲涅耳方程(7-40)，可得光线的菲涅耳方程

$$
\frac{s_{0x}^2}{\varepsilon_x - n_r^2} + \frac{s_{0y}^2}{\varepsilon_y - n_r^2} + \frac{s_{0z}^2}{\varepsilon_z - n_r^2} = 0 \tag{7-42}
$$

其中，n_r 是光线折射率。从式(7-42)可看出，光线菲涅耳方程是光在晶体中传播时，光线方向 s_0、光线折射率 n_r 和主介电常数 ε_x、ε_y、ε_z 之间必须满足的关系式。与式(7-40)类似，式(7-42)是关于光线折射率平方 n_r^2 的二次方程。因此，对每一个给定的光线方向 $s_0(s_{0x}, s_{0y}, s_{0z})$，一般来说有两个光线折射率 n_r' 和 n_r'' 与之对应。同时我们还可证明，对于给定的光线方向 s_0，晶体中允许的两个电场强度 E' 和 E'' 是相互垂直的，即 $E' \cdot E'' = 0$。

7.3　单轴晶体和双轴晶体的光学性质

7.3.1　晶体的光学分类

晶体既可按照结晶学中的几何结构来分类，也可按照其光学性质来分类。

按几何结构，晶体可分为七大类：立方晶系、六方晶系、四方晶系、三方晶系、正交晶系、单斜晶系和三斜晶系。按光学性质，晶体可分为三大类：光学各向同性晶体、单轴晶体和双轴晶体。由于它们的对称性不同，所以在主轴坐标系中介电张量的独立分量数目不同。各

晶体的介电张量矩阵形式如表 7-1 所示。

表 7-1 各晶系的介电张量矩阵

晶系	在主轴坐标系中	在非主轴坐标系中	光学分类
立方	$\begin{bmatrix} \varepsilon_1 & 0 & 0 \\ 0 & \varepsilon_1 & 0 \\ 0 & 0 & \varepsilon_1 \end{bmatrix}$	$\begin{bmatrix} \varepsilon_{11} & 0 & 0 \\ 0 & \varepsilon_{11} & 0 \\ 0 & 0 & \varepsilon_{11} \end{bmatrix}$	各向同性（无数光轴）
三方 四方 六方	$\begin{bmatrix} \varepsilon_1 & 0 & 0 \\ 0 & \varepsilon_1 & 0 \\ 0 & 0 & \varepsilon_3 \end{bmatrix}$	$\begin{bmatrix} \varepsilon_{11} & 0 & 0 \\ 0 & \varepsilon_{11} & 0 \\ 0 & 0 & \varepsilon_{33} \end{bmatrix}$	单轴
正交		$\begin{bmatrix} \varepsilon_{11} & 0 & 0 \\ 0 & \varepsilon_{22} & 0 \\ 0 & 0 & \varepsilon_{33} \end{bmatrix}$	双轴
单斜	$\begin{bmatrix} \varepsilon_1 & 0 & 0 \\ 0 & \varepsilon_2 & 0 \\ 0 & 0 & \varepsilon_3 \end{bmatrix}$	$\begin{bmatrix} \varepsilon_{11} & 0 & \varepsilon_{31} \\ 0 & \varepsilon_{22} & 0 \\ \varepsilon_{31} & 0 & \varepsilon_{33} \end{bmatrix}$	
三斜		$\begin{bmatrix} \varepsilon_{11} & \varepsilon_{12} & \varepsilon_{13} \\ \varepsilon_{12} & \varepsilon_{22} & \varepsilon_{23} \\ \varepsilon_{13} & \varepsilon_{23} & \varepsilon_{33} \end{bmatrix}$	

立方晶系的晶体是光学各向同性晶体。在主坐标系中,这类晶体的三个主介电常数相等,即 $\varepsilon_x = \varepsilon_y = \varepsilon_z = \varepsilon$。因此,物质方程 $\boldsymbol{D} = \varepsilon\boldsymbol{E}$ 在这类晶体中仍然成立,即电位移矢量 $\boldsymbol{D}$ 和电场强度矢量 $\boldsymbol{E}$ 的方向相同。

六方晶系、四方晶系和三方晶系的晶体属于单轴晶体。在主坐标系中,单轴晶体的三个主介电常数有两个且只有两个相等。一般我们将与另一个不相等的主介电常数对应的主轴取为 z 轴。于是 $\varepsilon_x = \varepsilon_y \neq \varepsilon_z$。按照 ε_x 或 ε_y 小于或大于 ε_z,单轴晶体又分为正单轴晶体和负单轴晶体。若 $\varepsilon_x = \varepsilon_y < \varepsilon_z$,则该单轴晶体为正单轴晶体,如水晶、冰、硫化锌等;反之,若 $\varepsilon_x = \varepsilon_y > \varepsilon_z$,则该单轴晶体为负单轴晶体,如 KDP($KH_2PO_4$,磷酸二氢钾)、冰洲石、铌酸锂等。绝大多数重要的晶体器件就是用单轴晶体制造的。

正交晶系、单斜晶系和三斜晶系的晶体属于双轴晶体,如云母、亚硝酸钠、蓝宝石和石膏等。在主坐标系中,这类晶体的三个主介电常数彼此都互不相等,$\varepsilon_x \neq \varepsilon_y \neq \varepsilon_z$。为了方便,我们一般规定将较小的一个主介电常数对应的主轴方向取为 x 轴,而将较大的一个取为 z 轴,于是,双轴晶体有 $\varepsilon_x < \varepsilon_y < \varepsilon_z$。

这里所说的单轴和双轴,是指当光波在晶体中沿着这个特殊方向传播时不发生双折射。单轴晶体只有一个这样的方向,即只有一条光轴。根据上面的约定 $\varepsilon_x = \varepsilon_y \neq \varepsilon_z$,因此,单轴晶体的光轴一般取为 z 轴。不言而喻,双轴晶体有两条光轴。根据前述约定 $\varepsilon_x < \varepsilon_y < \varepsilon_z$,这两条光轴在 xz 平面内。所以,对于各向同性晶体来说,可以认为它的光轴有无数条。

需要特别指出的是,光轴并不是经过晶体的某一条特殊直线,而是一个方向。在晶体内的每一点,都可以确定出一条光轴。

上面从麦克斯韦方程组出发,直接推出了光波在晶体中传播的各向异性特性,并未涉及具体晶体的光学性质。下面,结合几类特殊晶体的具体光学特性,从晶体光学的基本方程出发,讨论光波在其中传播的具体规律。

7.3.2 光在各向同性介质中的传播

根据前面讨论的有关确定晶体中光波传播特性的思路,可将波法线菲涅耳方程(7-40)通分、整理,得到

$$n^4(\varepsilon_x k_{0x}^2 + \varepsilon_y k_{0y}^2 + \varepsilon_z k_{0z}^2) - n^2[\varepsilon_x \varepsilon_y(k_{0x}^2 + k_{0y}^2) +$$
$$\varepsilon_y \varepsilon_z(k_{0y}^2 + k_{0z}^2) + \varepsilon_z \varepsilon_x(k_{0z}^2 + k_{0x}^2)] + \varepsilon_x \varepsilon_y \varepsilon_z = 0 \tag{7-43}$$

代入各向同性介质或立方晶体的主介电系数应满足的关系式 $\varepsilon_x = \varepsilon_y = \varepsilon_z = n_0^2$,并注意到 $k_{0x}^2 + k_{0y}^2 + k_{0z}^2 = 1$,该式简化为

$$n^2 - n_0^2 = 0 \tag{7-44}$$

由此得到重根 $n' = n'' = n_0$。这就是说,在各向同性介质中,沿任意方向传播的光波折射率都等于主折射率 n_0,或者说,光波折射率与传播方向无关。

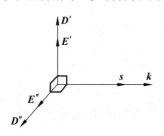

图 7-3 各向同性介质或立方晶体中各矢量的关系

进一步,把 $\varepsilon_x = \varepsilon_y = \varepsilon_z = n_0^2$ 代入式(7-35)和式(7-38),可以得到如下关系式:

$$k_{0x}E_x + k_{0y}E_y + k_{0z}E_z = 0 \tag{7-45}$$

将上式化成矢量的数量积形式,即为 $\boldsymbol{k}_0 \cdot \boldsymbol{E} = 0$。它表明,光电场矢量 $\boldsymbol{E}$ 与波法线方向 $\boldsymbol{k}_0$ 垂直。因此,$\boldsymbol{E}$ 平行于 $\boldsymbol{D}$,$\boldsymbol{s}_0$ 平行于 $\boldsymbol{k}_0$。所以,在各向同性介质或立方系晶体中传播的光波电场结构如图 7-3 所示。由于式(7-44)只限定了 $\boldsymbol{E}$ 垂直于 $\boldsymbol{k}_0$,而对 $\boldsymbol{E}$ 的方向没有约束,所以在各向同性介质或立方系晶体中,沿任意方向传播的光波,允许有两个传播速度相同的线性不相关的偏振态(两偏振方向正交),相应的振动方向不受限制,并不局限于某一特定的方向上。

7.3.3 光在单轴晶体中的传播

1. 主折射率

对于单轴晶体,$\varepsilon_x = \varepsilon_y \neq \varepsilon_z$。按照主折射率与主介电常数的关系,我们可以定义三个主折射率:

$$n_x = \sqrt{\varepsilon_x}, \quad n_y = \sqrt{\varepsilon_y}, \quad n_z = \sqrt{\varepsilon_z} \tag{7-46}$$

如果令 $n_x = n_y = n_o$,$n_z = n_e$,则

$$n_o^2 \neq n_e^2 \tag{7-47}$$

其中,n_o、n_e 称为单轴晶体的主折射率;$n_o < n_e$ 的晶体称为正单轴晶体,$n_o > n_e$ 的晶体称为负单轴晶体。此外,单轴晶体主轴可以在与 xy 平面垂直的方向上任意选择。为讨论方便起见,选取合适的 y 轴方向,使给定的波法线方向位于 yz 平面内,并与 z 轴夹角为 θ,如

图 7-4 所示。由图可见，$k_{0x}=0, k_{0y}=\sin\theta, k_{0z}=\cos\theta$。把这些关系式代入菲涅耳方程，可以得到

$$(n^2-n_o^2)\left[n^2(n_o^2\sin^2\theta+n_e^2\cos^2\theta)-n_o^2n_e^2\right]=0 \tag{7-48}$$

此方程的解为两个不相等的实根：

$$\left.\begin{array}{l} n'=n_o \\ n''=n_e n_o / \sqrt{n_o^2\sin^2\theta+n_e^2\cos^2\theta} \end{array}\right\} \tag{7-49}$$

此式说明：对于任何一个给定的波法线方向 k_0，单轴晶体中可以有两个不同的折射率，如表 7-2 所示。其中一种光波的折射率与波法线方向 k_0 无关，恒等于 n_o，这束

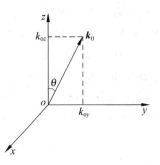

图 7-4 波法线单位矢量与光轴的
空间位置关系

光波称为寻常光，即 o 光，与这个光波对应的光线称为 o 光线，即寻常光线；另一种光波的折射率随着 k_0 与 z 轴的夹角 θ 而变化，因此与波的传播方向 k_0 有关，这一束波称为非常光，即 e 光，与这个光波对应的光线称为 e 光线，即非常光线。从式（7-49）容易看出，当 $\theta=90°$ 时，$n''=n_e$；而当 $\theta=0°$ 时，$n''=n_o$。可见，当 k_0 与 z 轴方向一致，即光波沿 z 轴方向传播时，光的传播特性如同在各向同性介质中一样，$n''=n_o$，因此这时单轴晶体只有一种折射率，光波在这个方向上传播时不发生双折射，所以对于单轴晶体来说，z 轴方向就是光轴的方向。

表 7-2 单轴晶体的折射率（$\lambda=0.5893\,\mu m$）

类　别	晶体名称	n_o	n_e
正单轴晶体	冰	1.309	1.310
	水晶	1.544	1.553
	钽酸锂	2.176	2.180
	硫化锌	2.354	2.358
负单轴晶体	方解石	1.658	1.486
	铌酸锂	2.300	2.208
	KDP	1.510	1.470
	钛酸钡	2.416	2.364

2. 光波的偏振方向

将 $k_{0x}=0, k_{0y}=\sin\theta, k_{0z}=\cos\theta$ 代入式（7-39），且单轴晶体中 $\varepsilon_x=\varepsilon_y=n_o^2, \varepsilon_z=n_e^2$，因而得到

$$\left.\begin{array}{l} (n_o^2-n^2)E_x=0 \\ (n_o^2-n^2\cos^2\theta)E_y+n^2\sin\theta\cos\theta E_z=0 \\ n^2\sin\theta\cos\theta E_y+(n_e^2-n^2\sin^2\theta)E_z=0 \end{array}\right\} \tag{7-50}$$

下面来确定两种光波的偏振方向。

1）寻常光波的偏振方向

把 $n=n'=n_o$ 代入式（7-50），得

$$\left.\begin{array}{l} (n_o^2-n_o^2)E_x=0 \\ (n_o^2-n_o^2\cos^2\theta)E_y+n_o^2\sin\theta\cos\theta E_z=0 \\ n_o^2\sin\theta\cos\theta E_y+(n_e^2-n_o^2\sin^2\theta)E_z=0 \end{array}\right\} \tag{7-51}$$

方程组中第二、第三两个方程是关于 E_y 和 E_z 的齐次线性方程,但是其系数行列式不为零,因此 E_y 和 E_z 只能有零解,即 $E_y=E_z\equiv0$。如果 $E_x=0$,表示晶体中不存在寻常光波。为了使 $\boldsymbol{E}$ 有非零解,只有 $E_x\neq0$。对于 $\boldsymbol{D}$ 矢量,显而易见 $D_y=D_z=0$,$D_x=\varepsilon_0\varepsilon_x E_x\neq0$。这表示对于 o 光,$\boldsymbol{D}$ 矢量平行于 $\boldsymbol{E}$ 矢量,两者同时垂直于 yz 平面,即波法线与光轴组成的平面。

2)非寻常光波的偏振方向

把 $n=n''$ 代入式(7-50),得到

$$
\left.\begin{array}{l}
(n_0^2-n''^2)E_x=0 \\
(n_0^2-n''^2\cos^2\theta)E_y+n''^2\sin\theta\cos\theta E_z=0 \\
n''^2\sin\theta\cos\theta E_y+(n_e^2-n''^2\sin^2\theta)E_z=0
\end{array}\right\}
\tag{7-52}
$$

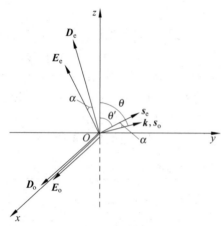

图 7-5　单轴晶体中 o 光和 e 光的
矢量方向

在第一个方程中,$n=n''\neq n_0$,即系数不为零,只可能是 $E_x=0$,因此也有 $D_x=0$,而在第二、第三个方程中,因其系数行列式为零,E_y 和 E_z 有非零解。可见,e 光的 $\boldsymbol{E}$ 矢量或 $\boldsymbol{D}$ 矢量都位于 yz 平面内,它们与 o 光波的 $\boldsymbol{E}$ 矢量或 $\boldsymbol{D}$ 矢量垂直,如图 7-5 所示。e 光的 $\boldsymbol{E}$ 矢量在 yz 平面内的具体方向,可由第二个方程或第三个方程求 E_y 和 E_z 之比来确定。把式(7-49)代入第二个方程,可得到

$$
E_z/E_y=-n_0^2\sin\theta/(n_e^2\cos\theta)
\tag{7-53}
$$

且

$$
\begin{aligned}
D_z/D_y&=\varepsilon_{rz}E_z/(\varepsilon_{ry}E_y) \\
&=-n_e^2 n_0^2\sin\theta/(n_0^2 n_e^2\cos\theta) \\
&=-\sin\theta/\cos\theta
\end{aligned}
\tag{7-54}
$$

可见,e 光 $\boldsymbol{E}$ 矢量和 $\boldsymbol{D}$ 矢量的方向一般不一致,因此,e 光波法线方向与光线方向一般也不一致。

综上所述,在单轴晶体中,存在着两种特定偏振方向的光波:o 光和 e 光。对应于某一波法线方向 $\boldsymbol{k}$ 有两条光线:寻常光线和非寻常光线,如图 7-5 所示。这两种光波的 $\boldsymbol{E}$ 矢量(或 $\boldsymbol{D}$ 矢量)彼此垂直。对于 o 光,$\boldsymbol{E}$ 矢量和 $\boldsymbol{D}$ 矢量总是平行的,并且垂直于波法线 $\boldsymbol{k}$ 与光轴所确定的平面;折射率不依赖于 $\boldsymbol{k}$ 的方向;光线方向 $\boldsymbol{s}_0$ 与波法线方向 $\boldsymbol{k}$ 重合。这种特性与光在各向同性介质中的传播特性一样,所以称为寻常光波。对于 e 光,其折射率随矢量 $\boldsymbol{k}$ 的方向改变;$\boldsymbol{E}$ 矢量与 $\boldsymbol{D}$ 矢量一般不平行,并且都在波法线与光轴所确定的平面内,它们与光轴的夹角随着 $\boldsymbol{k}$ 的方向改变;它的光线方向 $\boldsymbol{s}_e$ 与波法线方向 $\boldsymbol{k}$ 不重合。这种特性与光在各向同性介质中传播的特性不一样,所以称为异常光波或非寻常光波。

3)离散角

晶体光学中,把光波波法线方向与光线方向之间的夹角称为离散角。在实际问题中,如果已知波法线方向,通过求离散角就可以确定相应的光线方向。确定这个角度,对于晶体光学元件的制作和许多应用非常重要。

对于单轴晶体,o 光的离散角恒等于 $0°$,而 e 光的离散角可由上面得到的关系式求出。由图 7-5 可知,$\alpha=\theta-\theta'$,其中,θ' 是 e 光光线与光轴 z 轴的夹角,并且

$$\tan \theta' = -E_z/E_y = n_o^2 \sin \theta/(n_e^2 \cos \theta) = n_o^2/n_e^2 \tan \theta \qquad (7-55)$$

所以

$$\tan \alpha = \tan(\theta - \theta') = (\tan \theta - \tan \theta')/(1 + \tan \theta \tan \theta')$$

$$= \left(1 - \frac{n_o^2}{n_e^2}\right) \tan \theta \bigg/ \left(1 + \frac{n_o^2}{n_e^2} \tan^2 \theta\right) \qquad (7-56)$$

由此式可分析出下述结论。

（1）当 $\theta = 0°$ 或 $90°$，即光波法线方向 $\boldsymbol{k}$ 平行或垂直于光轴时，$\alpha = 0$。这时，$\boldsymbol{k}$ 与 $\boldsymbol{s}_o$、$\boldsymbol{E}$ 与 $\boldsymbol{D}$ 方向重合。

（2）对于正单轴晶体，$n_e > n_o$，$\alpha > 0$，e 光的光线较其波法线更靠近光轴；对于负单轴晶体，$n_e < n_o$，$\alpha < 0$，e 光的光线较其波法线远离光轴。

（3）可以证明，当 $\boldsymbol{k}$ 与光轴间的夹角 θ 满足 $\tan \theta = n_e/n_o$ 时，有最大离散角

$$\alpha_M = \arctan \frac{n_e^2 - n_o^2}{2 n_e n_o} \qquad (7-57)$$

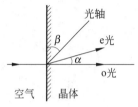

在实际应用中，经常要求晶体元件工作在最大离散角的情况下，同时满足正入射条件，这就应当如图 7-6 所示，使通光面（晶面）与光轴的夹角 $\beta = 90° - \theta$ 满足

$$\tan \beta = n_o/n_e \qquad (7-58)$$

图 7-6 单轴晶体光轴的取向

7.3.4 光在双轴晶体中的传播

双轴晶体的三个主介电常数都不相等，$\varepsilon_x \neq \varepsilon_y \neq \varepsilon_z$，即折射率也不相等，$n_x \neq n_y \neq n_z$。表 7-3 所示是一些常见双轴晶体的折射率。

表 7-3 双轴晶体的折射率（$\lambda = 0.5893\,\mu\text{m}$）

晶体名称	n_x	n_y	n_z
石膏	1.520	1.523	1.530
长石	1.522	1.526	1.530
云母	1.552	1.582	1.588
亚硝酸钠	1.344	1.411	1.651

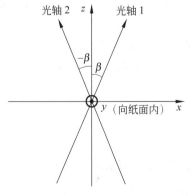

图 7-7 双轴晶体中光轴的取向

通常主介电常数按 $\varepsilon_x < \varepsilon_y < \varepsilon_z$ 取值，这类晶体之所以叫双轴晶体，是因为它有两个光轴，当光沿该两光轴方向传播时，其相应的两特许线偏振光波的传播速度（或折射率）相等。由波法线菲涅耳方程（7-40）可以证明，双轴晶体的两个光轴都在 xOz 平面内，并且与 z 轴的夹角分别为 β 和 $-\beta$，如图 7-7 和图 7-8 所示。β 值由下式确定：

$$\tan \beta = \frac{n_z}{n_x} \sqrt{\frac{n_y^2 - n_x^2}{n_z^2 - n_y^2}} \qquad (7-59)$$

$\beta < 45°$ 的晶体，叫正双轴晶体；$\beta > 45°$ 的晶体，叫负双轴

晶体。由这两个光轴构成的平面叫光轴面。

由式(7-40)出发可以证明,若光波法线方向 k_0 与两光轴方向的夹角为 θ_1 和 θ_2 时,相应的两特定线偏振光的折射率满足下面关系:

$$\frac{1}{n^2}=\frac{\cos^2\left[(\theta_1\pm\theta_2)/2\right]}{n_x^2}+\frac{\sin^2\left[(\theta_1\pm\theta_2)/2\right]}{n_z^2} \tag{7-60}$$

当 $\theta_1=\theta_2=\theta$ 时,相应两特许线偏振光的折射率为

$$\left.\begin{array}{l} n'=n_x \\ n''=1/\sqrt{\cos^2\theta/n_x^2+\sin^2\theta/n_z^2} \end{array}\right\} \tag{7-61}$$

对于某个给定的光波法线方向 k_0,其相应的两特许线偏振光的光矢量(E,D)振动方向以及光线传播方向 s_0 如图 7-9 所示。

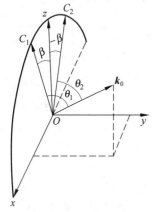
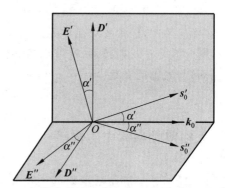

图 7-8　双轴晶体中光轴与 k_0 方向的关系　　　图 7-9　与给定的波法线方向 k_0 相应的 D、E 和 s_0

7.4　晶体光学性质的图形表示

对于光在晶体中的传播规律,除了利用上述解析方法进行严格的讨论外,还可以利用一些几何图形来描述。这些几何图形能使我们直观地看出晶体中光波的各个矢量场间的方向关系,以及与各传播方向相应的光速或折射率的空间取值分布。当然,几何图形方法仅仅是一种表示方法,它的基础仍然是上面所给出的光的电磁理论基本方程和基本关系。

在传统的晶体光学中,人们引入了折射率椭球、折射率曲面、波法线曲面、菲涅耳椭球、射线曲面和相速卵形面等六种三维曲面。限于篇幅和实际的应用需要,这里只着重介绍折射率椭球、折射率曲面以及波矢曲面。

7.4.1　折射率椭球

我们已经知道,在晶体的介电主轴坐标系中,物质方程有如下简单形式:

$$\left.\begin{array}{l} D_x = \varepsilon_0 \varepsilon_x E_x \\ D_y = \varepsilon_0 \varepsilon_y E_y \\ D_z = \varepsilon_0 \varepsilon_z E_z \end{array}\right\} \tag{7-62}$$

因此晶体中光波的电磁能密度可以写作

$$w_e = \frac{1}{2} \boldsymbol{E} \cdot \boldsymbol{D} = \frac{1}{2\varepsilon_0} \left(\frac{D_x^2}{\varepsilon_x} + \frac{D_y^2}{\varepsilon_y} + \frac{D_z^2}{\varepsilon_z} \right) \tag{7-63}$$

在不考虑光波在晶体中传播被吸收的情形下，w_e 是一定的，所以

$$\frac{D_x^2}{\varepsilon_x} + \frac{D_y^2}{\varepsilon_y} + \frac{D_z^2}{\varepsilon_z} = 2\varepsilon_0 w_e \equiv C \tag{7-64}$$

若令 $x = D_x/\sqrt{C}$，$y = D_y/\sqrt{C}$，$z = D_z/\sqrt{C}$，且将 x、y、z 看成空间直角坐标量，则可将式(7-64)写为

$$\frac{x^2}{\varepsilon_x} + \frac{y^2}{\varepsilon_y} + \frac{z^2}{\varepsilon_z} = 1 \tag{7-65}$$

这个方程代表 x、y、z 空间的一个椭球，而椭球的半轴长度分别为主介电常数的平方根 $\sqrt{\varepsilon_x}$、$\sqrt{\varepsilon_y}$、$\sqrt{\varepsilon_z}$，椭球的主轴方向分别与主介电轴的方向一致。这样的椭球称为波法线椭球。

根据式(7-22)，可以用主折射率来表示主介电常数，因此，式(7-65)又可表示为

$$\frac{x^2}{n_x^2} + \frac{y^2}{n_y^2} + \frac{z^2}{n_z^2} = 1 \tag{7-66}$$

这个方程也代表一个椭球，如图 7-10 所示。它的三个半轴等于三个相应主折射率，并与介电主轴方向重合，这个椭球称为折射率椭球(也称为光率体)，它与波法线椭球是等价的。对于任一特定的晶体，折射率椭球由其光学性质(主介电常数或主折射率)唯一地确定。

与折射率椭球主轴方向一致的坐标轴构成的坐标系称为主轴坐标系，晶体中相应主轴坐标系的三个方向称为主轴。折射率椭球有下列两点重要性质，它们是利用折射率椭球的主要依据。

(1) 折射率椭球中任意一条矢径的方向表示光波 $\boldsymbol{D}$ 矢量的一个方向，矢径的长度表示 $\boldsymbol{D}$ 矢量沿矢径方向振动的光波的折射率，因此折射率椭球的矢径 $\boldsymbol{r}$ 可以表示为

$$\boldsymbol{r} = n\boldsymbol{d} \tag{7-67}$$

其中，$\boldsymbol{d}$ 是 $\boldsymbol{D}$ 矢量方向的单位矢量。

(2) 图 7-11 所示，从折射率椭球的原点 O 出发，作平行于给定波法线方向 $\boldsymbol{k}_0$ 的直线 OP，再通过原点 O 作一平面与 OP 垂直，该平面与椭球的截面为一椭圆。椭圆的长轴方向和短轴方向就是对应于波法线方向 $\boldsymbol{k}_0$ 的两个允许存在的光波 $\boldsymbol{D}$ 矢量的方向，而长、短轴的长度分别等于两个光波的折射率。

折射率椭球的物理意义在于：它表征了对应某一波长的晶体主折射率在椭球空间的各个方向上全部取值分布的几何图形。椭球的三个半轴长分别等于三个主介电常数的平方根，其方向分别与介电主轴方向一致。通过椭球中心的每一个矢径方向代表 $\boldsymbol{D}$ 矢量的一个振动方向，其长度为 $\boldsymbol{D}$ 在此方向振动的光波折射率，故矢径可表示为 $\boldsymbol{r} = n\boldsymbol{d}$。所以，折射率椭球有时也称为 (n, d) 曲面。

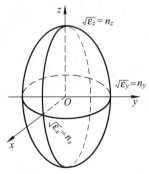

图 7-10　折射率椭球（光率体）

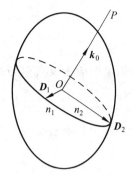

图 7-11　折射率和光波 D 矢量振动方向的关系

这样,只要给定了晶体,知道了晶体的主介电张量,就可以作出相应的折射率椭球,从而通过上述的几何作图法确定出与波法线矢量 k_0 相应的两个特定线偏振光的折射率和 D 矢量的振动方向。

下面利用折射率椭球来讨论光波在晶体中传播时的性质。

1. 单轴晶体

对于单轴晶体,$n_x = n_y = n_o,n_z = n_e$,所以其折射率椭球方程为

$$\frac{x^2}{n_o^2} + \frac{y^2}{n_o^2} + \frac{z^2}{n_e^2} = 1 \tag{7-68}$$

这个方程表示一个旋转轴为 z 轴(即光轴)的旋转椭球。图 7-12 和图 7-13 分别给出了正单轴晶体($n_o < n_e$,如石英)和负单轴晶体($n_o > n_e$,如方解石)的折射率椭球。

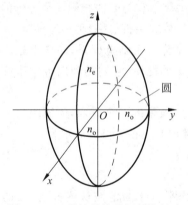

图 7-12　正单轴晶体的折射率椭球

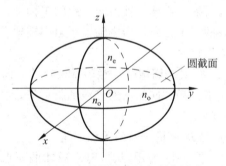

图 7-13　负单轴晶体的折射率椭球

由单轴晶体的折射率椭球可以看出:

(1) 椭球在 xy 平面上的截线是一个圆,其半径为 n_o。这表示当光波沿 z 轴传播时,只有一种折射率的光波,其 D 矢量可取垂直于 z 轴的任意方向。因此 z 轴就是单轴晶体的光轴。

(2) 椭球在 yz 或其他包含 z 轴的平面内的截线是一个椭圆,它的两个半轴长度分别为 n_o 和 n_e。这表示波法线方向垂直光轴方向时,可以允许两种线偏振光波传播,一种光波的 D 矢量平行于光轴方向,折射率为 n_e;另一种光波的 D 矢量垂直于光轴和波法线方向,折射率为 n_o。显然,前者就是 e 光波,后者是 o 光波。

光学教程（第 3 版）

（3）当波法线方向（设 $\boldsymbol{k}_0$ 在 yz 平面内）与光轴成 θ 角时，通过椭球中心 O 且垂直于 $\boldsymbol{k}_0$ 的平面与椭球的截线也是一个椭圆，它的两个半轴长度，一个为 n_o，另一个介于 n_o 和 n_e 之间。椭圆截线的两个半轴的方向，是对应于波法线方向 $\boldsymbol{k}_0$ 的两种允许的线偏振光波的 $\boldsymbol{D}$ 矢量方向。其中一种光波的 $\boldsymbol{D}$ 矢量沿 x 轴方向，相应的折射率为 $n' = n_o$，这就是 o 光波；而另一种光波是 e 光波，相应的折射率为 $n'' = n_e n_o / \sqrt{n_o^2 \sin^2\theta + n_e^2 \cos^2\theta}$，如图 7-14 所示。

以上几个结果与前面由理论分析得出的结果完全一致，但是这些结果是根据折射率椭球的图形得出的，更直观、更形象。

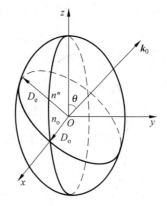

图 7-14 与 $\boldsymbol{k}_0$ 相应的折射率椭球截面

2. 双轴晶体

对于双轴晶体，介电张量的三个主介电张量不相等，亦即三个主折射率不相等，$n_x \neq n_y \neq n_z$，因此普适方程式（7-66）就是双轴晶体的折射率椭球。但是，我们习惯上常选择 x、y、z 轴，并使 $n_x < n_y < n_z$。下面我们来研究折射率椭球在 xz 平面的截面，其方程为

$$\frac{x^2}{n_x^2} + \frac{z^2}{n_z^2} = 1 \tag{7-69}$$

显然，这是一个椭圆，如图 7-15 所示。其中，n_x 和 n_z 分别是最短、最长的主半轴。若椭圆上任意一点的矢径 $\boldsymbol{r}$ 与 x 轴的夹角为 φ，长度为 n，则式（7-69）可以写成

$$\frac{(n\cos\varphi)^2}{n_x^2} + \frac{(n\sin\varphi)^2}{n_z^2} = 1 \tag{7-70}$$

n 的大小随 φ 在 n_x 和 n_z 之间变化。当 $\varphi = 0$ 时，$|\boldsymbol{r}| = n_x$；当 $\varphi = \pi/2$ 时，$|\boldsymbol{r}| = n_z$。由于 $n_x < n_y < n_z$，所以总是可以找到某一矢径 $\boldsymbol{r}_0$，其长度为 $|\boldsymbol{r}_0| = n_y$。这时，$\boldsymbol{r}_0$ 与 y 轴所组成的平面与折射率椭球相截的截面是一个圆。因此当光波的波法线方向 $\boldsymbol{k}_0$ 垂直于圆截面时，只有一种折射率（$n = n_y$）的光波，其 $\boldsymbol{D}$ 矢量在圆截面内振动，方向不受限制。显然，晶体内与圆截面的法线方向对应的方向就是光轴方向。根据折射率椭球的对称性，双轴晶体内存在两个这样的方向（C_1 和 C_2），如图 7-16 所示。设这个矢径 $\boldsymbol{r}_0$ 与 x 轴的夹角为 φ，则晶体光轴 C_1 与 z 轴的夹角也为 φ，因此式（7-70）变为

$$\frac{1}{n_y^2} = \frac{\cos^2\varphi}{n_x^2} + \frac{\sin^2\varphi}{n_z^2} \tag{7-71}$$

由此可得

$$\tan\varphi = \pm\frac{n_z}{n_x}\sqrt{\frac{n_y^2 - n_x^2}{n_z^2 - n_y^2}} \tag{7-72}$$

上式右边有正、负两个值，表示相应的截面及其法向单位矢量也有两个，即有两个光轴方向 C_1 和 C_2，这就是双轴晶体名称的由来。实际上，C_1、C_2 对称地分布在 z 轴的两侧，如图 7-16 所示。

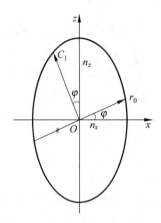

图 7-15　双轴晶体的折射率椭球在 zx
平面的截线

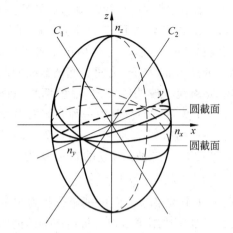

图 7-16　双轴晶体的折射率椭球的
双光轴

7.4.2　折射率曲面和波矢曲面

为了更直接地表示出与每一个波法线方向 $\boldsymbol{k}_0$ 相应的两个折射率，我们引入折射率曲面。所谓折射率曲面是这样一种曲面，以晶体内某一固定点为原点，在同一波法线方向 $\boldsymbol{k}_0$ 上画出两个长度分别等于折射率 (n',n'') 的矢径 $\boldsymbol{r}=n\boldsymbol{k}_0$，当 $\boldsymbol{k}_0$ 取所有的方向时，矢径端点所形成的双壳层曲面就叫折射率曲面，记作 $(\boldsymbol{k},n)$ 曲面。

实际上，根据 $(\boldsymbol{k},n)$ 曲面的意义，折射率曲面在主轴坐标系中的菲涅耳方程就是式(7-40)，现重写如下：

$$\frac{k_{0x}^2}{\dfrac{1}{\varepsilon_x}-\dfrac{1}{n^2}}+\frac{k_{0y}^2}{\dfrac{1}{\varepsilon_y}-\dfrac{1}{n^2}}+\frac{k_{0z}^2}{\dfrac{1}{\varepsilon_z}-\dfrac{1}{n^2}}=0 \tag{7-73}$$

通分，且令 $\boldsymbol{r}=n\boldsymbol{k}_0,nk_{0x}=x,nk_{0y}=y,nk_{0z}=z$，得

$$x^2+y^2+z^2=n^2(k_{0x}^2+k_{0y}^2+k_{0z}^2)=n^2 \tag{7-74}$$

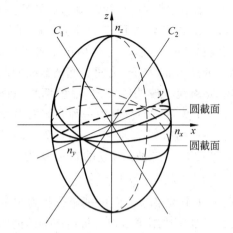

图 7-17　折射率曲面

将 $n^2=x^2+y^2+z^2$，$\varepsilon_x=n_x^2,\varepsilon_y=n_y^2,\varepsilon_z=n_z^2$ 及 $k_{0x}=x/n,k_{0y}=y/n,k_{0z}=z/n$ 代入式(7-73)，即可得到它的直角坐标方程

$$(x^2n_x^2+y^2n_y^2+z^2n_z^2)(x^2+y^2+z^2)-$$
$$[n_x^2(n_y^2+n_z^2)x^2+n_y^2(n_x^2+n_z^2)y^2+$$
$$n_z^2(n_x^2+n_y^2)z^2]+n_x^2n_y^2n_z^2=0 \tag{7-75}$$

这就是折射率曲面方程，它是一个平方的二次方程，因此表示的是双壳曲面，如图 7-17 所示。由 $\boldsymbol{r}=n\boldsymbol{k}_0$，矢径直接表示了波法线的方向和相应的折射率，利用这个曲面可以很直观地得到与波法线方向 $\boldsymbol{k}_0$ 相应的两个折射率。

1. 立方系晶体

对于立方系晶体，$n_x = n_y = n_z = n_o$，将其代入式(7-75)，得

$$x^2 + y^2 + z^2 = n_o^2 \qquad (7\text{-}76)$$

显然，这个折射率曲面是一个半径为 n_o 的球面，在所有的 $\boldsymbol{k}_0$ 方向上，折射率都等于 n_o，在光学上是各向同性的。

2. 单轴晶体

对于单轴晶体，$n_x = n_y = n_o$，$n_z = n_e$，代入式(7-75)，得

$$(x^2 + y^2 + z^2 - n_o^2)\left[n_o^2(x^2 + y^2) + n_e^2 z^2 - n_o^2 n_e^2\right] = 0 \qquad (7\text{-}77)$$

进而有

$$\left.\begin{array}{c} x^2 + y^2 + z^2 = n_o^2 \\[2mm] \dfrac{x^2 + y^2}{n_e^2} + \dfrac{z^2}{n_o^2} = 1 \end{array}\right\} \qquad (7\text{-}78)$$

可见，单轴晶体的折射率曲面是一个双层曲面，它是由一个半径为 n_o 的球面和一个以 z 轴为旋转轴的旋转椭球构成的，两个折射率曲面在 z 轴上相切。球面对应为 o 光的折射率曲面，旋转椭球表示的是 e 光的折射率曲面。单轴晶体的折射率曲面在主轴截面上的截线如图 7-18 所示。对于正单轴晶体，$n_e > n_o$，球面内切于椭球；对于负单轴晶体，$n_e < n_o$，球面外切于椭球。两种情况的切点均在 z 轴上，故 z 轴为光轴。当与 z 轴夹角为 θ 的波法线方向 $\boldsymbol{k}_0$ 与折射率曲面相交时，得到长度为 n_o 和 $n_e(\theta)$ 的矢径，它们分别是相应于 $\boldsymbol{k}_0$ 方向的两个特许线偏振光的折射率，其中 $n_e(\theta)$ 可由后面的式(7-79)求出。

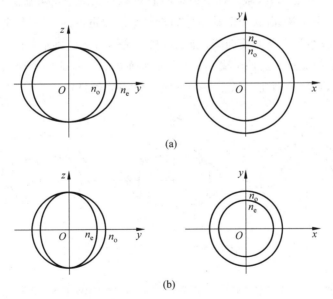

图 7-18 单轴晶体折射率曲面

（a）正单轴晶体；（b）负单轴晶体

显然，当 $\boldsymbol{k}$ 方向与 z 轴平行时，$n_1 = n_2 = n_o$；当 $\boldsymbol{k}$ 方向与 z 轴垂直时，$n_1 = n_o$，$n_2 = n_e$；当 $\langle \boldsymbol{k}_0, z \rangle = \theta$ 时，可以求得

$$n_1 = n_o \hspace{3cm}\Bigg\}$$
$$n_2 = n_o n_e / \sqrt{n_o^2 \sin^2\theta + n_e^2 \cos^2\theta}$$

(7-79)

当 $\theta = 0°$ 时，$n_2 = n_o$，这意味着 $\boldsymbol{k}$ 沿 z 轴时，不发生双折射，因而 z 轴方向就是单轴晶体的光轴方向。当 $\theta = 90°$ 时，$n_2 = n_e$，这意味着 $\boldsymbol{k}$ 沿与 z 轴垂直时，将产生双折射，其中由原点与折射率曲面相交的点组成的矢径长度为 n_o，另一个矢径长度为 n_e，代表了非寻常光的折射率。

3. 双轴晶体

对于双轴晶体，$n_x \neq n_y \neq n_z$，式(7-75)所表示的四次曲面在三个主轴截面上的截线都是一个圆加上一个同心椭圆，它们的方程如下。

$$yOz \text{ 面：} (y^2 + z^2 - n_x^2)\left(\frac{y^2}{n_z^2} + \frac{z^2}{n_y^2} - 1\right) = 0$$

$$zOx \text{ 面：} (z^2 + x^2 - n_y^2)\left(\frac{z^2}{n_x^2} + \frac{x^2}{n_z^2} - 1\right) = 0$$

$$xOy \text{ 面：} (x^2 + y^2 - n_z^2)\left(\frac{x^2}{n_y^2} + \frac{y^2}{n_x^2} - 1\right) = 0$$

按 $n_x < n_y < n_z$ 的约定，三个主轴截面上的截线如图 7-19 所示。折射率曲面的两个壳层仅有四个交点，就是 zOx 面的四个交点；在三维示意图中可以看出四个"脐窝"，如图 7-20 所示。由于折射率曲面的对称性，在其余七个象限中立体图是相同的，这里不再赘述。从图 7-19 和图 7-20 中可看出，双轴晶体折射率曲面在第一象限中是由双层曲面构成，它们有一个共同的交点。不难想象，整个双轴晶体的折射率曲面也由内、外两层曲面组成。一般来说，两个曲面相交将得到一条相交曲线。但是，双轴晶体的法线面非常特殊，它的内、外两层曲面只有四个共同的交点。这四个交点都在 xz 平面内。由于这四个交点是关于 x 轴和 z 轴对称分布，因此，它们分别在过原点 O 的两条直线 OA 和 OA' 上。

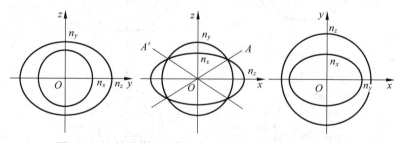

图 7-19　双轴晶体的折射率曲面在三个主轴截面上的截线

根据光轴方向为两特许线偏振光折射率相等的 $\boldsymbol{k}_o$ 方向的定义，这两条直线的方向就是双轴晶体的两条波法线光轴方向，并且双轴晶体的光轴在 zOx 面内。可以证明，折射率曲面在任一矢径末端处的法线方向，即为与该矢径所代表的波法线方向 $\boldsymbol{k}_o$ 相应的光线方向 $\boldsymbol{s}_o$。

应当注意，折射率曲面虽然可以将任一给定 $\boldsymbol{k}_o$ 方向所对应的两个折射率直接表示出来，但它表示不出相应的两个光的偏振方向。因此，与折射率椭球相比，折射率曲面对于光在界面上的折射和反射问题的讨论比较方便,而折射率椭球用于处理偏振效应的问题比较方便。对于折射率曲面,如果将其矢径长度乘以 ω/c,则构成一个新曲面的矢径 $r = (\omega n/c)k$,这个曲面称为波矢曲面,通常记为 (k,k) 曲面。后面将说明,使用波矢曲面比使用折射率曲面更方便。

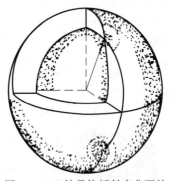

图 7-20　双轴晶体折射率曲面的三维模型

至此,我们介绍了三种描述晶体光学性质的几何图形:折射率椭球——(n,d) 曲面,折射率曲面——(k,n) 曲面,波矢曲面——(k,k) 曲面。这几种曲面的作用实质上是等效的,只是某种场合应用其中某一种曲面处理问题较为方便而已。

7.5　平面波在晶体表面的反射和折射

前面讨论了光在晶体内部的传播规律。实际上,在使用晶体制作的光学元件时,都会涉及光在晶体表面上的入射和出射问题,因此应考虑光从空气射向晶体表面或由晶体内部射向晶体界面时的反射和折射特性。这一节将采用与各向同性介质相同的方法,简单地讨论光在晶体表面上的反射和折射,但只限于讨论光波的传播方向特性。

7.5.1　光在晶体界面上的双反射和双折射

在第 1 章我们已经知道,一束单色光入射到各向同性介质的界面上时,将分别产生一束反射光和一束折射光,并且遵从熟知的反射定律和折射定律。人们在实验中发现,一束单色光从空气入射到晶体表面(例如方解石晶体)时,会产生两束同频率的折射光,如图 7-21 所示,这就是双折射现象;当一束单色光从晶体内部(例如方解石晶体)射向界面时,会产生两束同频率的反射光,如图 7-22 所

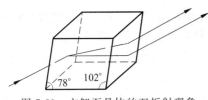

图 7-21　方解石晶体的双折射现象

示,这就是双反射现象。并且,在界面上所产生的两束折射光或两束反射光都是线偏振光,它们的振动方向相互垂直。显然,这种双折射和双反射现象都是晶体中光学各向异性特性的直接结果。

假设一束单色平面光波自空气射向晶体,k_i、k_r、k_t 分别为入射光、反射光、折射光的波矢,如图 7-23 所示(其中 k_r 未画出),则由光的电磁场理论可知,界面上波矢的切向分量是相等的,可得

$$\begin{cases} (k_r - k_i) \cdot r = 0 & \text{(7-80a)} \\ (k_t - k_i) \cdot r = 0 & \text{(7-80b)} \end{cases}$$

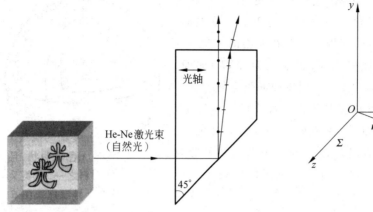

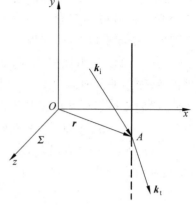

图 7-22　方解石晶体中的双反射现象　　　　图 7-23　$y=0$ 的平面为晶体与
　　　　　　　　　　　　　　　　　　　　　　　　真空分界面

式(7-80a)是反射定律的矢量形式,可表述为:反射光与入射光的波矢差与界面垂直。式(7-80b)是折射定律的矢量形式,可表述为:折射光与入射光的波矢差与界面垂直。由此两式可见,k_i、k_r、k_t 与界面法线共面,或者说,反射光和折射光的波法线都在入射面内。

若设 θ_i、θ_r、θ_t 分别为入射角、反射角、折射角,则有

$$\left.\begin{aligned}k_i \sin\theta_i &= k'_r \sin\theta'_r = k''_r \sin\theta''_r \\ k_i \sin\theta_i &= k'_t \sin\theta'_t = k''_t \sin\theta''_t\end{aligned}\right\} \tag{7-81}$$

或

$$\left.\begin{aligned}n_i \sin\theta_i &= n'_r \sin\theta'_r = n''_r \sin\theta''_r \\ n_i \sin\theta_i &= n'_t \sin\theta'_t = n''_t \sin\theta''_t\end{aligned}\right\} \tag{7-82}$$

式(7-81)和式(7-82)就是光在晶体界面上的反射定律和折射定律。在形式上,它们与各向同性介质的反射定律和折射定律相同。但是,与各向同性介质的情况也有所区别。

(1) 上式中的 θ_i、θ_r、θ_t 都是对波法线方向而言的,尽管反射光和折射光的波法线均在入射面内,但它们的光线有可能不在入射面内。

(2) 在晶体中,光的折射率因传播方向、电场振动方向而异。如果光从空气射至晶体,则因折射光的折射率 n_t 不同,其折射角 θ_t 也不同;如果光从晶体内部射出,相应的入射光和反射光的折射率 n_i 和 n_r 不相等,所以在一般情况下反射角不等于入射角。

(3) 满足式(7-82)的 n_r 和 θ_r 以及 n_t 和 θ_t 都有两个可能的值,也就是说可能有两束反射光或两束折射光。

(4) 对 e 光,n_r 和 n_t 都是 $\theta = \langle k, z \rangle$ 的函数,这时应将式(7-82)与 $n'' = n_o n_e / \sqrt{n_o^2 \sin^2\theta + n_e^2 \cos^2\theta}$ 联立求解,且需注意 $\theta = \langle k, z \rangle$ 与 θ_i、θ_r、θ_t 的关系。

(5) 在双折射中有两种特殊情况。一种是正入射,即 $\theta_i = 0°$。由式(7-82)知,此时 $\theta'_t = \theta''_t = 0°$,因此正入射时晶体中的两束折射光的波法线方向是一致的,都垂直于界面 Σ。但是,尽管如此,这两个波法线方向所对应的两折射光线的方向并不一定一致,仍然可能产生双折射。双折射中的另一种特殊情况是,如果折射光是沿双轴晶体波法线光轴方向传播,那么,折射光只有一个波法线方向和一个相速度。但是,如果入射光是具有各种偏振方向的自

然光,那么,相应的折射光线方向将有无穷多个,它们绕着波法线光轴周围形成一个光锥,这就是双轴晶体中的所谓锥光折射现象(conical refraction)。

7.5.2 光在晶体界面上的全反射

无论光从各向同性介质射向各向异性介质(晶体),或是光从晶体中射向各向同性介质,只要入射侧介质的折射率大于折射侧介质的折射率,都可能发生全反射现象。所谓全反射,是指入射光能量全部反射回入射侧而不能进入折射一侧。图 7-24 所示是一块方解石棱镜,光轴与棱镜表面垂直,当一束自然光正入射到此棱镜时,在棱镜斜面上将发生双反射现象。

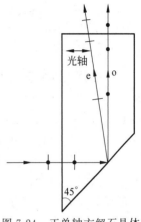

图 7-24　正单轴方解石晶体表面的全反射现象

对于单轴晶体来说,由于 o 光的光线方向和波法线方向是一致的,因此,对 o 光仍可用折射定律来确定临界角,这与处理各向同性介质时的情况一样,只需令折射角等于 90°就行了。而对于单轴晶体的 e 波,虽然一般情况下,光线 s_o 和波法线 k_e 的方向不一致,但是,在光轴垂直于入射面这一特殊情况下,e 波的光线方向和波法线方向是一致的,因此,在这一特殊情况下仍可由折射定律,令折射角 $\theta_t = 90°$ 来确定发生全反射时的临界角。因相速度

$$v_p = \frac{c}{n} \tag{7-83}$$

因此,当单轴晶体光轴垂直于入射面时,o 光和 e 光的临界角满足

$$\left.\begin{aligned} \sin\theta_{oc} = \frac{n_o}{n_i} \\ \sin\theta_{ec} = \frac{n_e}{n_i} \end{aligned}\right\} \tag{7-84}$$

其中,n_i 为入射侧的折射率,n_o、n_e 是折射侧晶体的主折射率。

式(7-84)说明,我们可以通过测定 o 光和 e 光发生全反射时的临界角 θ_o 和 θ_e 来测定单轴晶体的主折射率 n_o 和 n_e 即

$$n_o = n_i\sin\theta_{oc}, \quad n_e = n_i\sin\theta_{oe} \tag{7-85}$$

测试时需注意保证单轴晶体的光轴垂直于入射面。

7.5.3 斯涅耳作图法

因为晶体中非常光的折射率大小与波法线方向有关,所以要写出晶体界面上反射光和折射光方向的显函数关系比较困难。为此,经常采用几何作图法确定反射光和折射光的方向。斯涅耳作图法就是以反射定律和折射定律为依据的一种利用波矢曲面确定反射光和折射光传播方向的几何作图法(如图 7-25 所示)。

假设平面波从各向同性介质射向晶体表面,具体的作图过程如下:

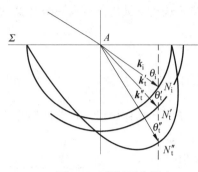

图 7-25 斯涅耳作图法

（1）以界面 Σ 上任一点 A 为原点,在晶体一侧按同一比例画出入射光所在介质中的波矢面——单位圆和晶体中的波矢面(双壳层曲面);

（2）自 A 点延长入射光线方向,与入射光的单位圆波矢面交于 N_i,AN_i 即为入射光波矢 $\boldsymbol{k}_i=\overrightarrow{AN_i}$;

（3）过 N_i 点作 Σ 面的垂线,它与晶体中的波矢面相交于 N'_t 和 N''_t,并将它们与 A 点相连,即得透射光波矢 $\boldsymbol{k}'_t=\overrightarrow{AN'_t}$,$\boldsymbol{k}''_t=\overrightarrow{AN''_t}$。每一个折射光对应着一个光线方向和一个光线速度,这就是双折射现象。

对于晶体内部的双反射现象,可以作类似处理:以界面上任一点为原点,在界面 Σ 两侧画出晶体的波矢面,其中入射光的波矢面画在晶体外侧,自原点引出与入射光波法线方向平行的直线,确定出入射波矢 $\boldsymbol{k}_i$,过 $\boldsymbol{k}_i$ 末端作 Σ 的垂线,在晶体内侧交反射光波矢面于两点,从而可确定出符合式(7-81)的两个反射波矢 $\boldsymbol{k}'_r$ 和 $\boldsymbol{k}''_r$。

应当指出的是,由这个作图法所确定的两个反射波矢和两个折射波矢只是允许的或可能的两个波矢,至于实际上两个波矢是否同时存在,要看入射光是否包含有各反射光或各折射光的场矢量方向上的分量。

利用斯涅耳作图法来确定折射波的方向应注意以下几点:

（1）由于折射定律表达式(式(7-81))规定的两个折射波的波矢量总是在入射面内,因此斯涅耳作图法只利用一张平面图就可以确定两个折射波的波法线方向,这是该作图法的优点。

（2）在式(7-81)中,由于 k'_t 和 k''_t 并非常数,所以 $\sin\theta_i/\sin\theta_t$ 也不是恒量,这一点与光在各向同性介质中折射不一样。不过,对于单轴晶体内的其中一个折射光,它的 k 值却是常数,因此 $\sin\theta_i/\sin\theta_t$ 是恒量。

（3）由于一般情形下 k'_t 和 k''_t 并非常数,并且波矢面的面形复杂,所以从给定的 θ_i 要精确地确定 θ'_t 和 θ''_t 十分困难。此外,确定了 k'_t 和 k''_t 的方向后,还需要转换才知道折射光线的传播方向。

下面,利用斯涅耳作图法讨论经常遇到的单轴晶体双折射的几个实例。

1）平面光波正入射

图 7-26 表示一个正单轴晶体,其光轴位于入射面内,与晶面斜交。当一束平面光波正入射时,其折射光的波矢和光线方向可这样确定:首先在入射界面上任取一点作为原点,按比例在晶体一侧画出入射光所在介质的波矢面和晶体的波矢面。光波垂直射入晶体后,分为 o 光和 e 光。o 光垂直于主截面振动,e 光在主截面内振动。o 光和 e 光的波法线方向相同,均垂直于界面,但光线方向不同。过 $\boldsymbol{k}_e$ 矢量末端所作的椭圆切线是 e 光的波矢量振动方向,其法线方向即为该 e 光的光线方向 $\boldsymbol{s}_e$,它仍在主截面内,而 o 光的光线方向 $\boldsymbol{s}_o$ 则平行于 $\boldsymbol{k}_o$ 方向。在一般情况下,如果晶体足够厚,从与晶体平行的下通光表面出射的是两束光,其振动方向互相垂直,其中相应于 e 光的透射光,相对入射光的位置在主截面内有一个平移。

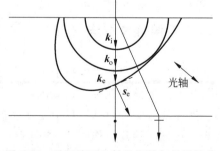

图 7-26　平面波正入射且光轴与晶面斜交

图 7-27 给出了平面光波正入射、光轴平行于晶体表面时的折射光方向。在晶体内产生的 o 光和 e 光的波法线方向和光线方向均相同,但其传播速度不同。因此,当入射光为线偏振光时,从晶体下表面出射的光在一般情况下将是随晶体厚度变化的椭圆偏振光。

图 7-28 给出了平面光波正入射,光轴垂直于晶体表面时的折射光方向。由于此时晶体内光的波法线方向平行于光轴方向,所以不发生双折射现象。晶体下表面出射光的偏振状态,与入射光的相同。

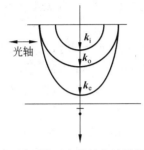
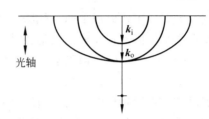

图 7-27　平面波正入射且光轴平行于表面　　　图 7-28　平面波正入射且光轴垂直于晶体表面

2) 平面光波在主截面内斜入射

如图 7-29 所示,平面光波在主截面内斜入射时,在晶体内将分为 o 光和 e 光,e 光的波法线方向和光线方向一般与 o 光不相同,但都在主截面内。当晶体足够厚时,从晶体下表面射出的是两束振动方向互相垂直的线偏振光,传播方向与入射光的相同。

3) 光轴平行于晶面,入射面垂直于主截面

图 7-30 给出了晶体光轴平行于晶面(垂直于图面),平行光波的入射面垂直于主截面时的折射光传播方向。此时,光进入晶体后分为 o 光和 e 光两束光。对于 o 光,其波法线方向与光线方向一致;而 e 光因其折射率是常数,与入射角的大小无关,所以它的波法线方向与光线方向也相同。

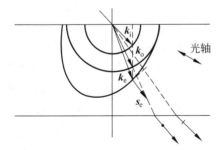
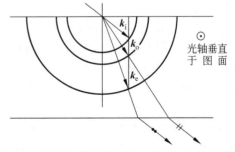

图 7-29　平面波在主截面内斜入射　　　　图 7-30　光轴平行于晶面且入射面与主截面垂直

7.6　晶体光学器件

作为晶体双折射特性和偏振效应的实际应用,下面讨论光学和光电子技术中的重要光学元件——偏振器、波片和补偿器。

7.6.1 偏振器

在光电子技术应用中,经常需要偏振度很高的线偏振光。除了某些激光器本身即可产生线偏振光外,大部分都是通过对入射光进行分解和选择获得线偏振光的。我们将能够产生偏振光的装置,包括仪器、器件等,称为起偏器(Polarizer);用来检测偏振光及其偏振方向的装置,称为检偏器(Analyzer)。当然,起偏器也可用来作检偏器,二者无实质性的差别,只是用途不同,完全可以互换。

根据偏振器的工作原理不同,可以分为双折射型、反射型、吸收型和散射型偏振器。其中反射型和散射型因其存在消光比差、抗损伤能力低等缺点,应用受到限制。在光电子技术中,由于液晶技术的成熟,目前除了大量采用双折射型偏振器外,吸收型偏振器也已经得到广泛应用。

根据晶体双折射特性的讨论已知,一块晶体本身就是一个偏振器,从晶体中射出的两束光都是线偏振光。但是,由于从晶体射出的两束光通常靠得很近,不便于分离应用。所以实际的偏振器,或者利用两束偏振光折射的差别,使其中一束在偏振器内发生全反射或散射,而让另一束光通过;或者利用某些各向异性介质的二向色性,吸收掉一束线偏振光,而使另一束线偏振光通过。

1. 偏振棱镜

偏振棱镜是利用晶体的双折射特性制成的偏振器,它通常是由两块晶体按一定的取向组合而成的。利用晶体的双折射现象,可以制成各种偏振棱镜。下面介绍几种常用的偏振棱镜。

1) 沃拉斯顿(Wollaston)棱镜

沃拉斯顿棱镜能产生两束互相分开的、光矢量互相垂直的线偏振光,如图 7-31 所示。它由两个直角的方解石(或石英)棱镜胶合而成,且这两个光轴方向相互垂直,又都平行于各自的表面。

当一束自然光垂直到入射到 AB 面上时,由第一块棱镜产生的 o 光和 e 光方向均保持不变,但是传播速度不同。由于第二块棱镜相对于第一块棱镜转过了 $90°$,因此在界面 AC 处,o 光与 e 光发生了转化。先看光矢量垂直于纸面的这束偏振光,它在第一块棱镜里是 o 光,在第二棱镜里却成了 e 光,由于方解石的 $n_o > n_e$,这束光在通过界面时是由光密媒质入射到光疏媒质,因此将远离法线方向传播。而光矢量平行于纸面的这束光,在界面 AC 上的折射则为由光疏媒质到光密媒质,因此靠近法线方向传播。从 AC 界面处折射后进入第二块棱镜的两束偏振方向垂直的线偏振光在 CD 界面处的折射都是从光密媒质到光疏媒质,所以远离法线方向偏折,彼此再次分开。这样,从沃拉斯顿棱镜射出的是两束有一定夹角,且光矢量互相垂直的线偏振光。

不难证明,当棱镜顶角 α 不很大时,这两束光基本上对称地分开,它们与出射面 CD 的法线的夹角为

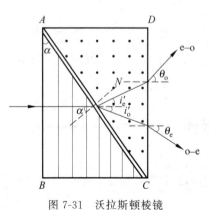

图 7-31　沃拉斯顿棱镜

$$\theta_0 = \arcsin\left[(n_o - n_e)\tan\alpha\right] \tag{7-86}$$

若入射光是白光,则出射的是彩虹光斑。出射光束间的夹角取决于方解石两主折射率之差和棱镜的折射顶角。

同样,制造沃拉斯顿棱镜的材料也可以用水晶(即石英)。水晶比方解石容易加工成完善的光学平面,但是分出的两束光的夹角要小得多。

2) 尼科耳(Nicol)棱镜

尼科耳棱镜是一种常用的偏振棱镜,是由优质的方解石制成的,它能使双折射产生的两束线偏振光的一束在黏合界面处发生全反射,偏折出棱镜;高纯度的另一束线偏振光几乎无偏折地从棱镜穿出。

我们首先简单介绍主截面的基本概念。在单轴晶体中,由 o 光线和光轴组成的平面称为 o 主平面;由 e 光线和光轴组成的平面称为 e 主平面。一般 o 主平面和 e 主平面不是重合的。但是,实验和理论证明,当入射光线在由光轴和晶体表面法线组成的平面内时,o 光线和 e 光线都在这个平面内,这个平面也就是 o 光和 e 光共同组成的主平面。这个由光轴和晶体表面法线组成的面称为晶体的主截面。实际使用中,都有意选择入射面与主截面重合,以使所研究的双折射变得简单。天然的方解石晶体的主截面总是与晶面相交成一个角度为 70°53′和 109°7′的平行四边形,如图 7-32 所示。

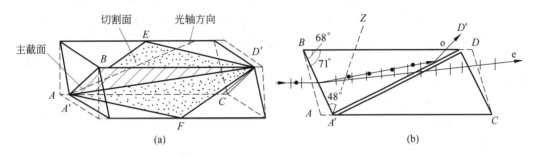

图 7-32 尼科耳棱镜
(a) 切开方解石的方位;(b) 尼科耳棱镜的主截面

取长度约为宽度三倍的优质方解石晶体,将两端磨去约 3°,使其主截面 $ABCD$ 的锐角由 70°53′变为 68°,然后按照图 7-32(a)所示,将晶体沿着垂直于主截面及两端面的平面切开,把切开的面磨成光学面,再用加拿大树胶黏合在一起,并将周围涂黑,就制成了尼科耳棱镜。

加拿大树胶是一种各向同性的物质,它的折射率 $n_B = 1.55$,比寻常光的折射率小,但是比非寻常光的折射率大。例如,对于 $\lambda = 589.3$ nm 的钠黄光,方解石的折射率为:$n_o = 1.6584, n_e = 1.5159$。因此,o 光和 e 光在胶合层反射的情况是不同的。对于 o 光,它从光密媒质入射到光疏媒质,有发生全反射的可能性;而 e 光相当于从光疏媒质到光密媒质,不会发生全反射。o 光发生全反射的临界角为

$$\theta_e = \arcsin(n_B/n_e) = \arcsin(1.55/1.6584) \approx 69° \tag{7-87}$$

当光沿着棱镜的纵长方向入射时,入射角为 22°,o 光的折射角为 13°,因此在胶合层的入射角约为 77°时,大于临界角,发生全反射,被棱镜壁吸收。至于 e 光,由于 $n_e < n_B$,不发

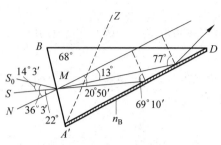

图 7-33 o 光在胶合层面上的全反射

生全反射,可以透过胶合层从棱镜的另一端射出。显然,所透出的偏振光的光矢量与入射面平行。如图 7-33 所示。

尼科耳棱镜的孔径角约为 14°。当入射光在 N 一侧超过 14°时,o 光在胶合层上的入射角就小于临界角,不发生全反射;当入射光在 S_0 一侧超过 14°时,由于 e 光的折射率增大而与 o 光同时发生全反射,结果没有光从棱镜射出。所以尼科耳棱镜不适合高度会聚或发散的光束。而且,天然方解石晶体一般比较小,所制成的尼科耳棱镜的有效使用截面都很小,而价格却十分昂贵。但是,由于它对可见光的透明度非常高,并且能产生完善的线偏振光,所以尽管有上述缺点,对于平行可见光光束而言,在偏振光的偏振度要求较高的场合仍然是一种比较优良的偏振器。

3) 格兰-汤普森(Glan-Tompson)棱镜

尼科耳棱镜的缺点在于:第一,出射光束与入射光束不在同一直线上;第二,出射光做检偏器时会因尼科耳棱镜旋转而旋转,这在仪器的使用中会带来不便。格兰-汤普森棱镜就是为克服尼科耳棱镜的缺点而设计的。如图 7-34 所示,它由两块方解石直角棱镜沿斜面相对胶合制成,在两个棱柱间可以用甘油、树脂等胶合,也可以用空气隔开。与尼科耳棱镜的不同之处在于:其端面与底面垂直,光轴方向 z 既平行于端面又平行于斜面,即与图面垂直。自然光对端面正入射时,o 光和 e 光都不发生偏折,它们在斜面上的入射角等于棱镜斜面与直角面的夹角 θ。在一定孔径角范围内,适当选择 θ 使入射波中的 o 光的入射角大于临界角,发生全反射而被棱镜壁的涂层吸收;对于 e 光,入射角小于临界角能够透过,从而射出一束纯线偏振光。

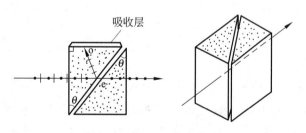

图 7-34 格兰-汤普森棱镜

组成格兰-汤普森棱镜的两块直角棱镜之间可以用加拿大树胶胶合,这时 $\theta \approx 76°30'$,孔径角为 ±13°。用加拿大树胶胶合有两个缺点,一是加拿大树胶对紫外线吸收很厉害,二是胶合层容易被大功率的激光所破坏。在这两种情形下往往用空气来代替加拿大树胶。这时 $\theta \approx 38.5°$,孔径角为 ±7.5°。这种棱镜能够透过波长短到 210 nm 的紫外线。

4) 傅科(Foucault)棱镜

若直接用空气层代替格兰-汤普森棱镜的加拿大树胶胶合层时,便得到傅科棱镜,它能在 $0.23 \sim 5\ \mu m$ 光谱范围内工作,所承受的功率密度达到 $100\ W/cm^2$,所以在激光技术中被广泛应用。

傅科棱镜如图7-35所示,它是格兰-汤普森棱镜的一种改进型。傅科棱镜用空气隙代替胶合面的加拿大树胶,这样可以减小加拿大树胶引起的吸收损耗,并可用于真空紫外波段。只要我们适当地选取棱镜的锐角θ,就可以使第一个棱镜与空气隙所形成的界面上的入射角:对于o光,大于临界角;而对e光来说,又小于临界角。于是,在空气隙界面上o光将发生全反射,而e光将穿过空气隙从CD边直接透射出去,我们将在透射侧获得一线偏振光。

5)洛匈(Rochon)棱镜

图7-36所示的洛匈棱镜是由两个光轴互相垂直的方解石三棱镜黏合而成。白色自然光正入射时,由于$\theta_i=0$,所以$\theta_t=0$,即折射光无偏折地在晶体内沿光轴方向传播。在三棱镜CAB中,两个光矢量都垂直于光轴,都是o光,有同一折射率。进入三棱镜BDC后,振动方向垂直纸面的光矢量是e光,因方解石是负单轴晶体,故振动方向与纸面垂直的光相当于从光密媒质到光疏媒质,远离法线方向偏折;而振动方向与纸面平行的光仍沿原方向无偏折地通过。e光射出晶体后的偏离角θ_e由下式求得:

$$\left.\begin{array}{r} n_o\sin\alpha=n_e\sin(\alpha+\alpha') \\ n_e\sin\alpha'=\sin\theta_e \end{array}\right\} \tag{7-88}$$

联立求解式(7-88)的两个方程,得

$$\sin\theta_e=(n_o-n_e\cos\alpha')\tan\alpha \tag{7-89}$$

如果$\Delta n=n_o-n_e$较小,可认为$\cos\alpha'\approx1$,则上式变为

$$\sin\theta_e=(n_o-n_e)\tan\alpha \tag{7-90}$$

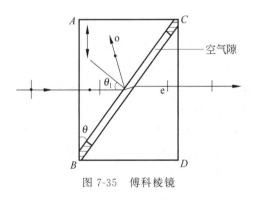

图7-35 傅科棱镜

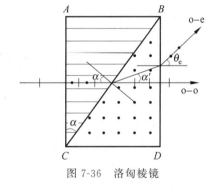

图7-36 洛匈棱镜

由于振动方向与纸面平行的光不发生偏折,因此白光入射时,得到无偏折通过的白色线偏振光;偏离法线的e光却是个彩色光斑,这是洛匈棱镜的特点。洛匈棱镜也可用正单轴晶体(如石英)制成。用石英时,出射光中振动方向与纸面平行的光仍将无偏折地射出,而振动方向与纸面垂直的光偏离法线的方向与方解石的相反,从BD面法线的下方射出。

2. 偏振片

由于偏振棱镜的通光面积不大,存在孔径角限制,且造价昂贵,所以在许多要求不高的场合,都采用偏振片产生线偏振光。

1)散射型偏振片

这种偏振片是利用双折射晶体的散射起偏的,其结构如图7-37所示,两片具有特定折

射率的光学玻璃(ZK$_2$)夹着一层双折射性很强的硝酸钠(NaNO$_3$)晶体。制作过程大致是：把两片光学玻璃的相对面打毛,竖立在云母片上,将硝酸钠溶液倒入两个毛面形成的缝隙中,压紧两块毛玻璃,挤出气泡,使得很窄的缝隙为硝酸钠填满,并使溶液从云母片一边缓慢冷却,形成单晶,其光轴恰好垂直云母片,进行退火处理后,即可截成所需要的尺寸。

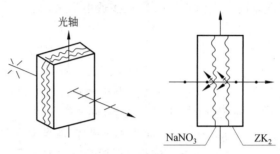

图 7-37　散射型偏振片

由于硝酸钠晶体对于垂直其光轴入射的黄绿光的主折射率为 $n_o = 1.5854$, $n_e = 1.3369$,光学玻璃(ZK$_2$)对该波长光的折射率为 $n = 1.5831$,与 n_o 非常接近,而与 n_e 相差很大,所以,当光通过玻璃与晶体间的粗糙界面时,o 光将无阻碍地通过,而 e 光则因受到界面强烈散射而无法通过。

散射型偏振片本身是无色的,而且它对可见光范围的各种色光的透过率几乎相同,又能做成较大的通光面积,因此,特别适用于需要真实地反映自然光中各种色光成分的彩色电影和彩色电视。

2) 二向色型偏振片

晶体对光波的吸收,既取决于光的波长,也取决于光矢量相对于晶体的方向。因此,当入射光是复色(如白色)线偏振光时,把晶体迎着光传播方向旋转时,所观察到的透射光会有不同的强度和颜色,这种现象称为多向色性。对单轴晶体,称为二向色性;对双轴晶体,称为三向色性。利用这种性质,可以得到偏振度很高的线偏振光。

二向色型偏振片是利用某些物质的二向色性制作的。所谓二向色性,就是有些晶体(如电气石、硫酸碘奎宁等)对传输光中两个相互垂直的振动分量具有选择吸收的特性。例如电气石对传输光中垂直于光轴的寻常光矢量分量吸收很强烈,吸收量与晶体厚度成正比,而对非寻常光矢量分量只吸收某些波长成分,因此它略带颜色。

目前使用较多的二向色型偏振片是人造偏振片。例如,广泛应用的 H 型偏振片就是一

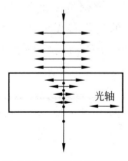

图 7-38　二向色型偏振片

种带有墨绿色的塑料偏振片,它是把一片聚乙烯醇薄膜加热后,沿一个方向拉伸 3～4 倍,再放入碘溶液浸泡制成的。浸泡后的聚乙烯膜具有强烈的二向色性。碘附着在直线的长链聚合分子上,形成一条碘链,碘中所含的传导电子能沿着链运动。自然光射入后,光矢量平行于链的分量对电子做功,被强烈吸收,只有光矢量垂直于薄膜拉伸方向的分量可以透过,如图 7-38 所示。这种偏振片的优点是很薄,面积可以做得大,有效孔径角几乎是 180°,且工艺简单,成本低;其缺点是有颜色,透过率低,对黄色光的透过率仅为30%,并且出射光的偏振度低。

目前，二向色型偏振片（亦即吸收型偏振片）广泛地应用于显示技术中，如液晶电视、液晶手表、各种液晶显示器等。

7.6.2 波片

如图 7-39 所示，晶片的光轴与其表面平行，设其为 y 轴。由起偏器获得的线偏振光垂直入射到由单轴晶体制成的平行平面薄片上。这时入射的线偏振光将分成两束振动方向相互垂直的线偏振光：o 光和 e 光，它们的光矢量分别沿 x 轴和 y 轴。习惯上把两轴中的一个称为快轴，另一个称为慢轴，即光矢量沿快轴的那束光比沿慢轴的传播得快。对于正单轴晶体，o 光比 e 光传播快，所以光轴方向是慢轴，与之垂直的是快轴。由于 o 光和 e 光在晶片中速度不同，即它们在晶体内所通过的光程不同，两束光通过晶片后产生了一定的光程差或相位差。

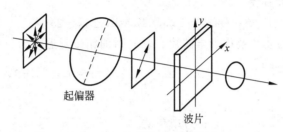

起偏器

波片

图 7-39　线偏振光通过晶片

设晶片的厚度为 d，那么它们通过晶片后的光程差为

$$\Delta = |n_o - n_e| d \tag{7-91}$$

相位差为

$$\delta = \frac{2\pi}{\lambda} |n_o - n_e| d \tag{7-92}$$

这种能使光矢量互相垂直的两束线偏振光产生相位相对延迟的晶片称为波片。

现有一束线偏振光垂直射入波片，在入射面上所产生的 o 光和 e 光分量同相位，振幅分别为 A_o 和 A_e。该两光束穿过波片射出时，附加了一个相位延迟差 δ，因而其合成光矢量端点的轨迹方程为

$$\left(\frac{E_1}{A_o}\right)^2 + \left(\frac{E_2}{A_e}\right)^2 - 2\frac{E_1 E_2}{A_o A_e}\cos\delta = \sin^2\delta \tag{7-93}$$

该式为椭圆方程。它说明输出光的偏振态发生了变化，为椭圆偏振光。利用这种波片可以将椭圆偏振光转变成线偏振光，或者将线偏振光转变成椭圆偏振光。

在光电子技术中，经常应用的是半波片和 1/4 波片等，下面分别进行介绍。

1. 全波片

如果波片产生的光程差

$$\Delta = m\lambda, \quad m = \pm 1, \pm 2, \cdots \tag{7-94}$$

其中 m 为整数，这样的波片就称为全波片。这种波片的附加相位延迟差为

$$\delta = \frac{2\pi}{\lambda} |n_o - n_e| d = 2m\pi, \quad m = \pm 1, \pm 2, \cdots \tag{7-95}$$

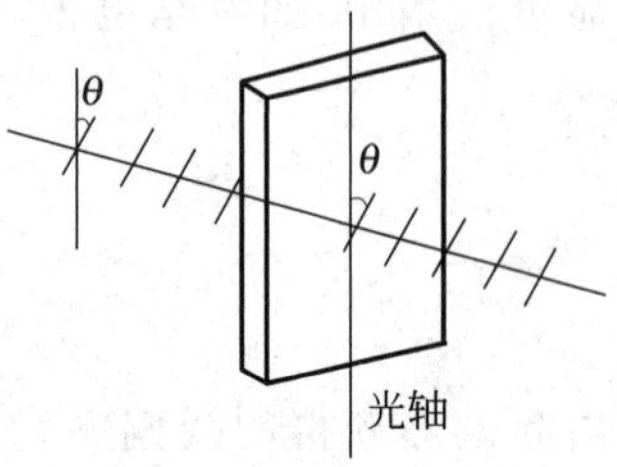

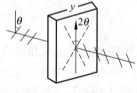

将其代入式(7-93),得

$$\left(\frac{E_1}{A_o}-\frac{E_2}{A_e}\right)^2=0 \qquad (7-96)$$

即

$$E_1=\frac{A_o}{A_e}E_2=E_2\tan\theta \qquad (7-97)$$

图 7-40 全波片

显然,此式为直线方程,即线偏振光通过全波片后,其偏振状态不变,如图 7-40 所示。因此将全波片放入光路中,不改变光路的偏振状态。全波片的厚度为

$$d=\left|\frac{m}{n_o-n_e}\right|\lambda \qquad (7-98)$$

2. 半波片

如果波片产生的光程差

$$\Delta=(m+1/2)\lambda, \quad m=0,\pm1,\pm2,\cdots \qquad (7-99)$$

其中 m 为整数,这样的波片就称为半波片。它的附加相位延迟差为

$$\delta=\frac{2\pi}{\lambda}|n_o-n_e|d=(2m+1)\pi, \quad m=0,\pm1,\pm2,\cdots \qquad (7-100)$$

将其代入式(7-93),得

$$\left(\frac{E_1}{A_o}+\frac{E_2}{A_e}\right)^2=0 \qquad (7-101)$$

即

$$E_1=-\frac{A_o}{A_e}E_2=\tan(-\theta)E_2 \qquad (7-102)$$

此式也为直线方程,即出射光仍为线偏振光,只是振动面的方位较入射光转过了 2θ 角,如图 7-41 所示,当 $\theta=45°$ 时,振动面转过 $90°$。半波片的厚度为

$$d=\left|\frac{2m+1}{n_o-n_e}\right|\frac{\lambda}{2} \qquad (7-103)$$

3. 1/4 波片

图 7-41 半波片

如果波片产生的光程差

$$\Delta=(m+1/4)\lambda, \quad m=0,\pm1,\pm2,\cdots \qquad (7-104)$$

其中 m 为整数,这样的波片就称为 1/4 波片。它的附加相位延迟差为

$$\delta=\frac{2\pi}{\lambda}|n_o-n_e|d=(4m+1)\frac{\pi}{2}, \quad m=0,\pm1,\pm2,\cdots \qquad (7-105)$$

将其代入式(7-93),得

$$\frac{E_1^2}{A_o^2}+\frac{E_2^2}{A_e^2}=1 \qquad (7-106)$$

此式是一个标准椭圆方程,其长、短半轴长分别为 A_o 和 A_e。这说明,线偏振光通过 1/4 波片后,出射光将变为长、短半轴等于 A_o 和 A_e 的椭圆偏振光,如图 7-42(a)所示。当 $\theta=45°$ 时, $A_e=A_o=A/\sqrt{2}$,出射光为圆偏振光,如图 7-42(b)所示,其方程为

$$E_1^2 + E_2^2 = A^2/2 \qquad (7\text{-}107)$$

1/4 波片的厚度为

$$d = \left| \frac{2m+1}{n_o - n_e} \right| \frac{\lambda}{4} \qquad (7\text{-}108)$$

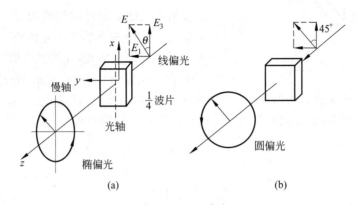

图 7-42　1/4 波片
(a) 出射光为椭圆偏振光；(b) 出射光为圆偏振光

应当说明的是,晶体的双折射率差$(n_o - n_e)$是很小的,所以,对应于$m=1$的波片厚度非常小。例如,石英晶体的双折射率$n_o - n_e = -0.0009$,当波长为$0.5\ \mu m$时,半波片仅为$28\ \mu m$厚,制作和使用都很困难。虽然可以加大m值,增加厚度,但将导致波片对波长、温度和自身方位的变化很敏感。比较可行的办法是把两片石英粘在一起,使它们的厚度差为一个波片的厚度(对应$m=1$的厚度),而光轴方向相互垂直。

在使用波片时,有两个问题必须注意:

(1) 波长问题。任何波片都是对特定波长而言,例如,对于波长为$0.5\ \mu m$的半波片,对于$0.6328\ \mu m$的光波长就不再是半波片了,对于波长为$1.06\ \mu m$的 1/4 波片,对$0.53\ \mu m$来说恰好是半波片。所以,在使用波片前,一定要清楚所使用的波片是对哪个波长而言的。

(2) 波片的主轴方向问题。使用波片时应当知道波片所允许的两个振动方向(即两个主轴方向)及相应波速的快慢。通常在制作波片时已经指出这些,并已标在波片边缘的框架上了。

最后还需要指出,波片虽然给入射光的两个分量增加了一个相位差δ,但在不考虑波片表面反射的情况下,因为振动方向相互垂直的两光束不发生干涉,总光强与δ无关,保持不变。所以,波片只能改变入射光的偏振态,不改变其光强。

7.6.3　补偿器

能使两个在相互垂直方向上振动的场矢量产生一定光程差或相位差的装置,称为补偿器。波片只能对振动方向相互垂直的两束光产生固定的相位差,补偿器则能对振动方向相互垂直的两束线偏振光产生连续改变即可控制的相位差。

最简单的一种补偿器叫巴比涅(Babinet)补偿器,如图 7-43 所示,由两个方解石或石英劈组成,这两个劈的光轴相互垂直。当线偏振光射入补偿器后,产生传播方向相同、振动方

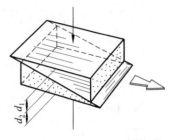

图 7-43 巴比涅补偿器

向相互垂直的 o 光和 e 光,并且,在上劈中的 o 光或 e 光进入下劈时就成了 e 光或 o 光。由于劈尖顶角很小(约 $2°\sim3°$),厚度也不大,在两个劈界面上,e 光和 o 光可认为不分离。

设光在第一光劈中通过的厚度为 d_1,在第二光劈中通过的厚度为 d_2。光矢量沿第一光劈的光轴方向的那个分量在第一光劈中属于 e 光,在第二光劈中属于 o 光,它在补偿器中的总光程为 $(n_e d_1 + n_o d_2)$;同理可得到,光矢量沿第二光劈的光轴方向的那个分量在补偿器中的总光程为 $(n_o d_1 + n_e d_2)$。所以,从补偿器出来时,这两束振动方向相互垂直的线偏振光间的相位差为

$$\delta = \frac{2\pi}{\lambda}\left[(n_o d_1 + n_e d_2) - (n_e d_1 + n_o d_2)\right]$$

$$= \frac{2\pi}{\lambda}(n_e - n_o)(d_2 - d_1) \tag{7-109}$$

当入射光从补偿器上方不同位置射入时,相应的 $(d_2 - d_1)$ 值不同,δ 值也就不同。因此,调整 $(d_2 - d_1)$ 值,便可得到任意的 δ 值。根据光劈移动的数值,就可以知道所产生的 δ 值。利用补偿器还可以精确地测定波片产生的光程差。

巴比涅补偿器的缺点是必须使用极细的入射光束,因为宽光束的不同部分会产生不同的相位差。采用图 7-44 所示的索列尔(Soleil)补偿器可以弥补这个不足。这种补偿器是由两个光轴平行的石英劈和一个石英平行平面板组成的。石英板的光轴与两劈的光轴垂直。上劈可由微调螺丝使之平行移动,从而改变光线通过两劈的总厚度 d_1。对于某个确定的 d_1,可以在相当宽的区域内获得相同的 δ 值。

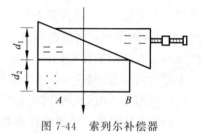

图 7-44 索列尔补偿器

显然,利用上述补偿器可以在任何波长上产生所需要的波片;可以补偿及抵消一个元件的自然双折射;也可以在一个光学器件中引入一个固定的延迟偏置;经校准定标后,还可用来测量待求波片的相位延迟。

7.7　偏振光和偏振器件的矩阵表示

在涉及偏振光的问题时,常常需要确定各种偏振器、位相延迟器等对于光束偏振态的作用或影响,这类问题采用矩阵运算方法比较简洁、方便。一个偏振器件的作用在于对入射偏振光束的光矢量进行一个线性变换,因此这种变换可以用矩阵表示。由于矩阵运算不需要对每个问题的物理意义都去进行周密的思考,并且适合于计算机运算,因此可以减少出现错误的机会。

7.7.1　偏振光的矩阵表示

从第 4 章我们已经知道,沿 z 轴方向传播的任一理想单色偏振光,不管是线偏振光、圆偏振光还是椭圆偏振光,其光矢量都可分解为光矢量分别沿 x 轴和 y 轴的两束线偏振光,可表示为

$$\left.\begin{array}{l} E_x = A_x \exp\left[-\mathrm{i}(\omega t - \delta_x)\right] \\ E_y = A_y \exp\left[-\mathrm{i}(\omega t - \delta_y)\right] \end{array}\right\} \tag{7-110}$$

这两个分量有确定的振幅比和相位差,它们将决定该入射偏振光的偏振态。将上两式写作

$$\begin{bmatrix} E_x \\ E_y \end{bmatrix} = \begin{bmatrix} A_x \exp(\mathrm{i}\delta_x) \\ A_y \exp(\mathrm{i}\delta_y) \end{bmatrix} \exp(-\mathrm{i}\omega t) \tag{7-111}$$

省去其中的公共因子 $\exp(-\mathrm{i}\omega t)$,这样,任一种偏振光可以用由它光矢量的两个分量构成的一列矩阵表示,正像普通二维矢量可以用由它的两个直角分量构成的一列矩阵表示一样,这一列矩阵称为琼斯(Jones)矢量,它是美国物理学家琼斯(R. C. Jones)在 1941 年首次提出的,并记作

$$\boldsymbol{E} = \begin{bmatrix} E_x \\ E_y \end{bmatrix} = \begin{bmatrix} A_x \exp(\mathrm{i}\delta_x) \\ A_y \exp(\mathrm{i}\delta_y) \end{bmatrix} \tag{7-112}$$

由于偏振光的强度是它的两个分量的强度之和,因此入射光的光强可表示为

$$I = |E_x|^2 + |E_y|^2 = A_x^2 + A_y^2 \tag{7-113}$$

而我们常常关心的是强度的相对变化,因此可以把表示偏振光的琼斯矢量归一化,即用强度值的平方根除以式(7-112)中的两个分量,得到

$$\begin{aligned} \boldsymbol{E} &= \frac{1}{\sqrt{A_x^2 + A_y^2}} \begin{bmatrix} E_r \\ E_y \end{bmatrix} = \frac{1}{\sqrt{A_x^2 + A_y^2}} \begin{bmatrix} A_x \exp(\mathrm{i}\delta_x) \\ A_y \exp(\mathrm{i}\delta_y) \end{bmatrix} \\ &= \frac{A_x \exp(\mathrm{i}\delta_x)}{\sqrt{A_x^2 + A_y^2}} \begin{bmatrix} 1 \\ A_y/A_x \exp[\mathrm{i}(\delta_y - \delta_x)] \end{bmatrix} \\ &= \frac{A_x \exp(\mathrm{i}\delta_x)}{\sqrt{A_x^2 + A_y^2}} \begin{bmatrix} 1 \\ A_0 \exp(\mathrm{i}\delta) \end{bmatrix} \end{aligned} \tag{7-114}$$

其中,$A_0 = A_y/A_x$,$\delta = \delta_y - \delta_x$。通常我们只研究相对相位,因此式(7-112)中的公共相位因子 $\exp(-\mathrm{i}\delta_x)$ 可以略去不写。于是,得到归一化的琼斯矢量

$$\boldsymbol{E} = \frac{A_x}{\sqrt{A_x^2 + A_y^2}} \begin{bmatrix} 1 \\ A_0 \exp(\mathrm{i}\delta) \end{bmatrix} \tag{7-115}$$

下面是几个求偏振光的归一化琼斯矢量的例子。

(1) 光矢量沿 x 轴,振幅为 A 的线偏振光

$$E_x = A, \quad E_y = 0 \tag{7-116}$$

将式(7-116)代入式(7-115),得到归一化的琼斯矢量为

$$\boldsymbol{E} = \frac{A}{A} \begin{bmatrix} 1 \\ 0 \end{bmatrix} = \begin{bmatrix} 1 \\ 0 \end{bmatrix} \tag{7-117}$$

（2）光矢量与 x 轴成 θ 角，振幅为 A 的线偏振光

$$E_x = A\cos\theta, \quad E_y = A\sin\theta \tag{7-118}$$

其归一化的琼斯矢量为

$$\boldsymbol{E} = \frac{1}{A} \begin{bmatrix} A\cos\theta \\ A\sin\theta \end{bmatrix} = \begin{bmatrix} \cos\theta \\ \sin\theta \end{bmatrix} \tag{7-119}$$

（3）左旋偏振光，振幅 $A_x = A_y$，$\delta = \delta_y - \delta_x = \pi/2$

$$E_x = A, \quad E_y = A\exp(\mathrm{i}\pi/2) \tag{7-120}$$

其归一化的琼斯矢量为

$$\boldsymbol{E} = \frac{1}{\sqrt{2}\,A} \begin{bmatrix} A \\ A\exp(\mathrm{i}\pi/2) \end{bmatrix} = \frac{1}{\sqrt{2}} \begin{bmatrix} 1 \\ \mathrm{i} \end{bmatrix} \tag{7-121}$$

用同样的方法可以求出其他偏振态的琼斯矢量，如表 7-4 所示。

表 7-4　一些偏振态的归一化琼斯矢量

偏　振　态		琼斯矢量
线偏振光	光矢量沿 x 轴	$\begin{bmatrix} 1 \\ 0 \end{bmatrix}$
	光矢量沿 y 轴	$\begin{bmatrix} 0 \\ 1 \end{bmatrix}$
	光矢量与 x 轴夹角为 $\pm 45°$	$\dfrac{1}{\sqrt{2}} \begin{bmatrix} 1 \\ \pm 1 \end{bmatrix}$
	光矢量与 x 轴夹角为 θ	$\begin{bmatrix} \cos\theta \\ \sin\theta \end{bmatrix}$
圆偏振光	左旋	$\dfrac{1}{\sqrt{2}} \begin{bmatrix} 1 \\ \mathrm{i} \end{bmatrix}$
	右旋	$\dfrac{1}{\sqrt{2}} \begin{bmatrix} 1 \\ -\mathrm{i} \end{bmatrix}$

用琼斯矢量表示各种偏振态，可以较方便地计算两个或多个给定偏振态相干叠加的结果，也能方便地求得各种偏振器件对输入偏振态的作用。例如，两个振幅相等、相位相同，光矢量分别沿 x 轴和 y 轴的线偏振光的叠加，用琼斯矢量来计算为

$$\begin{bmatrix} 1 \\ 0 \end{bmatrix} + \begin{bmatrix} 0 \\ 1 \end{bmatrix} = \begin{bmatrix} 1 \\ 1 \end{bmatrix} \tag{7-122}$$

结果得到一个光矢量与 x 轴成 $45°$ 角的线偏振光，其振幅为入射偏振光振幅的 $\sqrt{2}$ 倍。又如，两个振幅相等的右旋和左旋圆偏振光的叠加，可表示为

$$\frac{1}{\sqrt{2}} \begin{bmatrix} 1 \\ -\mathrm{i} \end{bmatrix} + \frac{1}{\sqrt{2}} \begin{bmatrix} 1 \\ \mathrm{i} \end{bmatrix} = \frac{1}{\sqrt{2}} \begin{bmatrix} 1+1 \\ -\mathrm{i}+\mathrm{i} \end{bmatrix} = 2 \times \frac{1}{\sqrt{2}} \begin{bmatrix} 1 \\ 0 \end{bmatrix} \tag{7-123}$$

即得到一光矢量沿 x 轴的线偏振光，其振幅为圆偏振光振幅的 $\sqrt{2}$ 倍。

7.7.2　正交偏振

在线性代数中，所谓正交一般是对两个不转动的矢量而言的，但在偏振光中是指一对偏

振态具有正交性,这一对偏振态本身可能是旋转的(例如圆偏振光或椭圆偏振光)。用琼斯矢量来求正交偏振极为方便,正交偏振的条件与普通二维矢量的类似。设两个正交的线偏振光的琼斯矢量分别为

$$\boldsymbol{E}_1 = \begin{bmatrix} A_1 \\ B_1 \end{bmatrix}, \quad \boldsymbol{E}_2 = \begin{bmatrix} A_2 \\ B_2 \end{bmatrix} \tag{7-124}$$

它们满足正交的条件是

$$\boldsymbol{E}'_1 \boldsymbol{E}_2^* = \begin{bmatrix} A_1 & B_1 \end{bmatrix} \begin{bmatrix} A_2^* \\ B_2^* \end{bmatrix} = A_1 A_2^* + B_1 B_2^* = 0 \tag{7-125}$$

其中,星号" * "表示共轭复量。这一正交条件可以推广到任何偏振态。

图 7-45 中分别表示了几对正交偏振态。线偏振光 $\begin{bmatrix} 1 \\ 0 \end{bmatrix}$ 与 $\begin{bmatrix} 0 \\ 1 \end{bmatrix}$,左、右旋圆偏振光 $\begin{bmatrix} 1 \\ i \end{bmatrix}$ 与 $\begin{bmatrix} 1 \\ -i \end{bmatrix}$ 以及左、右旋椭圆偏振光 $\begin{bmatrix} 2 \\ i \end{bmatrix}$ 与 $\begin{bmatrix} 1 \\ -2i \end{bmatrix}$ 都是正交偏振态。

可以证明,任一偏振态 $\begin{bmatrix} A \\ B \end{bmatrix}$ 都可以分解为两个正交的偏振态,如分解为两个正交的线偏振光,则有

$$\begin{bmatrix} A \\ B \end{bmatrix} = A \begin{bmatrix} 1 \\ 0 \end{bmatrix} + B \begin{bmatrix} 0 \\ 1 \end{bmatrix} \tag{7-126}$$

也可以分解为两个正交的圆偏振态。设

$$\begin{bmatrix} A \\ B \end{bmatrix} = \xi \begin{bmatrix} 1 \\ i \end{bmatrix} + \eta \begin{bmatrix} 1 \\ -i \end{bmatrix} \tag{7-127}$$

则有

$$A = \xi + \eta, \quad B = (\xi - \eta)i \tag{7-128}$$

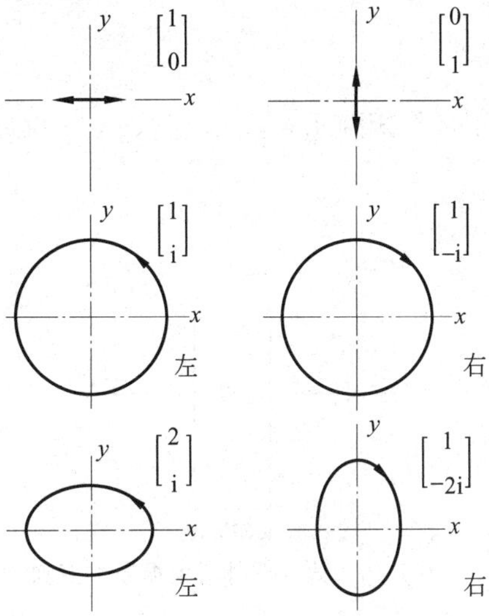

由上式解得

$$\xi = (A - iB)/2, \quad \eta = (A + iB)/2 \tag{7-129}$$

代入,得

$$\begin{bmatrix} A \\ B \end{bmatrix} = \frac{1}{2}(A - iB) \begin{bmatrix} 1 \\ i \end{bmatrix} + \frac{1}{2}(A + iB) \begin{bmatrix} 1 \\ -i \end{bmatrix} \tag{7-130}$$

同理可以证明,任何一种偏振态,都可以分解为两个正交椭圆偏振光的叠加。

图 7-45　几对正交偏振态

7.7.3　偏振器件的矩阵表示

琼斯矩阵最重要的应用,在于计算偏振光通过偏振器后偏振态的变化。偏振器件的特性可以用一个 2×2 矩阵来描述,该矩阵称为偏振器件的琼斯矩阵。偏振光通过偏振器件后,它的偏振态会发生变化,如图 7-46 所示。偏振器件 G 起着 E_2 与 E_1 之间的变换作用。我们假定偏振器件对于入射偏振光(用琼斯矢量表示)的作用是一个线性变换,也就是说,出射光琼斯矢量的两个分量 A_2 和 B_2 是入射光琼斯矢量的两个分量 A_1 和 B_1 的线性组合,即

$$A_2 = g_{11}A_1 + g_{12}B_1 \atop B_2 = g_{21}A_1 + g_{22}B_1 \Bigg\} \qquad (7\text{-}131)$$

写成矩阵形式为

$$\begin{bmatrix} A_2 \\ B_2 \end{bmatrix} = \begin{bmatrix} g_{11} & g_{12} \\ g_{21} & g_{22} \end{bmatrix} \begin{bmatrix} A_1 \\ B_1 \end{bmatrix} \qquad (7\text{-}132)$$

或写成

$$E_t = GE_i \qquad (7\text{-}133)$$

其中, G 为偏振器件的琼斯矩阵:

$$\boldsymbol{G} = \begin{bmatrix} g_{11} & g_{12} \\ g_{21} & g_{22} \end{bmatrix} \qquad (7\text{-}134)$$

其中,4 个矩阵元 g_{11}、g_{12}、g_{21}、g_{22} 一般是复常数,具体形式与坐标系的选择有关,下面举例说明。

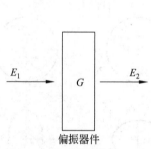

图 7-46 偏振器件对偏振态的变换

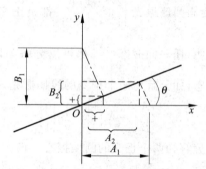

图 7-47 线偏振器件的琼斯矩阵推导

1. 线偏振器的琼斯矩阵

设偏振器透光轴与 x 轴成 θ 角,如图 7-47 所示。入射光 $\begin{bmatrix} A_1 \\ B_1 \end{bmatrix}$ 的两个分量通过线偏振器后沿透光轴方向的两个分量分别为 $A_1\cos\theta$ 和 $B_1\sin\theta$,它们在 x 轴和 y 轴上投影组合成 A_2 和 B_2,即

$$A_2 = (A_1\cos\theta + B_1\sin\theta)\cos\theta = A_1\cos^2\theta + \frac{1}{2}B_1\sin 2\theta \atop B_2 = (A_1\cos\theta + B_1\sin\theta)\sin\theta = \frac{1}{2}A_1\sin 2\theta + B_1\sin^2\theta \Bigg\} \qquad (7\text{-}135)$$

写成矩阵形式为

$$\begin{bmatrix} A_2 \\ B_2 \end{bmatrix} = \begin{bmatrix} \cos^2\theta & \dfrac{1}{2}\sin 2\theta \\ \dfrac{1}{2}\sin 2\theta & \sin^2\theta \end{bmatrix} \begin{bmatrix} A_1 \\ B_1 \end{bmatrix} \qquad (7\text{-}136)$$

因此该线偏振器的琼斯矩阵形式为

$$\boldsymbol{G} = \begin{bmatrix} \cos^2\theta & \dfrac{1}{2}\sin 2\theta \\ \dfrac{1}{2}\sin 2\theta & \sin^2\theta \end{bmatrix} \qquad (7\text{-}137)$$

如果将透光轴分别选为沿 x 轴、y 轴或与 x 轴夹角为 45°方向,显然其琼斯矩阵形式要简单得多。

2. 快轴在 x 方向的 1/4 波片

1/4 波片对入射偏振光 $\begin{bmatrix} A_1 \\ B_1 \end{bmatrix}$ 的作用是使其 y 轴分量相对于 x 轴分量产生 $\dfrac{\pi}{2}$ 的相位延迟,因此透射光的两个分量为 $A_2 = A_1$ 和 $B_2 = B_1 \exp(\mathrm{i}\pi/2) = \mathrm{i}B_1$,写成矩阵形式为

$$\begin{bmatrix} A_2 \\ B_2 \end{bmatrix} = \begin{bmatrix} 1 & 0 \\ 0 & \mathrm{i} \end{bmatrix} \begin{bmatrix} A_1 \\ B_1 \end{bmatrix} \tag{7-138}$$

因此,1/4 波片的琼斯矩阵为

$$\boldsymbol{G} = \begin{bmatrix} 1 & 0 \\ 0 & \mathrm{i} \end{bmatrix} \tag{7-139}$$

3. 快轴与 x 轴成 θ 角,产生的相位差为 δ 的波片

设入射偏振光为 $\begin{bmatrix} A_1 \\ B_1 \end{bmatrix}$,它们在波片快轴和慢轴上的分量和如图 7-48 所示,可表示为

$$\left. \begin{array}{l} A_\zeta = A_1 \cos\theta + B_1 \sin\theta \\ B_\eta = -A_1 \sin\theta + B_1 \cos\theta \end{array} \right\} \tag{7-140}$$

写成矩阵形式为

$$\begin{bmatrix} A_\zeta \\ B_\eta \end{bmatrix} = \begin{bmatrix} \cos\theta & \sin\theta \\ -\sin\theta & \cos\theta \end{bmatrix} \begin{bmatrix} A_1 \\ B_1 \end{bmatrix} \tag{7-141}$$

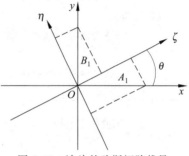

图 7-48 波片的琼斯矩阵推导

偏振光通过波片后在快轴和慢轴上的复振幅分别为 $A'_\zeta = A_\zeta$ 和 $B'_\eta = B_\eta \exp(\mathrm{i}\delta)$,写成矩阵形式为

$$\begin{bmatrix} A'_\zeta \\ B'_\eta \end{bmatrix} = \begin{bmatrix} 1 & 0 \\ 0 & \exp(\mathrm{i}\delta) \end{bmatrix} \begin{bmatrix} A_\zeta \\ B_\eta \end{bmatrix} \tag{7-142}$$

这样,透射光的光矢量在 x 轴和 y 轴的分量分别为

$$\left. \begin{array}{l} A_2 = A'_\zeta \cos\theta - B'_\eta \sin\theta \\ B_2 = A'_\zeta \sin\theta + B'_\eta \cos\theta \end{array} \right\} \tag{7-143}$$

即

$$\begin{bmatrix} A_2 \\ B_2 \end{bmatrix} = \begin{bmatrix} \cos\theta & -\sin\theta \\ \sin\theta & \cos\theta \end{bmatrix} \begin{bmatrix} A'_\zeta \\ B'_\eta \end{bmatrix} \tag{7-144}$$

代入各矩阵的表达式,得

$$\begin{bmatrix} A_2 \\ B_2 \end{bmatrix} = \begin{bmatrix} \cos\theta & -\sin\theta \\ \sin\theta & \cos\theta \end{bmatrix} \begin{bmatrix} 1 & 0 \\ 0 & \exp(\mathrm{i}\delta) \end{bmatrix} \begin{bmatrix} \cos\theta & \sin\theta \\ -\sin\theta & \cos\theta \end{bmatrix} \begin{bmatrix} A_1 \\ B_1 \end{bmatrix} \tag{7-145}$$

经整理化简,得波片的琼斯矩阵为

$$\boldsymbol{G} = \cos\frac{\delta}{2} \begin{bmatrix} 1 - \mathrm{i}\tan\dfrac{\delta}{2}\cos 2\theta & -\mathrm{i}\tan\dfrac{\delta}{2}\sin 2\theta \\[2mm] -\mathrm{i}\tan\dfrac{\delta}{2}\sin 2\theta & 1 + \mathrm{i}\tan\dfrac{\delta}{2}\cos 2\theta \end{bmatrix} \tag{7-146}$$

当 $\theta = 45°$ 时,该波片的琼斯矩阵为

$$G = \cos\frac{\delta}{2}\begin{bmatrix} 1 & -\mathrm{i}\tan\dfrac{\delta}{2} \\ -\mathrm{i}\tan\dfrac{\delta}{2} & 1 \end{bmatrix} \tag{7-147}$$

其他波片的琼斯矩阵也可以用类似的方法求出。一些重要器件的琼斯矩阵如表 7-5 所示。

表 7-5　一些偏振器件的琼斯矩阵

器　　件		琼　斯　矩　阵
线偏振器	透光轴在 x 方向	$\begin{bmatrix} 1 & 0 \\ 0 & 0 \end{bmatrix}$
	透光轴在 y 方向	$\begin{bmatrix} 0 & 0 \\ 0 & 1 \end{bmatrix}$
	透光轴与 x 轴成 $\pm45°$	$\dfrac{1}{2}\begin{bmatrix} 1 & \pm1 \\ \pm1 & 1 \end{bmatrix}$
	透光轴与 x 轴成 θ 角	$\begin{bmatrix} \cos^2\theta & \dfrac{1}{2}\sin2\theta \\ \dfrac{1}{2}\sin2\theta & \sin^2\theta \end{bmatrix}$
$\dfrac{1}{4}$ 波片	快轴在 x 方向	$\begin{bmatrix} 1 & 0 \\ 0 & \mathrm{i} \end{bmatrix}$
	快轴在 y 方向	$\begin{bmatrix} 1 & 0 \\ 0 & -\mathrm{i} \end{bmatrix}$
	快轴与 x 轴成 $\pm45°$	$\dfrac{1}{2}\begin{bmatrix} 1 & \mp\mathrm{i} \\ \mp\mathrm{i} & 1 \end{bmatrix}$
一般波片	快轴在 x 方向	$\begin{bmatrix} 1 & 0 \\ 0 & \exp(\mathrm{i}\delta) \end{bmatrix}$
	快轴在 y 方向	$\begin{bmatrix} 1 & 0 \\ 0 & \exp(-\mathrm{i}\delta) \end{bmatrix}$
	快轴与 x 轴 $\pm45°$	$\cos\dfrac{\delta}{2}\begin{bmatrix} 1 & -\mathrm{i}\tan\dfrac{\delta}{2} \\ -\mathrm{i}\tan\dfrac{\delta}{2} & 1 \end{bmatrix}$

如果偏振光相继通过 N 个偏振器件,它们的琼斯矩阵分别为 $G_1,G_2,\cdots,G_N$,则透射光的琼斯矢量由矩阵相乘得

$$E_t = G_N\cdots G_2 G_1 E_i \tag{7-148}$$

如图 7-49 所示。由于矩阵运算不满足交换律,因此式(7-148)中矩阵相乘的顺序不能颠倒。

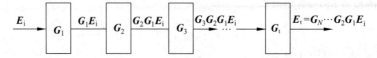

图 7-49　偏振光相继通过 N 个偏振器件

光学教程(第 3 版)

应该指出,琼斯矩阵只适合于偏振光的计算,对于非偏振光,可采用斯托克斯矢量来计算。

7.7.4 琼斯矩阵的本征矢量

设某偏振器件的琼斯矩阵为 G,若有一种特殊偏振态,当它通过该器件时保持偏振态不变,则称这种偏振态为该器件琼斯矩阵的本征矢量。设 G 的本征矢量 $E = \begin{bmatrix} A \\ B \end{bmatrix}$,则应满足条件

$$GE = \eta E \tag{7-149}$$

或

$$\begin{bmatrix} g_{11} & g_{12} \\ g_{21} & g_{22} \end{bmatrix} \begin{bmatrix} A \\ B \end{bmatrix} = \eta \begin{bmatrix} A \\ B \end{bmatrix} \tag{7-150}$$

其中,η 是一个复常数,称为本征值。写作

$$\eta = |\eta| \exp(\mathrm{i}\phi) \tag{7-151}$$

它表示本征矢量在通过该器件后振幅变成原来的 $|\eta|$ 倍,相位改变了 ϕ。

为求解本征矢量和相应的本征值,改写式(7-150)为

$$\begin{vmatrix} g_{11} - \eta & g_{12} \\ g_{21} & g_{22} - \eta \end{vmatrix} = 0 \tag{7-152}$$

这个方程叫本征方程,由它可以解出 η,把解出的本征值 η 代入方程(7-151),可以求出相应的本征矢量。

7.8 偏振光的干涉

与普通的干涉现象一样,偏振光的干涉同样也有重要的应用。从干涉现象来说,这种偏振光的干涉与第 5 章讨论的自然光的干涉现象相同,但实验装置不同:自然光干涉是通过分振幅法或分波面法获得两束相干光,进行干涉;而偏光干涉则是利用晶体的双折射效应,将同一束光分成振动方向相互垂直的两束线偏振光,再经检偏器将其振动方向引到同一方向上进行干涉,也就是说,通过晶片和一个检偏器即可观察到偏光干涉现象。

偏振光的干涉可以分为两类:平行偏振光的干涉和会聚偏振光的干涉,下面分别加以讨论。这些规律是光电子技术中光调制技术的基础。

7.8.1 平行偏振光的干涉

如图 7-50 所示的平行偏振光干涉装置中,晶片的厚度为 d,起偏器 P_1 将入射的自然光变成线偏振光,检偏器 P_2 则将有一定相位差、振动方向互相垂直的线偏振光引到同一振动方向上,使其产生干涉。如果起偏器与检偏器的偏振轴相互平行,就称这对偏振器为平行偏振器;如果互相垂直,就叫正交偏振器。其中以正交偏振器最为常用。

让一束单色平行光通过 P_1 变成振幅为 E_0 的线偏振光,然后垂直投射到晶片上,并被分解为振动方向互相垂直的两束线偏振光(o 光和 e 光)。若如图 7-51 所示,P_1 的偏振轴与 x 轴的夹角为 α,则这两束线偏振光的振幅分别为

$$\left.\begin{array}{l} E_x = E_0 \cos\alpha \\ E_y = E_0 \sin\alpha \end{array}\right\} \tag{7-153}$$

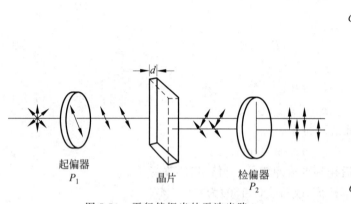

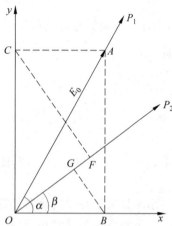

图 7-50　平行偏振光的干涉光路　　　　图 7-51　平行偏振光的干涉

这两束光从晶片射出到达偏振片 P_2 上,只有它们在 P_2 透振方向上的分量才能通过。E_x 和 E_y 从晶片射出时的相位差为

$$\delta = \frac{2\pi}{\lambda}|n_y - n_x|d \tag{7-154}$$

如果 P_2 与 x 轴的夹角为 β,则由晶片射出的两束线偏振光通过检偏器 P_2 后的振幅和电场分量分别为

$$E_{P_2} = E' + E'' \tag{7-155}$$

和

$$\left.\begin{array}{l} E' = E_0 \cos\alpha \cos\beta \\ E'' = E_0 \sin\alpha \sin\beta \exp(-i\delta) \end{array}\right\} \tag{7-156}$$

这时它们的频率相同,振动方向相同,相位差 δ 恒定,满足干涉条件。它们相干叠加的光强度为

$$\begin{aligned} I = E_{P_2} \cdot E_{P_2}^* &= E_0^2[\cos\alpha\cos\beta + \sin\alpha\sin\beta\exp(-i\delta)] \times \\ &\quad [\cos\alpha\cos\beta + \sin\alpha\sin\beta\exp(i\delta)] \\ &= I_0\left[\cos^2(\alpha-\beta) - \sin2\alpha\sin2\beta\sin^2\frac{\delta}{2}\right] \end{aligned} \tag{7-157}$$

其中,$I_0 = E_0^2$;δ 是指从偏振片 P_2 出射时两束光之间的相位差。由晶片引入的相位差为 $\delta = \frac{2\pi}{\lambda}|n_y - n_x|d$,而 α、β 为代数量,逆时转角为正,顺时转角为负。

式(7-157)中第一项与晶片参数无关,是由马吕斯定律决定的背景光,此时相当于在两个偏振器之间没有晶片,$\delta = 0$,所以有

光学教程(第 3 版)

$$I = I_0 \cos^2(\alpha - \beta) \tag{7-158}$$

即透射光强与入射光强之比等于两偏振轴夹角余弦的平方,这就是熟知的马吕斯定律;第二项表示了偏振光的干涉效应。现在来分析两种重要的特殊情况。

1. P_1 和 P_2 的偏振轴正交

当 $\alpha = \pi/4$,$\beta = 3\pi/4$ 时,$\alpha - \beta = -\pi/2$,即两偏振片正交,此时

$$\cos^2(\alpha - \beta) = 0, \quad \sin 2\alpha = 1, \quad \sin 2\beta = -1 \tag{7-159}$$

因此,式(7-157)变为

$$I_\perp = I_0 \sin^2 \frac{\delta}{2} \tag{7-160}$$

此式说明,输出光强除了与入射光强 I_0 有关外,还与晶片产生的两正交偏振光的相位差 δ 有关,而干涉色完全由 λ、$|n_y - n_x|$、d 三者决定,这是实际应用中最常见的情形。

当 $\delta = 0, 2\pi, \cdots, 2m\pi$,$m$ 为整数时,$\sin^2(\delta/2) = 0$,即当晶片所产生的相位差为 2π 的整数倍时,输出强度为零。此时如果改变 α 和 β,则不论晶片是处于消光位置还是处于最亮位置,输出强度均为零。

当 $\delta = \pi, 3\pi, \cdots, (2m+1)\pi$,$m$ 为整数时,$\sin^2(\delta/2) = 1$,即当晶片所产生的相位差为 π 的奇数倍时,输出强度得到加强。如果此时晶片处于最亮位置($\alpha = \pi/4$),α 和 δ 的贡献都使得输出光强干涉极大,可得最大输出光强 I_0。

上面讨论的晶片情况,实际上分别对应于全波片和半波片。因为全波片对光路中的偏振状态无任何影响,在正交偏振器中加入一个全波片,其效果和没有加入时一样,所以出射光强必然等于零。而加入半波片时,因 $\alpha = \pi/4$,则半波片使入射偏振光的偏振方向旋转 $2\alpha = \pi/2$,恰为检偏器的偏振轴方向,所以输出光强必然最大。

2. P_1 和 P_2 的透光轴平行

此时 $\alpha = \beta = \dfrac{\pi}{4}$,即 $\alpha - \beta = 0$,式(7-157)变为

$$I_\parallel = I_0 - I_0 \sin^2 \frac{\delta}{2} = I_0 \cos^2 \frac{\delta}{2} \tag{7-161}$$

与式(7-160)比较可知,极值条件正好相反,即 $I_\parallel$ 与 $I_\perp$ 形成互补情形。

当 $\delta = 0, 2\pi, \cdots, 2m\pi$,$m$ 为整数时,$\sin^2(\delta/2) = 0$,输出强度最大,为 I_0。

当 $\delta = \pi, 3\pi, \cdots, (2m+1)\pi$,$m$ 为整数时,$\sin^2(\delta/2) = 1$,$\cos^2 \dfrac{\delta}{2} = 0$,即当晶片所产生的相位差为 π 的奇数倍时,输出强度最小,为 0。

综上所述:

(1) 在正交情况下,只有同时满足 $\alpha = \pi/4$,$\delta = \pi$ 的奇数倍时,输出光强才最大;输出光强最小的条件是 $\alpha = \pi/4$,$\delta = 2\pi$ 的整数倍。

(2) 正交和平行两种情况的干涉输出光强正好互补。在实验中,处于正交情况下的干涉亮条纹,在偏振器旋转 $\pi/2$ 后,变成了暗条纹,而原来的暗条纹变成了亮条纹。

如果晶片厚度一定而用不同波长的光来照射,则透射光的强弱随波长的不同而变化,不同厚度的晶片出现不同的彩色。同一块晶片在白光照射下,偏振片正交和平行时所见的彩色不同,但它们总是互补的。把其中一块偏振片连续转动,则视场中的彩色就跟着连续变

化,这些现象都已经在实际观察中获得证实。

偏振光干涉时出现彩色的现象称为显色偏振或色偏振。显色偏振是检定双折射现象极为有效的方法。当晶片的折射率差值很小时,用直接观察 o 光和 e 光的方法,很难检定是否有双折射存在。但是只要把这种物质薄片放在两块偏振片之间,用白光照射,观察是否有彩色出现,即可鉴定是否存在双折射。

7.8.2 会聚光的偏光干涉

前面讨论的是假定入射光与晶片垂直。如果让入射光逐渐倾斜射入,由于光程差的变化,干涉条纹的颜色也会变化,因此可以获得有关晶片的更丰富的信息。实际上经常遇到的是会聚光的情况。当一束会聚光通过起偏器射到晶片上时,入射光线的方向就不是单一的了,不同的入射光线有不同的入射角,甚至还有不同的入射面。这样,就能同时看到在所有入射角下的干涉现象。

观察偏振光干涉常用的装置就是偏光显微镜,它是用会聚偏振光干涉研究各种晶片的最有用的工具之一。图 7-52 为一个偏光显微镜的光学系统示意图。它与普通显微镜的主要区别是增加了起偏器 P_1 和检偏器 P_2。为了产生会聚光,使用短焦距聚光镜 C 及高倍物镜 L,并附加一个透镜 B(称为勃氏镜)。

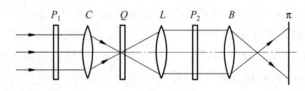

图 7-52　会聚光偏振光干涉系统

自然光经起偏器 P_1 和凸透镜 C 变成高度会聚的偏振光照射到晶片 Q 上。经过晶片 Q 后又由物镜 L 使光束变成平行,在检偏器 P_2 后由透镜 B 把 L 的后焦面成像于观察屏 π 上,因此,使以相同入射角入射到晶片 Q 的光线最后会聚到观察屏上同一点。这样,就可以观察到各种角度会聚光的干涉效应。

由于所观察到的干涉效应与晶片的光轴方向有关,也与两偏振器的透光轴之间的夹角有关,所以下面主要以一种最简单情形,即单轴晶片的光轴与表面垂直并且两偏振器的透光轴正交的情形为例,说明会聚偏振光的干涉效应是怎样产生的,以及它具有什么样的特点。

沿光轴方向传播的光,不发生双折射,其他光线与光轴有夹角,则发生双折射。从同一条入射光线分出的 o 光与 e 光在射出晶片 Q 后仍然是平行的,如图 7-53(a)所示。因此在通过检偏器 P_2 后就会聚在观察屏上的同一点。由于 o 光与 e 光在晶片中速度不同,射出晶片后有一定的相位差,经过 P_2 后又变成同振动方向的光,所以两者发生干涉。沿着以光轴为轴线的圆锥面入射的所有光线,例如图 7-53(b)中以 D 为顶点、顶角为 i 的圆锥面上的所有光线,在晶体中经过相同的距离,o 光与 e 光的折射率差也相同,因此有相等的光程差,它们形成同一干涉色的条纹,在屏 π 上的轨迹为一个圆。在图 7-53(c)中用圆环 $BG'B'G$ 表示。随着光线倾角 i 增大,在晶片中经过的距离增加,而且 o 光与 e 光的折射率差也增加,所以光程差随倾角非线性地上升,从中心向外干涉环将变得越来越密。当用白光照明时,与平行偏振光系统一样从中心到边缘随着光程差和干涉色序的变化,而形成彩色干涉环或"等色线"。另一方面,参与干涉的两束光的振幅是随着入射面相对于正交的两个偏振器的透光轴的方位而改变的。这是由于在同一圆周上,由光线与光轴所构成的主平面的方向是逐点改变的,在图 7-53(c)中,光轴与图面垂直,到达某一点的光线与光轴所构成的主平面就是通过该点沿半径方向并垂直于图面的平面。例如,在 S 点,DS 平面就是主平面;在 B 点,DB 平面就是主平面等。参与干涉的 o 光和 e 光的振幅就随着主平面的方位而改变。

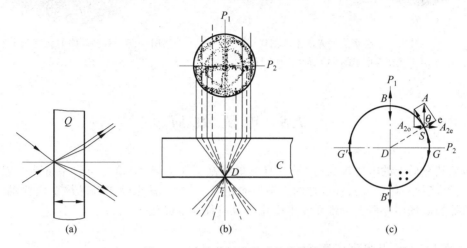

图 7-53 会聚偏振光通过晶片的情形
(a) 光通过晶片的示意图;(b) 会聚光通过晶片后的干涉示意图;(c) 干涉图中暗十字线的成因

下面分析在 S 点的 o 光和 e 光的振幅。到达 S 点的光在透过起偏器 P_1 时,它的光矢量是沿着 P_1 的透光轴方向。在晶片中它分解为在主平面 DS 上的分量(e 光)和垂直于主平面的分量(o 光),然后通过检偏器 P_2 时再投影到 P_2 的透光轴上。它们的大小为

$$A_{2e} = A_{2o} = A\sin\theta\cos\theta \tag{7-162}$$

其中,θ 为 DS 与起偏器 P_1 的透光轴之间的夹角。

当入射面趋近于起偏器或检偏器的透光轴时,即 S 点趋近于 B、G、B' 或 G' 时,θ 趋于 $0°$ 或 $90°$,A_{2e} 和 A_{2o} 这两部分分别趋于零,因此在干涉图样中还出现了一个暗十字,如图 7-54(a)所示。通常称为"十字刷"。

若将正交偏振器($P_1 \perp P_2$)变成平行偏振镜($P_1 \parallel P_2$),则干涉图样与正交时的图样互补,这时暗十字刷变成为亮十字刷。白光照明下的各圆环的颜色也变成其互补色。

如果晶片的光轴与其表面不垂直,当旋转晶片时,十字刷的中心也随着旋转。根据这一现象可检查晶片光轴是否与表面垂直。

当单轴晶片表面平行于光轴时,干涉条纹是双曲线形曲线,如图 7-54(b)所示,这种情形下光程差比较大,用白光看不到干涉条纹,应当用单色光照明。

双轴晶体在会聚光照射下的干涉图样如图 7-55 所示,这是晶片光轴与晶面垂直,且检偏器与起偏器正交时的情形。

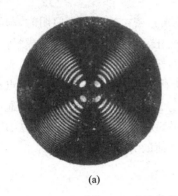
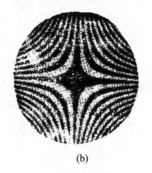
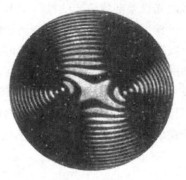

(a)　　　　　　　　　　　(b)

图 7-54　会聚偏振光的干涉图样　　　　图 7-55　双轴晶体的会聚光干涉图
(a) 晶片表面垂直光轴；(b) 晶片表面平行光轴

7.9　电　光　效　应

当加到介质上的电场较大时，足以有效地扰乱原子内场，介质的折射率可能会发生改变，进而可能使晶体的波法线椭球的主轴方向也发生改变，甚至使单轴晶体变成双轴晶体。这种因外加电场使介质光学性质发生变化的效应称为电光效应。

7.9.1　克尔效应和泡克尔效应

某些晶体，如 KDP（磷酸二氢钾）、SBN（铌酸锶钡）、铌酸锂（LiNbO$_3$）、砷化镓（GaAs）、氧化亚铜等，外加电场所引起的折射率变化与电场强度 E 的一次方成正比，这种电光效应称为线性电光效应或泡克尔效应（Pockel's effect），也称为一次电光效应。即

$$\Delta n = \alpha E \tag{7-163}$$

晶体光学理论指出，只有那些不具有对称中心的晶体才能产生这种效应。除泡克尔效应外，还有一类电光效应，它所引起的折射率的改变 Δn 是与外加电场强度 E 的平方以及光波波长 λ 成正比的，即

$$\Delta n = k\lambda E^2 \tag{7-164}$$

其中，k 称为克尔常数。这类电光效应称为二次非线性电光效应，它是 J. Kerr 在 1875 年发现的，所以也称为克尔效应（Kerr effect）。例如，水就能产生克尔效应。在没有电场存在时，水是各向同性介质。当有一外电场 E 存在时，水就变成各向异性介质，类似于单轴晶体，其光轴平行于外电场 E。当光在其中传播时，垂直于外电场 E（即光轴）方向振动的光为 o 光，相应的折射率为 n_o，而平行于外电场 E 方向振动的光为 e 光，相应的折射率为 n_e。利用克尔效应或泡克尔效应所做成的克尔盒和泡克尔盒在激光技术中十分有用。可作为光快门、电光调制器、Q 开关，用于产生巨脉冲、锁模以及光束偏转等各个方面。在实际应用中，由于大量采用的是线性电光效应，因此，我们将重点讨论线性电光效应。

7.9.2　电光张量

光在晶体中的传播规律遵从光的电磁理论，利用折射率椭球可以完整而方便地描述出

表征晶体光学特性的折射率在空间各个方向的取值分布。显然,外加电场对晶体光学特性的影响,必然会通过折射率椭球的变化反映出来。因此,可以通过晶体折射率椭球的大小、形状和取向的变化,来研究外电场对晶体光学特性的影响。

光波在晶体中的传播特性可以用折射率椭球来描述

$$\frac{x^2}{n_x^2} + \frac{y^2}{n_y^2} + \frac{z^2}{n_z^2} = 1 \tag{7-165}$$

其中,x、y、z 为晶体的主介电轴;n_x、n_y、n_z 为主折射率。只要知道折射率椭球,光波在晶体中的传播特性就完全确定了。因此,外加电场对晶体的影响表现为它使晶体的折射率椭球发生了改变。由于在外电场作用下晶体的折射率椭球发生了变化,因此,原来的 x 轴、y 轴、z 轴不再一定是加电场后晶体折射率椭球的主轴方向。于是,在原来的 $(x、y、z)$ 坐标系中,加电场后的折射率椭球方程将是一般的椭球方程,即

$$\left(\frac{1}{n^2}\right)_1 x^2 + \left(\frac{1}{n^2}\right)_2 y^2 + \left(\frac{1}{n^2}\right)_3 z^2 + 2\left(\frac{1}{n^2}\right)_4 yz + 2\left(\frac{1}{n^2}\right)_5 zx + 2\left(\frac{1}{n^2}\right)_6 xy = 1 \tag{7-166}$$

也就是说,在方程中出现了交叉乘积项。由于要满足能量守恒定律,介电张量一定是对称张量,因此,9 个介电张量分量中只有 6 个是独立的。与此相应,在折射率椭球方程中,也只有 6 个系数是独立的。很明显,当去掉外加电场后,即 $\boldsymbol{E} = 0$ 时,式(7-166) 将退化成式(7-165),也就是说,在 $\boldsymbol{E} = 0$ 时,有 $\left(\frac{1}{n^2}\right)_1\Big|_{E=0} = \frac{1}{n_x^2}$,$\left(\frac{1}{n^2}\right)_2\Big|_{E=0} = \frac{1}{n_y^2}$,$\left(\frac{1}{n^2}\right)_3\Big|_{E=0} = \frac{1}{n_z^2}$,$\left(\frac{1}{n^2}\right)_4\Big|_{E=0} = \left(\frac{1}{n^2}\right)_5\Big|_{E=0} = \left(\frac{1}{n^2}\right)_6\Big|_{E=0} = 0$。

在外电场 $\boldsymbol{E}(E_x, E_y, E_z)$ 作用下,如果折射率椭球方程(7-166)的系数 $\left(\frac{1}{n^2}\right)_i$ 的变化量 $\Delta\left(\frac{1}{n^2}\right)_i$ 与 $\boldsymbol{E}$ 的各分量成线性关系,则

$$\Delta\left(\frac{1}{n^2}\right)_i = \left(\frac{1}{n^2}\right)_i\Big|_E - \left(\frac{1}{n^2}\right)_i\Big|_{E=0} = \sum_j r_{ij} E_j \tag{7-167}$$

其中,$i = 1, 2, \cdots, 6$;$j = 1, 2, 3$ 或 x, y, z。而 $\left(\frac{1}{n^2}\right)_i\Big|_E$ 表示有外加电场 $\boldsymbol{E}$ 存在时的系数,$\left(\frac{1}{n^2}\right)_i\Big|_{E=0}$ 则表示外电场 $\boldsymbol{E} = 0$ 时的系数。

用矩阵形式表示式(7-167)为

$$
\begin{bmatrix}
\Delta\left(\frac{1}{n^2}\right)_1 \\
\Delta\left(\frac{1}{n^2}\right)_2 \\
\Delta\left(\frac{1}{n^2}\right)_3 \\
\Delta\left(\frac{1}{n^2}\right)_4 \\
\Delta\left(\frac{1}{n^2}\right)_5 \\
\Delta\left(\frac{1}{n^2}\right)_6
\end{bmatrix}
=
\begin{bmatrix}
r_{11} & r_{12} & r_{13} \\
r_{21} & r_{22} & r_{23} \\
r_{31} & r_{32} & r_{33} \\
r_{41} & r_{42} & r_{43} \\
r_{51} & r_{52} & r_{53} \\
r_{61} & r_{62} & r_{63}
\end{bmatrix}
\cdot
\begin{bmatrix}
E_x \\
E_y \\
E_z
\end{bmatrix}
\tag{7-168}
$$

其中,由 r_{ij} 组成的 6×3 矩阵就叫做晶体的线性电光张量,它的每一个元素 r_{ij} 称为线性电光系数。电光张量是一个三阶张量,它实质上是将二阶介电张量和外加电场矢量 $\boldsymbol{E}$ 联系起来的物理量。一般来说,三阶张量有 27 个元素,但是由于介电张量的对称性,只有 6 个介电张量分量是独立的,因此线性电光张量只有 18 个元素。前面我们指出:对于具有反转对称或中心对称的晶体不存在线性电光效应,因此,这类晶体的线性电光张量中的每一个元素恒为零,即 $r_{ij}=0$。

7.9.3 KDP 晶体的泡克尔效应

1. KDP 晶体的电光矢量和折射率椭球方程

KDP 晶体是用水溶液培养的一种人工晶体,由于它极容易生长成大块均匀晶体,在 $0.2\sim1.5\,\mu m$ 波长范围内透明度很高,且抗激光破坏阈值很高,所以在光电子技术中有广泛的应用,它的主要缺点是易潮解。KDP 晶体属于四方晶系,属于这一类型的晶体还有 ADP(磷酸二氢氨)、KD*P(磷酸二氘钾)等。KDP 晶体未加工前的外形如图 7-56 所示,两端四棱锥顶点的连线就是其光轴方向。

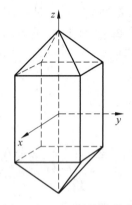

图 7-56 KDP 晶体的外形

KDP 晶体在不加外电场情况下是一单轴晶体,如果将光轴方向取作 z 轴方向,根据晶体几何结构上的对称性,KDP 晶体的 z 轴是一个四次旋转-反演对称轴,也就是说,将 KDP 晶体绕 z 轴旋转 $90°$ 后再对原点作反演操作或反转操作(即将 $\boldsymbol{r}$ 变成 $-\boldsymbol{r}$),晶体结构仍回到原来的状态。另外,KDP 晶体还有两条相互垂直的二次旋转对称轴,这两条轴在垂直于 z 轴的平面内,可取作 x 轴和 y 轴。所谓二次旋转对称轴是指晶体绕该轴旋转二分之一周($180°$)后,晶体仍回到原来的状态,结构不变。

除此之外,KDP 晶体还有一个对称镜面 m。按晶体对称群符号规定,具有上述对称性的 KDP 晶体属于 $\overline{4}2m$ 类晶体。

正是由于晶体几何结构上的对称性,使得晶体的线性电光张量中有许多元素为零,对于 KDP 晶体,它的线性电光张量的点群和矩阵形式分别为

$$
\begin{bmatrix}
\cdot & \cdot & \cdot \\
\cdot & \cdot & \cdot \\
\cdot & \cdot & \cdot \\
\cdot & \cdot & \cdot \\
\cdot & \cdot & \cdot \\
\cdot & \cdot & \cdot
\end{bmatrix}
\quad \text{或} \quad
[r_{ij}]=
\begin{bmatrix}
0 & 0 & 0 \\
0 & 0 & 0 \\
0 & 0 & 0 \\
r_{41} & 0 & 0 \\
0 & r_{41} & 0 \\
0 & 0 & r_{63}
\end{bmatrix}
\tag{7-169}
$$

也就是说,在 KDP 线性电光系数中,除 $r_{41}=r_{52}$ 以及 r_{63} 不为零外,其余元素全为零。它的非零元素数值为:$r_{41}=r_{52}=8.6\times10^{-12}\,m/V$,$r_{63}=1.06\times10^{-11}\,m/V$。

下面我们来推导 KDP 晶体在外加电场作用下的折射率椭球方程。

在外加电场 $\boldsymbol{E}$ 时

$$\left(\frac{1}{n^2}\right)_i \Big|_{E\neq 0} = \left(\frac{1}{n^2}\right)_i \Big|_{E=0}, \quad i=1,2,3 \tag{7-170}$$

即

$$\Delta\left(\frac{1}{n^2}\right)_i = 0, \quad i=1,2,3 \tag{7-171}$$

但是,会新增交叉项。另一方面,由于在不加电场时 KDP 晶体是单轴晶体,光轴为 z 轴,所以 $n_1 = n_2 = n_o$,$n_3 = n_e$。所以 KDP 晶体的折射率椭球方程为

$$\frac{x^2}{n_o^2} + \frac{y^2}{n_o^2} + \frac{z^2}{n_e^2} + 2r_{41}E_x yz + 2r_{41}E_y zx + 2r_{63}E_z xy = 1 \tag{7-172}$$

这表明当外加电场 E 后,KDP 晶体的折射率椭球的主轴方向改变了,不再是 x、y、z 三个原主轴方向,而变成了三个新的方向 x'、y'、z'。一旦知道外加电场后折射率椭球新的主轴方向 x'、y'、z' 以及主轴的半轴长度,就可确定光波在其中的传播情况。

2. KDP 晶体的纵向泡克尔效应

对 KDP 晶体来说,当外加电场 E 的方向与光的传播方向平行时,它所产生的线性电光效应称为纵向泡克尔效应,如图 7-57 所示,其中所使用的 KDP 晶体是经过加工后的外形。加工时,将晶体切成长方体,两个端面与光轴垂直,端面的两边分别与两个偏振器的透光轴平行。对于纵向泡克尔效应来说,由于外加电场 E 与 z 轴平行,因此 E 的 x、y 分量为零而只有 z 分量,可表示为 $E_x = E_y = 0$,$E_z = E$。这时折射率椭球方程式(7-172)变为

$$\frac{x^2}{n_o^2} + \frac{y^2}{n_o^2} + \frac{z^2}{n_e^2} + 2r_{63}E_z xy = 1 \tag{7-173}$$

由于式(7-173)中 x、y 的对称性,我们可以这样选取新坐标系 x'、y'、z',使 z' 轴平行于 z 轴,而 x'、y' 轴则在 xy 平面内相对于 x、y 轴反时针旋转 $45°$,如图 7-58 所示。

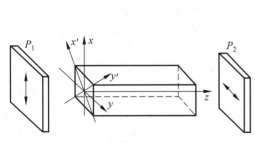

图 7-57　KDP 晶体的纵向泡克尔效应

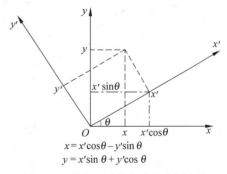

$x = x'\cos\theta - y'\sin\theta$
$y = x'\sin\theta + y'\cos\theta$

图 7-58　纵向泡克尔效应的坐标变换

于是,新、旧坐标之间的变换关系为

$$\left.\begin{array}{l} x = x'\cos45° - y'\sin45° \\ y = x'\sin45° + y'\cos45° \\ z = z' \end{array}\right\} \tag{7-174}$$

在这个新的主轴坐标系下,折射率椭球方程将成为

$$\left(\frac{1}{n_o^2} + r_{63}E_z\right)x'^2 + \left(\frac{1}{n_o^2} - r_{63}E_z\right)y'^2 + \frac{1}{n_e^2}z'^2 = 1 \tag{7-175}$$

令

$$\frac{1}{n_o^2} + r_{63}E_z = \frac{1}{n_x'^2} \tag{7-176}$$

则

$$\frac{1}{n_x'^2} - \frac{1}{n_o^2} = r_{63}E_z = \Delta\frac{1}{n_x^2} = -2\frac{\Delta n_x}{n_x^3} = -2\frac{\Delta n_x}{n_o^3} \tag{7-177}$$

即

$$\Delta n_x = -\frac{1}{2}n_o^3 r_{63}E_z \tag{7-178}$$

同理，$\Delta n_y = \frac{1}{2}n_o^3 r_{63}E_z$，$\Delta n_z = 0$。$\Delta n_x$、$\Delta n_y$ 正比于电场强度 $|\boldsymbol{E}|$，$\boldsymbol{E}$ 沿 z 轴正方向时，$\Delta n_x < 0$，$\Delta n_y > 0$；$\boldsymbol{E}$ 沿 z 轴负方向时，$\Delta n_x > 0$，$\Delta n_y < 0$。因此在新的坐标系下的主折射率为

$$\left.\begin{array}{l} n_{x'} = n_o - \dfrac{1}{2}n_o^3 r_{63}E_z \\[2mm] n_{y'} = n_o + \dfrac{1}{2}n_o^3 r_{63}E_z \\[2mm] n_{z'} = n_e \end{array}\right\} \tag{7-179}$$

其中 n_o、n_e 是 KDP 晶体在没有外加电场存在时的两主折射率。在这个新坐标系下，折射率椭球方程为

$$\frac{x'^2}{n_x'^2} + \frac{y'^2}{n_y'^2} + \frac{z'^2}{n_z'^2} = 1 \tag{7-180}$$

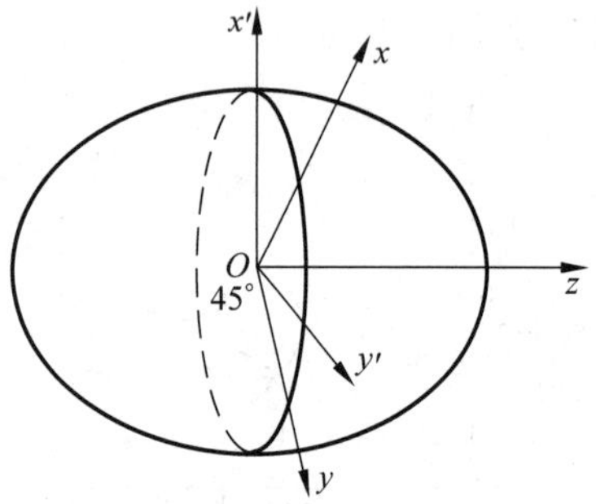

图 7-59　在 z 方向加电场 $\boldsymbol{E}$ 时 KDP 晶体的折射率椭球

从上面的讨论可以看出，在不存在外电场作用时，KDP 晶体是一个单轴晶体，光轴为 z 轴，因此，它的折射率椭球与 xy 平面的交线是一个圆，圆的半径为 n_o。而当有平行于光轴 z 方向的外加电场 $\boldsymbol{E}(0,0,E_z)$ 存在时，它的折射率椭球与 xy 平面的交线不再是圆，而是一个椭圆，且椭圆的主轴方向并不在 x、y 方向上，而是在新的坐标轴 x'、y' 方向上，如图 7-59 所示，x'、y' 轴相对于 x、y 轴在 xy 平面内反时针旋转了 $45°$。因此，在加上与光轴 z 方向一致的外电场 $\boldsymbol{E}$ 以后，KDP 晶体的折射率椭球不再是绕 z 轴的旋转椭球，而是一般的椭球，也就是说，KDP 晶体由单轴晶体变成了双轴晶体。

由于 KDP 晶体沿光轴 z 轴外加一电场 $\boldsymbol{E}$ 后将可能变成为双轴晶体，因此，如果有一束光，其波法线 $\boldsymbol{k}_0$ 沿 z 方向在晶体内传播时，它的 $\boldsymbol{D}$ 矢量所允许的振动方向只能在新主轴 x'、y' 方向上。此时，从式(7-180)可知，$n_{x'} < n_{y'}$，即 $v_{x'} > v_{y'}$。即在 x' 方向上振动的 $D_{x'}$ 传播速度较快，因此 x' 轴为快轴，而 y' 轴则为慢轴，如图 7-57 所示。当光波经过厚度为 d 的 KDP 晶体，从其中射出后，x' 方向上的振动与 y' 方向上的振动将产生一附加相位差，它是由于晶体的电光效应引起的，所以称为 KDP 晶体的电光延迟，所产生的相位差为

$$\delta = \frac{2\pi}{\lambda}(n_{y'} - n_{x'})d = \frac{2\pi}{\lambda}n_o^3 r_{63} dE \tag{7-181}$$

其中，d 为晶体的长度。如果在晶体两端施加电压 V，代入上式得

$$\delta = \frac{2\pi}{\lambda}n_o^3 r_{63} V \tag{7-182}$$

从式(7-182)看出，KDP 晶体的电光延迟量 δ 的大小和所加的电压 V 有关，而与晶体的长度无关(增加长度将以降低电场强度为代价，而不会净增电光延迟)。一般，这两束具有一定相位差的线偏振光将合成椭圆偏振光。将式(7-182)代入式(7-160)，可得到从偏振器 P_2 透射出来的光强为

$$I = I_0 \sin^2 \frac{\delta}{2} = I_0 \sin^2\left(\frac{\pi}{\lambda}n_o^3 r_{63} V\right) \tag{7-183}$$

其中，I_0 是从 P_1 射向晶片的线偏振光的强度。以透射光强的相对值 I/I_0 为纵坐标，以相位差为横坐标，作出 KDP 晶体的透射率曲线，如图 7-60 所示。该曲线反映了晶体透射率随外加电场的变化关系。

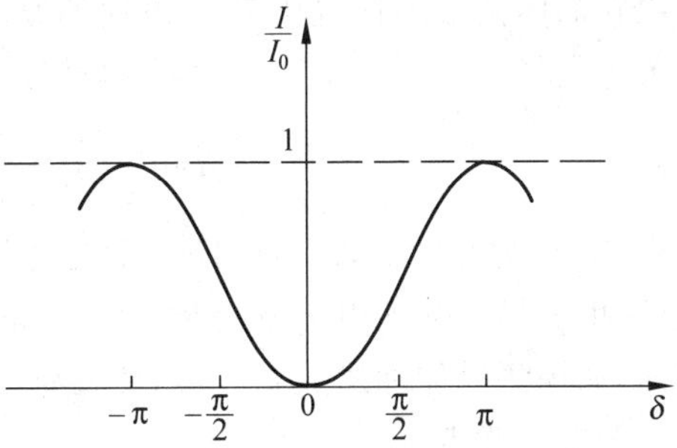

晶体的电光系数是衡量晶体材料电光性能的一个重要参数，不过，在实际工作中常常使用另一个称为半波电压的参数。半波电压 V_π 是指使晶体电光延迟所产生的相位等于 π 所需的电压，由式(7-182)可得半波电压为

图 7-60　KDP 晶体的透射率曲线

$$V_\pi = \frac{\lambda}{2n_o^3 r_{63}} \tag{7-184}$$

当晶体加上半波电压 V_π 以后，它与一个半波片所起的作用完全相同，半波电压因此而得名。半波电压可以高达几千伏，表 7-6 给出了几种常见晶体的半波电压。

表 7-6　一些晶体的电光系数和半波电压($\lambda = 0.5461\,\mu m$)

晶　　体	$r_{63}/10^{-12}$ m/V	n_o	V_π/kV
ADP	8.5	1.52	9.2
KDP	10.6	1.51	7.6
KDA	～13.0	1.57	～6.2
KD*P	～23.3	1.52	～3.4

应该指出，沿 z 方向加电场并纵向运用的电光晶体的半波电压是很高的。在实际应用中，一般都用几段晶体串接起来使用，即在光学上是串联的，在电学上是并联的，这样就可以将半波电压降到原来的几分之一。晶体加上半波电压后，就相当于半波片的作用，当改变电压时，输出的光强度也随之改变。利用电光晶体的这种特性可做成电光开关、电光调制器等。

3. KDP 晶体的横向泡克尔效应

若外加电场 E 的方向和光的传播方向垂直时，它所产生的线性电光效应称为横向泡克尔效应。

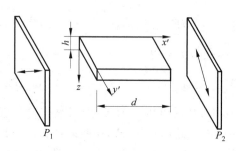

图 7-61　KDP 晶体的横向电光效应

图 7-61 为 KDP 晶体的横向电光效应装置，$P_1 \perp P_2$。让光的传播方向与 KDP 晶体的光轴 z 轴垂直，加工 KDP 晶体使它的正方形截面的两边分别与 x' 轴和 y' 轴平行，让 x' 轴与光的传播方向平行，而外电场 E 加在 z 轴方向。

光波沿 x' 方向传播，相应的两个电矢量分量分别沿 y' 和 z 方向，对应的折射率为 $n_{y'} = n_o + \frac{1}{2} n_o^3 r_{63} E_z$ 和 $n_z = n_e$，它们以不同的速度通过长度为 d 的晶体后产生的相位差为

$$\delta = \frac{2\pi}{\lambda}(n_{y'} - n_z)d = \frac{2\pi}{\lambda}|n_e - n_o|d + \frac{\pi}{\lambda} n_o^3 r_{63} dE \tag{7-185}$$

如果在晶体两端施加电压 V，z 方向的厚度为 h，则电场强度与外加电压的关系为 $E = V/h$，代入上式得

$$\delta = \frac{2\pi}{\lambda}|n_e - n_o|d + \frac{\pi}{\lambda} n_o^3 r_{63} \left(\frac{d}{h}\right)V \tag{7-186}$$

其中，第一项由自然双折射引起，第二项则由线性电光效应引起。从该式可知，对于一定的波长，由电场引起的电光延迟除与外加电压成正比外，还与晶体的长度 d 和厚度 h 有关。因此，如果将晶体加工成扁平形，使 $d/h \gg 1$，就可以大大降低半波电压，这是横向电光效应的一个重要优点。

但在横向运用中，总存在一项与外加电场无关的、由自然双折射引起的位相延迟，自然双折射依赖于温度，因此，横向运用的电光调制器对温度控制的要求很严格。所以，通常较多采用纵向加电场的纵向运用调制器。

7.9.4　电光效应的应用

从前面对电光效应的分析可见，无论运用哪种方式，在外加电场作用下的电光晶体都相当于一个受电压控制的波片，改变外加电场，便可改变相应的两特许线偏振光的电光延迟，从而改变输出光的偏振状态。正是由于这种偏振状态的可控性，使其在光电子技术中获得了广泛的应用。作为应用实例，下面简单介绍电光调制和电光偏转技术。

1. 电光调制

将调制电压加载到光波上的技术叫光调制技术。利用电光效应实现的调制叫电光调制。如图 7-62 所示，将 KDP 电光晶体放在一对正交偏振器 P_1、P_2 之间，使起偏器 P_1 的透光轴与 y 轴平行，而检偏器 P_2 的透光轴与 x 轴平行，对晶体实行纵向运用，组成一种典型的电光强度调制器。在没有外加电场存在时，x、y 是 KDP 晶体的主轴方向，而当沿着晶体光轴 z 轴方向加上由电压 V 所产生的电场之后，KDP 晶体的主介电轴方向或折射率椭球主轴方向将变成 x'、y' 方向，而 x'、y' 相对 x、y 以 z 轴为旋转轴反时针（迎着光传播方向看）旋转了 $45°$。

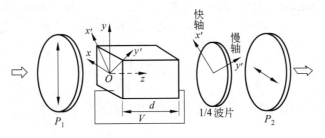

图 7-62　电光幅度调制器

根据式(7-183)，通过检偏器输出的光强 I 与通过起偏器输入的光强 I_0 之比（光强透过率）为

$$\frac{I}{I_0} = \sin^2 \frac{\delta}{2} \qquad (7\text{-}187)$$

当光路中未插入 1/4 波片时，上式的 δ 是电光晶体的电光延迟。由式(7-182)、式(7-184)有

$$\delta = \pi \frac{V}{V_\pi} \qquad (7\text{-}188)$$

因此式(7-187)变为

$$\frac{I}{I_0} = \sin^2 \left(\frac{\pi}{2} \frac{V}{V_\pi} \right) \qquad (7\text{-}189)$$

其中，I/I_0 为光强透过率(%)，如果外加电压是正弦信号

$$V = V_0 \sin(\omega_m t) \qquad (7\text{-}190)$$

其中，V_0 是信号的振幅，则透过率为

$$\frac{I}{I_0} = \sin^2 \left[\frac{\pi}{2} \frac{V_0}{V_\pi} \sin(\omega_m t) \right] \qquad (7\text{-}191)$$

它随外加电压的变化如图 7-63 所示。该图说明，在未加晶片时，输出光强信号不是正弦信号，它们发生了失真。原因在于工作点在透射率曲线的非线性部分，而且由于透射率曲线对于 $+\delta$ 和 $-\delta$ 是对称的，因此输出光信号的调制频率是外加电压频率的两倍。

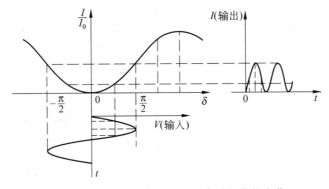

图 7-63　未加晶片时光强透过率随相位的变化

为了使输出信号的波形真实地反映原来的信号电压的变化，就必须让调制器工作在透射率曲线的直线（近似）部分，即在 $\delta = \pi/2$ 附近。为此，需要在 KDP 晶体后放置一个 1/4 波

片,并让它的快、慢轴也与入射线偏振光的光矢量成 45°。这样,偏振光在到达 P_2 之前,它的两个分量已经有了 $\pi/2$ 的相位差。则光通过调制器后的总相位差是 $(\pi/2+\delta)$,因此式(7-191)变为

$$\frac{I}{I_0} = \sin^2 \left[\frac{\pi}{4} + \frac{\pi}{2} \frac{V_0}{V_\pi} \sin(\omega_m t) \right] \tag{7-192}$$

如图 7-64 所示,当工作点由坐标原点移到 A 点,并在弱信号调制时,$V_0 \ll V_\pi$,上式可近似表示为

$$\frac{I}{I_0} \approx \frac{1}{2} + \frac{\pi}{2} \frac{V_0}{V_\pi} \sin(\omega_m t) \tag{7-193}$$

可见,当插入 1/4 波片后,一个小的正弦调制电压将引起透射光强在 50%透射点附近作正弦变化,即输出光强的调制频率等于外加电压的频率,输出光强的变化规律也与信号电压相同。这种强度调制器可用于自由空间的无线激光通信、最后 1 km 的无线接入,也可用于激光电视信号的无线传输等。图 7-65 就是一种电光调制应用于无线光通信的实例。在发射端,声源发出的声波经话筒转化为电信号 $f(t)$,并经增益为 A 的音频放大器放大 $Af(t)$ 后加载到电光晶

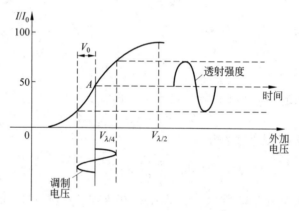

图 7-64 插入 1/4 晶片时光强透过率随调制电压的变化

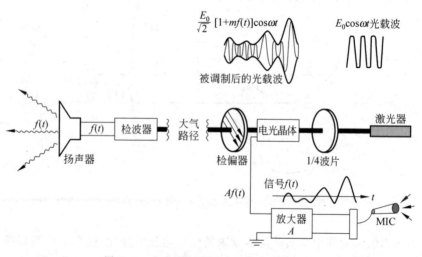

图 7-65 电光调制应用于无线光通信实例

体。激光束发出的纵向偏振光波经 1/4 波片、电光晶体和检偏器后被信号 $Af(t)$ 调制变成调幅波,向接收端发射。被调制的光波传输一段大气路径后,到达接收端,利用光电探测器再将光信号转变成电信号,并经放大、整形、检波等变换后提取所要传输的信号 $f(t)$。

应当指出,从式(7-189)可以看出,除了采用在 P_2 前插入 1/4 波片外,也可以在晶体两侧加直流电压使调制器工作在 $\delta = \pi/2$ 附近,从而获得线性调制。只不过,这种"光学偏置法"比加直流电压建立偏置要简单得多。

2. 电光偏转

光束偏转技术是应用非常广泛的技术。与通常采用的机械转镜式光束偏转技术相比,电光偏转技术具有高速、高稳定性的特点,因此在光束扫描、光计算等应用中,备受重视。

为了说明电光偏转原理,首先看一下光束通过玻璃光楔的偏转原理。如图 7-66 所示,设入射波前与光楔 ABB' 的 AB 面平行,由于光楔的折射率 $n>1$,所以 AB 面上各点的振动传到 $A'B'$ 面上时,通过了不同的光程;由 A 到 A',整个路程完全在空气中,光程为 l;由 B 到 B',整个路程完全在玻璃中,光程为 nl,A 和 B 之间的其他各点都通过一段玻璃,例如,由 C 到 C',光程为 $nl' + (l - l')$。从上到下,光在玻璃中的路程 l' 线性增加,所以整个光程是线性增加的。因此,透射波的波阵面发生倾斜,其偏角 θ 由下式决定:

$$\theta \approx (n-1)\frac{l}{D} = \frac{l}{D}\Delta n \tag{7-194}$$

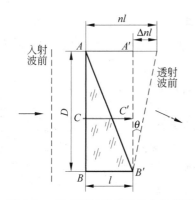

图 7-66　光束通过光楔后发生的偏转

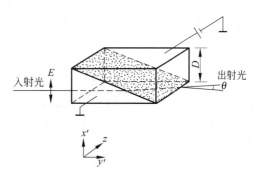

图 7-67　双 KDP 楔形棱镜偏转器

电光偏转器就是根据光束通过光楔的偏转原理制成的。图 7-67 是一种由两块 KDP 楔形棱镜组成的双 KDP 楔形棱镜偏转器,棱镜外加电压沿着图示 z 轴方向,两块棱镜的光轴方向(z 轴)相反,x'、y' 为感应主轴方向。现若光线沿 y' 轴方向射入,振动方向为 x' 轴方向,则光在下面棱镜中的折射率为 $n'_\downarrow = n_o + \frac{1}{2}n_o^3 r_{63}E_z$;在上面棱镜中,由于电场与该棱镜的 z 轴方向相反,所以折射率为 $n'_\uparrow = n_o - \frac{1}{2}n_o^3 r_{63}E_z$。因此,上下光的折射率之差为 $\Delta n' = n'_\downarrow - n'_\uparrow = n_o^3 r_{63}E_z$,光束穿过偏振器后的偏转角为

$$\theta = \frac{l}{D}\Delta n = \frac{l}{D}n_o^3 r_{63}E_z = \frac{l}{Dh}n_o^3 r_{63}V \tag{7-195}$$

其中,h 为 z 轴方向上的晶体宽度,l 为沿传播方向晶体的长度。由此可见,当外加电压变化时,偏转角就成比例地随着变化,从而可以控制光线的传播方向。

3. 高速光开关与电光调Q

克尔盒或KDP晶体,对外加电压的响应非常快,例如硝基苯克尔效应的弛豫时间约为10^{-9} s。所以,除了用作光强调制和光束偏转外,还可以利用电光效应可以制造灵敏度极高的光开关,可采用图7-61所示装置。未加电压时,光被检偏器所阻挡,处于关闭状态;一旦加上半波电压,线偏振光的光矢量便因电光效应旋转了90°,电光开关处于全通状态。建立电光开关所需要的时间称为时间常数,一般小于10^{-9} s量级。当然,施加在晶体上的脉冲电压要通过电路来实现,所以最终的时间常数将由电路的弛豫时间决定。

利用晶体的泡克尔效应可以制成固体激光器的Q开关,实现电光调Q。应用实例装置如图7-68所示。在该装置中,激光工作物质采用Nd:YAG晶体,偏振器采用方解石空气隙博科棱镜,调制晶体采用z-0°切割(通光面与z轴垂直)的KD*P晶体。

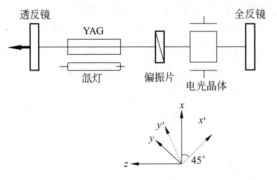

图7-68　电光调Q激光器

YAG晶体在氙灯泵浦作用下发射的无规则偏振光经过偏振片后,变成了沿x方向的线偏振光。KD*P晶体未加电场前的折射率主轴为x、y、z,由于纵向泡克尔效应,沿晶体光轴方向z施加$\lambda/4$电压,形成外加电场E后,晶体的主轴绕z轴旋转45°后变成了x'、y'、z。因此,沿x方向的线偏振光入射到晶体表面时分解为等幅的x'、y'方向的偏振光,通过晶体后,两分量之间便产生了$\pi/2$的相位差,最后从晶体出射后合成为圆偏振光。该圆偏振光经全反射镜反射回来后,再次通过KD*P晶体,又产生$\pi/2$的相位差。这样,往返一次共产生了π相位差,合成后形成沿y方向振动的线偏振光,显然这种偏振光不能通过偏振片,这时,Q开关处于关闭状态,使谐振腔处于低Q值状态,阻断了激光振荡的形成。此时,如果氙灯继续泵浦,使YAG工作物质上的高能态粒子越积越多,当能级反转的粒子数达到最大值时,突然撤去KD*P晶体上的电场,使激光器瞬间处于高Q值状态,产生雪崩式的激光振荡,输出一个巨激光脉冲。这就是利用电光调Q产生短脉冲高能激光脉冲的基本原理。

电光调Q具有开关时间短(约10^{-9}s)、效率高、调Q时间可以精确控制、输出脉冲宽度窄(10~20 ns)、峰值功率高等优点,是目前应用较广的一种激光调Q技术。

7.10　声　光　效　应

声光效应是指光波被介质中的超声波衍射的现象。介质中存在弹性应力或应变时,介质的光学性质(介电常数或折射率)将发生变化,这就是弹光效应。当超声波(20 kHz以上)

在介质中传播时,由于超声波是一种弹性波,将引起介质的疏密交替变化,或者说在介质内产生随时间和空间呈周期性变化的弹性应变,因此,介质内各点的折射率也随着该处的弹性应变而发生相应的变化,当光通过这样的介质时就会被衍射,即产生所谓的声光效应。声光效应可以按照电光效应的方法进行处理,即应力或应变对介质折射率的影响,可以通过介质折射率椭球的形状和取向的改变来描述。

7.10.1 声光衍射

当光通过有超声波作用的介质时,相位就要受到调制,其结果如同它通过一个衍射光栅,光栅间距等于声波波长,光束通过这个光栅时就要产生衍射,这就是通常观察到的声光效应。

产生声光效应的器件称为声光器件,如图 7-69 所示。它主要由声光介质 A、电-声换能器 B、吸收(或反射)材料 C 组成。介质 A 是声光相互作用的媒介,电-声换能器 B 又称超声发生器,用于将超高频振荡器 D 输入的电功率转换成声功率,从而在介质中建立超声场。C 用来吸收或反射超声波,吸收使声光介质中成为行波场,而反射使声光介质中成为驻波场。

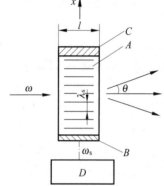

图 7-69 声光器件的结构

设声光介质中的超声波是一个宽度为 l 的平行纵波(声柱),波长为 λ_s,波矢量沿 x 轴正方向。这一弹性波引起的折射率在时间和空间上的周期性变化可表示为

$$\Delta\left(\frac{1}{n^2}\right) = ps \tag{7-196}$$

其中,p 表示弹光系数;s 表示在 x 方向上传播的超声波所产生的应变,如图 7-69 所示,可表示为

$$s = s_0 \sin(k_s x - \omega_s t) \tag{7-197}$$

其中,s_0 是弹性应变的幅值;$k_s = 2\pi/\lambda_s$;$\omega_s = 2\pi f_s$;ω_s、f_s 分别为超声波的角频率和频率。

在晶体介质中,p、s 取张量形式,在各向同性介质中作标量处理。弹性应变将引起折射率椭球的变化,由式(7-196)可得

$$\Delta n = -\frac{1}{2}n_o^3 ps = -\frac{1}{2}n_o^3 ps_0 \sin(k_s x - \omega_s t)$$
$$= -(\Delta n)_M \sin(k_s x - \omega_s t) \tag{7-198}$$

其中,$(\Delta n)_M$ 表示声致折射率变化的最大幅值。由于介质折射率按上述规律周期性地变化,使有超声波的介质如同一个相位光栅。光栅常数等于声波波长 λ_s。根据超声波长 λ_s、光波波长 λ 及介质中声光作用长度 l 的大小,一般可将由声光效应产生的衍射分为两种常用的极端类型:拉曼-奈斯(Raman-Nath)衍射和布拉格(Bragg)衍射。衡量这两类衍射的参量是

$$Q = 2\pi l \frac{\lambda}{\lambda_s^2} \tag{7-199}$$

当满足 $Q \ll 1$（实践证明，$Q \leqslant 0.3$）时，超声介质相当于平面相位光栅，产生多级衍射光束。称为拉曼-奈斯衍射。当满足 $Q \gg 1$（实际上，$Q \geqslant 4\pi$）时称为布拉格衍射。只产生一个较强的一级衍射光束，这时超声介质相当于一个体光栅（三维光栅）。而在 $0.3 < Q < 4\pi$ 的中间区内，衍射现象较为复杂，通常的声光器件均不工作在这个范围内，因此，这里不进行讨论。

7.10.2　拉曼-奈斯声光衍射

根据理论分析，各级衍射极大方向的衍射角 θ 满足如下关系：

$$\lambda_s \sin\theta = m\lambda, \quad m = 0, \pm 1, \pm 2, \cdots \tag{7-200}$$

相应于第 m 级衍射的极值光强为

$$I_m = I_i J_m^2(\delta) \tag{7-201}$$

其中，I_i 是入射光强；$\delta = 2\pi(\Delta n)_M l/\lambda$ 表示光通过声光介质后由于折射率变化引起的附加相移；$J_m(\delta)$ 是第 m 阶贝塞尔函数，并且 $J_m^2(\delta) = J_{-m}^2(\delta)$。所以，在零级透射光两边，同级衍射光强相等，这种各级衍射光强的对称分布是拉曼-奈斯衍射的主要特征之一。第 m 级衍射光的频率为 $\omega \pm m\omega_s$，即衍射光相对入射光产生了多普勒频移，但仍然是单色光。

根据多普勒效应不难求得，$\omega_s = 2\pi v_s/\lambda_s$。各级衍射光的频率都产生多普勒频移，当声波是行波时，如图 7-69 所示。顺着声速方向向上传播的 $m = 1, 2, 3, \cdots$ 各级衍射光频率增大为 $\omega + \omega_s, \omega + 2\omega_s, \omega + 3\omega_s, \cdots$。而逆着声速方向向下传播的 $m = 1, 2, 3, \cdots$ 各级的频率减小为 $\omega - \omega_s, \omega - 2\omega_s, \omega - 3\omega_s, \cdots$。

将图 7-70 中声光盒内的吸声材料换成反射材料，如图 7-71 所示，则介质中的超声波是驻波场。这时也将产生类似周期性规律的多普勒频移，但与行波场情形不同的是，各级衍射光的频率是含有多个傅里叶分量的复合光。

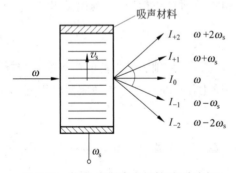

图 7-70　拉曼-奈斯声光衍射（行波声场）

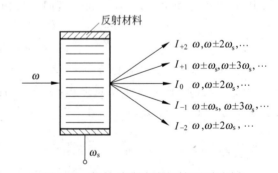

图 7-71　拉曼-奈斯声光衍射（驻波声场）

7.10.3　布拉格衍射

在实际应用的声光器件中，经常采用布拉格衍射方式工作。当超声波频率较高，声光作用区较长，满足 $l \geqslant 2\dfrac{\lambda_s^2}{\lambda}$，且入射光线与超声波波面有一定角度斜入射时，产生布拉格衍射效应。这种衍射工作方式的显著特点是衍射光强分布不对称，而且只有零级和＋1级或－1级衍射光，如果恰当地选择参量，并且超声功率足够强，可以使入射光的能量几乎全部转移到零级或1级衍射极值方向上。因此，利用这种衍射方式制作的声光器件，工作效率很高，所以它比拉曼-奈斯衍射应用更广。

由于布拉格衍射工作方式的超声波频率较高，声光相互作用区较长，所以必须考虑介质厚度的影响，其超声光栅应视为体光栅，这时衍射光栅必须满足布拉格方程。

1. 布拉格方程

假设超声波面是如图 7-72 所示的部分反射、部分透射的镜面，各镜面间的距离为 λ_s。现有一平面光波 $A_1B_1C_1$ 相对声波面以倾角 θ_i 入射，在声波面上的 A_2、B_2、C_2 和 A_2' 等点产生部分反射。在它们之间光程差为光波长的整数倍，或者说它们之间是同相位的衍射方向 θ_d 上，其光束相干增强。

我们首先考虑同一入射光线在不同超声波面上形成同相位衍射光束的情况。如图 7-73 所示，不同衍射光的光程差为

$$\Delta = A_1A_2'A_3' - A_1A_2A_3 = A_2A_2' - A_2A$$
$$= A_2A_2' - A_2A_2'\cos(\theta_i + \theta_d) \tag{7-202}$$

如果 $\theta_i = \theta_d = \theta$，$A_2A_2' = \lambda_s/\sin\theta_i$，则

$$\Delta = \frac{\lambda_s}{\sin\theta_i}(1 - \cos 2\theta) = 2\lambda_s\sin\theta \tag{7-203}$$

当 $\Delta = m\lambda$，m 取整数时，可出现衍射极大，即

$$2\lambda_s\sin\theta = m\lambda \tag{7-204}$$

同理可以证明，不同光线在不同超声波面上的衍射，衍射极大的方向仍然要满足式(7-204)。

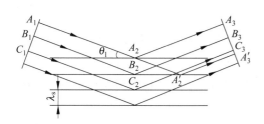

图 7-72　平面波在超声波面上的反射

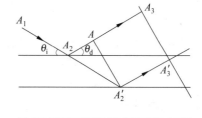

图 7-73　同一光束在不同超声波面上的反射

应当注意的是，前面推导满足衍射极大条件时，是把各声波面看作是折射率突变的镜面。实际上，声光介质在声波矢方向上，折射率的增量是按正弦规律连续渐变的，其间并不存在镜面。可以证明，当考虑这个因素后，式(7-204)中 m 的取值范围只能是＋1 或－1，即布拉格型衍射只能出现零级和＋1级或－1级的衍射光束。因此，以 θ_i 入射的平面光波，在超声波面上各点产生同相位衍射光的条件是

$$\left.\begin{array}{r}\theta_i = \theta_d = \theta_B \\ \sin\theta_B = \dfrac{\lambda}{2\lambda_s}\end{array}\right\} \tag{7-205}$$

其中，λ_s 是声波波长，λ 是光波波长。通常将这个条件称为布拉格衍射条件，将式(7-205)称

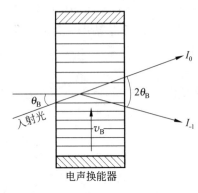

图 7-74　布拉格声光衍射

为布拉格方程,入射角 θ_B 叫布拉格角,满足该条件的声光衍射叫布拉格衍射。其衍射光路如图 7-74 所示,零级和 1 级衍射光之间的夹角为 $2\theta_B$。

2. 布拉格衍射光强

当声光相互作用区的长度 $l \gg 2\dfrac{\lambda_s^2}{\lambda}$ 时,必须把超声波作用下的晶体材料看成是三维相位光栅,这时衍射光栅必须满足布拉格方程

$$2\sin\theta_B = m\lambda/\lambda_s, \quad m = 0, \pm 1 \qquad (7\text{-}206)$$

其中,θ_B 为布拉格衍射角。除一级衍射光外,还存在零级(直接透射光)衍射光。对于频率为 ω 的入射光,其布拉格衍射的 ± 1 级衍射光的频率为 $\omega \pm \omega_s$,相应的零级衍射光强度为

$$I_0 = I_i \cos^2\frac{\delta}{2} \qquad (7\text{-}207)$$

一级衍射光的强度为

$$I_{\pm 1} = I_i \sin^2\frac{\delta}{2} \qquad (7\text{-}208)$$

其中,I_i 为入射光的强度;δ 为光通过声光介质后,由折射率变化引起的附加相移。

当 $\delta = \pi$ 时,$I_0 = 0$,$I_{\pm 1} = I_i$。这表明,通过适当地控制入射超声功率(因而控制介质折射率变化的幅值 Δn_M),可以将入射光功率全部转变为 1 级衍射光功率。根据这一突出特点,可以制作出转换效率很高的声光器件。

7.10.4　声光效应的应用

声光效应为控制光束的强度、方向及频率等提供了一个方便的手段。各种声光器件,包括声光调制器、声-光光束偏转器、声-光开关、激光外差雷达、激光调 Q 倍频、信息处理器、可调滤波器及频谱分析器等已广泛应用于科学技术的许多领域。下面介绍三种典型的应用。

1. 声光调制器

利用声光效应,无论是拉曼-奈斯衍射,还是布拉格衍射,都可以通过改变超声波的强度来改变衍射光的强度。工作方式可以是以零级作为输出,也可以是以 1 级作为输出。拉曼-奈斯衍射效率很低,若取 1 级为输出,理论计算表明,1 级衍射极大约为入射光强的 34%,而布拉格衍射在理论上可达 100%,一般可达 60% 以上。因此通常采用布拉格型声光调制器。

如图 7-75 所示的激光外差雷达系统是声光调制器(A/O)的典型应用。它采用腔外声光调频脉冲压缩信号体制,其原理是:①信号光路。激光器发射的水平线偏振激光束经分束片 BS_1 反射后,主要的光能透过透镜 L_1 聚焦到声光调制器晶体中心。经声光衍射移频后的 1 级光由透镜 L_2 还原成高斯光束,被反射镜 M_2 反射进入预扩束器 BCT_1,扩束准直后完全透过布儒斯特片 BP,再透过 1/4 波片 QWP 后变为圆偏振光,由反射镜 M_3 反射到 x/y 扫描器中,扫动光束通过主天线(T_1 和 T_0)发射出去。目标的后向散射光按原路返回,重新透过 1/4 波片后偏振态变为近似垂直的线偏振光,约 50% 的光被布儒斯特片 BP 校正成垂

直线偏振反射到合束片 BS_2；②本振光路。透过分束片 BS_1 的那部分光被反射镜 M_1 反射到预扩束器 BCT_2 中，经扩束后由反射镜 M_4 反射，透过 1/2 波片 HWP 后变成垂直线偏振，并在合束片 BS_2 上与信号光合束，由场镜 L_3 聚焦到探测器光敏面上与回波信号进行混频，从而产生外差信号。

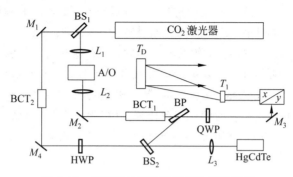

图 7-75　调频脉冲压缩激光雷达光学系统

2. 声光偏转器

通过改变超声波的频率可以改变衍射光的偏转方向。实际上都采用布拉格衍射作声光偏转器。由布拉格条件式(7-205)，当 θ_B 很小时，可取

$$\theta_B = \lambda/(2\lambda_s) = \frac{\lambda}{2v_s}f_s \qquad (7\text{-}209)$$

因此，衍射光相对于入射光的偏转角为

$$2\theta_B = \frac{\lambda}{v_s}f_s \qquad (7\text{-}210)$$

可见，偏转角与超声波频率 f_s 成正比。

声光偏转器可用作激光电视扫描，$x\text{-}y$ 记录仪或光全息存储系统的快速随机读出装置等。多频声光偏转器还用来做高速激光字母数字发生器，用于计算机显微胶卷输出打印等。

3. 声光开关与声光调 Q

由于布拉格衍射比拉曼-奈斯声光衍射的理论衍射效率高，所以一般利用布拉格声光衍射效应来制作声光 Q 开关。利用声光 Q 开关实现激光器声光调 Q 的激光器谐振腔如图 7-76 所示。

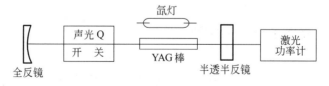

图 7-76　声光调 Q 激光器的谐振腔结构图

首先，点燃氙灯，使 YAG 晶体发射出偏振方向无规则的光。当把高频振荡信号加在声光 Q 开关的换能器上时，所产生的超声波使声光介质的折射率发生变化，形成"相位光栅"，而 YAG 出射的光束通过声光介质时，便产生布拉格衍射。由于衍射光相对于零级光有 2θ 角的偏离(如当超声波的频率为 MHz 时数量级，石英晶体对 $1.06\,\mu m$ 光的衍射角为

$0.3° \sim 0.5°$),这一角度完全可以使光束偏出谐振腔,使激光器处于高损耗(低 Q 值)状态,无法产生振荡,即将激光"关断"。当 YAG 晶体的反转粒子数达到最大值时,撤去加在声光 Q 开关上的高频振荡信号,于是声光介质的超声场消失,激光器谐振腔的 Q 值突然增大,相当于 Q 开关"打开",使激光器输出一个调 Q 脉冲。

对于声光 Q 开关,断开的时间主要取决于超声波通过光束的渡越时间(电子开关时间不是主要的),以熔融石英为例,超声波垂直通过宽为 1 mm 的光束约需要 200 ns,这一时间对于某些高增益的脉冲激光器而言显得太长。因此,声光 Q 开关一般用于增益较低的连续激光器,可获得几百千瓦、脉宽约几十纳秒、重复率为几十千赫(小于 50 kHz,而电光 Q 开关最大重复频率仅为 50 Hz)的激光脉冲。另一方面,制造声光 Q 开关的技术相对简单,性能稳定,工作电压低(小于 200 V),且可以长时间连续运转,所以利用声光开关制成的激光器被广泛用于激光打标机、划片机、雕刻机、切割机等各种激光加工设备中,有着广阔的市场前景。

7.11 磁 光 效 应

光在晶体内沿光轴方向传播时,并不发生双折射。但是在很多晶体中,当一束线偏振光通过某些物质时,光矢量的方向随着传播距离的增大逐渐转动。这种现象称为晶体的旋光现象,如图 7-77 所示,相应的晶体称为旋光物质,例如石英晶体。旋光现象最早是在 1811 年由阿喇果(Arago)在石英晶体中观察到的。后来,毕奥(Biot)在一些蒸汽和液态物质中也观察到了同样的现象。还有很多非晶体也是旋光物质,其中以某些溶液的旋光现象最为明显。

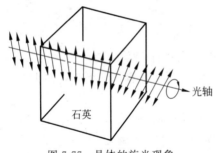

图 7-77　晶体的旋光现象

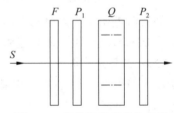

图 7-78　晶体旋光现象的观测

7.11.1　自然旋光现象的观察和规律

旋光现象可用图 7-78 所示偏光系统进行观测,从光源 S 发出的光束经滤光片 F 和起偏器 P_1 后成为单色线偏振光,投射到光轴和表面垂直的石英晶体切片 Q 上。当 P_1 和检偏器 P_2 二者的主轴方向互相垂直时,通过 P_2 看到的视场并不全暗,将 P_2 旋转一定角度才消光。这表示通过 Q 后光波仍是线偏振光,但偏振面已由与起偏器透光轴平行变为与转动后的检偏器透光轴垂直,也就是说,偏振面在晶体内旋转了一定的角度。

实验证明,偏振面旋转的角度 θ 与通过旋光物质的厚度 d 成正比

$$\theta = \alpha d \tag{7-211}$$

其中，α 是物质常数，称为旋光率，表示物质的旋光本领，它等于在该物质中通过单位厚度时光矢量所转过的角度。大多数物质的旋光本领很弱，显示不出旋光现象。有些液体(如樟脑、糖溶液和松节油)则有很强的旋光本领，如浓度为 $0.1\ \mathrm{g/cm^3}$ 的糖溶液，光通过 $1\ \mathrm{cm}$ 距离将旋转 $6°$。

旋光本领还与入射光波长、介质的性质及温度有关，即在同一物质中不同波长光波的偏振面旋转的角度不同。我们把这种介质的旋光本领因波长而异的现象称为旋光色散，如图 7-79 所示。例如，石英晶体在光波长为 $0.4\ \mu\mathrm{m}$ 时，$\alpha=49°/\mathrm{mm}$；在 $0.5\ \mu\mathrm{m}$ 时，$\alpha=31°/\mathrm{mm}$；在 $0.65\ \mu\mathrm{m}$ 时，$\alpha=16°/\mathrm{mm}$。而胆甾相液晶的 α 约为 $18\,000°/\mathrm{mm}$。

实验发现，不同的物质振动面旋转的方向有可能不同，因此，存在所谓右旋物质和左旋物质。当迎着光线射来的方向看，如果线偏振光的振动面在旋光物质内连续地沿顺时针方向旋转，那么这种旋光物质就称为右旋物质，如果振动面连续地沿逆时针方向旋转，则该物质称为左旋物质。对于右旋物质，其旋光率为负数($\alpha<0$)；左旋物质的旋光率为正数($\alpha>0$)。右旋和左旋物质虽使偏振面向不同方向旋转，但同一物质的两种旋光本领仍然相同。

旋光现象还和物质的结构有关。像石英、蔗糖溶液等旋光物质，既有右旋的，也有左旋的。例如，同样是石英($\mathrm{SiO_2}$)，在非结晶状态下(例如石英玻璃)是没有旋光性的；但是，在结晶状态下的石英却具有相当强的旋光性。另外，同是结晶态下的石英，由于原子结构的排列不同，它们产生的旋光效应也不同，一种产生右旋，另一种产生左旋。因此，石英晶体又分为右旋石英和左旋石英，如图 7-80 所示。这两种石英结构，互为反射镜像，它们是镜像对称的，称为对称型晶体。

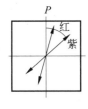 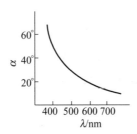 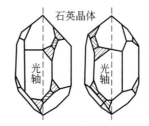

图 7-79　旋光色散曲线　　　　　图 7-80　右旋石英和左旋石英

不仅固态的晶体有旋光现象，有的液体或溶液也有旋光现象，如松节油、糖的水溶液等也有旋光现象。其中，葡萄糖溶液是右旋物质，而果糖溶液为左旋物质。对于溶液来说，线偏振光振动面旋转的角度 θ 与溶液的浓度 C 以及光所通过的溶液距离 d 成正比

$$\theta=\alpha' C d \tag{7-212}$$

其中，α' 是液体的旋光系数或旋光率。利用溶液的旋光特性可以测量溶液的浓度，例如，量糖计就是根据这个原理测量糖液的浓度的。

这里需要注意，旋光现象和双折射现象是两种不同的光学现象。有的晶体既有双折射现象，又有旋光现象，如石英就属于这一类晶体。有的晶体有旋光现象，但没有双折射现象。

7.11.2　旋光现象的解释

1825 年，菲涅耳对旋光现象提出了一种唯象的解释。菲涅耳认为，在各向同性介质中，线偏振光的右旋、左旋圆偏振光分量的传播速度相等，因而其相应的折射率也相等。在旋光

物质中,左旋和右旋圆偏振光的传播速度不同,因而折射率不同。在右旋晶体中,右旋圆偏振光的传播速度较快,$v_R > v_L$;左旋晶体中,左旋圆偏振光的传播速度较快,$v_R < v_L$。根据这一假设,可以解释旋光现象。

根据他的假设,可以把进入晶片的线偏振光看作振幅相同、频率相同,但旋转方向相反的两个圆偏振光的组合。如图 7-81 所示。设线偏振光刚入射到旋光物质上时光矢量是沿垂直方向的,利用琼斯矩阵方法可以把菲涅耳的假设表示为

$$\begin{bmatrix} 1 \\ 0 \end{bmatrix} = \frac{1}{2} \begin{bmatrix} 1 \\ i \end{bmatrix} + \frac{1}{2} \begin{bmatrix} 1 \\ -i \end{bmatrix} \tag{7-213}$$

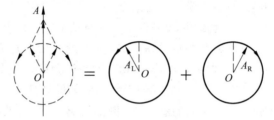

图 7-81　一束线偏振光分解成旋转方向相反的两束圆偏振光

如果右旋和左旋圆偏振光通过厚度为 d 的旋光介质后,相位滞后分别为

$$\left. \begin{array}{l} \varphi_L = k_L d = \dfrac{n_L 2\pi}{\lambda} d \\[2mm] \varphi_R = k_R d = \dfrac{n_R 2\pi}{\lambda} d \end{array} \right\} \tag{7-214}$$

其中,n_L 和 n_R 分别为左旋和右旋圆偏振光的折射率;λ 是光在真空中的波长。两圆偏振光在晶体中沿着 z 轴(光轴)传播时的琼斯矢量可以表示为

$$\left. \begin{array}{l} E_L = \dfrac{1}{2} \begin{bmatrix} 1 \\ i \end{bmatrix} \exp(ik_L z) \\[4mm] E_R = \dfrac{1}{2} \begin{bmatrix} 1 \\ -i \end{bmatrix} \exp(ik_R z) \end{array} \right\} \tag{7-215}$$

在旋光物质中经过距离 d 后合成的琼斯矢量为

$$\begin{aligned} E &= \frac{1}{2} \begin{bmatrix} 1 \\ i \end{bmatrix} \exp(ik_L d) + \frac{1}{2} \begin{bmatrix} 1 \\ -i \end{bmatrix} \exp(ik_R d) \\[2mm] &= \frac{1}{2} \exp\left[i(k_L + k_R)\frac{d}{2}\right] \left\{ \begin{bmatrix} 1 \\ i \end{bmatrix} \exp\left[-i(k_R - k_L)\frac{d}{2}\right] + \right. \\[2mm] & \qquad \left. \begin{bmatrix} 1 \\ -i \end{bmatrix} \exp\left[i(k_R - k_L)\frac{d}{2}\right] \right\} \end{aligned} \tag{7-216}$$

引入

$$\left. \begin{array}{l} \phi = (k_R + k_L)\dfrac{d}{2} \\[2mm] \theta = (k_R - k_L)\dfrac{d}{2} \end{array} \right\} \tag{7-217}$$

因此合成波的琼斯矢量可以写为

$$E = \exp(\mathrm{i}\phi) \begin{bmatrix} \dfrac{1}{2}[\exp(\mathrm{i}\theta) + \exp(-\mathrm{i}\theta)] \\ -\dfrac{\mathrm{i}}{2}[\exp(\mathrm{i}\theta) - \exp(-\mathrm{i}\theta)] \end{bmatrix} = \exp(\mathrm{i}\phi) \begin{bmatrix} \cos\theta \\ \sin\theta \end{bmatrix} \qquad (7\text{-}218)$$

它代表了光振动方向与水平方向成 θ 角的线偏振光。这说明,入射的线偏振光光矢量通过旋光介质后,转过了 θ 角。由式(7-214)可以得到

$$\theta = \frac{\pi}{\lambda}(n_R - n_L)d \qquad (7\text{-}219)$$

如果左旋圆偏振光传播得快,$n_R > n_L$,则 $\theta > 0$,即光矢量是向逆时针方向旋转的;如果右旋圆偏振光传播得快,$n_R < n_L$,则 $\theta < 0$,即光矢量是向顺时针方向旋转的,这就说明了左、右旋光介质的区别。而且,式(7-219)还说明,旋转角度 θ 与 d 成正比,与波长有关(旋光色散),这些都是与实验相符的。

事实表明,石英晶体沿光轴方向只有旋光性而无双折射性质,垂直光轴方向只有双折射性质而无旋光性。沿光轴方向两种圆偏振光的折射率之差,要比沿垂直于光轴方向传播的 o 光和 e 光的折射率之差小得多。因此,除非晶体切面在垂直光轴的一个很小范围内,它的作用基本上与普通的单轴晶体相同。

按照菲涅耳假说,一线偏振光进入晶体后可分解为两个具有不同折射率的左右圆偏振光,但由于 n_R 与 n_L 相差太小,一次折射分开的角度难以觉察。所以,菲涅耳设计了如图 7-82 所示的三棱镜组。该棱镜组由左旋石英和右旋石英交替胶合制成,但是这些棱镜的光轴方向都相同,均与入

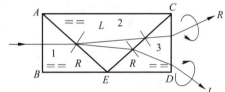

图 7-82　菲涅耳棱镜组

射面 AB 和出射面 CD 垂直。一束单色线偏振光自左端射入右旋石英棱镜 1 后,分解成传播方向相同的一对圆偏振光,它们在棱镜 1 中传播的速度不同,$v_R > v_L$,即 $n_R < n_L$;在棱镜 2(左旋石英)中,$v_R < v_L$,即 $n_R > n_L$,在棱镜 3(右旋石英)中,$v_R > v_L$,即 $n_R < n_L$。右旋偏振光和左旋偏振光在界面 AE、EC 上都发生折射。对右旋偏振光在界面 AE 上,是由从光疏媒质进入光密媒质,折射后传播方向略向上偏折,该光束在棱镜 2 和棱镜 3 界面上折射时,是由从光密媒质进入光疏媒质,使传播方向又一次向上偏折。如此经过多次(图中的实际棱镜可以是 5 个,甚至更多)折射后,右旋偏振光的偏折角将达到一个可明显察觉的程度,如图中标有 R 的出射光。反之,左旋偏振光将发生一系列向下的偏折。这样,左、右旋偏振光分开了。这个实验结果证实了左、右旋圆偏振光传播速度不同的假设。

当然,菲涅耳的解释只是唯象理论,它不能说明旋光现象的根本原因,不能回答为什么在旋光介质中两圆偏振光的速度不同。这个问题必须从分子结构去考虑,即光在物质中传播时,不仅受分子的电场力矩作用,还要受到诸如分子的大小和磁矩等次要因素的作用,考虑到这些因素后,入射光波的光矢量振动方向旋转就是必然的了。

7.11.3　磁致旋光效应

1. 法拉第效应

上述旋光现象是旋光介质固有的性质,因此可以叫做自然旋光现象,实际中也可以通过

人工的方法产生旋光现象。当一束线偏振光在某些介质(如铅玻璃、YIG 等)中传播时,如果在光的传播方向上加一强磁场 **B**,则入射光的振动面会发生旋转,这一现象叫磁致旋光效应,简称磁光效应,如图 7-83 所示。磁光效应并不表明磁场与光波之间有相互作用,而是表明磁场与介质(如铅玻璃)之间存在着相互作用,强磁场使得这类介质变成为旋光介质。于是,光在其中传播时,其振动面就发生了旋转。如果没有磁光介质存在,无论怎样强的磁场也不会使光波的偏振面发生旋转。

1846 年,法拉第发现,在磁场的作用下,本来不具有旋光性的介质也产生了旋光性,即能使光矢量旋转,所以磁光效应也称法拉第效应。这个发现在物理学史上有着重要的意义,是人们发现的光学过程和电磁过程有联系的最早证据。观察法拉第效应的装置结构如图 7-84 所示。将一根玻璃棒的两端抛光,放进螺线管的磁场中,再加上起偏器 P_1 和检偏器 P_2,让光束通过起偏器后顺着磁场方向通过玻璃棒,光矢量的方向就会旋转;当磁场反向时,光矢量的旋转方向也相反;旋转的角度可以用检偏器 P_2 测量。

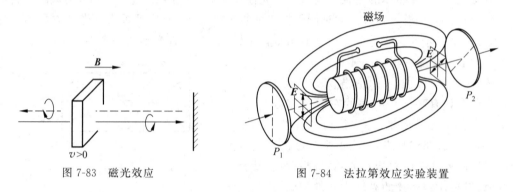

图 7-83　磁光效应　　　　　图 7-84　法拉第效应实验装置

后来,维尔代(Verdet)对法拉第效应进行仔细研究后发现:光振动平面转过的角度 θ 与光在物质中通过的厚度 d 和磁感应强度 B 成正比,即

$$\theta = VBd \tag{7-220}$$

其中,V 是与物质性质有关的常数,叫维尔代常数,它与入射光波长及温度有关。固体与液体的维尔代常数的数量级一般为 $0.01'/10^{-4}$ T·cm,但是稀土玻璃的维尔代常数要大得多,约为 $(0.013' \sim 0.27')/10^{-4}$ T·cm,具体数值随玻璃中所含稀土元素的种类而异。如果在图 7-83 中的玻璃采用 10 cm 长的稀土玻璃,磁感应强度的平均值为 0.1 T,则光矢量可以旋转 $22° \sim 45°$。

磁光效应和石英晶体产生的自然旋光性有着重要的差别。线偏振光通过天然右旋介质时,迎着光看去,振动面总是向右旋转,所以,当从天然右旋介质出来的透射光沿原路返回时,因旋转角相等而旋向相反会互相抵消,振动面将回到初始位置。但是磁光效应所产生的振动面旋转方向是与磁场 **B** 的方向有关,而与光的传播方向无关,法拉第巧妙地利用了这个特点来增强磁光效应。对于抗磁质,它的维尔代常数是正的($V > 0$),此时若光的传播方向与磁场 **B** 的方向相同,则将产生左旋磁光效应,即迎着光线射来的方向去观察,振动面将逆时针方向旋转角度 θ。如果让出射光经一反射镜反射回来再一次通过磁场作用下的磁光介质,由于此时光的传播方向与 **B** 的方向相反,因此,磁光效应将使振动面发生右旋,即顺时针方向旋转。所以,一来一去两次通过磁光介质,振动面与初始位置相比,转过了角度

光学教程(第 3 版)

2θ。如果使用反射镜让光通过磁场 N 次，则总
的偏转角为 $N\theta$，如图 7-85 所示。

此外，如果把强磁场作用到透明的液体介
质上，液体的分子会在磁场的感应下形成一定
的规则排列，因而表现出像单轴晶体那样的双
折射性质，光轴沿磁场方向，主折射率之差正比
于磁感应强度的平方。这种效应叫科顿-穆顿
(Cotton-Mouton)效应或克尔(Kerr)磁光效应，

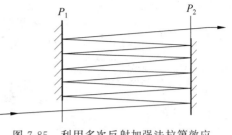

图 7-85　利用多次反射加强法拉第效应

也称磁致双折射，它与 7.9 节提到的克尔电光效应类似。W. 佛克脱在气体中也发现了同样
的效应，称佛克脱效应，但它比前者要弱得多。

近年来磁光效应获得广泛的应用。如磁光调制器、磁光开关、激光陀螺中的偏频元件、
可擦写式磁光盘等。

由于法拉第效应的旋光方向取决于外加磁场方向，与光的传播方向无关，使得它在光电
子技术中有着重要的应用。例如，在激光系统中，为了避免光路中各光学界面的反射光对激
光源产生干扰，可以利用法拉第效应制成光隔离器，只允许光从一个方向通过，而不允许反
向通过。现以图 7-86 为例来简单说明一下光隔离器的工作原理。在两块偏振片 P_1、P_2 之
间放一块磁致旋光材料 YIG(钇铁石榴石——Yttrium-Iron Garnet)，P_2 的透光轴通光方向
相对于 P_1 旋转 45°，如果绕在 YIG 上的线圈通以直流电流，将在 YIG 中产生磁场，只要直
流电流的大小适当，就可以使通过 YIG 后的光的偏振面旋转 45°，这一偏振态的光正好能顺
利通过检偏器 P_2。但是，从右到左反方向反射回来的光通过旋光介质后又要再一次旋转
45°，而旋转后的振动面正好和 P_1 的通光方向垂直，故不能通过偏振片 P_1。因此，它起着光
隔离的作用，称为光隔离器。

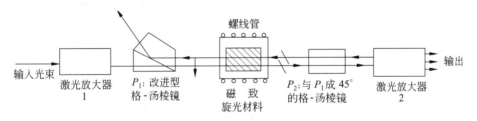

图 7-86　法拉第光隔离器应用示意图

目前，EDFA(掺铒光纤放大器)技术已经比较成熟并广泛地应用到长距离、大容量光纤
通信系统中。在 WDM/DWDM(波分复用器/密集型波分复用器)系统中使用 EDFA 时，为
了追求较高的增益，常常采用两级泵浦的方式，在其中插入一个法拉第光隔离器，可构成带
光隔离器的两段级联 EDFA，如图 7-87 所示。由于法拉第光隔离器有效地抑制了第二段
EDF(掺铒光纤)的反向 ASE(反向传输放大自发辐射)传输，使其不能进入第一段 EDF，减
少了泵浦功率在放大反向 ASE 上的消耗，使泵浦光子更有效地转换成信号光能量，从而可
以改善增益、噪声系数和输出功率等特性。

利用磁光效应也可制作磁光调制器。由马吕斯定律，当起偏器 P_1 与检偏器 P_2 透光轴
夹角为 θ 时，输出光强为

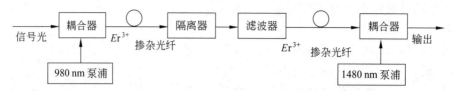

图 7-87 带隔离器的两级泵浦 EDFA

$$I = I_0 \cos^2\theta \qquad (7\text{-}221)$$

其中,I_0 是 $\theta = 0$ 时的输出光强。在 P_1 和 P_2 之间加入法拉第盒之后,如果由磁致旋光引起的偏转角为 θ_r,则输出光强为

$$I(\theta, \theta_r) = I_0 \cos^2(\theta + \theta_r) \qquad (7\text{-}222)$$

这说明在给定 θ 的情况下,输出光强仅为 θ_r 的函数,也就是说,控制法拉第盒的励磁电流可间接地控制系统的输出光强。在图 7-88 中,让起偏器与检偏器的位置相对固定,如果加在线圈上的不是直流电流而是一个调制信号电流,那么,输出光强将会随着调制信号电流的变化而变化,这就是利用法拉第效应作磁光调制器的基本原理。

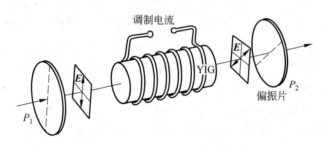

图 7-88 磁光隔离器和调制器原理图

2. 磁光克尔效应

近年来,磁光克尔效应已经被广泛地应用于纳米磁光盘、磁性薄膜、磁场传感器、自旋/磁电子学和巨磁电阻/隧道磁电阻等很多领域,且国内外的相关研究仍然十分活跃,下面就磁光克尔效应及其应用作一简要介绍。

1877 年,英国科学家克尔在观察偏振光从抛光过的电磁铁磁极反射光时,发现振动面发生旋转的现象和线偏振光变为椭圆偏振光,这是继法拉第效应后发现的第二个重要的磁光效应,称为磁光克尔效应。1985 年 Moog 和 Bader 两位学者进行了有关铁磁超薄膜的大量实验,成功地得到一原子层厚度磁性物质之磁滞回线,并且提出了以 SMOKE 来作为表面磁光克尔效应(surface magneto-optic Kerr effect)的缩写,用以表示磁光克尔效应在表面磁学上的研究。

按磁化强度和入射面的相对取向,磁光克尔效应分为极向磁光克尔效应、横向磁光克尔效应和纵向磁光克尔效应,如图 7-89 所示。极向和纵向克尔磁光效应中偏振面的旋转量都正比于样品的磁化强度。通常极向克尔效应旋转最大,纵向效应次之,横向磁光克尔效应中磁致旋光量较小。1898 年塞曼等人证实了横向磁光克尔效应的存在。磁光克尔效应的物理基础和理论处理方法与法拉第效应的类似,只是前者发生在物质表面,后者发生在物质体内;前者仅出现于有自发磁化的物质(铁磁、亚铁磁材料)中,后者在一般顺磁介质中也可观察到。

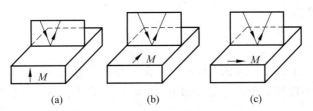

图 7-89　三种磁光克尔效应的示意图

（a）极向；（b）横向；（c）纵向

在磁光克尔效应中，如果被照射样品是各向异性的，反射光将变成椭圆偏振光且偏振方向会发生偏转，如图 7-90 所示。

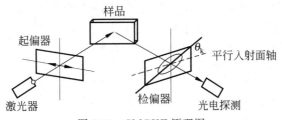

图 7-90　SMOKE 原理图

如果此时样品还处于铁磁状态，铁磁性还会导致反射光偏振面相对于入射光的偏振面额外再转过一个小的角度，这个小角度称为克尔转角 θ_k，即椭圆长轴和参考轴间的夹角。一般而言，由于样品对 P 偏振光和 S 偏振光的吸收率不同，即使样品处于非磁状态，铁磁性会导致反射光椭偏率有一附加的变化，这个变化称为克尔椭偏率 ε_k。

1）克尔转角的测量方法

目前，测量磁光克尔转角有许多方法。图 7-91 给出了一种测量磁光克尔转角的装置。

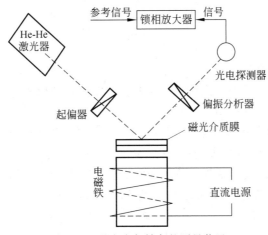

图 7-91　磁光克尔转角的测量装置

在实际测量时，通常采用 He-Ne 激光作为光源，波长 $\lambda = 632.8\ \mathrm{nm}$，磁光薄膜样品放在电磁铁的磁场之中，磁感应强度为 $4000\ \mathrm{Gs}(1\ \mathrm{Gs} = 10^{-4}\ \mathrm{T})$ 左右。由于 θ_k 近似正比于磁化强度，所以可通过对光强的测量，得到磁化强度的相对值即可顺利地分析出磁光克尔转角

θ_k 的大小,具体计算公式为

$$\theta_k \approx c \frac{I - I_0}{I_0} \tag{7-223}$$

其中,I_0,I 分别为无外加磁场和有一定强度外加磁场时的输出电流,c 为比例系数。

只要在检偏器前放置一个四分之一波片(产生 $\pi/2$ 的相位差)即可测量克尔椭偏率 ε_k,其计算表达式为

$$\varepsilon_k \approx c' \frac{I - I_0}{I_0} \tag{7-224}$$

其中,c' 为比例系数。

由于测量时光信号十分微弱,采用锁相放大器可大大提高测量的精确度。图 7-92 给出了另一种磁光克尔转角的测量装置,测量原理与图 7-91 的类似,该装置通过测量不同电流下的输出光功率,从而计算出磁光克尔效应的转角。磁光克尔转角一般并不大,以铽铁钴(TbFeCo)合金薄膜材料为例,在室温下其磁光克尔转角仅为 0.3°左右。MnBiAlSi 的磁光克尔转角可达 2.04°。

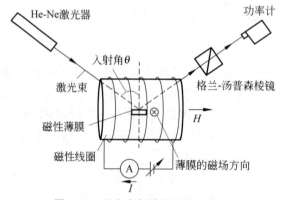

图 7-92　磁光克尔效应测量示意图

2) 磁光克尔效应的应用

(1) 光学电流传感器

磁光克尔效应的另一重要应用就是用于制作光学电流传感器,其结构如图 7-93 所示。

这种光学电流传感器探头由氦氖激光器、格兰-汤普森棱镜、Fe-Si/Mn-Ir 磁性薄膜、分光镜、PIN 光电二极管和差分放大器等部分组成,其基本原理基于 Fe-Si/Mn-Ir 磁性薄膜的磁光克尔效应。为了测量电流,把电线绕在 Mn-Zn 铁氧体磁芯上,并留一小缝隙。Fe-Si/Mn-Ir 磁性薄膜放置在铁氧体磁芯的缝隙间,从通电线圈感应出的磁场方向与薄膜的放置方向一致。为提高入射光的线偏振度,将格兰-汤普森棱镜放在波长为 632.8 nm 的 He-Ne 激光器和薄膜之间,并保持激光的入射面与薄膜的放置方向平面正交。入射到 Fe-Si/Mn-Ir 磁性薄膜的单色线偏振光经薄膜表面反射的椭圆偏振光经 1/4 波片和分束棱镜后转变为线偏振光,分解为 S 偏振光和 P 偏振光后照射到 PIN 光电二极管。转化出来的电信号分别送到差分放大器。使用前需要作归零调整,方法:当线圈上的电流为 0 即无外加磁场时,通过调整 1/4 波片的主轴,使出射的 S 偏振光和 P 偏振光光强相等,从而使差分放大器的输出为 0。当线圈有电流流过时,根据磁光克尔效应,被其表面反射后的椭圆偏振光光轴发生了

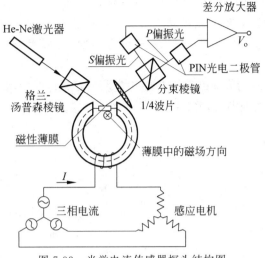

图 7-93　光学电流传感器探头结构图

旋转,以至从分束镜出射的 S 偏振光和 P 偏振光光强不等。这样通过检测差分放大器的输出电压即可得到线圈的电流。该光学电流传感技术有不受外部电磁噪声干扰的优势,可产生 2.26 V/A 的输出响应,目前已广泛地用于电力系统的三相电流检测,在电力系统的安全保护中发挥着重要作用。

（2）磁畴观测

磁光克尔效应的最重要应用之一就是观察铁磁材料中难以捉摸的磁畴。由于旋转方向取决于磁畴中磁化矢量的方向,克尔转角与磁化矢量近似成比例,因此利用这一磁光克尔效应,再借助偏光显微镜即可观察不透明磁性体的磁畴结构。这种方法的优点在于:

第一,它不受温度的限制,可以在各种温度下观察磁畴结构;第二,可用于观察磁畴的动态变化,如配以高速摄影装置,可以显示出数量级为 μs 的磁化及反磁化过程。

目前有关磁畴结构的观察和测量仍有许多的研究工作。

（3）磁光存储

对于已经写入了信息的磁光介质,要读出所写的信息则需要利用磁光克尔效应来进行。具体方法是:将一束单色偏振光聚焦后照射在介质表面上的某点,通过检测该点处磁畴的磁化方向来辨别信息的"0"或"1"。例如,被照射的点为正向磁化,则在该点的反射光磁光克尔转角应为 $+\theta_k$,如图 7-94 所示。若被照射的点为反向磁化,则在该点的反射光磁光克尔转角应为 $-\theta_k$。因此,如果偏振分析器的轴向恰好调整为与垂直于记录介质的平面成 θ_k 夹角,那么在介质上反向磁化点的反射光线将不能通过偏振棱镜,而在介质的正向磁化处,反射光则可以通过偏振棱镜。这表明反射光的偏振面旋转了 $2\theta_k$ 的角度。这样,如果我们在经过磁光介质表面反射的光线后方,在通过偏振棱镜后的光路上安放一光电检测装置（例如光电倍增管）,就可以很方便地辨认出反射点是正

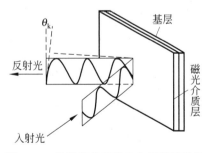

图 7-94　线偏振光经磁光介质薄膜反射时偏振面发生旋转

向磁化还是反向磁化，就是完成了“0”和“1”的识别。可见，磁光克尔转角在磁光信息读出时扮演着十分重要的角色。如果把磁光介质附着在可旋转的圆盘表面，就构成了磁光盘。磁光盘旋转时，如果同时有单色偏振光聚焦在磁光盘表面，就可实现光线的逐点扫描，即信息被连续读出。

目前，磁光克尔效应作为表面磁学的重要实验手段，还被广泛应用于磁有序、磁各向异性及层间耦合等方向的研究，并且其应用研究领域仍在不断扩展。

例　　题

例 7-1　一束线偏振的钠黄光($\lambda=589.3\ \text{nm}$)垂直通过一块厚度为 1.618×10^{-2}mm 的石英波片。波片折射率为 $n_o=1.544\ 24$，$n_e=1.553\ 35$，光轴沿 x 方向，如图 7-95 所示。试对于以下三种情况，确定出射光的偏振态。

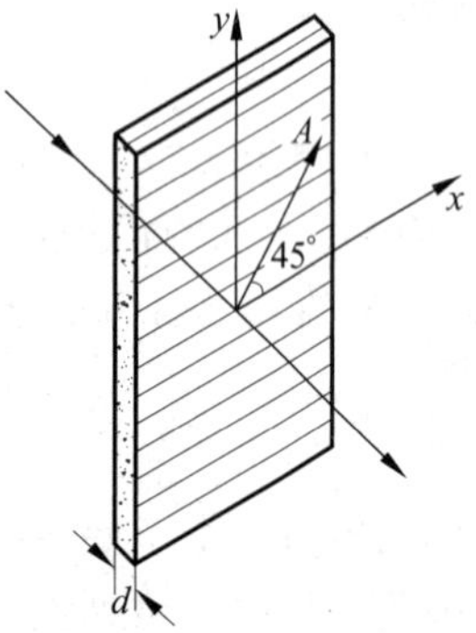

图 7-95　线偏振光垂直入射到石英波片

(1) 入射线偏振光的振动方向与 x 轴成 45°；

(2) 入射线偏振光的振动方向与 x 轴成 −45°；

(3) 入射线偏振光的振动方向与 x 轴成 30°。

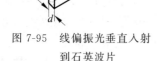

解：入射光垂直于光轴，在波片内产生的 o 光和 e 光出射波片时的相位差为

$$\begin{aligned}\delta &= \frac{2\pi}{\lambda}(n_e-n_o)d \\ &= \frac{2\pi\times(1.553\ 35-1.544\ 24)\times1.618\times10^{-2}\ \text{mm}}{589.3\times10^{-6}\ \text{mm}} \\ &\approx \frac{\pi}{2}\end{aligned}$$

(1) 入射线偏振光的振动方向与 x 轴成 45°，设入射光振幅为 A

o 光和 e 光的振幅为：$A_o=A\sin45°$，$A_e=A\cos45°$

即 $A_o=A_e=\frac{\sqrt{2}}{2}A$

所以，在波片后表面 o 光和 e 光的合成可表示为

$$\boldsymbol{E}=\boldsymbol{E}_e+\boldsymbol{E}_o=A\cos(\omega t)\boldsymbol{i}+A\cos\left(\omega t+\frac{\pi}{2}\right)\boldsymbol{j}$$

其中，$\boldsymbol{i}$、$\boldsymbol{j}$ 为 x、y 轴的单位矢量，即表示右旋圆偏振光。

(2) 入射线偏振光的振动方向与 x 轴成 −45°

o 光和 e 光的振幅为：$A_o=A_e=A$

在波片后表面 o 光和 e 光的合成可表示为

$$\begin{aligned}\boldsymbol{E} &= A\cos(\omega t)\boldsymbol{i}+(-\boldsymbol{j})A\cos\left(\omega t+\frac{\pi}{2}\right) \\ &= A\cos(\omega t)\boldsymbol{i}+A\cos\left(\omega t+\frac{3\pi}{2}\right)\boldsymbol{j}\end{aligned}$$

即表示左旋圆偏振光。

（3）入射线偏振光的振动方向与 x 轴成 $30°$

o 光和 e 光的振幅为

$$A_\text{o}=A\sin 30°=0.5A，\quad A_\text{e}=A\cos 30°=0.866A$$

在波片后表面 o 光和 e 光的合成可表示为

$$\boldsymbol{E}=\boldsymbol{E}_\text{o}+\boldsymbol{E}_\text{e}=0.5A\cos(\omega t)\boldsymbol{i}+0.866A\cos\left(\omega t+\frac{\pi}{2}\right)\boldsymbol{j}$$

o 光和 e 光的合成是一右旋椭圆偏振光，偏振椭圆的长轴沿光轴方向，长、短半轴之比为 $0.866/0.5$。

例 7-2 KDP 晶体的两个主折射率为 $n_\text{o}=1.512，n_\text{e}=1.470$。一束单色光（$\lambda=632.8$ nm）在空气中正入射到晶体表面，如图 7-89 所示。若晶体光轴在纸面内，并与晶体表面成 $30°$。求：（1）晶体内双折射光线的夹角；（2）当晶片厚度为 1 mm 时，e 光和 o 光射出晶片后的相位差。

解：（1）根据斯涅耳作图法，这种情形下，在晶体内折射的 o 光和 e 光的传播方向如图 7-96 所示。可见，o 光和 e 光的波法线方向相同，并且都与晶面垂直。由于 o 光和 e 光的波法线方向相同，所以 o 光方向与晶面垂直。

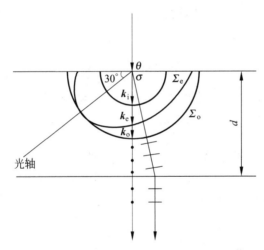

图 7-96　光轴平行于晶面且入射面与主截面垂直

对于 e 光，它与 e 光的波法线方向的夹角 α 为

$$\tan\alpha=\left(1-\frac{n_\text{o}^2}{n_\text{e}^2}\right)\frac{\tan\theta}{1+\dfrac{n_\text{o}^2}{n_\text{e}^2}\tan^2\theta}=\left(1-\frac{1.512^2}{1.470^2}\right)\frac{\tan 60°}{1+\dfrac{1.512^2}{1.470^2}\tan^2 60°}$$

$$=-0.024\,052$$

因此，$\alpha=\theta-\theta'=-1.38°$，其中负号表示 e 光线与光轴的夹角 θ' 大于 e 光波法线与光轴夹角 θ，所以 e 光线较其波法线远离光轴。由于 e 光波法线方向与 o 光的相同，因此 α 角也即 e 光线与 o 光线的夹角。

（2）相位差 δ 与光程差 Δ 的关系为

$$\delta=\frac{2\pi}{\lambda}\Delta$$

按法线折射率计算：e 光在与光轴成 60°方向的折射率可按式(7-77)来计算,其值为

$$n\,|_{\theta=60°}=\frac{n_{o}n_{e}}{\sqrt{n_{o}^{2}\sin^{2}\theta+n_{e}^{2}\cos^{2}\theta}}=\frac{1.512\times1.47}{\sqrt{1.512^{2}\sin^{2}60°+1.47^{2}\cos^{2}60°}}$$
$$=1.4802$$

所以 o 光和 e 光的光程差为

$$\Delta=\left(n_{o}-n\,\Big|_{\theta=60°}\right)d=(1.512-1.4802)\times1\text{ mm}=0.0318\text{ mm}$$

所以 e 光和 o 光射出晶片后的相位差为

$$\delta=\frac{2\pi}{\lambda}\Delta=\frac{2\pi}{632.8\text{ nm}}0.0318\times10^{6}\text{ nm}\approx100.5\pi$$

例 7-3 一束波长为 $\lambda_{2}=0.7605\ \mu m$ 左旋正椭圆偏振光入射到相应于 $\lambda_{1}=0.4046\ \mu m$ 的方解石 1/4 波片上,试求出射光束的偏振态。已知方解石对 λ_{1} 光的主折射率为 $n_{o}=1.6813,n_{e}=1.4969$;对 λ_{2} 光的主折射率为 $n_{o}'=1.6512,n_{e}'=1.4836$。

解:由题意,给定波片对于 $\lambda_{1}=0.4046\ \mu m$ 的光为 1/4 波片,波长为 λ_{1} 的单色光通过该波片时,两正交偏振光分量的相位差为

$$\Delta\varphi_{1}=\frac{2\pi}{\lambda_{1}}(n_{o}-n_{e})d=\frac{\pi}{2}$$

该波片的厚度为

$$d=\frac{\lambda_{1}}{4(n_{o}-n_{e})}$$

波长为 $\lambda_{2}=0.7605\ \mu m$ 的单色光通过这个波片时,所产生的相位差为

$$\Delta\varphi_{2}=\frac{2\pi}{\lambda_{2}}(n_{o}'-n_{e}')d=\frac{2\pi}{\lambda_{2}}(n_{o}'-n_{e}')\frac{\lambda_{1}}{4(n_{o}-n_{e})}=0.242\pi\approx\frac{\pi}{4}$$

因此,对于 $\lambda_{2}=0.7605\ \mu m$ 的单色光,该波片为 1/8 波片。

由于入射光为左旋正椭圆偏振光,相应的两正交振动分量相位差 $\Delta\varphi_{0}=-\pi/2$,通过波片后,该两分量又产生了附加相位差 $\Delta\varphi_{2}=\pi/4$,所以两出射光的总相位差为

$$\Delta\varphi=\Delta\varphi_{0}+\Delta\varphi_{2}=-\frac{\pi}{4}$$

因此,出射光仍然是左旋椭圆偏振光,其主轴之一位于 Ⅰ、Ⅲ 象限内。

例 7-4 厚为 0.025 mm 的方解石晶片,其表面平行于光轴,置于正交偏振器之间。晶片的主截面与它们成 45°,试问:

(1) 在可见光范围内,哪些波长的光不能通过?

(2) 若转动第二个偏振器,使其透振方向与第一个偏振器相平行,哪些波长的光不能通过?

解:这是一个由偏光干涉引起的显色问题,由于 $(n_{o}-n_{e})$ 随波长的变化很小,可以不考虑其色散影响。

(1) 正交偏振器情况

对于偏光干涉装置,在晶片表面上的 o 光和 e 光分量相位相同,它们通过晶片的检偏器后,在检偏器透振方向上的分量的相位差取决于两个因素:

① o 光和 e 光通过晶片后产生的相位差为

$$\Delta\varphi=\frac{2\pi}{\lambda_{1}}(n_{o}-n_{e})d$$

② 入射偏振光经两次分解投影后产生的附加相位差 $\Delta\varphi'$。由图 7-51 可见,当晶片光轴在两偏振器透振方向 P_1、P_2 的外侧,经两次投影后,在检偏器透振方向上两分量的振动方向相同,即 $\Delta\varphi'=0$;当晶片光轴在 P_1、P_2 之间时,$\Delta\varphi'=\pi$。

于是,在两偏振器正交情况下,检偏器透振方向上两振动分量的相位差为

$$\Delta\varphi''=\Delta\varphi+\Delta\varphi'=\frac{2\pi}{\lambda_1}(n_o-n_e)d+\pi$$

当 $\Delta\varphi''=(2m+1)\pi$,$m=0,1,2,\cdots$ 时,两振动分量干涉相消,又因晶片主截面与透振方向成 $45°$,所以没有光通过检偏器。由此得到

$$\lambda_m=\frac{(n_o-n_e)d}{m}$$

对于方解石晶体,(在钠黄光时)主折射率 $n_o=1.6548$,$n_e=1.4864$,相应该晶片的 o 光和 e 光的光程差为

$$(n_o-n_e)d=4.21\ \mu m$$

由此得到满足上述条件的可见光波长为

$$\lambda_{11}=0.3827\ \mu m,\quad \lambda_{10}=0.4210\ \mu m,\quad \lambda_9=0.4678\ \mu m,$$
$$\lambda_8=0.5263\ \mu m,\quad \lambda_7=0.6014\ \mu m,\quad \lambda_6=0.7017\ \mu m$$

（2）平行偏振器情况

此时在检偏器透振方向上两振动分量的相位差为

$$\Delta\varphi''=\Delta\varphi$$

要使此两个分振动满足干涉相消,则

$$\Delta\varphi''=\frac{2\pi}{\lambda_1}(n_o-n_e)d=(2m+1)\pi,\quad m=0,1,2,\cdots$$

即

$$\lambda_m=\frac{(n_o-n_e)d}{m+\frac{1}{2}}=\frac{4.21\ \mu m}{m+\frac{1}{2}}$$

在可见光范围内,下列波长的光不能通过:

$$\lambda_{10}=0.4010\ \mu m,\quad \lambda_9=0.4432\ \mu m,\quad \lambda_8=0.4953\ \mu m,$$
$$\lambda_7=0.5613\ \mu m,\quad \lambda_6=0.6477\ \mu m,\quad \lambda_5=0.7655\ \mu m$$

例 7-5 如图 7-97 所示,一块用方解石制成的沃拉斯顿棱镜的顶角 $\alpha=45°$,在 $\lambda=0.5\ \mu m$ 时,$n_o=1.666$,$n_e=1.49$,求两出射光的夹角。

解：由图 7-97 可知,正入射的平行光束在第一块棱镜内垂直于光轴传播,o 光和 e 光以不同的相速度同向传播。当进入第二块棱镜时,由于光轴旋转了 $90°$,使得第一块棱镜中的 o 光变为 e 光,e 光变为 o 光。

在两块棱镜的分界面上,入射角为 $90°-\alpha=45°$,由折射定律:

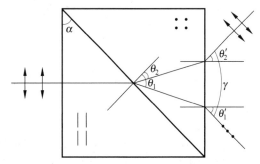

图 7-97　沃拉斯顿棱镜

$$\begin{cases} n_o \sin 45° = n_e \sin \theta_1 \\ n_e \sin 45° = n_o \sin \theta_2 \end{cases}$$

得

$$\theta_1 = 52.245°, \quad \theta_2 = 39.228°$$

在出射面上,由几何关系可知,e 光的入射角为 $\theta_1 - \alpha = 7.245°$,o 光的入射角为 $\alpha - \theta_2 = 5.772°$,由折射定律:

$$\begin{cases} n_e \sin 7.271° = \sin \theta_1' \\ n_o \sin 5.789° = \sin \theta_2' \end{cases}$$

得

$$\theta_1' = 10.831°, \quad \theta_2' = 9.645°$$

两出射光的夹角 $\gamma = \theta_1' + \theta_2' = 20.476°$

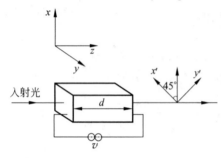

图 7-98　横向电光效应

例 7-6　如图 7-98 所示,有一个 KDP 晶体,在波长 $\lambda = 0.5\ \mu m$ 时,$n_o = 1.51$,$n_e = 1.47$,$\gamma_{63} = 1.05 \times 10^{-11}\ m/V$。试求晶体纵向使用、相位延迟为 $\varphi = \dfrac{3}{4}\pi$ 时,外加电压 V 的大小。

解:纵向使用时,通光方向和外加电场方向都是 z 方向,如图所示。当加上 z 方向的电场后,新的折射率椭球绕 z 轴旋转 45°,感应主轴为 x'、y',感应折射率椭球的三个主折射率为

$$\begin{cases} n_{x'} = n_o - \dfrac{1}{2} n_o^3 \gamma_{63} E_z \\ n_{y'} = n_o + \dfrac{1}{2} n_o^3 \gamma_{63} E_z \\ n_{z'} = n_e \end{cases}$$

光通过晶体后,相位差(即电光延迟)为

$$\varphi = \frac{2\pi}{\lambda}(n_{y'} - n_{x'})d = \frac{2\pi}{\lambda} n_o^3 \gamma_{63} V$$

所以当相位延迟为 $\dfrac{3}{4}\pi$ 时,$\dfrac{3}{4}\pi = \dfrac{2\pi}{\lambda} n_o^3 \gamma_{63} V$

$$V = \frac{3\lambda}{8 n_o^3 \gamma_{63}} = \frac{3 \times 0.5 \times 10^{-6}\ mm}{8 \times 1.51^3 \times 10.5 \times 10^{-12}\ m/V} V = 5.19\ kV$$

习　题

7-1　KDP 对于波长 546 nm 的光波的主折射率分别为 $n_o = 1.512$,$n_e = 1.470$,试求光波在晶体内沿着与光轴成 45° 的方向传播时两个许可的折射率。

7-2　一束钠黄光以 60° 方向入射到方解石晶体上,设光轴与晶体表面平行,并垂直入射面,

问在晶体中 o 光和 e 光夹角为多少？（对于钠黄光，方解石的主折射率 $n_o = 1.6584$，$n_e = 1.4864$）。

7-3 证明单轴晶体中 e 光线与光轴的夹角 φ 和 e 光波阵面法线与光轴的夹角 θ 之间有如下关系：$\tan \varphi = \dfrac{n_o^2}{n_e^2} \tan \theta$。

7-4 证明在单轴晶体中，当 $\tan \theta = n_e / n_o$ 时（θ 表示 e 光波阵面法线与光轴的夹角），e 光离散角 α 有最大值，并求出 α 最大值的表达式。

7-5 波长 $\lambda = 632.8$ nm 的氦-氖激光器垂直入射到方解石晶片（此时，方解石的主折射率 $n_o = 1.6584$，$n_e = 1.4864$），晶片厚度 $d = 0.02$ mm，晶片表面与光轴成 $50°$，试求晶片内 o 光和 e 光的夹角及其各自的振动方向，o 光和 e 光通过晶片后的相位差是多少？

7-6 一细光束掠入射到单轴晶体，晶体的光轴与入射面垂直，晶体的另一面与折射表面平行。已知 o、e 光在第二个面上分开的距离是 3 mm，若 $n_o = 1.525$，$n_e = 1.479$，计算晶体的厚度。

7-7 一块晶片的光轴与表面平行，且平行于入射面，试证明晶片内 o 光线和 e 光线的折射角之间有如下关系：$\dfrac{\tan \theta_o}{\tan \theta_e} = \dfrac{n_o}{n_e}$。

7-8 一块负单轴晶体制成的棱镜如图 7-99 所示，自然光从左方正入射到棱镜。试证明 e 光线在棱镜斜面上反射后与光轴夹角 θ'_e 由下式决定：$\tan \theta'_e = \dfrac{n_o^2 - n_e^2}{2 n_e^2}$，并画出 o 光和 e 光的光路，决定它们的振动方向。

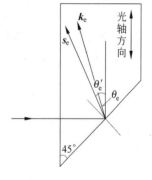

7-9 一块单轴晶体的光轴垂直于表面，晶体的两个主折射率分别为 n_o 和 n_e，证明当平面波以入射角 θ_1 入射到晶体时，晶体内 e 光的折射角 θ'_e 为：$\tan \theta'_e = \dfrac{n_o \sin \theta_1}{n_e \sqrt{n_e^2 - \sin^2 \theta_1}}$。

图 7-99 习题 7-8 用图

7-10 方解石晶片的光轴与表面成 $60°$，方解石对钠黄光的主折射率为 $n_o = 1.6584$，$n_e = 1.4864$，问钠黄光在多大的角度下入射（晶体光轴在入射面内），可使晶片内不发生双折射？

7-11 用 KDP 晶体制成顶角为 $60°$ 的棱镜，光轴平行于棱镜棱，KDP 对于 $\lambda = 0.546$ μm 光的主折射率为 $n_o = 1.521$，$n_e = 1.47$，若入射光以最小偏向角的方向在棱镜内折射，用焦距为 0.15 m 的透镜对出射的 o 光、e 光聚焦，在谱线上形成的谱线间距为多少？

7-12 由方解石晶体制成的格兰棱镜，对钠黄光的主折射率为 $n_o = 1.6584$，$n_e = 1.4864$，加拿大树胶胶合（$n = 1.55$），问要获得单一束偏振光，棱镜顶角 θ 至少几度？如果选取 $\theta = 80°$，则有效孔径角为多少？

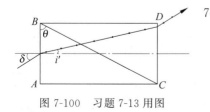

图 7-100 习题 7-13 用图

7-13 用方解石制成的尼科耳棱镜（使沿长边方向入射的光束在棱镜中产生 o 光全反射）如图 7-100 所示，今有一束强度为 I_0 的线偏振光沿棱镜的长边方向入射，线偏振光的振动方向与棱镜主截面成 $45°$，问从棱镜另一端透出的光束的强度是多少？

7-14 线偏振光入射到一块表面和光轴平行的晶片,线偏振光的振动方向与晶片光轴成 30°,试求 o 光和 e 光的相对强度。

7-15 当通过一检偏器观察一束椭圆偏振光时,强度随着检偏器的旋转而改变,当在强度为极小时,在检偏器前插入一块 1/4 波片,转动 1/4 波片使它的快轴平行于检偏器的透光轴,再把检偏器沿顺时针方向转动 25°就完全消光,问该椭圆偏振光是左旋还是右旋,椭圆长短轴之比是多少?

7-16 在前后两个偏振器之间插入一块石英的 1/8 波片,两偏振器的透光轴夹角为 60°,波片的光轴与两偏振器的偏振轴都成 30°,问当光强为 I_0 的自然光入射这一系统时,通过第二个偏振器后的光强是多少?

7-17 厚为 0.05 mm 的方解石晶片,其表面平行于光轴,置于两平行偏振器之间,晶片的主截面与它们的偏振轴成 45°,试问在可见光范围内(390~780 nm),哪些波长的光不能通过?(已知 $n_o = 1.6584$,$n_e = 1.4864$)

7-18 在两个偏振面正交放置的偏振器之间,平行放置一块厚度为 0.856 mm 的石膏片,当 $\lambda_1 = 0.591\ \mu m$ 时,视场全暗,然后改变光的波长,当 $\lambda_2 = 0.552\ \mu m$ 时,视场又一次全暗,假设快、慢轴方向的折射率差在这个波段范围内与波长无关,试求这个折射率差。

7-19 将一块楔角为 $45'$ 的楔形石英晶片放在两垂直偏振器之间,让钠黄光($\lambda = 589.3$ nm)通过这一系统,可看到一些平行晶片棱边的明暗条纹,已知石英折射率 $n_o = 1.544$,$n_e = 1.553$,试求条纹的间距。

7-20 由 KDP 晶体制成的双楔形棱镜偏转器,$l = h = 1$ cm,$D = 1.5$ cm,电光系数 $\gamma_{63} = 10.5 \times 10^{-12}$ m/V,$n_o = 1.51$,当 $V = 1$ kV 时,偏转角为多少? 为增大偏转角度,可采用如图 7-101 所示的多级棱镜偏转器,棱镜的厚度方向平行于光轴,前后相邻的两棱镜光轴方向相反,试求当 $m = 12$ 时,偏转角为多大?

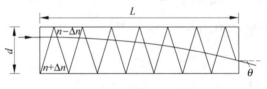

图 7-101 习题 7-20 用图

7-21 在声光介质中,激励超声波的频率为 500 MHz,声速为 3×10^5 cm/s,求波长为 0.55 μm 的光波由该声光介质产生布拉格衍射时的入射角为多少?

7-22 石英对钠黄光的旋光率为 21.7(°)/mm,若将一石英晶片垂直其光轴切割,置于两垂直偏振片之间,问石英片多厚时,透过第二块偏振片的光强最大?

习题解答 7

第8章　光的吸收、色散和散射

除了真空,没有一种介质对光波或电磁波是绝对透明的。光通过介质时,一部分能量被介质吸收而转化为介质的热能或内能,从而引起光的强度随传播距离增大而减小,这种现象称为介质对光的吸收。介质的不均匀性将导致定向传播的光部分偏离原来的传播方向,分散到各个方向,这种现象称为光的散射,光的散射也会造成光强随传播距离增大而减小。另一方面,光在介质中的传播速度一般要小于真空中的光速,而且介质中的光速与光的频率或波长有关,即介质对不同波长的光有不同的折射率,这种现象称作光的色散。光的吸收、散射和色散是光在介质中传播时所发生的普遍现象,并且它们是相互联系的。本章介绍光在各向同性介质中传播时的吸收、色散和散射现象,包括其数学描述、实验规律及其理论解释。

光在介质中的传播过程,就是光与介质相互作用的过程。光在介质中的吸收、色散和散射现象,实际上就是光与介质相互作用的结果。因此,要正确地认识光的吸收、色散和散射现象,就应深入地研究光与介质的相互作用。大体上说,介质对光的吸收、色散和散射,均系分子尺度上光与物质的相互作用,故三者曾并称为分子光学。研究这类现象,一方面有助于了解光和物质的相互作用,另一方面还可得到许多有关物质结构的重要知识。

严格地讲,光与物质的相互作用应当用量子理论去解释,但是,把光波作为一种电磁波,把光和物质的相互作用看成是组成物质的原子或分子受到光波电磁场的作用,由此得到的一些结论,仍然是非常重要和有意义的。

8.1　光与物质相互作用的经典理论

前面已经指出,麦克斯韦电磁理论的最重要成就之一就是将电磁现象与光现象联系起来,利用这个理论正确地解释了光在介质中传播时的许多重要性质,例如光的干涉、衍射以及光与介质相互作用的一些重要现象:法拉第效应、克尔效应等。但是,麦克斯韦电磁理论在说明光的传播现象时,对介质的本性作了过于粗略的假设,即把介质看成是连续的结构,得出了介质中光速不随光波频率变化的错误结论,因此,在解释光的色散现象时遇到了困难。为了克服这种困难,必须要考虑组成介质的原子、分子的电结构,光与物质相互作用是一个微观过程,它的运动规律与宏观现象的运动规律不同,要正确地描述介质中原子和分子的运动规律,应该采用量子理论。由于处理光与物质相互作用的严格理论——量子理论已超出本教材的范围,有兴趣的读者可参考有关著作。在此,为了对光与物质的相互作用有较为简单而直观的了解,本章只介绍洛伦兹(Lorentz)提出的电子论,利用这种建立在经典理论基础上的电子论来解释光的吸收、色散和散射,虽然比较粗浅,却能定性地说明问题。

8.1.1 经典理论的基本方程

洛伦兹把构成物质的原子或分子的体系视为振子,其中的电子受到一个准弹性力(束缚力)作用被维系在其平衡位置附近,以一定的固有频率振动。此外电子还受到一个阻尼力,且认为它与电子的速度成正比。由于带正电荷的原子核质量比电子质量大许多倍,可视为正电荷中心不动,而负电荷相对于正电荷作振动,正、负电荷电量的绝对值相同,构成了一个电偶极子。电子在入射光场的周期性驱动力(由 4.2 节的讨论得知可略去磁场对电子的作用力,只考虑电场对电子的作用力 eE)的作用下,按入射光频率作受迫振动,从光波中吸收能量,并发出与入射光同频率的次波。利用这种极化和辐射的偶极子模型,可以描述光的吸收、色散和散射。

现在先讨论在均匀介质中的情况。为简单起见,假设在所研究的均匀介质中,只有一种分子,并且不考虑分子间的相互作用,每个分子内只有一个电子作强迫振动,所构成的电偶极子的电偶极矩为

$$p = -er \tag{8-1}$$

其中,e 是电子电荷;r 是电子在光波场作用下离开平衡位置的距离。

如果单位体积中有 N 个分子,则单位体积内的平均电偶极矩(极化强度)为

$$P = Np = -Ner \tag{8-2}$$

根据牛顿定律,作强迫振动的电子的运动方程为

$$m\frac{\mathrm{d}^2 r}{\mathrm{d}t^2} = -eE - fr - g\frac{\mathrm{d}r}{\mathrm{d}t} \tag{8-3}$$

其中,等号右边的三项分别为电子受到的入射光电场的强迫力、准弹性力和阻尼力;f 是弹性系数,g 是阻尼系数,E 是入射光场,且

$$E = \widetilde{E}(z)\exp(-\mathrm{i}\omega t) \tag{8-4}$$

引入衰减系数 $\gamma = g/m$、电子的固有振动频率 $\omega_0 = \sqrt{f/m}$ 后,式(8-3)变为

$$\frac{\mathrm{d}^2 r}{\mathrm{d}t^2} + \gamma\frac{\mathrm{d}r}{\mathrm{d}t} + \omega_0^2 r = -\frac{eE}{m} \tag{8-5}$$

求解这个方程,可以得到电子在入射光作用下的位移,从而求出极化强度,描述次波辐射及光的吸收、色散和散射特性。因此,称该方程是描述光与物质相互作用经典理论的基本方程。

8.1.2 介质的复折射率

通常意义下的介质折射率 n 是一个实数,其本意是指真空中光速 c 与介质中光速 v 的比值,即 $n = c/v$。设有一列单色平面光波在折射率为 n 的介质中沿 z 方向传播,其电场强度可用复振幅表示为

$$\widetilde{E}(z) = E_0\exp(\mathrm{i}knz) \tag{8-6}$$

其中,k 为真空中的波数。其中的振幅常量 E_0(与 z 无关)体现了在传播过程中的能量守恒,其实质是介质对电磁波无吸收。

如果考虑到介质对光能的吸收,则振幅不再是一个与 z 无关的常量,它将随着波的传播过程逐渐减小。为反映这一事实,可以形式地把介质折射率视为一个复数,称为介质的复折射率。下面导出复折射率的表达式。

引入试探解 $r(t)=r_0\exp(-\mathrm{i}\omega t)$,求解基本方程式(8-5),可以得到电子在光场作用下的稳态位移 $r(t)$ 为

$$r(t)=\frac{-e/m}{(\omega_0^2-\omega^2)-\mathrm{i}\gamma\omega}\widetilde{E}(z)\exp(-\mathrm{i}\omega t) \tag{8-7}$$

可见 $r(t)$ 为一复数,表明电子的受迫振动与入射光振动存在一定的相位差。

将式(8-7)代入式(8-2)中,可得极化强度的表示式

$$P=\frac{Ne^2/m}{(\omega_0^2-\omega^2)-\mathrm{i}\gamma\omega}\widetilde{E}(z)\exp(-\mathrm{i}\omega t) \tag{8-8}$$

此时变电偶极子将辐射次波。另一方面,极化强度与电场有以下关系:

$$P=\varepsilon_0\chi E \tag{8-9}$$

比较式(8-8)与式(8-9)可以得到描述介质极化特性的电极化率 χ 为

$$\chi=\frac{Ne^2}{\varepsilon_0 m}\frac{1}{(\omega_0^2-\omega^2)-\mathrm{i}\gamma\omega} \tag{8-10}$$

χ 是复数,可表示为 $\chi=\chi'+\mathrm{i}\chi''$,代入上式,比较等式两端可得实部和虚部分别为

$$\chi'=\frac{Ne^2}{\varepsilon_0 m}\frac{\omega_0^2-\omega^2}{(\omega_0^2-\omega^2)^2+\gamma^2\omega^2} \tag{8-11}$$

$$\chi''=\frac{Ne^2}{\varepsilon_0 m}\frac{\gamma\omega}{(\omega_0^2-\omega^2)^2+\gamma^2\omega^2} \tag{8-12}$$

可见,当不考虑介质的吸收($\gamma=0$)时,$\chi''=0$,即 χ 为实数。

由电磁学中折射率与电极化率 χ 的关系可知,折射率也应为复数,若用 $\widetilde{n}$ 表示复折射率,则有

$$\widetilde{n}^2=\varepsilon_\mathrm{r}=1+\chi=1+\frac{Ne^2}{\varepsilon_0 m}\frac{1}{(\omega_0^2-\omega^2)-\mathrm{i}\gamma\omega} \tag{8-13}$$

这就是由经典电子理论所得到的复介质折射率 $\widetilde{n}$ 与入射光波频率(或波长)之间的关系。如果将复折射率 $\widetilde{n}$ 表示成实部和虚部形式:$\widetilde{n}=n+\mathrm{i}\eta$,则有

$$\widetilde{n}^2=(n+\mathrm{i}\eta)^2=(n^2-\eta^2)+\mathrm{i}2n\eta \tag{8-14}$$

将式(8-14)代入式(8-13),根据两复数相等其实部和虚部应分别相等可得

$$n^2-\eta^2=1+\frac{Ne^2}{\varepsilon_0 m}\frac{\omega_0^2-\omega^2}{(\omega_0^2-\omega^2)^2+\gamma^2\omega^2} \tag{8-15}$$

$$2n\eta=\frac{Ne^2}{\varepsilon_0 m}\frac{\gamma\omega}{(\omega_0^2-\omega^2)^2+\gamma^2\omega^2} \tag{8-16}$$

上两式表明 n 与 η 是相互关联的,且都是光频率的函数。

为了更明确地看出复折射率(电极化率、介电常数)实部和虚部的意义,我们考察在介质中沿 z 方向传播的光电场复振幅的表示式

$$\widetilde{E}(z)=E_0\exp(\mathrm{i}k\widetilde{n}z)$$

其中,k 是光在真空中的波数。将复折射率按实部和虚部形式代入上式得

$$\widetilde{E}(z) = E_0 \exp(-k\eta z)\exp(iknz) \tag{8-17}$$

此式表明这是一列振幅随传播距离 z 按指数规律衰减的平面电磁波。

相应的光强度为

$$I = |\widetilde{E}(z)|^2 = I_0 \exp(-2k\eta z) \tag{8-18}$$

由式(8-17)和式(8-18)可见,复折射率描述了介质对光传播特性(振幅和相位)的作用。其中的实部 n 是表征介质影响光传播的相位特性的量,即通常所说的折射率,由于 n 随频率(或波长)而变,从而造成了色散;虚部 η 表征了光在介质中传播时振幅(或光强)衰减的快慢,通常称为消光因子。通过它们即可分别描述光在介质中传播的色散和吸收特性。

以上推导表明,当束缚电子的偶极振荡受到阻尼 γ 时,必将导致极化强度 $P(t)$ 与电场强度 $E(t)$ 之间存在相位差,因而介质体内必有极化热耗散,这便使光波能流衰减而转化为原子体系的热能。

在弱极化情况下,例如,对于稀薄气体,有 $|\chi| \ll 1$, 则

$$\tilde{n} = \sqrt{1+\chi} \approx 1 + \frac{1}{2}\chi = 1 + \frac{1}{2}\chi' + \frac{i}{2}\chi''$$

所以,复折射率的实部和虚部分别为

$$n = 1 + \frac{1}{2}\chi' = 1 + \frac{Ne^2}{2\varepsilon_0 m}\frac{\omega_0^2 - \omega^2}{(\omega_0^2 - \omega^2)^2 + \gamma^2\omega^2} \tag{8-19}$$

$$\eta = \frac{1}{2}\chi'' = \frac{Ne^2}{2\varepsilon_0 m}\frac{\gamma\omega}{(\omega_0^2 - \omega^2)^2 + \gamma^2\omega^2} \tag{8-20}$$

图 8-1 给出了按上两式画出的 $n(\omega)$ 和 $\eta(\omega)$ 随 ω 的变化曲线。其中:η-ω 曲线为光吸收曲线,在固有频率 ω_0 附近,介质对光有强烈的吸收(共振吸收);n-ω 曲线为色散曲线,在 ω_0 附近区域为反常色散区,而在远离 ω_0 的区域为正常色散区。可见色散与吸收之间有密切的联系。

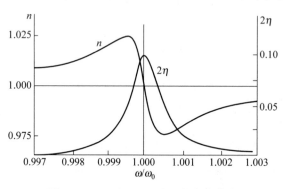

图 8-1　$n(\omega)$ 和 $\eta(\omega)$ 随 ω 的变化曲线

在前面的讨论中,我们把问题简单化了,即假设物质中的电子只有一个固有振动频率,更普遍的模型应是认为有多种振子。设第 j 种振子的电荷与质量分别为 e_j 和 m_j,对应的固有频率和衰减常数分别为 ω_{0j} 和 γ_j,单位体积内谐振子数为 N_j,这时对应于式(8-13)的复折射率 $\tilde{n}$ 的表达式应改写为

$$\tilde{n}^2 = 1 + \sum_j \frac{N_j e_j^2}{\varepsilon_0 m_j}\frac{1}{(\omega_{0j}^2 - \omega^2) - i\gamma_j\omega} \tag{8-21}$$

上式表明,对于一般介质,在全波段范围内不只有一个吸收带,而是有多个吸收带。这一点已由它的吸收光谱所证实。上式相应的色散曲线如图 8-2 所示,它表示了介质在整个波段内的色散特性。

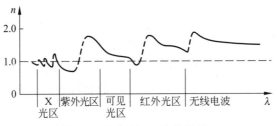

图 8-2　全波段的色散曲线

以上关于色散和吸收的经典理论,是一个半唯象的定性理论,它可以很好地说明有关光在介质中传播的特征。但是,它无法明确告知某一介质中究竟有几个怎样的本征频率和相应的振子数。另外,准弹性振子的图像也不符合原子的有核模型。对这些问题的正确回答有赖于量子理论。不过,经典色散理论给出的复折射率 $\tilde{n}$ 的表达式(8-21)在形式上是正确的,量子理论也将给出同一形式的表达式,只是对 ω_{0j}、N_j、γ_j 等参量的理解与经典理论有所不同。实际上,原子中的束缚电子并不作简谐振动,ω_{0j} 是两个特定的量子能级间的跃迁频率;N_j 亦非整数,它反映跃迁概率,决定了谱线强度,称为"振子强度"。

8.2　光 的 吸 收

光在介质中传播时,部分光能被吸收而转化为介质的内能,使光的强度随传播距离(穿透深度)增长而衰减的现象称为光的吸收。由于吸收,使光通过介质后光能量减少,在许多情况下这是不希望的。例如光纤,我们总是希望它对光的吸收越小越好,这样,光信号的传输距离就可以延长。但是,吸收并不一定都是坏事。例如,当我们用灯作光源泵浦激光物质时,就要求光源的发射光谱尽量和激光工作物质的吸收带相匹配,以便使光源所发射的光能充分地被激光工作物质所吸收,更有效地将泵浦光源的光转换成激光。另外,光电探测器也希望尽可能多地吸收入射光,以便提高光电探测器的光电转换效率。

8.2.1　光吸收定律

1. 朗伯(Lambert)定律

设一束光强为 I_0 的单色平行光束沿 x 方向照射均匀介质并在其内传播,如图 8-3 所示,经过厚度为 dx 的薄层后,光强从 I 减少到 $I+dI$(注意此处 $dI<0$)。朗伯总结了大量的实验结果后指出,光强的减弱 dI 正比于 I 和 dx 的乘积,即

$$dI = -\alpha_a I dx \qquad (8-22)$$

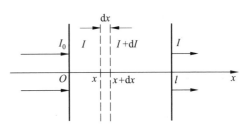

图 8-3　介质对光的吸收

其中,α_a 是一个与光波波长和介质有关的比例因子,称为介质对单色光的吸收系数,负号表示光强减小。

对式(8-22)积分并代入边界条件:当 $x=0$ 时,$I=I_0$,可得介质内 x 处的光强为

$$I=I_0\exp(-\alpha_a x) \tag{8-23}$$

通过厚度为 l 的介质后,出射面的光强则为

$$I=I_0\exp(-\alpha_a l) \tag{8-24}$$

当 $l=1/\alpha_a$ 时,光强减少为原来的 $1/e$。这说明,当光通过厚度为 $l=1/\alpha_a$ 的介质后,其光强衰减到原来光强的 $1/e$,这也可以看成吸收系数 α_a 的物理含义。吸收系数 α_a 越大,光波吸收得越剧烈。上式称为朗伯定律。

比较朗伯定律与式(8-18),可得吸收系数与消光因子有如下关系:

$$\alpha_a=2k\eta=\frac{4\pi}{\lambda}\eta \tag{8-25}$$

由此可知,吸收系数也是波长的函数。因此,朗伯定律可表示为

$$I=I_0\exp\left(-\frac{4\pi}{\lambda}\eta l\right) \tag{8-26}$$

不同介质的吸收系数值差异很大,例如,对于可见光波段,在标准大气压下,空气的 $\alpha_a=10^{-5}\,\mathrm{cm}^{-1}$,玻璃的 $\alpha_a=10^{-2}\,\mathrm{cm}^{-1}$,金属的 $\alpha_a=10^6\,\mathrm{cm}^{-1}$。一般地说,介质的吸收性能与波长有关,即 α_a 是波长的函数。除真空外,没有任何一种介质对任何波长的电磁波均完全透明,只能是对某些波长范围内的光透明,对另一些波长范围的光不透明,故吸收是物质的普遍性质。从能量的角度来看,吸收是光能转变为介质内能的过程。若 α_a 与光强无关,则称吸收为线性吸收。在强光作用下某些物质的吸收系数 α_a 变成与光强有关,这时吸收成为非线性吸收,式(8-24)不再成立,光与物质的非线性相互作用过程显现出来。

2. 比尔(Beer)定律

1852 年比尔用实验证明,对于气体或溶解于不吸收光的溶剂中的物质,吸收系数 α_a 正比于单位体积中的吸收分子数,即正比于吸收物质的浓度 c,有

$$\alpha_a=Ac \tag{8-27}$$

其中,A 是与浓度无关的常数,它只取决于吸收物质的分子特性。因此,式(8-24)可改写为

$$I=I_0\exp(-Acl) \tag{8-28}$$

上式称为比尔定律。

应该指出,朗伯定律只对线性介质广泛成立,比尔定律只是在分子的吸收与分子间的相互作用无关时才成立。但在许多情形下分子的吸收性能是与浓度有关的,因为随着浓度的增大会使得分子间的相互作用不可忽略,对于实际气体以及许多溶液,例如弱电解质溶液、染料的水溶液等,都存在偏离比尔定律的情况,因此比尔定律只适用于低浓度溶液。在比尔定律成立的范围内可由该定律分析溶液的浓度。

8.2.2 一般吸收与选择吸收

1. 一般吸收

前面讲过,介质的吸收系数一般是波长的函数。根据吸收系数随波长变化规律的不同,

将吸收分为一般吸收和选择吸收。如果某种介质对某一波段的光吸收很少且吸收随波长变化不大,这种吸收称为一般吸收,例如,稠密介质的吸收。反之,如果介质对光具有强烈的吸收且随波长有显著变化,这种吸收称为选择吸收,例如,稀薄气体的吸收。图 8-1 所示的 η-ω 曲线,在固有频率 ω_0 附近是选择吸收带,在远离 ω_0 区域为一般吸收。

从整个电磁波谱的角度考察,一般吸收的介质是不存在的。一些在可见光范围产生一般吸收的介质,如空气、纯水、无色玻璃等,它们在红外或紫外区则产生选择吸收。例如地球大气对可见光和波长超过 300 nm 的近紫外光可以认为是透明的,对红外光则只在某些波段才是透明的。电磁波对大气透明度高的波段称为"大气窗口",图 8-4 中示出了波长 $1\sim15\ \mu m$ 范围内大气透过率 T 与波长的关系。充分研究这种关系,有助于遥感、遥测地球资源以及红外跟踪、制导等。

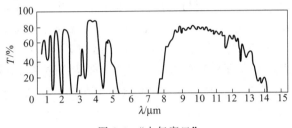

图 8-4 "大气窗口"

2. 选择吸收

普通光学材料在可见光区都是相当透明的,但在紫外和红外光区,它们表现出不同的选择吸收特性,它们的透明区不同(见表 8-1)。在制造光学仪器时,必须考虑光学材料的吸收特性,选用对所研究的波长范围是透明的光学材料制作零件。例如,紫外光谱仪中的透光元件需用石英制作,红外光谱仪中则常用萤石等晶体制作。

表 8-1 几种光学材料的透光波段

光学材料	波长范围/nm	光学材料	波长范围/nm
冕牌玻璃	350~2000	萤石(GaF_2)	125~9500
火石玻璃	380~2500	岩盐($NaCl$)	175~14 500
石英玻璃	180~4000	氯化钾(KCl)	180~23 000

我们之所以能看到五彩缤纷的世界,主要应归因于不同材料的选择吸收性能。例如,绿色的玻璃是由于它对绿光吸收很少,对其他光几乎全部吸收,所以当白光照射在绿玻璃上时,只有绿光透过,我们看到它呈现绿色。染料所呈现的彩色是它所吸收掉的频率成分的补色,因此可以预料它所吸收的频带在可见光区中是相当宽的,否则它将反射白光中大部分的光而近于白色。金子是黄色的,那是由于其中的金原子对其他成分的光波吸收较强,则由其表面反射的光只剩下了黄色的成分,这是金子的本色。但是如果将其打制成极薄的金箔,则其反射光仍是黄色的,而透射光却是绿色的。这是由于金箔厚度极小,对光的吸收很弱,因此除了被反射的黄色外,其他颜色的光将从金箔透射出去,这些不同颜色的光混合起来,对眼睛呈现绿色。

选择吸收说明,某些物质对特定波长的入射光有强烈的吸收,对入射光的效果相当于一个带阻滤波器。在特殊条件下,也可以呈现为只对某些特定波长有很小的吸收系数,相当于带通滤波器。利用原子(分子)的共振吸收特性来实现光频滤波的器件叫做原子滤波器,这是当前的一个重要研究方向。同样,如果将选择吸收技术应用于激光器,则非常有利于输出激光的稳频。

8.2.3　吸收光谱

让具有连续谱的光通过吸收物质后再经光谱仪展成光谱时,就得该物质的吸收光谱。它的表现形式是在入射光的连续光谱背景上出现一些暗线或暗带,前者称为线状谱,后者称为带状谱。稀薄的原子气体可以产生线状谱,分子气体、液体和固体则多呈现带状谱。一种物质在较低温度下吸收光谱中的暗线与它在较高温度下发射光谱中的亮线位置相对应,这说明如果物质在较低温度下吸收某一波长的光,则在较高温度下也辐射同一波长的光。

从经典理论观点来看,对吸收光谱及其与发射光谱的对应关系可作下述初步解释。构成物质的原子或分子可以看作是一种电振子,它有一定的固有频率,故可发出一定波长的电磁波,在发射光谱中形成亮线。在吸收过程中此电振子在外来电磁场的驱动下作受迫振动。如果外来驱动电磁场的频率等于该振子的固有频率,则振子振动幅度达到最大,即它从外来电磁场中所吸收的能量最大,故透过此物质的该波长电磁波被强烈衰减,在吸收光谱中形成暗线。由此也可看出,物质的辐射与吸收实际上是同时存在的,不过在不同条件下其相对强弱有所不同。

从微观上说,物质吸收何种波长的光取决于组成该物质的粒子(原子、分子)的能级结构。当某种波长的光波恰能使粒子从某一较低能级跃向某一较高能级时,则该波长的入射光被此物质强烈吸收。每一种原子都有自己独有的能级结构,相应地也具有自己特有的吸收谱线,可以称为该元素的特征谱线或标识谱线,犹如人的指纹一样各不相同。利用这些特征谱线可以根据物质的光谱来检测它含有何种元素,这种方法称为光谱分析方法。当物质的分子结构较为复杂,或者组成物质的微观粒子的相互作用较强时,其能级会展宽,甚至在某一段区域是连续的,这时其光谱即变成带状谱或某一波段的连续谱。因此,光谱分析是研究物质结构的一种重要手段。

图 8-5 是激光工作物质钇铝石榴石(YAG)的吸收光谱。在实际工作中,为了提高激光器的能量转换效率,选择泵浦光源的发射谱与激光工作物质的吸收谱匹配是非常重要的。

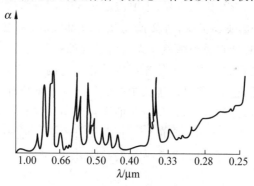

图 8-5　室温下 YAG 晶体的吸收光谱

太阳发射连续光谱,但在其连续光谱的背景上呈现出许多暗线,这种暗线是原子气体的线状吸收光谱。19世纪,夫琅禾费、基尔霍夫和本生(Bunsen)等人先后研究了这一现象并分析了这些吸收谱线,发现太阳的吸收谱线是其周围温度较低的大气中的原子对炽热的太阳内核发射的连续光谱进行选择吸收的结果。

8.2.4　双/多光子吸收与场致吸收

1. 双/多光子吸收

爱因斯坦光量子假设的提出,成功地解释了光电效应现象,但其内容仍然局限于20世纪初获得的知识。金属中的电子是否真正限于吸收一个光子? 早在20世纪20年代末,就有人提出了质疑。他们认为:电子有可能同时吸收两个光子,甚至是 $n(>2)$ 个光子。早在爱因斯坦提出光量子假设时,他亦已估计到强光作用下多光子吸收的可能性。当分析荧光辐射时,他就提出:"当单位体积内同时相互作用的能量子的数目大到使得发射光的能量子可以从几个入射能量子中取得能量时,……斯托克斯定律的偏离是可以想象的。"当提出了光电效应方程后,他又提到在确定这一规律的适用界限时也要考虑上述说明。

从1931年开始,到1975年间,大量的实验事实证明了光电效应中多光子吸收是完全可能的。1931年,迈耶(M. Gopperr Mayer)用量子力学理论计算了辐射与原子系统的相互作用问题,预言在强光作用下,多光子吸收是可能的。1961年,凯瑟(M. Kaiser)等人用红宝石激光器发出的694.3 nm红光照射到掺有 Eu^{2+} 的 CaF_2 上,观察到425 nm的荧光,而荧光强度与入射激光强度的平方成正比。经分析判断,这是双光子吸收过程。1964年,塔奇(M. C. Teich)等人首次证实了金属面上的双光子吸收过程,并实现了双光子光电效应。1967年,阿卡色(Gy. arkas)用红宝石激光在金和银上实现了二光子吸收过程。1975年,布洛姆伯根(N. Bloemberge)用 Nd:YAG 激光实现了钨的四光子吸收过程。目前,已经发现一个电子可以同时吸收多达11个光子的现象。以上实验事实,排除了其他非多光子吸收的可能,从而充分地证实了光电效应中多光子吸收是完全可能的。

爱因斯坦光量子假设的提出,对普通光源作用下因单光子吸收而产生的光电效应作了合理的解释,但是解释不了在激光作用下的多光子光电效应。事实上,即使在普通光源作用下,多光子吸收过程也是可能发生的,只不过几率极小。

所谓多光子吸收,是指强光作用下,可使组成物质的原子或分子同时吸收多个光子,完成一次跃迁,图8-6是双光子吸收示意图。多个光子的能量和等于跃迁过程的终态和初态的能量差: $\Delta E = h\nu_1 + h\nu_2 + \cdots + h\nu_n$。多光子吸收是一种高阶非线性光学效应,吸收几率与入射光强的 n 次幂成正比。在低强度的情况下比单光子的吸收的几率要小几个数量级,故在一般强度光波辐照下难以观察到。

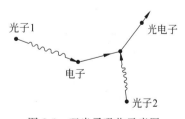

图8-6　双光子吸收示意图

既然任何光源作用下,光电效应中多光子吸收都是可能的,爱因斯坦光电效应方程就可推广为 $E_{\max} = Nh\nu - w$。在普通光源作用下,由于多光子吸收几率几乎为零,所以 $N=1$,

$E_{max} = h\nu - w$，这就是原有的爱因斯坦光电效应方程。对于强光作用下的多光子光电效应，实验证明，推广后的爱因斯坦光电效应方程能很好地与实验相符合。它具有以下几个新特点：

（1）红限（极限频率）由 $\nu_c = w/(Nh)$ 决定，电子吸收光子数越多，极限频率越低。因此在多光子光电效应中红限可相应红移。原来需用蓝光甚至是紫外光作用才能产生光电效应的钠、金、银、钨等金属，现在用红色甚至红外激光作用都可能产生光电效应。

（2）由于入射光强决定能否产生多光子光电效应，因此，它对光电效应中光电子的初动能具有间接影响。

（3）光电流的大小与入射光强度的 n 次幂成正比，而不是线性关系。

在金属里存在电子的多光子吸收现象，那么半导体（例如硅或其他直接带隙材料）是否也会存在多光子的吸收现象呢？事实上，在一定条件下，半导体材料同样存在双光子或多光子吸收现象。由于在非线性吸收及固体物理基础研究中，尤其在获取有关能带结构新信息方面的作用，半导体材料中多光子吸收现象日益受到人们的广泛重视。由于双光子吸收产生了光限幅，利用这种特性，目前正大量地应用于光电对抗中的人眼安全、激光探测器防护等，也可用于激光脉冲宽度的测量和三维数字光存储等。三光子吸收对研究物质的能级分布，进而了解物质的性质有重要意义。它可用于测定超短脉冲的时间宽度；将三光子吸收元件放入激光器的谐振腔内，可产生与强度有关的光损耗，进而控制激光束；用三光子吸收作选择性激励，可实现同位素分离；它还可用于消除多普勒效应及测定超精细结构。多光子吸收过程还可以用于激光器中介质的粒子数反转；多光子吸收也能在激光腔内作为负反馈元件以控制激光脉冲的强度和宽度，在超短激光脉冲与半导体相互作用过程的研究方面，半导体多光子吸收也是一种非常有效的非线性光谱技术。

有机物质也同样存在多光子吸收。如果在高功率激光照射下，有机分子能同时吸收两个光子从基态跃迁到激发态，这个过程就称为有机物质的双光子吸收。当它从激发态向低能态跃迁时发出荧光。例如，若丹明 6G 丙酮溶液在强光作用下吸收两个 $1.06~\mu m$ 的光子产生 $0.55~\mu m$ 的双光子荧光，如图 8-7 所示。

利用有机物质的双光子吸收效应可以测量激光脉冲的宽度，测量装置如图 8-8 所示。

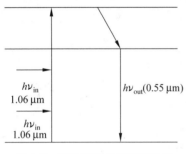

图 8-7　有机染料分子的双光子吸收能级模型

图 8-8　双光子荧光脉宽测量装置

分束器将入射光脉冲分为两束强度相等的光束，再利用反射镜 M_1、M_2 反射，使其从双向入射染料溶液，在染料溶液中的两脉冲通路中发出均匀的弱荧光。但是在两脉冲相遇处，则会产生双光子吸收而发出极亮的强荧光。若用高感光度的胶片拍摄下荧光亮度的空间分布,将曝光底片置于显微密度计上,就可以根据底片上光密度的空间分布求出脉宽。

2. 场致吸收

弗朗茨-凯迪西(Franz-Keldysh)发现:在电场作用下,某些物质(如 GaAs)的吸收边向长波长方向偏移,这种现象称为场致吸收,也称为 Franz-Keldysh 效应。

如图 8-9 所示,曲线 A 是未加电场时 GaAs 的吸收曲线;曲线 B 是外加电场为 1.3×10^5 V/cm 时偏离吸收边的 GaAs 吸收曲线。从图中可以看出,当给 GaAs 介质加上电场后,吸收曲线明显地向长波方向发生了移动。

场致吸收效应可以应用于光电探测器保护等光电对抗中,具体详情可参考相关资料。

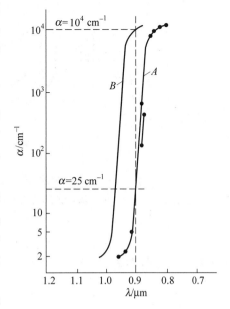

图 8-9　GaAs 的场致吸收曲线

8.3　光 的 色 散

介质的折射率(或光速)随光的频率或波长而变化的现象称为色散。对色散的研究在理论上和应用上均具有重大意义,几乎所有光传输器件,比如透镜、棱镜或光纤,都必须考虑色散特性及其影响。

光的色散可用介质折射率 n 随波长 λ 变化的函数来描述。反映 $n(\lambda)$ 这一函数关系的曲线称为介质的色散曲线。图 8-1 中已给出了色散曲线 n-ω,其中 $\omega = 2\pi \dfrac{c}{\lambda}$。实际上,这种变化关系比较复杂,而且这种变化关系因材料而异。因此,一般都是通过实验测定折射率 n 随波长的变化,其方法是把待测材料做成三棱镜,放在分光计中,对不同波长的单色光测出其相应的最小偏向角,按式(1-61)算出折射率 n,由此作出色散曲线。

牛顿曾用正交棱镜法观察过色散现象。实验装置如图 8-10 所示,三棱镜 P_1 和 P_2 的折射棱相互垂直,白光经狭缝 S 和透镜 L_1 后成平行光束。若不放置 P_2,则在屏幕 N 上得到垂直于 P_1 折射棱的水平连续光谱 ab;置入 P_2 后,各色光束将要向下偏折,但偏折程度随波长而异,于是在 N 上得到倾斜彩带 $a'b'$。如果 P_1 和 P_2 的材料相同,则光谱 $a'b'$ 是直的,与 ab 成一倾角;如果 P_1 和 P_2 的材料不同,则 $a'b'$ 呈弯曲状,而且光谱弯曲的形状粗略地反映了棱镜 P_2 的折射率 $n_2(\lambda)$ 的图形。必须指出,$a'b'$ 的坐标与 n 和 λ 都不成比例,所以,它并不是表示 n 和 λ 间定量关系的色散曲线。

为表征介质色散的程度,引入色散率的概念。其定义为:介质折射率 n 在波长 λ 附近随波长的变化率 $\mathrm{d}n/\mathrm{d}\lambda$,在数值上等于介质对于 λ 附近单位波长差的两单色光的折射率之差。

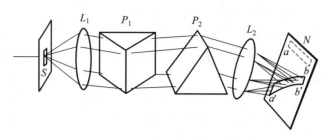

图 8-10　观察色散的牛顿正交棱镜实验装置

在实际应用中,选用光学材料时,应特别注意其色散的大小。例如,用作分光元件的三棱镜,应采用色散大的材料(例如火石玻璃),而用来改变光路方向的三棱镜,则需采用色散小的材料(例如冕牌玻璃)。

8.3.1　正常色散与反常色散

1. 正常色散

通常情况下,介质的折射率 n 是随波长 λ 的增加而减小的,这种色散称为正常色散。介质的折射率 n 随波长增大(或频率的减少)而单调下降,即色散率 $dn/d\lambda < 0$,且变化缓慢。正如 8.1 节所指出的,远离固有频率 ω_0 的区域为正常色散区。所有不带颜色的透明介质,在可见光区域内都表现为正常色散。图 8-11 给出了几种常用光学材料在可见光范围内的正常色散曲线,这些色散曲线的特点是:①波长越短,折射率越大;②波长越短,折射率随波长的变化率越大,即色散率 $|dn/d\lambda|$ 越大;③波长一定时,折射率越大的材料,其色散率也越大。

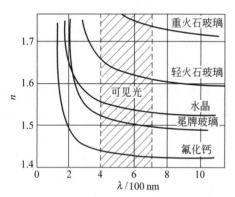

图 8-11　常用光学材料的正常色散曲线

描述介质正常色散的经验公式最早由柯西(Cauchy)根据实验数据于 1836 年给出:

$$n = A + \frac{B}{\lambda^2} + \frac{C}{\lambda^4} \tag{8-29}$$

其中,λ 是真空中波长;A、B、C 是由介质性质所决定的常数,它们可以由实验测定,利用三种不同波长测出三个 n 值,代入式(8-29),然后联立求解三个方程,即可得到这三个常数值。上式称为柯西公式。对于不同的材料,常数 A、B、C 一般是不同的;而且,即使对同一种材料,由于它可能存在着若干个正常色散区,因此,同一种材料的不同正常色散区,常数 A、B、C 也不相同。虽然柯西公式是一个经验公式,但对在可见光波段无色透明的材料,柯西公式却有着相当高的准确度。

事实上,由式(8-19)可导出柯西公式。在正常色散区域,入射光波的频率 ω 离开介质原子或分子的固有振动频率 ω_0 较远,且阻尼系数 γ 又比较小时,我们可将式(8-19)进一步简化为

$$n \approx 1 + \frac{Ne^2}{2\varepsilon_0 m} \frac{1}{\omega_0^2 - \omega^2} = 1 + \frac{a}{1 - \omega^2/\omega_0^2} \qquad (8\text{-}30)$$

其中，$a = \dfrac{Ne^2}{2\varepsilon_0 m\omega_0^2}$ 是一个与入射光频率 ω 无关的常数，只与物质的性质有关。由于 $(\omega/\omega_0)^2 \ll 1$，因此可将上式展开成 ω^2/ω_0^2 的幂级数

$$n = 1 + a\left(1 + \frac{\omega^2}{\omega_0^2} + \frac{\omega^4}{\omega_0^4} + \cdots\right) \qquad (8\text{-}31)$$

由于 $\omega = 2\pi c/\lambda$，上式可改写为

$$n = A + \frac{B}{\lambda^2} + \frac{C}{\lambda^4} + \cdots \qquad (8\text{-}32)$$

其中，A、B、C 是与入射光波长 λ 无关的常数。这就是柯西公式。因此，经典电子论可以从理论上说明柯西公式是近似成立的。

当波长间隔不太大时，可只取上式的前两项，即

$$n = A + \frac{B}{\lambda^2} \qquad (8\text{-}33)$$

由上式得色散率

$$\frac{\mathrm{d}n}{\mathrm{d}\lambda} = -\frac{2B}{\lambda^3} \qquad (8\text{-}34)$$

由于 A、B 都为正值，所以当 λ 增加时，折射率 n 和色散率 $\mathrm{d}n/\mathrm{d}\lambda$ 都减小。

需要说明的是，柯西公式只是对正常色散区才适用，对于下面将要介绍的所谓反常色散区或在反常色散区附近，柯西公式是不适用的。

2. 反常色散

1862 年，勒鲁(Le Roux)在观察碘蒸气的色散现象时发现，波长较短的紫光折射率比波长较长的红光折射率小(紫光与红光之间的光线，因为被碘蒸气吸收没有观察到)。由于这个现象与当时已观察到的所有色散现象正好相反，是一种"反常"现象，勒鲁称它为反常色散，该名字一直沿用至今。以后孔脱(Kundt)系统地研究了反常色散现象，发现反常色散与介质对光的选择吸收有密切联系。实际上，反常色散并不"反常"，它也是介质的一种普遍现象。正如 8.1 节所指出的，在固有频率 ω_0 附近的区域，也即光的吸收区是反常色散区。

反常色散的特点是：折射率 n 随波长增大(或光频率的减少)而单调增加，即色散率 $\mathrm{d}n/\mathrm{d}\lambda > 0$，且 n、η 在 $\omega \to \omega_0$ 附近区域变化剧烈。

任何物质的色散曲线都是由反常色散波段和正常色散波段构成的，正像物质的全部吸收曲线是由一般吸收波段和选择吸收波段所构成的一样，其中反常色散波段对应于选择吸收波段，而正常色散波段则对应于分布在各选择吸收波段之间的一般吸收波段。

介质的色散特性可以由 8.1 节介绍的电子论解释，电子论既能说明正常色散，又能说明反常色散，而且还说明了反常色散的起因就是介质的吸收。

8.3.2　光孤子

1834 年，英国海军工程师罗素(Russel)偶然发现航行的船舶在河流中产生一种奇特的

水波,称为孤波(solitory wave)。这个很高的水波以恒定速度、不变波形稳稳地向前推进。这一奇特的波动现象,在当时曾引起了广泛的关注和争论。这水波究竟凭借什么力量抵御了展宽坍塌呢？60年后,两位年轻的荷兰科学家科特维格(Korteweg)和德弗雷斯(de Vreis)建立了单向运动的浅水波的数学模型,即著名的KdV方程,它是一类非线性波动方程,由此他们得到了一个波形不变的孤立波解。直到1965年,美国科学家采布斯基(Zabusky)等人用数值模拟法,考察了等离子体中孤立波相互间的碰撞过程,才证实了一个重要结论：孤立波相互作用以后各自保持速度不变、波形不变而传播。如果我们将单个脉冲波包视为一个波子,那么具有上述特性的孤立波就是一种特殊的波子,它们在相互碰撞后将保持速度不变、形貌不变,科学家们把这类孤立波称为孤子(soliton)。

在推导各种场合下的波动方程时,人们总是首先在小振幅条件下,因此忽略非线性项,而得到一个线性波动方程。然而,在高功率大振幅条件下,非线性项必须保留,从而导出一个非线性波动方程。非线性波动方程的行波解的一个显著特点是,波速与振幅两者不再独立,波速随振幅而变,大振幅者速度快,小振幅者速度慢。在色散介质中,波包的前沿速度大于中心速度,从而使波包在传播过程中不断展宽;而波包中心为大振幅,波包前沿为小振幅,由于非线性效应导致波包中心速度大于前沿速度。如此看来,高功率大振幅的脉冲波包在色散介质中传播时,存在两种相反效应,色散效应使波包展宽,而非线性效应使波包压缩,当两者并存得以稳定平衡时,可使尖锐波包挺进而不变形。

在色散介质中,孤子独特的传播行为对于光通信显得尤为优越。1980年,美国贝尔实验室在石英光纤材料中首次观察到光孤子(optical soliton)的传播,从而极大地推动了光孤子通信的可行性研究,中国也已将光纤孤子通信列入重大攻关项目。

现代的光纤通信是以光脉冲的有无表示1码和0码,脉冲越窄则每秒传送的码元数越多。但因光纤是色散介质,光脉冲在传输过程中必有弥散现象。弥散限制了窄脉冲的传输距离,因此,光脉冲传输一定的距离后,必须经过整形和再生,才能继续传送。否则,光脉冲(1码元)将展宽到覆盖某些0码元,使接收机不能辨认。

现代的半导体激光器的输出光功率已能将光纤激励到呈现显著的非线性效应,因此,人们设想以某种特殊包络的光孤子作为1码元,可以在光纤中长距离传输而不弥散。用非线性偏微分方程可以证明,光纤的确能传输光孤子,且在实验室中已观察到用光纤传输光孤子的现象。在光通信系统中,孤子是一个非常窄、有很高强度的光脉冲,它通过保持脉冲色散与光纤非线性效应的平衡而不改变其本身形状。有人预计：下一代长距离的光纤通信将是孤子通信。尽管孤子通信研究已取得初步的进展,但离实用还有不小的距离,无疑这是一个有重大意义的课题,而且其意义也不局限于光纤通信。

8.4 光 的 散 射

定向传播的光束在通过光学性质不均匀的介质时将偏离原来的方向,向四面八方散开的现象称为光的散射。这些偏离原传播方向的光称为散射光。光学性质的不均匀性可以是由于均匀介质中散布着折射率与它不同的其他物质的大量微粒,也可以是由于介质本身的组成成分的不规则的聚集(如密度涨落)所造成的。例如,气体中有随机运动的分子、原子或烟雾、尘埃,液体中混入小微粒,晶体中存在缺陷等。

与光的吸收完全类似,当光通过介质时,由于光的散射,会使透射光强减弱。光的吸收是光能被介质吸收后转化为热能,而光的散射则是散射介质吸收入射光波的能量后再以相同的波长重新辐射出去,即将光能散射到其他方向上,所以在本质上二者不同,但是在实际测量时,很难区分开它们对透射光强的影响。因此,通常都将这两个因素的影响考虑在一起,将透射光强表示为

$$I = I_0 \exp\left[-(\alpha_a + \alpha_s) l\right] = I_0 \exp(-\alpha l) \tag{8-35}$$

其中,α_a 为吸收系数,α_s 为散射系数,α 为总消光系数,它们之间满足 $\alpha = \alpha_a + \alpha_s$,在实际测量中得到的都是总消光系数。

散射光的产生可以按经典电磁波的次波叠加观点加以解释。在入射光作用下,介质分子(原子)或其中的杂质微粒极化后辐射次波。对完全纯净均匀的介质,各次波源间有一定的相位关系,相干叠加的结果使得只在原入射光方向发生干涉相长,其他方向均干涉相消,故光线按几何光学所确定的方向传播。在介质不均匀时,各次波的相位无规则性使得次波非相干叠加,结果是除原入射光方向之外,其他方向亦有光强分布,这就形成了光的散射。因此,光散射就是一种电磁辐射,是在很小范围内的不均匀性引起的衍射,且在 4π 立体角内都能检测到。散射光场及强度等参数的理论计算则需要从电磁理论出发。对于球粒子的光散射问题,早在 1908 年 Mie 就给出了严格解,现在统称为 Mie 理论。对于非球形粒子包括椭球的光散射问题,最初由 Waterman 提出了"T 矩阵"理论求解法,后由 Mishchenko 将其发展,可求解较大粒子参数的旋转对称椭球的散射问题。有关粒子光散射性质的实验测量非常困难。据报道,目前利用两个对向传播的贝塞尔光束来建立一个光学势阱实现对粒子的"悬停",从而可以开展粒子光散射参数的测量。

根据介质的均匀性,光与介质之间作用可以有以下三种情况:

(1) 若介质是均匀的,且不考虑其热起伏,光通过介质后,不发生任何变化,沿原光波传播方向进行,与介质不发生任何作用。

(2) 若介质不很均匀(有某种起伏),光波与其作用后被散射到其他方向。只要该起伏与时间无关,散射光的频率就不会发生变化,只是波矢量方向受到偏折,这就是弹性散射。

(3) 若介质中的不均匀性随时间而变化,光波与这些起伏交换能量,使散射光的能频率发生了变化,这就产生了非弹性散射。

按散射介质在光电场作用下,极化与电场间的关系,还可以把散射分成两大类:线性散射(对应散射光频率与入射光频率一致的弹性散射)和非线性散射(对应散射光相对于入射光有频移的非弹性散射)。

8.4.1　线性散射

散射光的特性(包括散射光的强度、偏振与光谱成分)反映了散射介质的性质,研究散射现象可以给我们提供关于物质结构和性质方面的知识。散射光既取决于散射单元的尺度——它决定了单元衍射因子或单元散射因子,又取决于这些大量散射单元之间的平均距离——它决定了这些单元散射波的叠加最终是相干叠加还是非相干叠加,或是部分相干叠加。

散射光的产生及其特点与介质不均匀性的尺度有着密切的关系。按照光学不均匀性尺度的大小，频率不变的散射可为瑞利散射或米氏散射。下面对这两种散射机制分别作出定性的论述。

1．瑞利散射

散射粒子的直径在 $\dfrac{\lambda}{10} \sim \dfrac{\lambda}{5}$ 以下，远小于光波波长的散射称为瑞利散射（Rayleigh scattering），又称为分子散射。这类散射主要有以下特点。

（1）散射光强度随入射光波长变化。散射光强度与入射光波长的 4 次方成反比，即

$$I(\lambda) \propto \frac{1}{\lambda^4} \tag{8-36}$$

其中，$I(\lambda)$ 为相应于某一观察方向（与入射光方向成 θ 角）的散射光强度，θ 称为散射角。该式说明，光波长越短，其散射光强度越大。上式称为瑞利散射定律。

（2）散射光强度随散射方向变化。当自然光入射时，散射光强为

$$I(\theta) = I_{\pi/2}(1 + \cos^2\theta) \tag{8-37}$$

其中，$I_{\pi/2}$ 为垂直于入射光方向上的散射光强。散射光强的角分布如图 8-12 所示。

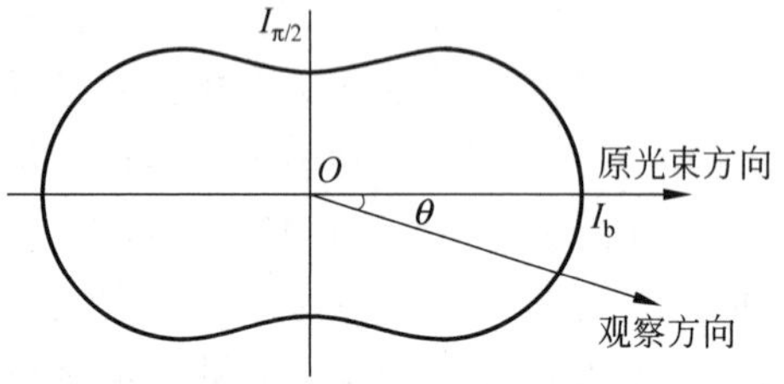

（3）散射光的偏振特性。当自然光入射时，散射光一般为部分偏振光。但在垂直入射光方向上的散射光是线偏振光；沿入射光方向或逆入射光方向的散射光仍是自然光。

图 8-12　散射光强随散射角的变化

瑞利散射光的强度和偏振特性角分布可简单分析如下。

根据经典电磁理论，光散射的基本过程是：当分子（原子）的线度比入射光波长小许多时，在入射光波的电矢量 $\boldsymbol{E}$ 的作用下，分子（原子）中的电子以入射光频率作受迫振动，并从入射光波吸收能量，同时辐射出电磁辐射，这种辐射就是散射光，其频率或波长与入射光的相同。

当入射光是沿 z 轴正向传播、电矢量 $\boldsymbol{E}$ 沿 x 方向的线偏振光时，如图 8-13（a）所示，它使分子极化，极化强度 $P = \varepsilon_0 \chi E = \varepsilon_0 \chi E_0 \cos\omega t$，其中 χ 是极化率，E_0 是入射光电矢量 $\boldsymbol{E}$ 的振幅。振动的极化分子发射的辐射就是散射光，根据电磁理论，由时变电偶极子向周围辐射电磁波的关系式可得散射光强分布公式为

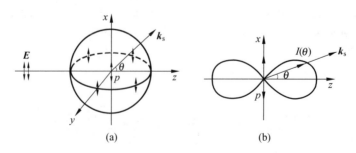

图 8-13　线偏振光产生的散射及散射光强的空间分布

（a）线偏振光的散射；（b）散射光强的空间分布

$$I = \frac{\chi^2 \varepsilon_0 \omega^4 E_0^2}{32\pi^2 c^3 r^2} \cos^2\theta \tag{8-38}$$

其中,r 为观察点到分子(原子)的距离,ε_0 为真空介电常数,c 为真空中光速;θ 为散射光方向矢量 $\boldsymbol{k}$ 与 z 轴的夹角。图 8-13(b)为散射光强角分布的示意图,其三维分布可将该图绕 z 轴旋转一周而得到。由图(a)和图(b)不难看出,各方向的散射光都是线偏振光,但在入射光电矢量振动的方向上,散射光强为零。

如果沿 z 轴正向入射的是自然光,按照自然光的正交模型,$\boldsymbol{E}$ 矢量可分解为 E_x 和 E_y。如图 8-14(a)所示,分子在 x、y 两个方向上极化,散射光强是这两个分极化强度所激发的散射光强之和。因 $E_{0x}=E_{0y}=E_0/2$,故自然光产生的散射光强为

$$I(\theta) = I_x + I_y = \frac{\chi^2 \varepsilon_0 \omega^4 E_0^2/2}{32\pi^2 c^3 r^2}(\sin^2\alpha + \sin^2\beta)$$

$$= \frac{\chi^2 \varepsilon_0 \omega^4 E_0^2}{64\pi^2 c^3 r^2}(1 + \cos^2\theta) \tag{8-39}$$

其中,α、β、θ 是散射方向(即观察方向)分别与 x、y、z 轴正向的夹角,散射光强的三维角分布可由图 8-14(b)中实线所示图形绕 z 轴旋转而得到。

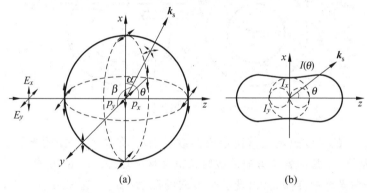

图 8-14　自然光产生的散射及散射光强的空间分布
(a) 自然光的散射;(b) 散射光强的空间分布

由于 $\omega = 2\pi c/\lambda$,式(8-38)和式(8-39)均表明 $I \propto 1/\lambda^4$,这正是瑞利散射定律的结论。

散射光的偏振态亦可从上面分析而得出。由于散射光的特性是关于 z 轴对称的,为简单起见,考虑 yOz 平面($\alpha = \pi/2$)内的散射光,$I_x - I_y$ 对应偏振光部分,而 $I_x + I_y$ 对应总的散射光,故其偏振度为

$$P = \frac{I_x - I_y}{I_x + I_y} = \frac{1 - \cos^2\theta}{1 + \cos^2\theta} \tag{8-40}$$

由上式可知:在 xOy 平面内($\theta = \pi/2$),散射光都是线偏振光;沿 z 轴($\theta = 0$)的散射光仍是自然光;在其他方向上的散射光为部分偏振光,如图 8-14(a)所示。

通常情况下,由于分子热运动的存在,即使在纯净介质中仍存在着密度涨落及其引起的折射率不均匀性,这种空间不均匀性的特征线度一般远小于光的波长,它使得纯净介质也会产生瑞利散射。这种由密度涨落导致的散射也称为分子散射。

此外,分子各向异性引起的分子取向涨落以及纯净溶液的浓度涨落均可以造成介质的

光学不均匀性,从而产生瑞利散射。

　　由瑞利散射的散射光强与波长的关系可以说明许多自然现象。众所周知,整个天空之所以呈现光亮,是由于大气微粒对太阳光的散射,而这些被散射后的光从各个方向进入我们眼睛的缘故。如果没有大气层,天空将是一片漆黑,这就是宇航员在大气层外和月球上所见到的景象。那么,晴朗天空为什么呈现蔚蓝色呢?在晴朗天空中基本上只有大气分子,由于分子对短波长蓝色光的散射比对长波长其他颜色光的散射厉害得多,所以太阳散射光在大气层内层蓝色的成分比红色多,使天空呈蔚蓝色。另外,为什么正午的太阳基本上呈白色,而旭日和夕阳却呈红色? 如图 8-15 所示,正午太阳直射,穿过大气层厚度最小。阳光中被散射掉的短波成分不太多,因此垂直透过大气层后的太阳光基本上呈白色或略带黄橙色。早晚的阳光斜射,穿过大气层的厚度比正午时厚得多,被大气散射掉的短波成分也多得多,仅剩下长波成分(红色以及红外)透过大气到达观察者,所以当我们对着太阳方向去观察时,看到的阳光是红色的。

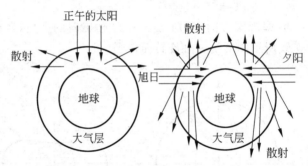

图 8-15　太阳的颜色

　　光纤材料内部的密度微观涨落所形成的散射中心,使光纤传播的光子发生瑞利散射。瑞利散射的特征之一,是向各个方向的散射光机会基本均等。图 8-16 表示在散射中心的作用下,大量光子在光纤中传播,会出现各个方向的散射光。在这些散射光中,只有图中 $2\theta_B$ 角度范围内的光能在芯层界面处发生全反射,从而沿光纤向光源端传播。这部分沿光纤返回光源端的散射光被称为后向散射光,所以在光源端检测出这部分后向散射光功率,便可得知在散射点处向前传输的光功率。这就是后向散射法测量光纤损耗的基础。

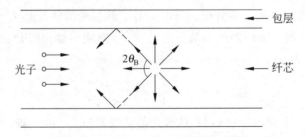

图 8-16　光子在光纤中传播的瑞利散射

　　光纤的熔接和受力弯曲常造成损耗,但并不造成反射。在光时域反射仪(OTDR)上显示的后向散射曲线上表现为一个突然的下落,这种下落的幅度就是该点的损耗。但是如果光纤链中出现断点,或接头处的两根单模光纤模场直径严重失配,引起折射率发生突然变化,将产生菲涅耳反射,最终在 OTDR 上显示的后向散射曲线上表现为一个向上的小尖峰,如图 8-17 所示。在光缆施工和维护中,通常用 OTDR 来测量光纤出现的断裂等故障,可在显示屏的光纤后向散射信号曲线上,依据故障点菲涅耳反射脉冲的位置,测出故障点至测试点的距离。

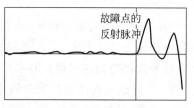

图 8-17　OTDR 对断点故障的测量

2. 米氏散射

1) 米氏散射的主要特点

米氏散射(Mie scattering)又称为大粒子散射,其散射微粒的直径与入射的光波波长接近甚至更大。米氏散射将散射粒子看作是导电小球,它们在光波电场中发生极化而向外辐射电磁波,如云雾中的小水滴就是这种米氏散射微粒。米氏散射的特点是:散射光强不是与波长 λ 的四次方成反比,而是与波长的较低幂次成反比。因此,散射光强与光波长的关系不如瑞利散射那样密切,对太阳光的散射光呈白色而不是蓝色。其主要特点是:

(1) 散射光强与偏振特性随散射粒子的尺寸变化。

(2) 散射光强随波长的变化规律是与波长 λ 的较低幂次成反比,

$$I(\lambda) \propto \frac{1}{\lambda^n} \tag{8-41}$$

其中,$n < 4$,n 的具体取值取决于微粒尺寸。

(3) 散射光的偏振度随 d/λ 的增加而减小,这里 d 是散射粒子的直径,λ 是入射光波长。

(4) 米氏散射无明显色效应,可以定性地作如下理解:介质中的球粒构成了一个边界,这等效于一个衍射屏,我们知道,长波的衍射效应比短波的强;而介质中分子的偶极子辐射模型表明,短波的散射效应比长波的强。对于尺度较大的微粒,这两种相反的色效应共存,彼此互补,从而导致米氏散射无明显的色效应。

(5) 散射光强度的角分布也随 d/λ 而变,和瑞利散射相比,其前向散射加强,后向散射减弱。当微粒直径约为 1/4 波长时,散射光强角分布如图 8-18(a)所示,此时 $I(\theta)$ 在 $\theta = 0$ 和 $\theta = \pi$ 处的差别尚不很明显。当微粒尺度继续增大时,在 $\theta = 0$ 方向即前向的散射光强明显占优势,并在侧向产生一系列次极大值,如图 8-18(b)所示。

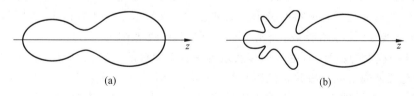

(a) (b)

图 8-18　米氏散射光强的角分布

(a) 微粒直径为 $\frac{1}{4}$ 波长;(b) 直径较大的微粒

利用米氏散射可以解释许多自然现象。例如,蓝天中飘浮着白云,是因为组成白云的小水滴和冰晶粒子直径大于可见光波长,可见光在小水滴和冰晶粒子上产生的散射属于米氏散射,其散射光强与光波长关系不大,所以云呈现白色。我们所看到的雾是白色的,也是因为米氏散射的缘故。

"浑浊介质"（例如含有雾、液态微滴的大气，乳状胶液、胶状溶液等）中存在着许多直径与光波长相当甚至更大，相互之间的距离远大于波长且位置随机分布的杂质微粒。当可见光或红外光照射到这些微粒时将产生米氏散射。

2）米氏散射在高新技术中的应用

一方面，影响米氏散射的因素较多，人们对于米氏散射规律的认识远不如瑞利散射那么清晰、深入、准确；另一方面，光电对抗、激光制导、深空探测、光电测控等高新技术都会涉及光的米氏散射。正是由于诸多高新技术的应用需求，国内外对于米氏散射的研究十分活跃，应用领域在日益扩展。下面就米氏散射在光电对抗和光电测试中的应用作简要介绍。

（1）米氏散射在光电对抗技术中的应用

米氏散射在光电对抗技术中有大量极其重要的应用。人们根据微粒子散射机理，可以将不同材质的微粒子掺杂于介质中，形成具有不同功能（使用价值）的新型材料。图 8-19 为一种隐形材料的设计示意图。

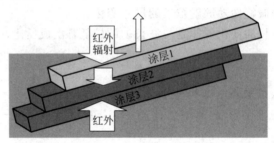

图 8-19　隐形材料示意图

图 8-19 中涂层 1 为高吸收低反射涂层，可使入射红外辐射被强烈吸收，而反射极低。涂层 2 为掺杂特种微粒子的复合涂层，由于微粒子的散射，可以改变红外辐射的传播方向，使红外只在涂层 2 中传播。涂层 3 为基底，主要用于吸收内部的红外辐射，阻止飞机、导弹等红外辐射的进入。这种复合涂层结构将红外辐射集于涂层 2 中，从而使红外辐射极少反射回空间和透入内部，而内部红外又极少辐射入空间。这样可实现对红外的隐身。另外，还可以根据群体粒子的光学特性实现军事的隐蔽与防护，如军用机场、厂矿企业等重点设施以及海面舰艇的隐蔽防护。如海湾战争中伊拉克成功地应用电厂上空水汽对光的散射和吸收，避免了红外和激光制导武器的袭击。又如北约对南联盟的空中打击中，南联盟成功地应用燃烧形成烟雾的散射和吸收，避开了北约红外和激光制导导弹的打击和空中侦察。图 8-20 是这一应用的示意图，由于烟雾及水雾中含有大量的水滴、碳颗粒及大量 H_2O、CO_2 分子，它们对红外辐射既有吸收，又有散射。这样，地面的红外辐射不能进入空中，同样，空中的红外也不能进入地面，造成空中无法探测到地面目标，达到隐蔽防护的目的。

米氏散射对光电武器装备也带来一些不利的影响，例如，雾粒子对光的米氏散射直接影响激光制导炸弹命中精度，这是由于传输路径上粒子对激光的米氏散射，目标在制导炸弹多象限光探测器光敏面的像斑重心将发生偏移，从而影响制导精度。在海面巡航弹主动制导过程中，导引头发射的激光束沿海面一定高度传输时，由于海盐粒子对激光的米氏散射，也会形成一定的后向散射光。当这些进入导引头接收系统的后向散射光强度达到一定程度时，将可能引起导引头"误"动作。

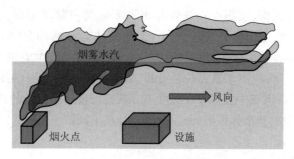

图 8-20　地面隐蔽和掩护

（2）米氏散射在现代光电测试技术中的应用

米氏散射在现代光电测试技术中也有许多应用,双光束-双米氏散射激光多普勒测速即为典型应用之一。其基本原理为:频率为 f_0 的激光束经分光镜分成两束,两束光经凸透镜聚焦于被测点 Q,被该处以速度 v 运动的微粒向四面八方散射。经过光阑,由透镜会聚到光电倍增管(photo multiplier tube,PMT)的光电阴极上的是两束被 Q 处微粒米氏散射、均发生了多普勒频移的光。如图 8-21 所示,被测点处微粒 Q 的运动速度 v 与两照明光束的夹角不同,PMT 所接收到的两束散射光的频率也就不同。可以证明,它们的频差与微粒的运动速度 v 有如下关系

$$v = \frac{\lambda}{2\sin\frac{\theta}{2}}\Delta f \tag{8-42}$$

其中,θ 是两照射光束的夹角,与进入 PMT 的散射光方向无关;λ 是激光束的波长;Δf 是两散射光的频差或多普勒频差。在实验中,只需测得 θ、λ 和 Δf,即可测量微粒的速度 v。

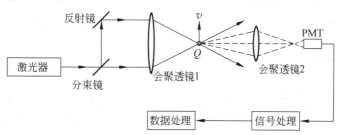

图 8-21　多普勒双光束-双散射测速图示

图 8-22 给出了利用双光束-双米氏散射激光测速装置对直径 $d=27$ mm 的圆管内的水流速度进行精确的层流测量。

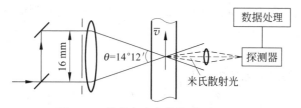

图 8-22　管道水流多普勒测速原理图

实验中,借助微调机构,使测点在垂直和水平方向的位移均准确到 0.01 mm。实验还表明,在离壁面 1 mm 处可获得测点达 10 个,证实此法有极高的空间分辨力。利用米氏散射,再结合上述激光多普勒测速仪,可以应用于医学中测量毛细血管内血液的流速。

米氏散射还可以广泛应用于激光粒径分析、颗粒浓度在线监测以及火灾检测等。

需要说明的是,实际大气中往往存在尺度不等甚至尺度连续分布的粒子,因此它们对光辐射的散射往往是瑞利散射和米氏散射同时存在,只是在不同情形下,某一种散射占优而已。

8.4.2 非线性散射

瑞利散射和米氏散射都是线性散射,其共同的特点是散射光频率与入射光频率相同,散射光中不会产生新频率的光。1923 年,斯梅卡尔指出,在光的散射过程中,若是分子的状态也发生了改变,则入射光与分子交换能量的结果可能导致散射光频率发生变化。我们把在散射光中除了与入射光相同的频率以外,还有新频率的光或新的光谱线产生的散射称为非线性散射,主要有拉曼散射和布里渊散射。

在探究物质的微结构中,更有用的是分子转动振动,晶格振动及各类激发元参与的非弹性散射。

1. 拉曼散射

1928 年,印度科学家拉曼和苏联科学家曼杰利斯塔姆几乎同时分别在研究液体和晶体的散射时,发现了散射光中除有与入射光频率 ν_0 相同的瑞利散射线外,在其两侧还伴有频率为 $\nu_0 \pm \nu_1, \nu_0 \pm \nu_2, \nu_0 \pm \nu_3, \cdots$ 的散射线存在,这种散射现象就是拉曼散射(Raman scattering)。在图 8-23(a)中,当用单色性较高的准单色光源照射某种气体、液体或透明晶体时,在入射光的垂直方向上用光谱仪摄取散射光谱,就会观察到拉曼散射,如图 8-23(b)所示。

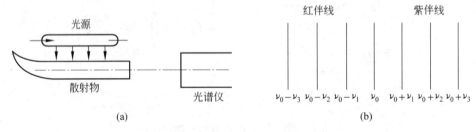

图 8-23　观察拉曼散射的装置示意图

(a) 实验装置;(b) 拉曼散射谱线

从经典电磁理论的观点看,分子在光的作用下发生极化,极化率的大小因分子内部粒子间的相对运动产生变化,引起介质折射率的起伏,使光学均匀性受到破坏,从而产生光的散射。

设入射光电场为

$$E = E_0 \cos(2\pi\nu_0 t) \tag{8-43}$$

分子因电场作用产生的感应电偶极矩为

$$P = \varepsilon_0 \chi E \tag{8-44}$$

其中,χ 为分子极化率。若 χ 为不随时间变化的常数,则 P 以入射光频率 ν_0 作周期性变化,电偶极矩 P 将以入射光波的频率 ν_0 周期性地向外辐射电磁波,由此得到的散射光频率也为

ν_0，这就是瑞利散射和米氏散射的情形。若在没有任何外场作用下，分子本身就以固有频率 ν 振动，则分子极化率不再为常数，也随时间作周期变化，可表示为

$$\chi = \chi_0 + \chi_\nu \cos(2\pi\nu t) \tag{8-45}$$

其中，χ_0 为分子静止时的极化率；χ_ν 为相应于分子振动所引起的变化极化率的振幅。将此式代入式(8-44)，得

$$P = \varepsilon_0 \chi_0 E_0 \cos(2\pi\nu_0 t) + \varepsilon_0 \chi_\nu E_0 \cos(2\pi\nu_0 t)\cos(2\pi\nu t)$$

$$= \varepsilon_0 \chi_0 E_0 \cos(2\pi\nu_0 t) + \frac{1}{2}\varepsilon_0 \chi_\nu E_0 \{\cos[2\pi(\nu_0 + \nu)t] +$$

$$\cos[2\pi(\nu_0 - \nu)t]\} \tag{8-46}$$

上式表明，由于感应电偶极矩 P 与光电场 E 之间为非线性关系，P 有 ν_0 和 $\nu_0 \pm \nu$ 三种频率成分，所以散射光的频率也有三种。频率为 ν_0 的谱线为瑞利散射线；频率为 $\nu_0 - \nu$ 的谱线称为拉曼红伴线，又称为斯托克斯线；频率为 $\nu_0 + \nu$ 的谱线称为拉曼紫伴线，又称反斯托克斯线。散射光的频移只与散射分子的组成和内部相对运动规律有关。

若分子有多个固有频率 $\nu_1, \nu_2, \cdots$，则拉曼散射谱线中也将产生频率为 $\nu_0 \pm \nu_1, \nu_0 \pm \nu_2, \cdots$ 谱线，如图 8-23(b)所示。由于散射光的频率是入射光频率 ν_0 和分子振动的固有频率 ν 联合形成的，所以拉曼散射又叫分子联合散射或并合散射。实验发现，反斯托克斯线出现得少，且强度很弱。利用经典电子理论无法解释这种现象，这也正是拉曼散射经典理论的不完善之处，只有量子理论才能对拉曼散射作出圆满的解释。

这种非弹性散射过程是在散射体内发生了能量的交换。入射光中的一部分能量被介质吸收，用来激励介质中分子的振动或转动。相当于介质吸收了一个红外光子，所以其散射光的频率偏向更长的波长，也可以从介质的分子中吸收一个红外光子而使散射光的波长偏向短波段。

由于拉曼散射光的频率与分子的振动频率有关，所以拉曼散射是研究分子结构的重要手段，利用这种方法可以确定分子的固有频率，研究分子对称性及分子动力学等问题。分子光谱属于红外波段，一般都采用红外吸收法进行研究。而利用拉曼散射法的优点是将分子光谱转移到可见光范围进行观察、研究，与红外吸收法相比，有设备简单及可用可见光作光源等优点，已成为分子光谱学的重要部分，并可与红外吸收法互相补充。利用拉曼散射也可以对大气污染物进行测量，根据对散射光中 ν 成分的分析，就可判断大气中含有什么样的物质，它们是否有害，以及它们的含量的多少等。

以高单色、高亮度的激光作入射激励光束，不但使一般的光散射现象更容易进行观测和研究，而且在一定条件下可以产生新的受激散射效应。在强激光入射的情况下，当激光功率达到一定的阈值条件时，得到比普通拉曼散射谱线宽度窄得多（几倍到几百万倍）的散射谱线，还同时出现几对伴线，分别称为一阶、二阶、三阶……斯托克斯线，而且这些散射谱线在空间的分布不是均匀的，具有定向发散的性质和指数增益特性。这样的散射称为受激拉曼散射(SRS)。图 8-24 给出了在纳米样品中典型的拉曼光谱图，从中可以看出一些令人关注的新特点。图 8-24(a)是人类发表的第一张利用照相干板记录的拉曼光谱图，图 8-24(b)是利用光电方法记录的同一样品的拉曼光谱。

相对于这种受激拉曼散射而言，通常将上述的拉曼散射叫做自发拉曼散射。从物理机制上来看，受激拉曼散射与自发拉曼散射的区别非常类似于受激辐射和自发辐射的区别。在受激拉曼散射过程中伴随着散射粒子的能级跃迁。按散射中心和跃迁能级性质的不同，

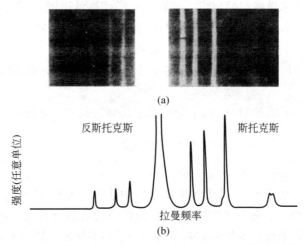

图 8-24　四氯化碳的拉曼光谱图

（a）照相干版记录的拉曼光谱；（b）光电方法记录的拉曼光谱

目前已实现的受激拉曼散射分为分子振动跃迁受激拉曼散射、分子纯转动跃迁受激拉曼散射、原子的电子能级跃迁受激拉曼散射、半导体自旋反转受激拉曼散射等。

关于受激拉曼散射的机理可简单地理解如下：在受激拉曼散射中，相干的入射光子主要不是被热振动声子所散射，而是被受激声子散射。所谓受激声子，是指最初一个入射光子与一个热振动声子相碰时，在产生一个斯托克斯光子的同时产生一个新的声子；当入射光子再与这个增添的受激声子相碰时，在再产生一个斯托克斯光子的同时，又增添一个受激声子；如此继续下去，便形成一个产生受激声子的雪崩过程。产生受激声子过程的关键在于要有足够多的入射光子。由于受激声子所形成的声波是相干的，入射激光是相干的，所以产生的斯托克斯光也是相干的。

受激拉曼散射是目前产生变频强相干辐射的最成熟的技术手段之一。由于受激拉曼散射光具有很高的空间相干性和时间相干性，强度也大得多，从它可以获得分辨率很高的光谱，为研究散射介质分子的能级结构、对称特性、运动状态、跃迁性质和大量分子的统计规律等提供了一种更有效的方法。

利用受激拉曼散射效应，注入较大功率的泵浦光，还可做成拉曼光纤放大器。其显著的特点在于"边传输，边放大"，即分布放大过程。例如在 100 km 的分布光纤中注入 0.5 W 1450 nm 泵浦光，可以在大约 40 km 的长度上得到平坦的分布增益。其优点在于以下几点。第一，不必在光纤中插入放大器，因此可以节约成本和空间；第二，由于是分布放大，因此可以避免光纤中的局部能量过高，减弱诸如四波混频（对高功率信号非常敏感）等光纤中的非线性效应，从而有效地改善信噪比，使光纤通信系统有更高的数据传输速率和更远的中继距离；第三，结合无水（water-free）处理工艺，利用拉曼放大器，可以提供比 EDFA 传统的 1530～1560 nm 更短的 S 波段"窗口"，从而使光纤通信系统在 1300～1500 nm 甚至更宽的波长范围内实现极高的平坦增益。

如果不用拉曼放大器，由于基本的瑞利散射损耗，使得光纤通信系统每隔 100 km 或几百千米就需要用昂贵的全电子中继器；如果使用拉曼光纤放大器，就可以在 100 km 周期性地对 DWDM 信号进行放大，实验证实，拉曼光纤放大器至少可以把光中继距离提高一个数量级。由于在拉曼光纤放大器中传输线路与放大同在光纤中进行,因而耦合损耗很小,噪声较低,增益稳定性较好,但是需要较强的泵浦功率(几百毫瓦以上)和很长的光纤。虽然有这方面的缺陷,但因其低阈值、高增益等优点,所以在许多高速率长跨距 DWDM 系统中已经广泛采用了拉曼光纤放大器。目前利用拉曼光纤放大器已经能实现混合线(如 10 km 单模、10 km 多模组成 20 km 混合光缆)的准无损传输。

强激光通过大气层时,也会产生受激拉曼散射。这时,分子在外场作用下,所发生的散射主要是受激振动拉曼散射(SVRS)。由于篇幅有限,请读者参考相关资料。

2. 布里渊散射

布里渊(Brillouin)散射是声波对光的散射,通常是在晶体中发生的。任何光学介质在普通温度状态下都存在着由于其原子、分子或离子热运动形成的连续弹性力学振动,这种振动对应着介质内部的自发声波场。布里渊散射是指入射到介质的光波与介质内的弹性声波发生相互作用而产生的光散射现象。由于光学介质内大量质点的统计热运动会产生弹性声波,它会引起介质密度随时间和空间的周期性变化,从而使介质折射率也随时间和空间周期性地发生变化,因此,声波振动介质被看作是一个运动着的光栅。这样,一束频率为 ν_0 的光波通过光学介质时,会受到类似于光栅的衍射作用,产生频率为 $(\nu_0 \pm \nu_s)$ 的散射,这里的 ν_s 是弹性声波的频率。由此可见,布里渊散射中声波的作用类似于拉曼散射中分子振动的作用。散射光的频移大小与散射角及介质声波场特性有关。布里渊散射的机理是晶体中的声波参与了能量的交换。

在激光出现以后,由于激光光强非常高,还发现了一种受激布里渊散射现象,简称为 SBS(stimulated Brillouin scattering)。在受激布里渊散射中,对光束进行散射的声波是由激光光束本身产生的。当一束频率为 ν_0、强度很高的激光束通过蓝宝石晶体或石英晶体时,在晶体中将激发产生频率为 ν_s 的超声波,而这一超声波反过来又对入射激光光束本身进行散射,于是使入射光束中产生频率为 $(\nu_0 - \nu_s)$ 的散射光波。这种具有受激发射特性的布里渊散射,称为受激布里渊散射,它是在 1964 年才被发现的。在 SBS 中,声波和散射光波沿着特定的方向传播,并且只有入射光强度超过一定值时才能发生上述现象。

普通布里渊散射与受激布里渊散射的区别在于,前者是由光学介质内的自发弱声波场引起的,而后者是由强光电致伸缩作用感应产生的强声波场引起的。受激布里渊散射具有阈值性、高增益性、定向性和可调谐性等特点。

从经典的场图像看,受激布里渊散射是感应声波场与散射光波场的相干放大。从场的量子化观点看,受激布里渊散射是入射光、散射光和感应声波间的相互作用过程,所以对受激布里渊散射的研究可以加深人们对强光场和强声波场相互作用规律的了解,具有很重要的学术价值。在实用方面,受激布里渊散射可以用来研究材料的声学和弹性力学特性,制成超高精度的可调谐激光移频器和超声及特超声波段的声波相干放大器或振荡器。

例　　题

例 8-1　某种玻璃的吸收系数为 10^{-2} cm^{-1},空气的吸收系数为 10^{-5} cm^{-1}。问 1 cm 厚的玻璃所吸收的光,相当于多厚的空气层所吸收的光?

解：设厚度为 l_2 的空气和厚度为 $l_1 = 1$ cm 的玻璃吸收相同，则由朗伯定律有

$$\frac{I}{I_0} = \exp(-\alpha_{a1} l_1) = \exp(-\alpha_{a2} l_2)$$

即

$$\alpha_{a1} l_1 = \alpha_{a2} l_2$$

空气层的厚度为

$$l_2 = \frac{\alpha_{a1} l_1}{\alpha_{a2}} = \frac{10^{-2} \times 1}{10^{-5}} \text{ cm} = 10^3 \text{ cm} = 10 \text{ m}$$

例 8-2 由 $A = 1.539\,74$、$B = 0.456\,28 \times 10^{-10}$ cm² 的玻璃构成的折射棱角为 50° 的棱镜，当棱镜的放置使它对 $0.55\ \mu\text{m}$ 的波长处于最小偏向角时，计算它的角色散率。

解：在最小偏向角附近的角色散率为

$$D = \frac{\mathrm{d}\delta}{\mathrm{d}\lambda} = \frac{\mathrm{d}\delta_m}{\mathrm{d}\lambda} = \frac{\mathrm{d}\delta_m}{\mathrm{d}n} \frac{\mathrm{d}n}{\mathrm{d}\lambda}$$

最小偏向角满足

$$n = \frac{\sin \frac{1}{2}(\alpha + \delta_m)}{\sin \frac{\alpha}{2}}$$

所以

$$\frac{\mathrm{d}n}{\mathrm{d}\delta_m} = \frac{\sqrt{1 - n^2 \sin^2 \frac{\alpha}{2}}}{2 \sin \frac{\alpha}{2}}$$

由柯西公式得

$$n = A + B/\lambda^2 = 1.539\,74 + \frac{0.456\,28 \times 10^{-10} \text{ cm}^2}{(0.55 \times 10^{-4} \text{ cm})^2} = 1.554\,82$$

$$\frac{\mathrm{d}n}{\mathrm{d}\lambda} = -\frac{2B}{\lambda^3} = -\frac{2 \times 0.456\,28 \times 10^{-10} \text{ cm}^2}{(0.55 \times 10^{-4} \text{ cm})^3} = -5.4849 \times 10^2 \text{ cm}^{-1}$$

$$D = \frac{1}{\mathrm{d}n/\mathrm{d}\delta_m} \frac{\mathrm{d}n}{\mathrm{d}\lambda} = \frac{2 \sin \frac{50°}{2}}{\sqrt{1 - 1.554\,82^2 \sin^2 \frac{50°}{2}}} \times (-5.4849 \times 10^2) \text{ rad/cm}$$

$$= -6.1502 \times 10^2 \text{ rad/cm}$$

例 8-3 一根长为 35 cm 的玻璃管，由于管内细微烟粒的散射作用，使透过光强为入射光强的 65%，待烟粒沉淀后，透过光强增大为入射光强的 88%。试求该管对光的散射系数和吸收系数（假设烟粒对光只有散射而无吸收）。

解：同时考虑吸收和散射时，则透射光强为

$$I = I_0 \exp[-(\alpha_a + \alpha_s) l]$$

由题意有

$$65\% = \exp[-(\alpha_a + \alpha_s) \times 0.35]$$

当烟粒沉淀后,只考虑吸收时,透射光强为

$$I = I_0 \exp(-\alpha_a l)$$

由题意有

$$88\% = \exp(-\alpha_a \times 0.35)$$

将以上两式联立求解得

$$\alpha_a = 0.365 \text{ m}^{-1}, \quad \alpha_s = 0.866 \text{ m}^{-1}$$

习 题

8-1 有一均匀介质,其吸收系数为 0.4 cm^{-1},求出射光强分别为入射光强的 0.1、0.3、0.8 时的介质厚度(不计表面反射)。

8-2 一根长为 4.3 m 的玻璃管,内部充满标准状态下的某种气体。若其吸收系数为 0.22 m^{-1},求激光透过此玻璃管后的相对强度。

8-3 冕玻璃 K9 对 435.8 nm 和 546.1 nm 谱线的折射率分别为 $1.526\,26$ 和 $1.518\,29$,试确定柯西公式 $n = A + B/\lambda^2$ 中的常数 A 和 B,并计算该玻璃对波长 486.1 nm 谱线的折射率和色散率。

8-4 若某种介质的散射系数等于吸收系数的 $1/2$,光通过一定厚度的这种介质,只透过 20% 的光强。现若不考虑散射,其透射光强可增加多少?

8-5 假定在白光中,波长为 $\lambda_1 = 0.6 \ \mu\text{m}$ 的红光和波长为 $\lambda_2 = 0.45 \ \mu\text{m}$ 的蓝光强度相等,问散射光中两者比例是多少?

8-6 太阳光束由小孔射入暗室,室内的人沿着与光束垂直及成 $45°$ 角的方向,分别观察到的由于瑞利散射所形成的光的光强之比等于多少?

8-7 一束光通过液体,用尼科耳检偏器正对这束光进行观察。当偏振轴竖直时,光强达到最大值;当偏振轴水平时,光强为零。再从侧面观察散射光,当偏振轴为竖直和水平两个位置时,光强之比为 $20:1$,计算散射光的退偏程度。

8-8 苯的拉曼散射中较强的谱线与入射光的波数差为 607、992、1178、1568、3047、3062 cm^{-1}。今以氩离子激光 $\lambda = 0.488 \ \mu\text{m}$ 为入射光,计算各斯托克斯线及反斯托克斯线的波长。

习题解答 8

第 8 章 光 的 吸 收 、色 散 和 散 射

拓展阅读：现代光学技术进展

　　光学技术经过 20 世纪的发展，已从传统光学过渡到现代光学，并形成了一系列学科分支，如非线性光学、导波光学、强光光学、瞬态光学、红外光学、光电遥感技术、声光学、成像光学等。目前，现代光学技术正在对高技术、国防建设、国民经济与人民生活产生巨大的影响。

　　本部分将对现代光学技术中的航天光学遥感、自适应光学、红外与微光成像、光学信息处理、光纤激光器、有机电致发光、太阳能光伏电池、光机电算一体化、微波光子技术与双光束干涉、光子集成等几个领域的基本概念、研究内容及发展等作一简单介绍。

航天光学遥感

自适应光学

红外与微光成像

光学信息处理

光纤激光器

有机电致发光

太阳能光伏电池

光机电算一体化

微波光子技术与双光束干涉

光子集成

主 题 索 引

（按汉语拼音顺序排列）

参 考 文 献

[1] 张以谟.应用光学[M].北京：机械工业出版社,1988.
[2] 李晓彤.几何光学和光学设计[M].杭州：浙江大学出版社,2002.
[3] 郁道银,谈恒英.工程光学[M].北京：机械工业出版社,2002.
[4] 胡玉禧,安连生.应用光学[M].合肥：中国科学技术大学出版社,2002.
[5] BORN M,WOLF E. Principles of optics[M]. 7th ed. Cambridge：Cambridge University Press,2001.
[6] 梁铨廷.物理光学[M].北京：机械工业出版社,1987.
[7] 雷肇棣.物理光学导论[M].成都：电子科技大学出版社,1993.
[8] 石顺祥,张海兴,刘劲松.物理光学与应用光学[M].西安：西安电子科技大学出版社,2000.
[9] 母国光,战元龄.光学[M].北京：人民教育出版社,1978.
[10] 姚启钧.光学教程[M].2 版.北京：高等教育出版社,1989.
[11] 蔡履中,王成彦,周玉芳.光学[M].2 版.济南：山东大学出版社,2002.
[12] 严英白.应用物理光学[M].北京：机械工业出版社,1990.
[13] 郭永康,鲍培谛.光学教程[M].成都：四川大学出版社,1989.
[14] 浙江大学.应用光学[M].北京：中国工业出版社,1961.
[15] 陈芸青.光学原理[M].北京：地质出版社,1987.
[16] 李家泽.晶体光学[M].北京：北京理工大学出版社,1989.
[17] 羊国光.高等物理光学[M].合肥：中国科学技术大学出版社,1991.
[18] 顾培森.应用光学例题与习题集[M].北京：机械工业出版社,1985.
[19] 梁铨廷.物理光学理论与习题[M].北京：机械工业出版社,1985.
[20] 汪相.晶体光学[M].南京：南京大学出版社,2003.
[21] 陈益新.集成光学[M].上海：上海交通大学出版社,1985.
[22] 薛鸣球,沈为民,潘君骅.航天遥感用光学系统[M]//母国光.现代光学与光子学的进展.天津：天津
     科学技术出版社,2003：243-265.
[23] 姜文汉.自适应光学技术[M]//王大珩.现代仪器仪表技术和设计.北京：科学出版社,2002.
[24] 向世明,倪国强.光电子成像器件原理[M].北京：国防工业出版社,1999.
[25] 苏显渝.信息光学[M].北京：科学出版社,1999.
[26] GROTE N,VENGHAUS H.光纤通信器件[M].王景山,沈欣捷,孙玮,译.北京：国防工业出版
     社,2003.
[27] 方鸿生.材料科学中的扫描隧道显微分析[M].北京：科学出版社,1993.
[28] 覃峰.钢铁、合金金属金相试样制备显示与定量金相检验技术标准实用手册[M].北京：冶金出版
     社,2006.
[29] 周仁忠.自适应光学理论[M].北京：北京理工大学出版社,1996.
[30] 姜文汉,等.自适应光学技术进展[M].成都：四川科学技术出版社,2007.
[31] 宋菲君,JUTAMULIA S. 近代光学信息处理[M].北京：北京大学出版社,2004.
[32] 郭玉彬,霍佳雨.光纤激光器及其应用[M].北京：科学出版社,2008.
[33] LAKOWICZ J R. Principle of fluorescence and phosphorescence spectroscopy[M]. 2nd ed. New
     Tork：Kluwer Academic Plenum Publishers,1999.
[34] 杨金焕,于化丛,等.太阳能光伏发电应用技术[M].北京：电子工业出版社,2009.
[35] 滨川圭弘.太阳能光伏电池及其应用[M].张红梅,译.北京：科学出版社,2008.
[36] 赵争鸣,等.太阳能光伏发电及其应用[M].北京：科学出版社,2005.
[37] 刘恩科,等.光电池及其应用[M].北京：科学出版社,1991.

[38]　冯垛生.太阳能发电原理与应用[M].北京：人民邮电出版社,2007.

[39]　沈辉,曾祖勤.太阳能光伏发电技术[M].北京：化学工业出版社,2005.

[40]　刘寄声.太阳电池加工技术问答[M].北京：化学工业出版社,2010.

[41]　李俊峰,等.2007中国光伏发展报告[M].北京：中国环境出版社,2007.

[42]　TURRO N J. Modern molecular photochemistry[M]. Menlo Park：Benjamin Cummings Publishing Co. Inc,1978.

[43]　KLESSINGER M,MICHL J. Excited state and photochemistry of organic molecules［M］. New York：VCH Publishers,1995.

[44]　SCHULMAN S G. Fluorescence and phosphorescence spectroscopy：physicochemical principles and practice[M]. Oxford：Pergamon Press,1997.

[45]　LAMBERT M A,MARK P. Current injection in solids[M]. New York：Academic,1970.

[46]　BONATI G,VOELCKEL H,GABLER T,et al. 1. 53 kW from a single Yb-doped photonic crystal fiber laser[M]//Photonics West,San Jose,Late Breaking Developments,2005,Session 5709-2a.

[47]　雷虹,黄振立.有机材料的双光子吸收物理特性及其应用[J].物理,2003,32(1).

[48]　孙涛,黄锦圣.ZnSSe双光子吸收光电二极管的自相关器[J].光学学报,2003,23(2).

[49]　STRELTSOV A M,MOLL K D,GAETA A L. Pulse autocorrelation measurements based on two and three photo conductivity in gaN photodiode[J]. Appl Phys Lett,1999,75(24)：3778-3780.

[50]　WANG Chun,WANG Xiaomei,SHAO Zonshu. Lasing properties of a new two-photon absorbed material HEASPI[J]. Optics Comm,2001,190：345-349.

[51]　EHRLICH J E,WU X L,LEE I Y S. Two-photon absorption and broadband optical limiting with bis-donor stilbenes[J]. Opt Lett,1997,22(15)：1843-1845.

[52]　HE G S,GVISHI R,PARAS P N. Two-photon absorption based optical limiting and stabilization in organic molecule-doped solid materials[J]. Opt Comm,1995,117：133-136.

[53]　AGARWAL G S. Field-Correlation effects in multiphoton absorption processes[J]. Phys Rev(A),1970,1(4)：1445-1459.

[54]　杨国健.受驱动光学系统腔场噪声的内腔多光子吸收减低[J].光学学报,1995,15(3)：301-304.

[55]　顾玉宗.一种可见光波段光学限幅的研究[J].中国激光,2002,20(1)：33-36.

[56]　陈煜.8-辛烷氧基金属酞箐的皮秒三阶光学非线性与光学限幅特性[J].物理学报,2002,51(3)：578-583.

[57]　HE G S,XU G C,PRASAD P N. Two-photon absorption and optical-limiting properties of novel organi compounds[J]. Opt Lett,1995,20(5)：435-437.

[58]　FRIED D L. Adaptive optics development：a 30-year personal perspective[C]//Proceedings of SPIE,2001,4376：1-10.

[59]　TUANTRANONT A,BRIGHT V M. Segmented silicon-micromachined microelectromechanical deformable mirrors for sdaptive optics[J]. IEEE Journal on Selected Topics in Quantum Electronics,2002,8(1)：33-45.

[60]　周立伟.光电子成像：走向新的世纪[J].北京理工大学学报,2002,22(1)：1-12.

[61]　牛憨笨.图像获取技术研究进展[J].深圳大学学报(理工版),2002,17(4)：1-11.

[62]　母国光.白光光学信息处理及其彩色摄影术[J].光电子·激光,2001,12(3)：285-292.

[63]　YU F T S. Legacy of optical information processing[J]. Optical Engineering,2002,41(1)：139-144.

[64]　SANKUR H O,MOTAMEDI M E. Microoptics development in the past decade[C]//Proceedings of SPIE,2000,4179：30-55.

[65]　杜春雷,林祥棣,周礼书.微透镜阵列提高红外探测器能力的方法研究[J].光学学报,2001,21(2)：246-249.

[66]　叶玉堂,李忠东.GaAs衬底的固态杂质源脉冲1.06 μm激光诱导扩散[J].光学学报,1997,17(4)：

419-422.

[67] YABLONOVITCH E. Inhibited spontaneous emission in solidstate physics and electronics[J]. Phys Rev Lett,1987,58：2059-2061.

[68] JOHN S. Strong localization of photons in certain disordered dielectric superlattices[J]. Phys Rev Lett,1987,58：2486-2488.

[69] Kosaka,Hideo,Takayuki Kawashima,et al. Superprism phenomena in photonic crystals[J]. Phys Rev B,1998,58(16)：10096-10099.

[70] LIN S Y,CHOW E,JOHNSON S G,et al. Direct measurement of the quality factor in a two-dimensional photonic-crystal microcavity[J]. Opt Lett,2001,26(23)：1903-1905.

[71] LONCAR M,YOSHIE T,SCHERER A,et al. Low-threshold photonic crystal laser[J]. Appl Phys Lett,2002,81(15)：2680-2682.

[72] LUO C Y,JOHNSON S G,JOANNOPOULOS J D. All-angle negative refraction in a three-dimensionally periodic photonic crystal[J]. Appl Phys Lett,2002,81：2352-2354.

[73] LUO C Y,JOHNSON S G,JOANNOPOULOS J D,et al. Subwavelength imaging in photonic crystals[J]. Phys Rev B,2003,68：045-115.

[74] SMITH C M,VENKATARAMAN N,GALLAGHER M T,et al. Low-loss hollow-core silica/air photonic bandgap fibre[J]. Nature,2003,424：657-659.

[75] LODAHL P,FLORIS van DRIEL A,NIKOLAEV I S,et al. Controlling the dynamics of spontaneous emission from quantum dots by photonic crystals[J]. Nature,2004,430：654-657.

[76] NOTOMI M,SHINYA A,MITSUGI S,et al. Optical bistable switching action of Si high-Q photoniccrystal nanocavities[J]. Opt Express,2005,13(7)：2678-2687.

[77] SHIN J Y,FAN S Y. Conditions for self-collimation in three-dimensional photonic crystals[J]. Opt Lett,2005,30(18)：2397-2399.

[78] ALBRIGHT G C,STUMP J A,Mc Donald J D,et al. True temperature measurements on microscopic semiconductor targets[J]. Proceedings of the SPIE,1999,3700：245-249.

[79] 李斌,侯建国. 扫描隧道显微镜在单分子科学中的应用[J]. 物理,2008,37(8)：562-567.

[80] SCHEIBER P,RISS A,SCHMID M,et al. Observation and destruction of an elusive adsorbate with STM：O_2/TiO_2(110)[J]. Phys Rev Lett,2010,105：216101.

[81] ARSCOTT P G,LEE G,BLOOMFIELD V A,et al. Scanning tunnelling microscopy of Z-DNA[J]. Nature,1989,339：484-486.

[82] 董振超,张杨,陶兴,等. 扫描隧道显微镜诱导发光的历史和进展[J]. 科学通报,2009,54(8)：984-998.

[83] 唐福元. 泽尔尼克与相衬显微镜[J]. 物理与工程,2004,14(4)：45-47.

[84] 王怀义,李大耀,崔绍春,等. 我国卫星光学遥感技术的成就与新世纪展望[J]. 遥测遥控,2003,24(4)：1-6.

[85] 岳涛. 中国航天光学遥感技术成就与展望[J]. 航天返回与遥感,2008,29(3)：10-19.

[86] 刘兆军,周峰,李瑜. 航天光学遥感器对红外探测器的需求分析[J]. 红外与激光工程,2008,37(1)：25-29.

[87] 黄甫秀斌. 航天遥感技术[J]. 遥测遥控,1992,13(5)：1-6.

[88] 史良树. 遥感技术现状及其在林业中的应用[J]. 林业资源管理,2004,(2)：50-52.

[89] 郑学芬,周春艳. 浅谈 21 世纪遥感对地观测技术的前沿发展[J]. 西部探矿工程,2006,(11)：98-100.

[90] 范晋祥. 美国弹道导弹防御系统的红外系统与技术的发展[J]. 激光与红外,2006,35(5)：536-540.

[91] 袁继俊. 红外探测器发展述评[J]. 激光与红外,2006,36(12)：1099-1102.

[92] 鲜浩,等. 用 Hartmann-Shack 传感器测量激光光束的波前相位[J]. 光电工程,1995,22(2),46-49.

[93] 王淦昌.激光惯性约束核聚变(ICF)最新进展简述[J].核科学与工程,1997,17(3):266-269.

[94] 范滇元,贺贤土.惯性约束聚变能源与激光驱动器[J].大自然探索,1999,18(67):31-35.

[95] 姜文汉,等.爬山法自适应光学波前校正系统[J].中国激光,1988,15(1).

[96] ZHANG Yudong,LING Ning,YANG Zeping. An adaptive optical system for ICF application[J]. SPIE,2002,4494:96-103.

[97] 王瑞凤,杨宪江,吴伟东.发展中的红外热成像技术[J].红外与激光工程,2008,37:699-702.

[98] 杨继俊.红外探测器发展述评[J].激光与红外,2006,36(12):1098-1102.

[99] 吕宇强.热红外探测器的最新进展[J].压电与声光,2006,28(4):407-410.

[100] 李颖文.非制冷热成像最新发展和应用前景[J].红外与激光工程,2005,34(3):257-261.

[101] 陈伯良.红外焦平面成像器件的重大应用[J].红外与激光工程,2005,34(2):168-172.

[102] 李才平,邹永星,杨松龄.基于微光与红外的夜视技术[J].国外电子元器件,2006,12:72-74.

[103] 彭焕良.红外焦平面热成像技术的发展[J].激光与红外,2006,36(S1):776-780.

[104] JEONG Y,SAHU J K,PAYNE D N,et al. Ytterbium-doped large-core fiber laser with 1 kW continuous-wave output power[J].Electron Lett,2004,40(8):470-471.

[105] JEONG Y,SAHU J K,PAYNE D N,et al. Ytterbium-doped large-core fiber laser with 1. 36 kW continuous-wave output power[J].Optics Express,2004,12(25):6088-6092.

[106] JEFF H. The highest single-mode powers of Yb-doped fiber lasers achieved 2 kW CW output. CLEO/Europe 2005 Conference,2005,6:508.

[107] EHRENREICH T,LEVEILLE R,MAJID L. 1 kW,all-glass Tm fiber laser[J]. SPIE,2010, 7580:16.

[108] 李晨,闫平,陈刚,等.采用国产掺镱双包层光纤的光纤激光器连续输出功率突破700 W[J].中国激光,2006,33(6):738.

[109] 李伟,武子淳,陈曦,等.大功率光纤激光器输出功率突破1 kW[J].强激光与粒子束,2006,18(6):890-890.

[110] 段开椋,赵保银,赵卫,等.1000 W全光纤激光器[J].中国激光,2009,12:3219.

[111] LIMPERT J,SCHMIDT O,ROTHHARDT J,et al. Extended single-mode photonic crystal fiber lasers[J].Optics Express,2006,14(7):2715-2720.

[112] LI Kang,WANG Yishan,ZHAO Wei,et al. High power single-mode large-mode-area photonic crystal fiber laser with improved Fabry-Perot cavity[J].Chinese Optics Letters,2006.4(9):522-524.

[113] 李剑峰,段开椋,刘永智,等.掺 Yb^{3+} 大模场光子晶体光纤激光器获210 W输出[J].科学通报,2009,54(20):3021-3023.

[114] EL-SHERIF A F,KING T A. High-peak-power operation of a Q-switched Tm^{3+}-doped silica fiber laser operating near 2 μm[J].Optics Letters,2003,28(1):22-24.

[115] PIPER A,MALINOWSKI A,FURUSAWA K,et al. High-power,high-brightness,mJ Q-switched ytterbium-doped fibre laser[J].Electronics Letters,2004,40(15):928-929.

[116] BERNANOSE A,PHARMACIE F D,NANCY U D. Electroluminescence of organic compounds [J]. British Journal of Applied Physics,1955,6:S54-S55.

[117] POPE M,KALLMANN H P,MAGNANTE P J. Electroluminescence in organic crystals[J]. Journal of chemical physics,1963,40:2042-2049.

[118] TANG C W,VanSLYKE S A. Organic electroluminescent diodes[J]. Applied Physics Letter,1987, 51:913-915.

[119] ADACHI C,BALDO M A,THOMPSON M E,et al. Nearly 100% internal phosphorescence efficiency in an organiclight emitting device[J].Journal of Applied Physics,2001,90:5048-5051.

[120] BURROUGHES J H,BARDLEY D D C,BROWN A R,et al. Light emitting diodes based on conjugated polymers[J]. Nature,1990,347:539-541.

[121] DRESNER J. Double injection electroluminescence in anthracene[J]. RCA Review,1969,30：322-334.

[122] NOLLAU A,PFEIFFER M,FRITZ T, et al. Controlled n-type doping of a molecular organic semiconductor：Naphthalenetetracarboxylic dianhydride (NTCDA) doped with bis(ethylenedithio)-tetrathiafulvalene (BEDT-TTF)[J]. Journal of Applied Physics,2000,87：4340.

[123] GILL W D. Drift mobilities in amorphous charge-transfer complexes of trinitrofluorenone and poly-n-vi nylca rbazole[J]. Journal of Applied Physics,1972,43：5033.

[124] CHAMPBELL I H,FERRARIS J P,HAGLER T W,et al. Polym Advan Technol,1996,8(7)：417-423.

[125] ZHANG S T,WANG Z J,ZHAO J M,et al. Electron blocking and holeinjection：the role of N,N'-bis(naphthalen-1-y)-N,N'-bis(phenyl)benzidinein organic light-emitting devices[J]. Appyl Phys Lett,2004,84：2916.

[126] KHALIFA M B,VAUFREY D,TARDY J. Opposing influence of hole blocking layer and a doped transport layer on the performance of heterostructure OLEDs[J]. Org Electron,2004,5：187.

[127] ADACHI C,TOKITO S,TSUTSUI T,et al. Electroluminescence in organic films with three-layer structure[J]. Japanese Journal of Applied physics,1988,27：L269-L271.

[128] BURROUGHES J H,BARDLEY D D C,BROWN A R,et al. Light-emitting diodes based on conjugated polymers[J]. Nature,1990,347：539-541.

[129] 赵玉文.中国光伏技术概况和发展趋势[C]//中美清洁能源技术论坛论文集,2001：25-31.

[130] 王长贵.世界光伏发电技术现状和发展趋势[J].新能源,2000,22(1)：44-48.

[131] 王斯成.中国光伏发电市场情况[C]//中美清洁能源技术论坛论文集,2001：17-24.

[132] 董玉峰,王万录,韩大星.美国光伏发电与百万屋顶计划[J].太阳能,1999(1)：29.

[133] WANG H,LI H,XUE B,et al. Solid-state composite electrolyte LiI/3-hydroxypropionitrile/SiO₂ for dye-sensitized solar cells[J]. J Am Chem Soc,2005,127(17)：6394-6401.

[134] WANG P,DAI Q,ZAKEERUDDIN S M,et al. Ambient temperature plastic crystal electrolyte for efficient,all-solid-state dye-sensitized solar cell[J]. J Am Chem Soc,2004,126(42)：13590-13591.

[135] DAI Q,MacFarlane D R,Howlett P C,et al. Rapid I-/I3-Diffusion in a Molecular-Plastic-Crystal Electrolyte for Potential Application in Solid-State Photoelectrochemical Cells[J]. Angew Chem,2005,44(2)：313-316.

[136] KIM J H,KANG M S,KIM Y J,et al. Dye-sensitized nanocrystalline solar cells based on composite polymer electrolytes containing fumed silica nanoparticles[J]. Chem Commun,2004(14)：1662-1663.

[137] HAN H W,LIU W,HANG J,et al. A IIybrid Poly(ethylene oxide)/Poly(vinylidene fluoride)/TiO₂ Nanoparticle Solid-State Redox Electrolyte for Dye-Sensitized Nanocrystalline Solar Cells[J]. Adv Funct Mater,2005,15(12)：1940-1944.

[138] SCHROPP R E,CARIUS R,BEAUCARNE G. Amorphous silicon,microcrystalline silicon,and thin-film polycrystalline silicon solar cells[J]. MRS Bulletin,2007,32(3)：219-224.

[139] MOET D J D,de BRUYN P,BLOM P W M. High work function transparent middle electrode for organic tandem solar cells[J]. Applied Physics Letters,2010,96(15)：153504.

[140] CONINGS B,BERTHO S,VANDEWAL K. Modeling the temperature induced degradation kinetics of the short circuit current in organic bulk heterojunction solar cells[J]. Applied Physics Letters,2010,96(16)：163301.

[141] ABBOTT B P,ABBOTT R J,ABBOTT T D,et al. Observation of gravitational waves from a binary black hole merger[J]. Physical Review Letters,2016,116(6)：061102.

[142] ZHAO J,LIU L,WANG T,et al. Synchronous phase-shifting interference for high precision phase imaging of objects using common optics[J]. Sensors,2023,23(9)：4339.

[143] ZHAO J,LIU L,WANG T,et al. Quantitative phase imaging of living red blood cells combining

digital holographic microscopy and deep learning[J]. Journal of biophotonics,2023,16(10): e202300090.

[144] CHEN S,WU J,CHEN Z,et al. Imaging of MEMS morphology and deformation based on digital holography[C]//Holography,diffractive optics,and applications ⅩⅢ. SPIE,2023,12768: 57-64.

[145] MAIMONE A,GEORGIOU A,KOLLIN J S. Holographic near-eye displays for virtual and augmented reality[J]. ACM transactions on graphics (Tog),2017,36(4): 1-16.

[146] ZHOU L,XIAO Y,CHEN W. Learning complex scattering media for optical encryption[J]. Optics letters,2020,45(18): 5279-5282.

[147] 王毅平,王应宽. Carbon Robotics 推出可自主根除杂草的新型激光除草机[J]. 农业工程技术, 2022,42(12): 117-118.

[148] CARBON ROBOTICS LLC. Carbon Robotics offers innovative AI-powered LaserWeeder solution for growers[EB/OL]. [2024-03-16]. https://carbonrobotics.com/.

[149] HU Y,YANG J,CHEN L,et al. Planning-oriented autonomous driving[C]// Proceedings of the IEEE/CVF Conference on Computer Vision and Pattern Recognition. 2023: 17853-17862.

[150] WAYMO LLC. Waymo Safety Report[R/OL]. [2024-03-16]. https://waymo.com/intl/zh-cn/.

[151] GAN W,MO N,XU H,et al. A simple attempt for 3d occupancy estimation in autonomous driving [J]. arXiv preprint arXiv: 2303.10076,2023.

[152] DUAN P P,DESAI N,LEE P,et al. Artificial intelligence modeling techniques for vision-based occupancy determination: U. S. Patent Application 18/440,764[P]. [2024-06-06].

[153] 赵国柱,陈祎璠. 俄乌冲突中人工智能技术应用典型场景研究[J]. 战术导弹技术,2022,(06): 111-115.

[154] 李昌玺,孙玉彪,范泽昊,等. 无人作战平台发展现状及趋势[J]. 中国电子科学研究院学报,2023, 18(03): 274-279.

[155] MESLENER G. Chromatic dispersion induced distortion of modulated monochromatic light employing direct detection[J]. IEEE Journal of Quantum Electronics,1984,20(10): 1208-1216.

[156] DEVAUX F,SOREL Y,KERDILES J F. Simple measurement of fiber dispersion and of chirp parameter of intensity modulated light emitter[J]. Journal of lightwave technology,1993,11(12): 1937-1940.

[157] 吴健,严高师. 光学原理教程[M]. 北京: 国防工业出版社,2007.

[158] MARCUSE D. Pulse distortion in single-mode fibers. 3: Chirped pulses[J]. Applied Optics,1981, 20(20): 3573-3579.

[159] GALLION P,DEBARGE G. Quantum phase noise and field correlation in single frequency semiconductor laser systems[J]. IEEE journal of quantum electronics,1984,20(4): 343-349.

[160] 祝宁华. 光电子器件微波封装和测试[M]. 2版. 北京: 科学出版社,2007.

[161] ZHU N H,WEN J M,CHEN W,et al. Hyperfine spectral structure of semiconductor lasers[J]. Physical review A,2007,76(6): 063821.

[162] 温继敏. 基于频谱分析的光电子器件特性表征研究[D]. 北京: 中国科学院半导体研究所,2008.

[163] 王赫楠,陈亮,齐永光,等. 超快微波光子学频率测量技术[J]. 激光与光电子学进展,2024,61(1): 157-172.

[164] ZHANG S J,ZOU X H,WANG H,et al. Fiber chromatic dispersion measurement with improved measurement range based on chirped intensity modulation[J]. Photonics research,2014,2(4): B26-B30.